机械工程创新人才培养系列教材

机 械 设 计

主　编　邱雪松　邢继春
参　编　刘大伟　赵传军　刘　溪
　　　　柯雨蛟　杨　潇
主　审　蔡星周　周玉林

机 械 工 业 出 版 社

本书入选由教育部高等学校机械类专业教学指导委员会、中国机械工程学会、机械工业出版社联合发起的“机械工程创新人才培养系列教材”。按照项目要求，本书根据教育部制定的《机械设计课程教学基本要求》和编者多年的教学实践经验编写，通过二维码方式呈现相关内容的三维图形、课程讲解视频，是新型的数字化、立体化教材。

本书是燕山大学线上线下混合教学国家级一流本科课程建设内容之一，可结合燕山大学基于中国大学 MOOC 建设的河北省精品在线开放课程“机械设计”进行学习。

全书共 12 章，包括机械设计概论，传动件（带传动、链传动、齿轮传动、蜗杆传动）、支承件（轴、滚动轴承、滑动轴承）、联接件（键联接、花键联接、无键连接、销联接、螺纹联接、联轴器与离合器）、弹簧的设计。

本书可以作为高等学校机械类专业教材，也可供其他相关专业师生和工程技术人员参考使用。

图书在版编目（CIP）数据

机械设计 / 邱雪松，邢继春主编. -- 北京 ：机械工业出版社，2025. 7. --（机械工程创新人才培养系列教材）. -- ISBN 978-7-111-78343-5

Ⅰ. TH122

中国国家版本馆 CIP 数据核字第 2025LD8646 号

机械工业出版社（北京市百万庄大街 22 号　邮政编码 100037）
策划编辑：赵亚敏　　责任编辑：赵亚敏　安桂芳
责任校对：潘　蕊　张　薇　　封面设计：张　静
责任印制：邓　博
河北鑫兆源印刷有限公司印刷
2025 年 8 月第 1 版第 1 次印刷
184mm×260mm · 17 印张 · 418 千字
标准书号：ISBN 978-7-111-78343-5
定价：53.00 元

电话服务　　网络服务
客服电话：010-88361066　　机　工　官　网：www.cmpbook.com
010-88379833　　机　工　官　博：weibo.com/cmp1952
010-68326294　　金　书　网：www.golden-book.com

机工教育服务网：www.cmpedu.com

前言

工业 4.0 的行业背景使机械工程教育面临着不断的变革。教材作为人才培养的重要媒介，必须及时应对历史变化，适应时代发展。为推动机械工程教育教学改革，教育部高等学校机械类专业教学指导委员会、中国机械工程学会、机械工业出版社联合发起了“机械工程创新人才培养系列教材”建设项目。该项目瞄准国家“智能制造”的发展框架，将机械工程教育融入其中，确定教材编写的“四性一化”基本原则，即“变革性、先进性、继承性、实用性、智能化”。本书为该建设项目第一期入选教材。

党的二十大报告指出，“教育是国之大计、党之大计”“育人的根本在于立德”。根据上述指导思想，本书融入“明代福船”“神舟一号返回舱”“北斗：时空文明”等课程思政视频，视频内容涵盖了工程科技、科学家科学史、大国工匠等多方面思政元素。本书的融媒体形态也符合党的二十大报告提出的“推进教育数字化”的指导思想。

作为高等学校机械类、近机械类各专业的专业基础教材，本书以各专业通用的机械设计课程基本内容为主，在内容编排上继承传统教材知识点分类梳理的特点，以典型机械系统的设计流程为主线，串联各章节内容，同时采用知识图谱、理论阐述、工程案例分析、知识拓展多模块融合的方式编写。本书的编写工作主要从两个方面展开：

1. 教材内容契合教学模式

信息技术带来教学模式的不断改进创新。本书为契合线上线下混合新型教学模式，结合燕山大学建设的在线开放课程（中国大学 MOOC）进行内容编写。使用本书并结合燕山大学在线开放课程，可以开展线上线下混合教学，也可以用于传统线下教学。工程技术人员可以结合在线开放课程使用本书进行自学。

2. 教材形式体现时代特征

互联网时代，通过丰富的多媒体可以更形象、多角度、多方式展现教材内容。本书通过章节知识图谱，引导读者厘清各章节知识点脉络。采用二维码形式，将知识点视频讲解、重难点分析、三维动画等素材融入教材，形成新形态教材。借助教材的新形态化，满足读者自学需求。教材设置的知识拓展模块，涵盖应用、发展史、新技术，可以多层次拓展读者认知，同时体现大学阶段重在形成理论思维的理念，实现从学理认知到信念生成的转化，增强使命担当。

本书共 12 章。参加本书编写工作的有：邱雪松（绪论、第 3 章、第 4 章）、邢继春（第 5 章、第 6 章、第 7 章）、刘大伟（第 11 章）、赵传军（第 1 章、第 2 章）、刘溪（第 9 章）、柯雨蛟（第 8 章）、杨潇（第 10 章）。书后附录由邱雪松、赵传军、邢继春、刘大伟共同编写。本书由邱雪松、邢继春担任主编，蔡星周、周玉林担任主审，感谢侯雨雷、齐效文教授提出的宝贵建议。

作为燕山大学机械基础系列课程改革和建设的重要组成部分，本书是机械设计教材改革的一种探索和尝试，难免存在一些不足之处，欢迎读者批评指正。

编　者

目 录

绪论

0.1 机械设计概论

0.1.1 我国机械及机械设计的发展

1. 我国机械的发展

我国古代机械曾有辉煌的历史。大约在六七千年前，我国出现了机械的萌芽，如踞织机、梨形器、陶轮等。殷商时期，车的制作水平已经很高，也能够建造较大的船只。周初已开始使用“临车”“冲车”两种战车。战国时期已有成套的小型高效的农业机械，桔槔、滑车、辘轳、绞车等起重机械也陆续发明使用。至秦汉时期，我国的工程技术已经达到较高水平。西汉有应用了复杂金属齿轮传动系统的指南车和记里鼓车，有高十丈余的楼船。东汉有利用水力鼓风或进行其他操作的“造作水排”等机械，风帆和尾舵也得到了广泛应用。运输机械有四轮车和独轮车，三国诸葛亮进一步将独轮车改为木牛流马。农业机械以翻车和三脚耧最具代表性。纺织机械有手摇纺车、斜织机、提花织机。其他机械，如西汉末年的被中香炉，内部支架与现代陀螺仪中的万向支架相同，已具备了自动机械的雏形。东晋的舂车、磨车、水转百戏等都是构思巧妙的自动机械。宋元时期，机械技术有了重大发展，出现了活塞式木风箱、水运仪象台、水力大纺车及火器等。

16 世纪后，我国科技发展缓慢，重要的技术成果有造船、航海、火器、明清宫殿和增修万里长城。鸦片战争后，洋务运动促使西方科技和设备引入我国，近代机械工业在我国产生。抗战期间，国外机械难以进口，我国机械工业主要以仿制为主。新中国成立后，我国机械工业开始进入现代化时期，逐渐形成了完整的机械工业体系和机械科学研究与教育体系，自行研制诸如数控机床、柔性制造单元等设备。进入 21 世纪，我国机械工业已拥有完整的机械设备制造、机械元器件及材料加工等产业链，并且在多个领域达到了世界先进水平，如高速列车、钢铁冶金、航空航天和节能环保等领域。现在，我国机械工业正在向网络化、数字化、智能化转型。发展智能制造，坚定不移地建设制造强国，是新时代的重要战略部署。

拓展视频
明代福船

技术进步带动产业变革、推动历史发展，纵观世界机械工业创新发展历程，历经蒸汽时代、电气时代、电子信息时代，正在经历并迈向人工智能时代。机械是工业的柱石，数字化工厂、工业互联网和人工智能共同赋能机械智能制造，并将为机械工业发展带来崭新篇章。

拓展视频
神舟一号
返回舱

2. 我国机械设计的发展

机械工业发展史是人类不断发明、设计、制造、使用、改进机械的过程，不论是发明还是改进，都必须通过一定的机械设计构思来实现，即机械的总体布局、构造组合和零（部）件结构的设计等，并最终制造使用。

我国古代历史文献，对于机械及其设计思想记述不够全面甚至语焉不详。探索现有的记载和遗留下来的机械，我国古代机械设计思想和设计方法可述如下：

1）仿生设计。此处的仿生为广义仿生，即仿自然界存在的一切事物及其内在原理。例如，水运仪象台的驱动水轮，是仿急流和瀑布的原理驱动。

2）优化设计。例如，运用“两利相权取其重，两害相权取其轻”的思想。

3）融合设计。例如，钟这一器具，根据“形制”理念，钟的造型、悬挂支架、悬挂方式、置放的钟亭、敲击点位置、敲杆结构等，将机械造型、声学、机械振动、建筑结构等进行了融合设计。

4）系统设计。例如，水运仪象台的设计体现了总体与局部、设计与制造等多方面结合进行设计构思的系统设计理念。

5）标准化、系列化设计。例如，秦始皇陵中，箭镞的尺寸公差、表面粗糙度等与现代机械公差相近，而包括弓箭在内的兵器及铜车的组成件都充分体现了系列化的特征。

6）基础零部件设计。例如，浑天仪中的凸轮机构、齿轮机构，木棉纺车中大绳轮带动小绳轮的增速绳带传动机构等。

我国古代机械成就辉煌，但未能形成机械设计理论流传，且至宋元两代趋向沉寂。清朝末期至中华民国初期，机械设计工作几乎都是仿制、修配、设计与制造合为一体。设计方法都是经验设计方法，但逐渐出现理论设计和实验验证。中华人民共和国成立后，机械设计迎来了新的发展机遇。初期主要学习苏联的机械设计，随着实践设计经验和数据的积累，以及国外先进机械设计技术的引进，如计算机辅助设计、优化设计、可靠性设计等，逐步奠定了我国机械设计重要理论与方法的基础，建立了科学的体系。20 世纪，我国机械零部件标准与国际标准接轨，形成了结合我国实际情况并采用国际标准的机械设计。21 世纪，历经传承与借鉴、温故复创新，我国机械设计形成了有理论、有方法、有技术、有实践的机械设计科技，同时助力我国机械工业开拓制造强国新纪元。

0.1.2 机械设计课程的性质与任务

任何机械设备，无论功能多么强大，自动化、智能化程度多高，其机械本体部分最终都可以拆分成最小的制造单元即机械零件。为了完成同一工作，若干零件组装成协同工作的组合体即为部件。机械零部件是机器的基本组成要素，根据工作条件和结构尺寸的不同可分为特种零部件和通用零部件。其中，通用零部件指在一般工况下工作的常规尺寸零部件。

机械设计课程是以通用零部件设计为核心内容的设计类课程，是机械类各专业培养方案中的主干专业基础课程。通过机械设计课程的理论教学、项目和实验训练，培养学生具备下列能力：

1）树立正确的设计思想和创新意识，着重创新设计构思的培养。

2）掌握通用机械零部件设计或选用的基本知识、理论与方法，训练综合设计技能。

3）具有设计计算、运用计算机绘图设计、系统总体设计的能力。能够依据实际需求，综合应用数学、自然科学和专业基础知识，通过设计分析、标准运用、规范及技术资料查询、文献检索等，进行建模、求解、分析，确定合理的设计参数和结构，解决工程应用问题。

4）掌握机械零件的实验原理与方法，获得处理、分析数据并得到有效结论的能力。

5）了解机械产品及机械零件设计新技术的发展趋势，以及国家的相关政策法规。

机械设计是面向工程的实用技术，不仅涉及多学科知识的综合运用，还需要应用大量的数据、表格、手册、样本等经验性资料。机械产品是为满足一定功能由不同的机械零部件有机组合形成的系统。因此，学习机械设计课程，要从系统性、综合性、工程性等多角度思考，学会正确处理理论与经验性知识学习的关系，综合运用理论力学、材料力学、机械原理、机械制图、金属材料、机械制造基础、互换性与测量技术等先修课程知识，应用系统的观点进行设计。

0.1.3 机械设计与智能制造的关系

拓展视频
北斗:时空文明

机械设计是制造业价值链的最前端和关键环节，是决定力学性能的最基本因素，是为了满足机械系统特定功能而进行的继承性或创造性的构思与实践活动，其任务就是将物质转化为具有特定形状、尺寸和性能的产品，其目标是在各种限定条件下设计出最精益的机械产品。在智能制造中，机械设计不仅是实现自动化生产的基础，同时也是智能化生产的重要组成部分。

首先，机械设计在智能制造中的作用是实现产品的数字化设计与仿真。通过 CAD、CAE 等软件工具对产品进行全面的设计与仿真，以便降低制造过程中的成本和风险，提高产品的质量和效率。

其次，机械设计在智能制造中的作用是实现生产线的智能化运行。通过对机器人和自动化设备进行优化设计和控制，可以实现生产线的自动化运行和智能化调度，从而提高生产率和品质水平。

最后，机械设计在智能制造中的作用还体现在快速响应市场需求上。通过智能化的设计和制造，可以快速响应市场需求，迅速生产出符合市场需求的产品，提高企业竞争力和市场占有率。

0.2 机械设计基础

无论是新产品研发的开放性设计，还是使用过程中迭代改进的变型设计，机械产品设计都是一个创造性的工作，但同时也是继承性工作。机械设计过程就是实践—理论—实践的过程，这一过程中的各种成功经验是进行机械设计不可或缺的部分。设计人员只有将继承与创新有机结合，才能设计出高质量的机械产品。

0.2.1 机械设计内容与流程

1. 机械设计的一般流程

机械系统的复杂性，使得不同的机械系统设计流程不尽相同，应按实际情况确定设计方法和步骤，一般流程如下：

（1）确定任务　通过调研生产或市场需求，综合考虑行业状况、制造技术水平、制造装备条件、原材料和配套零部件供应情况、新技术利用等，确定产品的结构类型、性能、主要技术参数、年产量、成本等，形成设计任务书，作为设计、调试、验收等的基本依据。

（2）方案设计　根据设计任务书拟定几种不同工作原理的实施方案，画出机器的工作原理图或运动简图，论证可行性、比较优缺点，经过分析、筛选、综合评价，确定最优方案并进行初步结构设计。初步设计时应对主要部分进行运动学、动力学分析计算，确定主要参数，并且对主要零件进行工作能力计算，有时还要做经济性分析。

（3）技术设计　根据初步设计确定的参数，进行运动学、动力学、零件工作能力设计（包括强度、刚度、振动稳定性、寿命等），进而完成总体设计、部件设计、零件设计，并绘制相应的装配图、部件图和零件图。上述设计过程中，部分零件具体结构需通过不断校核、反复修改后才能完成。

（4）文件编制　设计完成后，需编制制造、装配、试验等环节的工艺文件和所需的装备资料，包括设计说明书、使用说明书、标准件明细表、外购件明细表等。其中，设计说明书是生产、检验、安装、调试、运行、维护的依据。

（5）技术审定和产品鉴定　设计资料应由专家和有关部门审定认可后试制；样机运行后再进行技术审定，鉴定通过后投入小批量生产或根据市场需求大量生产。

在实际工作中，上述设计流程常会出现交叉反复情况，例如设计过程中发现前面确定的结构或参数不合理，返回前一流程修改，甚至推翻前期设计等情况。在设计工作中，这些都属于正常的情况，设计人员不仅应具有坚实的机械设计基本功，还应具有广博的实际知识、坚强的意志、活跃的思维、细致的作风。

2. 现代机械设计方法简介

机械设计是通过对机械的工作原理、结构、运动方式、力和能量的传递方式、零件的材料和形状尺寸、运动学和动力学特性等进行构思、分析和计算，形成图样、代码和说明文件等作为制造依据的工作过程。随着技术的进步，应用数学、应用力学、材料学、摩擦学、控制理论、微电子学、信息科学、人工智能、环境科学、管理科学等方面的最新研究成果与手段正不断地融合应用于机械设计，形成诸多有效的现代设计方法，设计手段逐渐精确化、自动化、智能化、虚拟化。

现代机械设计方法从理论范畴上分为：①信息论方法，如信息分析法、技术预测法等；②系统论方法，如系统分析法、人机工程、面向产品生命周期的并行设计等；③控制论方法，如动态分析法等；④优化论方法，是现代设计方法的目标；⑤对应论方法，如相似设计、反求工程设计等；⑥智能论方法，如 CAD、CAE，它是现代设计方法的核心；⑦寿命论方法，如可靠性和价值工程等；⑧离散论方法，如有限元和边界元方法；⑨模糊论方法，如模糊评价和决策等；⑩突变论方法，如创造性设计等现代设计方法的基础；⑪艺术论方法，如艺术造型、工业造型。

0.2.2　零件设计基础

1. 机械零件的设计方法

机械零件的常规设计方法可分为三种：

（1）理论设计　即根据现有的设计理论和试验数据进行机械零件设计，分为设计计算和校核计算。设计计算利用理论设计公式确定零件的主要参数和尺寸，主要用于可通过简单的力学模型进行设计的零件。校核计算通常先按经验和某些简易的方法初步确定出零件的主要参数和尺寸，然后用校核公式进行校核，主要用于结构复杂，应力分布较复杂，但又能进行强度或刚度计算的场合。

（2）经验设计　即根据对某类零件已有的设计与使用实践而归纳出的经验公式和数据，或者用类比法所进行的设计。经验设计对于典型化的零件，如箱体、机架等，是有效的设计方法，但局限性较大。

（3）模型试验设计　设计方法是把初步设计的零部件或机器做成小模型或小尺寸样机，通过对其进行试验取得必要的数据，再根据试验结果修改原设计并逐步完善，最终完成设计。具有工时长、成本高、可靠性高的特点，用于尺寸特大、结构复杂、工况条件特殊又难以进行理论计算的重要零部件设计。

2. 机械零件的设计步骤

机械零件设计通常经过如下步骤：

1）载荷计算。根据机械系统的总体设计方案，对零件进行载荷分析，建立力学模型，考虑影响载荷的各项因素，确定零件的计算载荷。

2）材料选择。根据零件工作条件和对其特殊要求，选择材料，确定热处理方式。

3）准则确定。分析零件在工作时可能出现的失效形式，确定零件设计准则。

4）参数确定。分析零件的应力或变形，根据设计计算准则进行计算，确定零件的主要参数和尺寸，校核无误后，进行标准化或圆整。

5）结构设计。根据计算出的主要参数和尺寸，结合对零件结构和工艺的要求，进行零件结构设计，并绘制零件工作图。

6）编写设计计算说明书。

3. 设计机械零件应满足的要求

机械零件和部件的设计必须从系统的角度出发，统一于整机的工作条件、受力情况等，设计时应满足的基本要求如下：

1）力学性能可靠。即在规定的使用寿命内不发生各种失效。设计零件时，使其满足强度、刚度、寿命、振动稳定性及可靠性准则。

2）结构工艺性好。即在既定的生产条件下，能方便而经济地生产出满足使用性能要求的零件，并且便于装配成机器。

3）成本经济性好。主要指零件的生产成本，包括材料成本和加工成本。材料成本的控制从设计开始，包括采用价格低廉的材料、采用轻型零件结构以降低材料消耗、采用组合件代替整体结构以减少贵重金属的使用等；加工成本主要通过加工工艺控制，如采用少余量或无余量的毛坯以减少工时，合理地规定精度等级和技术条件，尽可能采用标准化的零部件取代需特殊加工的零部件等。

4）质量小的要求。对于绝大多数机械零件（用于配重平衡的零件除外），都应力求其质量小。减小质量的原因在于，可以节省材料、减小运动零件惯性、减小作用于零件上的惯性动载荷、改善机器动力性能、降低运输和驱动零件的能量损耗等。

4. 机械零件的失效形式

机械零件因为某种原因不能正常工作称为失效。主要失效形式有：

（1）断裂　根据发生原理分为过载断裂和疲劳断裂。当零件承受定载荷作用时，由于某一危险截面上的应力超过其强度极限而发生断裂，称为过载断裂。如，螺栓被拧断。当零件在变载荷作用下，因某一危险截面上的应力超过其疲劳极限而发生断裂，称为疲劳断裂。如，齿轮轮齿根部的断裂。断裂是一种严重的失效形式，它不但使零件失效，有时还会导致严重的人身及设备事故。

（2）塑性变形　在外载荷作用下，当零件所受应力超过其材料的屈服极限，就会发生塑性变形。塑性变形能够造成零件的尺寸和形状改变，破坏零件之间的相互位置和配合关系，使零件或机器不能正常工作。例如，当齿轮轮齿发生塑性变形时，会破坏啮合条件，运转时产生振动和噪声，甚至无法运转。

（3）过量的弹性变形　当机械零件受载工作时，必然会发生弹性变形。在允许范围内的微小弹性变形对其工作影响小，过量的弹性变形则会导致零件或机器不能正常工作，甚至造成较大的振动，乃至零件损坏。例如，机床主轴的过量弹性变形会降低加工精度，电动机主轴的过量弹性变形会改变定子与转子间气隙进而影响电动机性能。

（4）表面失效　零件表面在载荷或环境介质的作用下，主要失效表现有磨损、疲劳点蚀、胶合、腐蚀等。磨损是两个接触表面在做相对运动的过程中表面物质丧失或转移的现象。疲劳点蚀是零件表面在接触变应力作用下发生疲劳裂纹扩展致使金属剥落、形成凹坑的现象。腐蚀是发生在金属表面的一种电化学或化学侵蚀现象。上述表面失效形式都是随工作时间的延续而逐渐发生的失效形式。

（5）破坏正常工作条件引起的失效　失效不一定是零件被破坏，有些零件只有在一定的工作条件下，才能正常地工作，否则就会发生失效。例如，在带传动中，若所传递的载荷大于带与带轮间的最大摩擦力，则会发生打滑，使传动失效；对于高速转子，若其转速与转动件系统的固有频率相同，则会发生共振，使振幅增大，甚至进一步引起断裂失效。

引起零件失效的因素很多，同一种零件可能发生多种失效。以轴为例，它可能发生疲劳断裂、过大的弹性变形、共振等。确定零件的主要失效形式时，应根据零件的材料、具体结构和工作条件等来确定。

5. 机械零件的设计准则

保证零件不发生失效的安全工作限度，称为工作能力。工作能力可以通过载荷、变形、速度、温度、压力等参数进行评价。其中载荷是主要评价指标，即为承载能力。失效形式不同，零件的承载能力也不同，故应按承载能力的最小值设计零件。保证零件不发生失效所依据的计算条件，称为设计计算准则。主要设计计算准则如下：

（1）强度准则　强度是零件在载荷作用下抵抗断裂、塑性变形及表面失效（磨损、腐蚀除外）的能力，是机械零件首先应该满足的基本要求。为保证零件强度足够，应使其危险截面上或工作表面上的工作应力（或计算应力）σ 不超过许用应力 $[\sigma]$。表达式为

拓展视频
大国工匠：
大术无极

$$\sigma \leqslant [\sigma] = \frac{\sigma_{\lim}}{S} \tag{0-1}$$

式中，$\sigma_{\lim}$ 为极限应力；S 为安全系数，用以考虑各种偶然性或难以精确分析的影响。

（2）刚度准则　刚度是零件在载荷作用下抵抗弹性变形的能力。为保证零件刚度足够，应使零件工作时产生的弹性变形量 y 不超过机器工作性能所允许的极限值，即许用变形量 $[y]$。表达式为

$$y \leqslant [y] \tag{0-2}$$

弹性变形量 y 可用各种求变形量的理论公式或实验方法确定。许用变形量应根据不同的机器类型及其使用场合，按理论或经验来确定其合理的数值。

（3）寿命准则　影响零件寿命的主要因素是磨损、腐蚀和接触疲劳引起的表面失效。保证零件在使用期限内不发生表面失效是寿命准则的基本要求。

关于磨损，因其类型众多，影响因素复杂，产生的机理还未完全明晰，尚无完善的计算方法。可采用条件性计算避免零件表面过量磨损，或通过运用摩擦学原理设计零件结构、选择摩擦副材料和热处理方式、给予充分润滑等方法提高零件耐磨性。腐蚀寿命，也无有效的

计算方法，提高零件的防腐蚀能力只能从材料选择和工艺措施着手，如选用耐腐蚀材料，采用发蓝处理、表面镀层、喷涂漆膜、表面阳极化处理等表面保护措施。疲劳寿命，通常是求出使用寿命时的疲劳极限或额定载荷作为计算依据。

（4）振动稳定性准则　运转中的设备通常都有振动，且很多是周期性变化大的激振源，如齿轮的啮合、滑动轴承中的油膜振荡和弹性轴的偏心转动等。若某一零件本身的固有频率与激振源的频率重合或成整倍数关系，零件就会发生共振，并将在短期内导致零件甚至整个系统毁坏。因此，在设计时要使机器中受激振作用的各零件的固有频率与激振源频率错开。若出现固有频率与激振源频率接近的情况，可通过改变零件刚度、改变支承位置、增加或减少辅助支承等办法改变固有频率值。另外，采用隔离激振源与零件、增加阻尼等办法，也可以改善零件的振动稳定性。

（5）可靠性准则　可靠性表示机械系统或零件等在规定时间内能正常工作的程度，通常用可靠度 R 表示。设一批零件（N 个）在预定工作条件下进行试验，若在经过时间 t 后，还有 N_s 个正常工作，有 N_f 个损坏了，则这批零件在该工作条件下，能正常工作达到时间 t 的可靠度 R 为

$$R=\frac{N_s}{N}=1-\frac{N_f}{N} \tag{0-3}$$

一个由多个零件组成的串联系统，任意一个零件失效都会使整个机器失效，串联的零件越多，则可靠度越低。

6. 机械零件的材料及其选用

机械零件可用材料种类繁多，分为金属材料、非金属材料、复合材料。金属材料中钢铁使用最广，对于有导热、导电、减摩、耐磨等性能需求的场合常使用铜、铝等有色金属及其合金。高分子材料、陶瓷材料等均为非金属材料，其中高分子材料按特性通常可分为塑料、橡胶及纤维等类型，大多具有密度小、弹性大、耐蚀性好等特点。陶瓷材料则具有硬度高、耐磨、耐腐蚀、熔点高、密度比钢铁低等特点，常被形容为“钢一样强，金刚石一样硬，铝一样轻”。复合材料是由两种及以上具有明显不同的物理和力学性能的材料复合制成的，从而获得单一材料难以达到的优良性能，其主要优点是有较高的强度和弹性模量，且质量特别小。

选择合适的材料和热处理方式是机械设计中的重要环节且受到多方面因素制约。在后续各章节中，将分别介绍根据经验而推荐的适用材料。选择材料的一般原则如下：

（1）载荷及应力的大小和性质　该因素主要从强度出发，在充分了解材料力学性能的前提下进行选择。通常，受载大的零件应选用强度高的材料；在静应力作用下工作的零件可选用脆性材料；在冲击、振动及变载荷下工作的零件应选用塑性材料。

（2）零件的工作情况　零件的工作情况指零件所处的环境特点、工作温度和摩擦磨损程度等。

通常，在湿热环境下，应选用防锈和耐腐蚀能力好的材料，如不锈钢、铜合金等。在大温差环境下，相配合的两零件材料的线膨胀系数应基本相同，以免因温度变化而产生过大的热应力，或使配合松动，同时要考虑材料的力学性能随温度而改变的情况。对于易发生摩擦磨损的情况，要提高零件表面硬度以增强耐磨性，故应选用适合于进行表面处理的淬火钢、渗碳钢、氮化钢等材料。

（3）零件的尺寸和质量　零件的尺寸和质量与材料的品种及毛坯的制取方法有关。铸造毛坯时，零件尺寸和质量一般不受限制；锻造毛坯时，需考虑锻造机械设备的生产能力，

一般用于零件尺寸和质量较小的情况。此外，还应尽可能选用强度高而密度小的材料，以减小零件的尺寸和质量。

（4）零件结构的复杂程度及材料的加工可靠性　结构复杂零件宜选用铸造毛坯，选用铸造工艺性好的材料，如铸铁、铸钢等；也可以采用板材冲压出结构件后再焊接而成，选用冲压工艺性与焊接工艺性好的材料。结构简单的零件可用锻造毛坯，选用锻造工艺性好的材料，如锻钢等。

（5）材料的经济性　选材时，要综合考虑材料的价格、加工成本、利用率乃至材料的供应情况。第一，在满足使用要求的前提下，应尽可能选用价格低廉的材料。第二，大批量生产时，宜选用铸造毛坯或模锻毛坯；单件小批量生产时，可选用焊接毛坯或自由锻毛坯。第三，为提高材料利用率，节省机械加工的费用，可采用精密的毛坯制造方法，如精铸、精密锻造、冲压等。第四，应考虑材料供应情况，在满足使用要求的条件下，首先选用库存材料，或当地材料、国产材料。

7. 机械零件的结构工艺性

零件的结构工艺性，是指在保证零件性能的前提下，高效而经济地加工零件并将其装配成机器的特性。良好的结构工艺性是设计机械零件的基本要求之一，它贯穿于毛坯制造、切削加工、热处理及装配等各环节。通常应从以下四方面考虑机械零件的结构工艺性：

1）零件的结构应与生产条件、批量大小及尺寸大小相适应。

2）零件造型应简单化，力求减少被加工表面的面积和数量。

3）零件结构应适合进行热处理，避免产生裂纹和严重变形。

4）零件的结构应保证加工和装拆的可能性、方便性、精确性。

8. 机械零件设计中的标准化

标准化是组织现代化生产、提高产品质量、降低产品成本的重要措施。零件的标准化，是针对零件的尺寸、结构要素、材料性能、检验方法、设计方法和制图要求等方面，所制定的各种设计人员共同遵守的标准。它的基本特征是统一、简化。标准化的意义在于：

1）提高零件的加工质量。标准化可实现，在专业化工厂中以最先进的方法集中批量地制造用途最广的零件，并降低成本。

2）提高零件性能可靠性。标准化统一了材料和零件的性能指标，能够方便比较。

3）提高设计质量。采用标准结构及零部件，可以简化设计工作，缩短设计周期。

4）便于装配与维修。标准化使零件具有良好的互换性。

5）机械制图的标准化保证了工程语言的统一。

与机械零件设计有关的标准，按运用范围，可分为国家标准（GB）、行业标准（如 JB、YB 等）和企业标准三个等级；按使用的强制性，可分为必须执行的（有关度、量、衡及涉及人身安全等标准）和推荐使用的（如标准直径等）。

0.3　工程设计任务

齿轮传动在减速器中的发展

1. 设计任务

设计蜗杆—圆柱齿轮二级传动减速器，该减速器应用于带式运输机。

2. 技术要求

该减速器的技术条件、技术参数及传动装置简图见表 0-1。

表 0-1　减速器的技术条件、技术参数及传动装置简图

技术条件		技术参数		传动装置简图
工作环境	室外使用	输出载荷	$F=2097\text{N}$	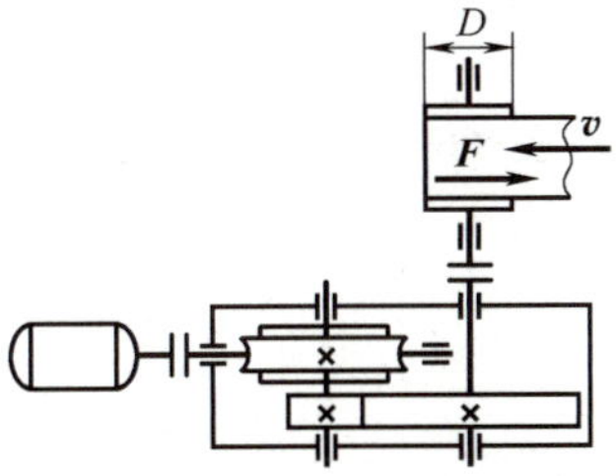
生产批量	单件小批量	卷筒直径	$D=0.40\text{m}$	
载荷性质	轻微冲击	传动速度	$v=0.34\text{m/s}$	
使用年限	五年、一班制	案例模型	如图 0-1 所示	

3. 设计流程

该减速器的设计任务及阶段划分见表 0-2。

表 0-2　减速器的设计任务及阶段划分

序号	任务名称		案例	任务阶段
1	总体设计	电动机选择		设计计算
		总传动比确定及其分配		
		运动学计算		
2	传动件设计	蜗杆传动设计		
		齿轮传动设计		
3	装配图设计	1)轴系结构设计 2)标准件选取 3)箱体结构设计 4)辅助件设计选取		绘图与计算 同步交叉进行

（续）

序号	任务名称		案例	任务阶段
4	零件图设计	零件工作图绘制		工程绘图
5	设计说明书	撰写设计报告（说明书）		设计总结

4. 案例设计

案例设计过程，可扫描表 0-2 中所示二维码学习。

5. 三维模型

图 0-1 所示为蜗杆齿轮减速器三维模型图。

图 0-1　蜗杆齿轮减速器三维模型图

第1章　带传动

知 识 图 谱

- 带传动
  - 认识选用
    - 特点
      - 简单、平稳、缓冲吸振、成本低
      - 传动比不准确、效率低、带寿命短
    - 分类
      - 摩擦型：平带、V带、多楔带、圆带
      - 啮合型：同步带
    - 应用 — 工业、农业和食品机械，交通工具等
  - 工作能力
    - 紧边拉力 — $F_1=\dfrac{Fe^{\mu\theta}}{e^{\mu\theta}-1}+qv^2$　松边拉力 — $F_2=\dfrac{F}{e^{\mu\theta}-1}+qv^2$
    - 最大有效拉力 — $F_{max}=\dfrac{2(F_0-qv^2)(e^{\mu\theta}-1)}{e^{\mu\theta}+1}$
    - 最大应力 — 紧边进入小带轮处 $\sigma_{max}=\dfrac{Fe^{\mu\theta}}{A(e^{\mu\theta}-1)}+\sigma_c+\sigma_{b1}$
    - 提高工作能力
      - 增大初始拉力、摩擦系数、包角
      - 使带传动在最佳速度下工作
      - 采用新型带传动、高强度带材料
  - 设计依据
    - 特性
      - 弹性滑动
      - 打滑
    - 失效形式 — 打滑、疲劳破坏、磨损
    - 设计准则 — 在不打滑的前提下，保证带具有一定的疲劳强度和寿命
  - 参数选择
    - 带的型号 — 由设计功率 P_d 和小带轮转速 n_1 查图
    - 带轮直径 — 查表取标准值
    - 带速 — $v=\dfrac{\pi d_{d1}n_1}{60\times1000}$
    - 轴间距 — $0.7(d_{d1}+d_{d2})\leqslant C_0<2(d_{d1}+d_{d2})$
    - 带长 — $L_{d0}=2C_0+\dfrac{\pi}{2}(d_{d1}+d_{d2})+\dfrac{(d_{d2}-d_{d1})^2}{4C_0}$
    - 小带轮包角 — $\theta_1=180^\circ-\dfrac{d_{d2}-d_{d1}}{C}\times57.3^\circ\geqslant120^\circ$
    - 带根数 — $z=\dfrac{P_d}{(P_0+\Delta P_0)K_\theta K_L}$
    - 单根V带的张紧力 — $F_0=500\dfrac{P_d}{vz}\left(\dfrac{2.5}{K_\theta}-1\right)+qv^2$
    - 压轴力 — $F_r=2zF_0\sin\dfrac{\theta_1}{2}$
  - 结构设计
    - 张紧装置
      - 定期张紧装置
      - 自动张紧装置
      - 控制张紧力
    - 带轮结构 — 实心式、腹板式、孔板式、轮辐式

1.1 带传动的特点及类型

带传动的类型及滑动

带传动是由带轮（主动带轮和从动带轮）和传动带组成的一种挠性传动。它利用带轮和传动带之间的摩擦或啮合作用，进行两轴（或多轴）间运动和动力的传递。带传动具有结构简单、传动平稳、缓冲吸振、成本低和维护方便等特点，广泛应用于各类机械中。

根据工作原理，带传动可分为摩擦型和啮合型两大类。摩擦型带传动靠带与带轮接触面之间的摩擦力传递运动和动力，如图 1-1a～d 所示。啮合型带传动（又称为同步带传动）通过带与带轮上齿的啮合作用传递运动和动力，如图 1-1e 所示。摩擦型带传动的带与带轮间有相对滑动，故传动比不准确（滑动率在 2%以下）；啮合型带传动可以保证传动同步，传动比准确，但对制造、安装要求较高。

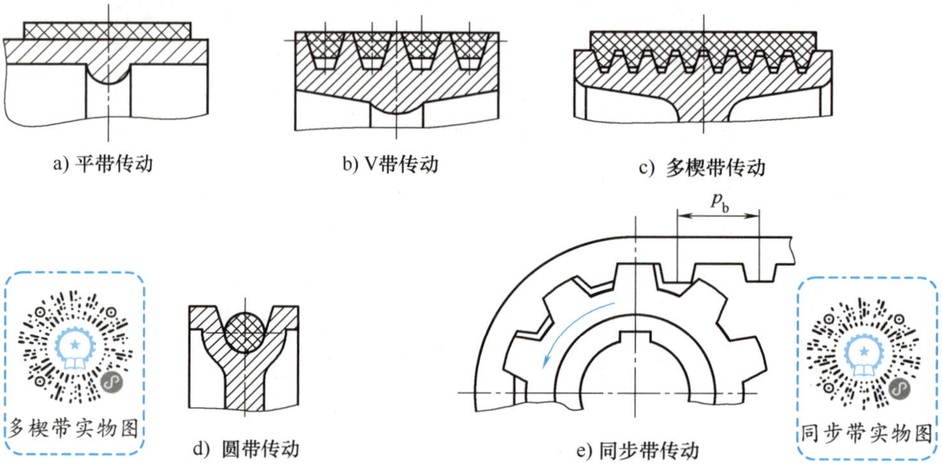

图 1-1 带传动的类型

根据传动类型可将带传动分为开口传动、交叉传动和半交叉传动等，见表 1-1。

表 1-1 带传动的传动类型

传动类型	开口传动	交叉传动①	半交叉传动①	张紧轮传动
示意图	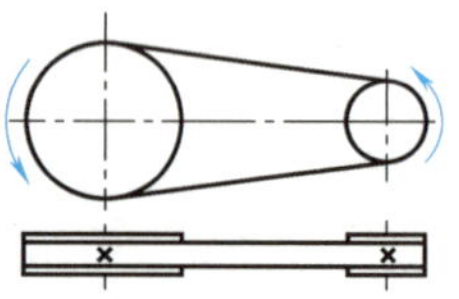 开口传动	（轴间距 $a>20b$，b 为带宽）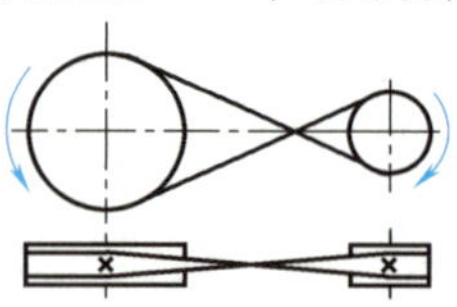 交叉传动	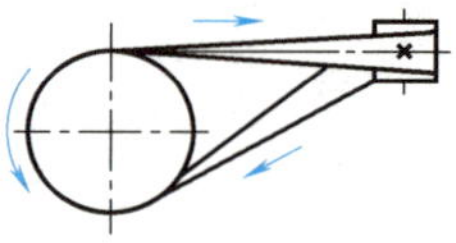 半交叉传动	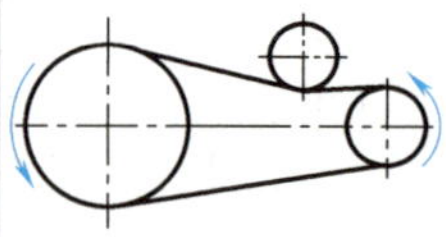 张紧轮传动
传动比	$i\leqslant5$（平带） $i\leqslant7$（V 带）	$i\leqslant6$	$i\leqslant3$	$i\leqslant10$

（续）

传动类型	开口传动	交叉传动①	半交叉传动①	张紧轮传动
带速/(m/s)	$v \leqslant 60$(平带) $v \leqslant 25$(V 带)	$v \leqslant 15$	$v \leqslant 15$	$v \leqslant 25 \sim 50$
相对拉曳能力②	1	0.75~0.85	0.7~0.8	>1
特点	1)两轴平行 2)回转方向相同	1)两轴平行 2)回转方向相反 3)由于交叉处带的摩擦和扭转,带寿命短	1)两轴交错 2)不能逆转	1)两轴平行 2)回转方向相同 3)不能逆转 4)用于小轴间距、大传动比的传动

① 交叉传动、半交叉传动适用于平带。

② 相对于开口传动的拉曳能力。

根据传动带横截面形状，摩擦型带传动可分为平带传动、V 带传动和特殊截面带传动。

平带实物图

（1）平带传动　平带的横截面是扁平矩形，其工作面是与轮面相接触的内表面，带轮容易制造，因此结构最简单，常用于传动轴间距较大的情况。平带种类很多，有由数层挂胶帆布黏合而成的胶帆布平带、锦纶片复合平带、高速环形平带等。高速环形平带是无端的，其他平带常以若干米盘成一卷，使用时根据需要截取并通过硫化或机械方式将其端部连接起来。

（2）V 带传动　V 带的横截面是等腰梯形，带轮上也做出相应的轮槽，带工作面是与轮槽相接触的两个侧面，如图 1-2 所示，主要有普通 V 带、窄 V 带、宽 V 带、大楔角 V 带和联组 V 带等。

普通 V 带、窄 V 带和宽 V 带是按照相对高度 T/W_p（h 为带的高度，W_p 为带的节宽）值区分的，它们的相对高度分别是 0.7、0.9、0.3。普通 V 带应用最广泛；窄 V 带用于大功率、结构要求紧凑的传动；宽 V 带常用于无级变速传动中。

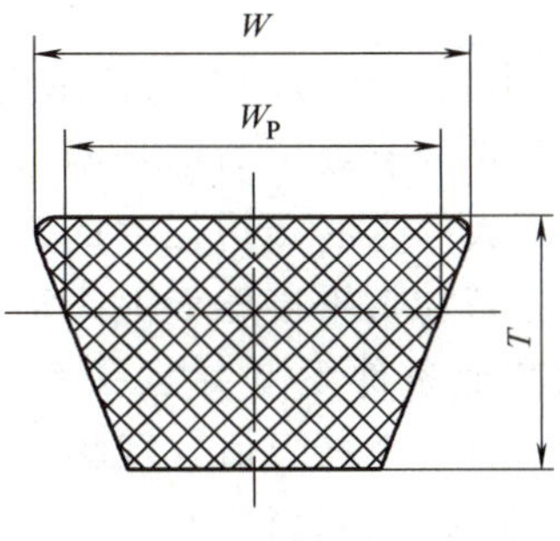

图 1-2　V 带截面

V带实物图

大楔角 V 带用于速度较高、结构特别紧凑的传动。联组 V 带是将几根普通 V 带或窄 V 带的顶面用胶帘布等距黏结而成，由 2、3、4 或 5 根联成一组，用于结构特别紧凑的传动。

由于轮槽的楔形效应，当张紧力相同时，V 带传动较平带传动能产生更大的摩擦力，因此具有较大的传动能力，或者说在传递的功率相同时，V 带传动的结构更紧凑。另外，传递功率相同时，V 带传动的张紧力和包角均较小，所以可获得较大的传动比和较小的轴间距。V 带均制成环形，使用方便。V 带传动的缺点是效率较低，带的使用寿命较短。目前，V 带传动是机械传动中应用最广的带传动类型。

（3）特殊截面带传动　特殊截面带传动主要包括多楔带和圆带传动。多楔带是在平带的基体下有若干纵向三角形楔的环形带，它具有平带的柔软、V 带的摩擦力大等特点，比 V 带传动平稳、外廓尺寸小，用于要求结构紧凑的传动，特别是要求 V 带根数多或轮轴垂直地面的传动。圆带有圆皮带、圆绳带、圆锦纶带等，其传动能力小，主要用于带速 $v<15\text{m/s}$，传动比 $i=1/2\sim3$ 的小功率传动，如仪器和家用器械中。

1.2 摩擦型带传动的工作能力

1. 带传递的力

带传动的受力分析

带呈环形，以一定的张紧力 F_0 套在带轮上，使带和带轮相互压紧。传动不工作时，带两边的初拉力相等，均为 F_0；工作时，由于带与轮面间的摩擦力使其一边拉力加大到 F_1，称为紧边拉力，另一边拉力减小到 F_2，称为松边拉力。如果近似认为带的总长度保持不变，且带为线弹性体，则带紧边拉力的增加量应等于松边拉力的减少量，即

$$F_1-F_0=F_0-F_2 \tag{1-1a}$$

或者

$$F_1+F_2=2F_0 \tag{1-1b}$$

带两边拉力之差 $F=F_1-F_2$ 即为带的有效拉力，它等于沿带轮的接触弧上摩擦力的总和。将带的有效拉力 $F=F_1-F_2$ 代入式（1-1）可得

$$\begin{cases} F_1=F_0+\dfrac{F}{2} \\ F_2=F_0-\dfrac{F}{2} \end{cases} \tag{1-2}$$

设带传动传递的功率为 $P(\text{kW})$、带速为 $v(\text{m/s})$，则有效拉力 $F(\text{N})$ 为

$$F=F_1-F_2=\frac{1000P}{v} \tag{1-3}$$

由式（1-3）可知，在传动能力范围内，F 的大小与传递的功率 P 及带速 v 有关。当传递的功率增大时，带的有效拉力即带两边拉力的差值也要相应增大。带的两边拉力的这种变化，实际上反映了带和带轮接触面上摩擦力的变化。显然，当其他条件不变并且张紧力 F_0 一定时，其摩擦力有一个极限值（或称为临界值），它限制着带传动的传动能力。

2. 带的最大有效拉力

带传动中，当带有打滑趋势时摩擦力即达到了极限值。假设带是理想的挠性体，在工作中不能伸长，也没有弯曲阻力存在。在图 1-3 中，取一微小长度的带 $\mathrm{d}l$，其受力情况为：松边拉力 F，紧边拉力 $F+\mathrm{d}F$，运转时所受离心力 $\mathrm{d}F_c'$，带轮对带的正压力 $\mathrm{d}F_n$，其摩擦力为 $\mu\mathrm{d}F_n$，μ 为带与带轮间的摩擦系数。

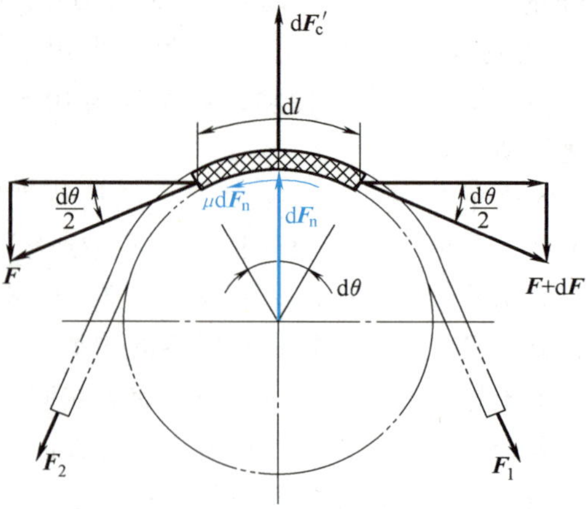

图 1-3 带紧边与松边拉力关系简图

带即将打滑时，带上各力沿垂直方向的平衡式为

$$F\sin\frac{d\theta}{2}+(F+dF)\sin\frac{d\theta}{2}-dF_n-dF_c'=0$$

取 $\sin\frac{d\theta}{2}\approx\frac{d\theta}{2}$，并略去二阶无穷小量 $dF\frac{d\theta}{2}$，上式可简化为

$$dF_n=Fd\theta-dF_c'$$

已知微段带离心力 $dF_c'=qv^2d\theta$，代入上式，得

$$dF_n=(F-qv^2)d\theta$$

式中，q 为带的单位长度质量（kg/m）。

传动带微段上的摩擦力为

$$dF=\mu dF_n=\mu(F-qv^2)d\theta$$

上式等号两边同除以 $F-qv^2$，并对其积分，得

$$\int_{F_2}^{F_1}\frac{dF}{F-qv^2}=\int_0^{\alpha}\mu d\theta$$

积分后可得

$$\frac{F_1-qv^2}{F_2-qv^2}=e^{\mu\theta} \tag{1-4}$$

对于 V 带传动，μ 应为当量摩擦系数 μ_v。

若带速 $v<10m/s$，离心力可以忽略，则 $F_1/F_2=e^{\mu\theta}$，此即著名的欧拉公式。

联立解式（1-3）与式（1-4），可得紧边拉力 F_1 和松边拉力 F_2 分别为

$$\begin{cases}F_1=\dfrac{Fe^{\mu\theta}}{e^{\mu\theta}-1}+qv^2\\[2ex]F_2=\dfrac{F}{e^{\mu\theta}-1}+qv^2\end{cases} \tag{1-5}$$

联立解式（1-2）与式（1-4），可得带传动最大有效拉力 F_{max} 为

$$F_{max}=\frac{2(F_0-qv^2)(e^{\mu\theta}-1)}{e^{\mu\theta}+1} \tag{1-6}$$

由式（1-6）可知，最大有效拉力 F_{max} 与以下因素有关：

1）初始拉力（张紧力）F_0。最大有效拉力 F_{max} 与初始拉力 F_0 成正比，F_0 越大，带与带轮的正压力越大，带传动的摩擦力就越大，其最大有效拉力 F_{max} 也就越大。但 F_0 过大时，带的磨损加剧，带过快松弛，缩短带的工作寿命。如果 F_0 过小，带的工作能力不能充分发挥，运转时容易发生跳动和打滑。

2）包角 θ。最大有效拉力 F_{max} 随包角 θ 的增大而增大。θ 越大，带与带轮接触面上产生的总摩擦力越大，传动能力也就越强。因此，通常要求小带轮包角 $\theta_1\geqslant120°$。

3）摩擦系数 μ。最大有效拉力 F_{max} 随摩擦系数 μ 的增大而增大。因为增大摩擦系数 μ 同样能够增大总摩擦力，提高带传动能力。摩擦系数 μ 与带及带轮材料和表面状态、工作环境条件有关。

4）带的单位长度质量 q。带绕过带轮做圆周运动时产生的离心力会减小带与带轮接触

面的正压力。在相同速度下，带单位长度质量越大，带在运动过程中产生的离心力就越大，带与带轮接触面的正压力也就越小，带传动的最大有效拉力也会随之减小，降低带的传动能力。因此，对于带传动，一般都选用轻质带。

5）带速 v。由 $P=Fv/1000$ 可知，当功率 P 一定时，带速 v 越大，有效拉力 F 越小，所需带的根数随之减小，带传动结构尺寸也就越小。当带速 v 过大时，单位时间内带绕过带轮的次数增多，会加剧带的磨损，降低带的疲劳强度和缩短其寿命。另外，带速 v 过大同样会增大带的离心力，减小带的最大有效拉力，降低带的传动能力。若带速 v 过小，则会使带传动所需有效拉力增大，要求带的根数增加，对传动不利。因此，在带传动的设计中，带速 v 一般应在 5~25m/s 之间选取。

3. 带的离心拉力

带在绕过带轮做圆周运动时产生离心力，它使带在全长上各处均受到大小相同的离心拉力，如图 1-4 所示。取一微小段带 dl，所对应的包角为 $d\theta$，带轮半径为 r，微弧段 dl（$dl=rd\theta$）上离心力 dF_c' $\left[dF_c'=q(rd\theta)\dfrac{v^2}{r}\right]$ 与带离心拉力 F_c 的平衡式为

$$q(rd\theta)\frac{v^2}{r}=2F_c\sin\frac{d\theta}{2}$$

当 $d\theta$ 很小时，$\sin\dfrac{d\theta}{2}\approx\dfrac{d\theta}{2}$，带的离心拉力为

$$F_c=qv^2 \tag{1-7}$$

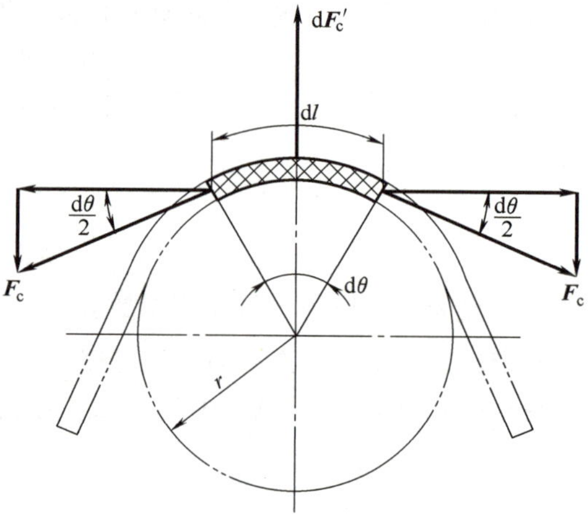

图 1-4　带的离心拉力计算简图

4. 带的应力分析

（1）拉应力　紧边拉应力 σ_1 和松边拉应力 σ_2 分别为

$$\sigma_1=\frac{F_1}{A},\quad \sigma_2=\frac{F_2}{A} \tag{1-8}$$

式中，A 为带的横截面面积（m^2）。

需要指出的是，拉应力包含由离心拉力产生的离心应力，其值为

$$\sigma_c=\frac{F_c}{A}=\frac{qv^2}{A} \tag{1-9}$$

离心应力与单位长度的质量 q 成正比，与 v^2 成正比，故高速时宜采用轻质带，有利于降低离心应力。

（2）弯曲应力　绕在带轮上的部分产生的弯曲应力为

$$\sigma_b\approx\frac{Ey}{r} \tag{1-10}$$

式中，E 为带的弹性模量；y 为带的节面到最外层的距离（mm），平带 $y=T/2$（T 为带高），V 带 $y=c$（表 1-2 插图）；r 为曲率半径（mm），平带 $r=d/2+T/2$，V 带 $r=d_d/2$，见表 1-2 插图。

两个带轮直径不同时，带在小带轮上的弯曲应力较大。

图 1-5 所示为带工作时应力的变化情况。图中小带轮为主动轮，最大应力发生在紧边进入小带轮处（图中的 b 点）：

$$\sigma_{\max}=\sigma_1+\sigma_{b1}=F_1/A+\sigma_{b1}=\left(\frac{Fe^{\mu\theta}}{e^{\mu\theta}-1}+qv^2\right)/A+\sigma_{b1}=\frac{Fe^{\mu\theta}}{A(e^{\mu\theta}-1)}+\sigma_c+\sigma_{b1} \tag{1-11}$$

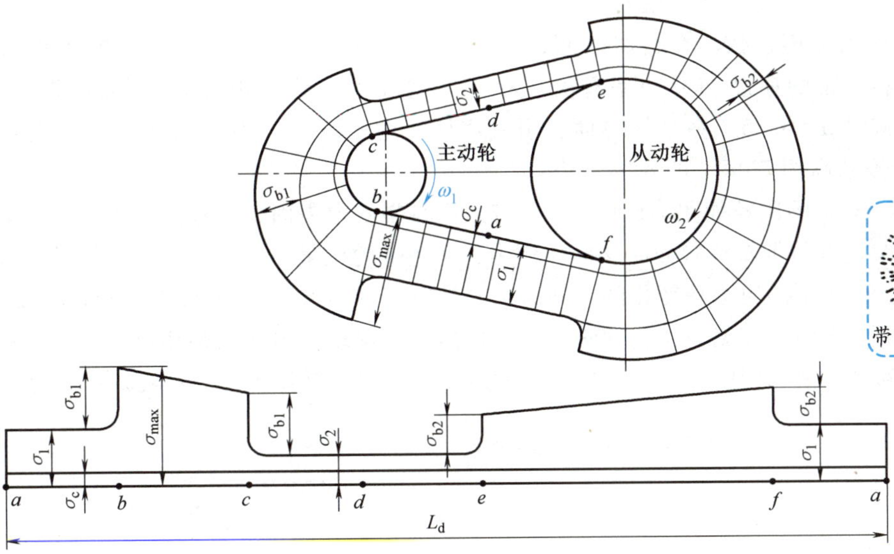

图 1-5　带工作时应力的变化情况

带的应力分析

5. 带传动的疲劳强度

由图 1-5 可知，带每绕过带轮一次，应力就由小变大，又由大变小地变化一次。带绕过带轮的数目越多，转速越高、带越短，应力变化就越频繁。因此，带传动的主要**失效形式**为打滑及带由于疲劳产生脱层、撕裂和拉断等疲劳破坏。

在不打滑的前提下，保证带具有一定的疲劳强度和寿命是带传动的主要**设计依据**。

因此，根据不打滑条件 $F_1=\frac{Fe^{\mu\theta}}{e^{\mu\theta}-1}+qv^2$ 和带的疲劳强度条件 $\sigma_{\max}=\sigma_1+\sigma_{b1}\leqslant[\sigma]$ 可得，带的传递功率 P 为

$$P=\frac{Fv}{1000}=\frac{(F_1-qv^2)\left(1-\frac{1}{e^{\mu\theta}}\right)v}{1000}=\frac{(\sigma_1A-qv^2)\left(1-\frac{1}{e^{\mu\theta}}\right)v}{1000}$$

$$=\frac{A([\sigma]-\sigma_{b1}-\sigma_c)\left(1-\frac{1}{e^{\mu\theta}}\right)v}{1000} \tag{1-12}$$

式中，$[\sigma]$ 为由疲劳寿命决定的带的许用拉应力（N/m^2）。

对于一定规格、材质的带，在特定试验条件下（如 $\theta_1=\theta_2=180°$、循环次数 $N=10^8$、规定的带长、载荷平稳等），可求出疲劳方程 $\sigma^mN=C$ 中的 C 值。因此

$$[\sigma]=\sqrt[m]{\frac{C}{N}}=\sqrt[m]{\frac{C}{3600Z_pt_h\frac{v}{L_d}}} \tag{1-13}$$

式中，Z_P 为带绕过带轮的数目；t_h 为总工作时数（h）；v 为带速（m/s）；N 为循环次数；m 为系数，对于平带 $m=5\sim6$，对于 V 带 $m=11$；L_d 为带的基准长度（mm）。

在特定条件下，按照式（1-12）可求得平带传动中带单位截面积所能传递的功率、各种型号的单根 V 带所能传递的功率，并制成图表供设计人员使用。

6. 提高带传动工作能力的措施

（1）增大摩擦系数　在材料方面，采用摩擦系数 μ 较高的材料，摩擦系数的大小与带和带轮材料、带的速度和滑动率有关。在一般情况下，铸铁带轮采用传动胶带时 $\mu=0.3$，采用皮革带时 $\mu=0.35$。在结构方面，可利用楔形增压原理采用 V 带传动，其当量摩擦系数 μ_v 比平带传动高约 70%，即 $\mu_v\approx1.7\mu$。

平带和 V 带的比较如图 1-6 所示。平带工作时带的内表面是工作面，接触面的摩擦力 $F_\mu=\mu N=\mu Q$，N 是带与带轮接触面间法向作用力，Q 是带的压紧力。V 带传动工作时，带的两侧面是工作面，由于带的拉力是变化的，同时引起带宽尺寸的变化，从而使带沿轮槽做径向移动。在从动轮上，带由松变紧，拉力逐渐增大，带向槽内移动，主动轮则相反。因此，V 带传动有周向滑动和径向滑动同时存在，相应有周向摩擦力和径向摩擦力同时存在。根据力的平衡，得

$$Q=2N\left(\sin\frac{\varphi}{2}+\mu\cos\frac{\varphi}{2}\right),\quad 2N=\frac{Q}{\sin\frac{\varphi}{2}+\mu\cos\frac{\varphi}{2}}$$

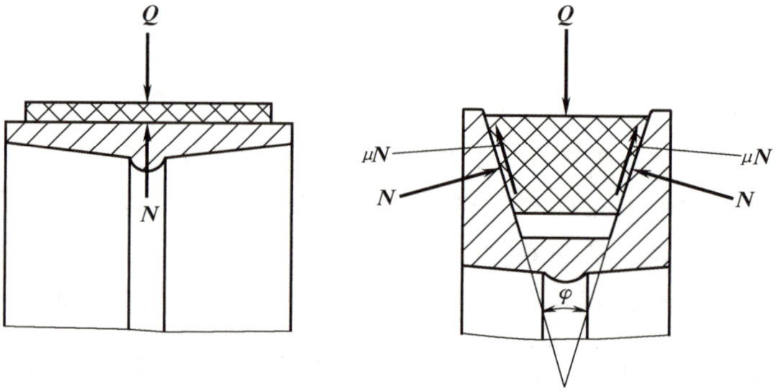

图 1-6　平带和 V 带的比较

由此得

$$F_\mu=2\mu N=\mu\frac{Q}{\sin\frac{\varphi}{2}+\mu\cos\frac{\varphi}{2}}=\mu_v Q$$

$$\mu_v=\frac{\mu}{\sin\frac{\varphi}{2}+\mu\cos\frac{\varphi}{2}}$$

式中，μ_v 为 V 带传动的当量摩擦系数。若取 $\mu=0.3$，$\varphi=34°\sim38°$，则 $\mu_v=0.492\sim0.518$，平均取 $\mu_v=0.51\approx1.7\mu$。

即 V 带传动利用楔形原理，在同样大的张紧力下可产生更大的摩擦力。

（2）增大包角　增大包角可以增大有效拉力，提高传动工作能力。增大包角的措施，除减小传动比、增大中心距外，还可以采用张紧装置。

（3）选择最佳传动速度　若式（1-12）中的 $F_1-qv^2=0$，则 $P=0$，说明带速很大时，紧

边拉力全部用来承担离心力。由此得极限速度

$$v_{\lim}=\sqrt{F_1/q}$$

对式（1-12）中的 v 求导，并使 $\mathrm{d}P/\mathrm{d}v=0$，则可求得传递功率最大时的最佳速度

$$v_{\mathrm{opt}}=\sqrt{F_1/3q}=0.58v_{\lim}$$

若带在最佳速度下工作，则能充分发挥带的工作能力。

（4）采用新型带传动　如大楔角 V 带、多楔带、同步带等传动。

（5）采用高强度带材料　如采用钢丝绳、涤纶等合成纤维绳作为带的强力层。

1.3　带传动的弹性滑动与打滑

1. 弹性滑动

图 1-7 所示为带传动的弹性滑动示意图。由于带是弹性体，受力后必然产生弹性变形，其变形量的大小用图中细实线区域宽度来表示。带传动工作时因为紧边和松边拉力不同，所以弹性变形也不同。带自 b 点绕上主动轮时，带的速度和带轮表面的速度相等。在带由 b 点转到 c 点的过程中，带的拉力由 F_1 降到 F_2，所以带的拉伸弹性变形也就随之逐渐减小。因而，带一面随带轮运动，一面沿带轮轮缘表面向后收缩，带的速度落后于带轮，因此两者之间必然产生相对滑动。同样的现象也发生在从动轮上，但情况恰好相反。在 e 点处，带和带轮具有同一速度，但当带由 e 点转到 f 点的过程中，带不是缩短而是被拉长，使带的速度高于带轮。这种由于带的弹性变形和拉力差而引起的带与带轮间的相对滑动，称为带的**弹性滑动**。

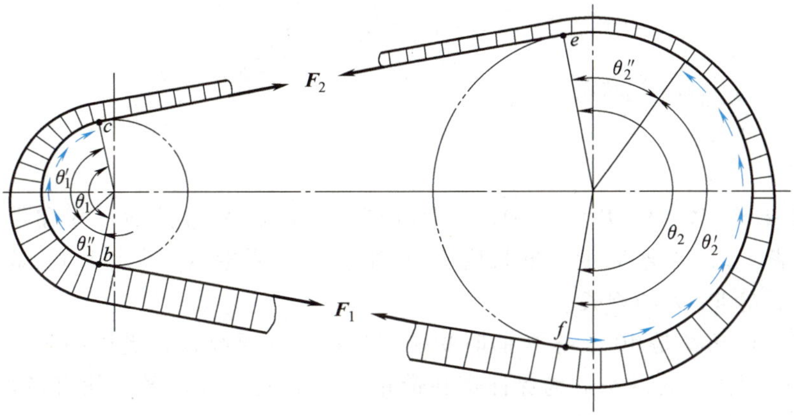

弹性滑动主动轮

图 1-7　带传动的弹性滑动示意图

在带传动中，由于摩擦力使带的两边发生不同程度的拉伸变形，摩擦力是这类传动所必需的，所以弹性滑动也是不可避免的。

弹性滑动引起下列后果：①降低传动效率；②带的磨损；③从动轮的圆周速度低于主动轮；④发热，使带温度升高。

由于弹性滑动的影响，使从动轮的圆周速度 v_2 低于主动轮的圆周速度 v_1，其相对降低率称为滑动率 ε：

$$\varepsilon=\frac{v_1-v_2}{v_1}$$

将 $v=\pi dn$ 代入上式，可得带传动考虑弹性滑动影响的传动比公式

$$i=\frac{n_1}{n_2}=\frac{d_2}{d_1(1-\varepsilon)}$$

式中，n_1、n_2 为主、从动轮转速（r/min）；d_1、d_2 为主、从动轮直径（mm），对 V 带传动可视为基准直径 d_{d1}、d_{d2}。

滑动率 ε 的值与弹性滑动的大小有关，也即与带的材料和受力大小等因素有关，不能得到准确的数值，因此带传动不能获得准确的传动比。带传动的滑动率一般为 1%～2%。因为 ε 值很小，粗略计算时可忽略不计。

2. 打滑

在正常情况下，并不是全部接触弧上都发生弹性滑动。接触弧可分为滑动弧（有相对滑动）和静弧（无相对滑动）两部分，两段弧所对应的中心角分别称为滑动角 θ' 和静角 θ''。静弧总是发生在带和带轮同速度的接触区域（图 1-7）。

打滑

带不传递载荷时，滑动角为零，随着载荷的增加，滑动角 θ' 逐渐增大，而静角 θ'' 则逐渐减小，当滑动角 θ' 增大到 θ_1 时，达到极限状态，此时，带传动的有效拉力达到最大值，带开始打滑。这种由于过载所引起的带在带轮上的全面滑动称为**打滑**。

打滑造成带的严重磨损并使带的运动处于不稳定状态。带在大轮上的包角大于小轮上的包角，所以打滑总是在小轮上先开始。避免过载就可避免打滑。

但是，当带传动所传递的功率突然增大而超过设计功率时，这种打滑能够起到过载保护的作用。

1.4 普通 V 带传动的设计计算

1. 带的型号

普通V带传动分析

普通 V 带有 Y、Z、A、B、C、D、E 七种型号。普通 V 带截面尺寸和带轮沟槽尺寸见表 1-2，普通 V 带基准长度 L_d 及带长修正系数 K_L 见表 1-3。基准长度是带的节宽 W_p 处的周长。

普通 V 带的楔角都是 40°，带弯曲时受拉部分在横向要收缩，受压部分在横向要伸长，因而楔角将减小。为保证带和带轮工作面能良好接触，除直径很大的带轮外，带轮轮槽的槽角 α 都应小于楔角，见表 1-2。

表 1-2 普通 V 带截面尺寸和带轮沟槽尺寸 （单位：mm）

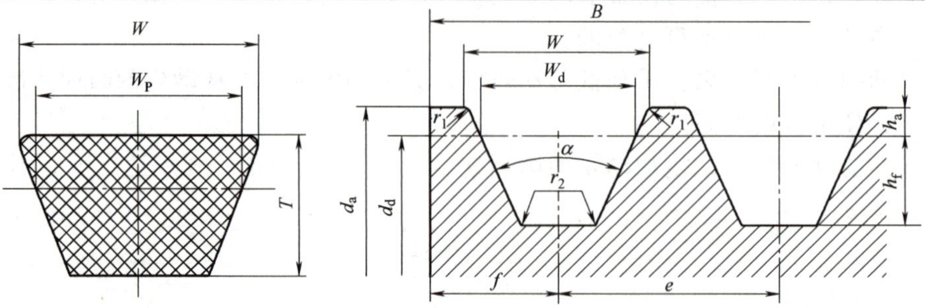

（续）

尺寸		Y	Z	A	B	C	D	E
普通V带尺寸	顶宽 W	6	10	13	17	22	32	38
	节宽 W_p	5.3	8.5	11	14	19	27	32
	高度 T	4	6	8	11	14	19	23
带轮沟槽尺寸	W_d	5.3	8.5	11	14	19	27	32
	h_{amin}	1.6	2	2.75	3.5	4.8	8.1	9.6
	e	8	12	15	19	25.5	37	44.5
	f_{min}	6	7	9	11.5	16	23	28
	h_{fmin}	4.7	7	8.7	10.8	14.3	19.9	23.4

尺寸			Y	Z	A	B	C	D	E
带轮沟槽尺寸	B		$B=(Z-1)e+2f$（Z 为轮槽数）						
	r_1		0.2~0.5						
	r_2		0.5~1.0				1.0~1.6	1.6~2.0	1.6~2.0
α	32°	对应的 d_d	≤60	—	—	—	—	—	—
	34°		—	≤80	≤118	≤190	≤315	—	—
	36°		>60	—	—	—	—	≤475	≤600
	38°		—	>80	>118	>190	>315	>475	>600
带的单位长度质量 q/(kg/m)			0.023	0.060	0.105	0.170	0.300	0.630	0.970

表 1-3　普通 V 带基准长度 L_d 及带长修正系数 K_L

Y		Z		A		B		C		D		E	
L_d/mm	K_L	L_d/mm	K_L	L_d/mm	K_L	L_d/mm	K_L	L_d/mm	K_L	L_d/mm	K_L	L_d/mm	K_L
200	0.81	405	0.87	630	0.81	930	0.83	1565	0.82	2740	0.82	4660	0.91
224	0.82	475	0.90	700	0.83	1000	0.84	1760	0.85	3100	0.86	5040	0.92
250	0.84	530	0.93	790	0.85	1100	0.86	1950	0.87	3330	0.87	5420	0.94
280	0.87	625	0.96	890	0.87	1210	0.87	2195	0.90	3730	0.90	6100	0.96
315	0.89	700	0.99	990	0.89	1370	0.90	2420	0.92	4080	0.91	6850	0.99
355	0.92	780	1.00	1100	0.91	1560	0.92	2715	0.94	4620	0.94	7650	1.01
400	0.96	920	1.04	1250	0.93	1760	0.94	2880	0.95	5400	0.97	9150	1.05
450	1.00	1080	1.07	1430	0.96	1950	0.97	3080	0.97	6100	0.99	12230	1.11
500	1.02	1330	1.13	1550	0.98	2180	0.99	3520	0.99	6840	1.02	13750	1.15
		1420	1.14	1640	0.99	2300	1.01	4060	1.02	7620	1.05	15280	1.17
		1540	1.54	1750	1.00	2500	1.03	4600	1.05	9140	1.08	16800	1.19
				1940	1.02	2700	1.04	5380	1.08	10700	1.13		
				2050	1.04	2870	1.05	6100	1.11	12200	1.16		
				2200	1.06	3200	1.07	6815	1.14	13700	1.19		
				2300	1.07	3600	1.09	7600	1.17	15200	1.21		
				2480	1.09	4060	1.13	9100	1.21				
				2700	1.10	4430	1.15	10700	1.24				
						4820	1.17						
						5370	1.20						
						6070	1.24						

带的型号根据设计功率 P_d 和小带轮转速 n_1 选取，如图 1-8 所示。设计功率为

$$P_d = K_A P \tag{1-14}$$

式中，K_A 为工况系数，查表 1-4；P 为名义传递功率（kW）。

在两种型号相邻的区域，可将两种型号同时计算，最后进行分析比较，选用较好者。

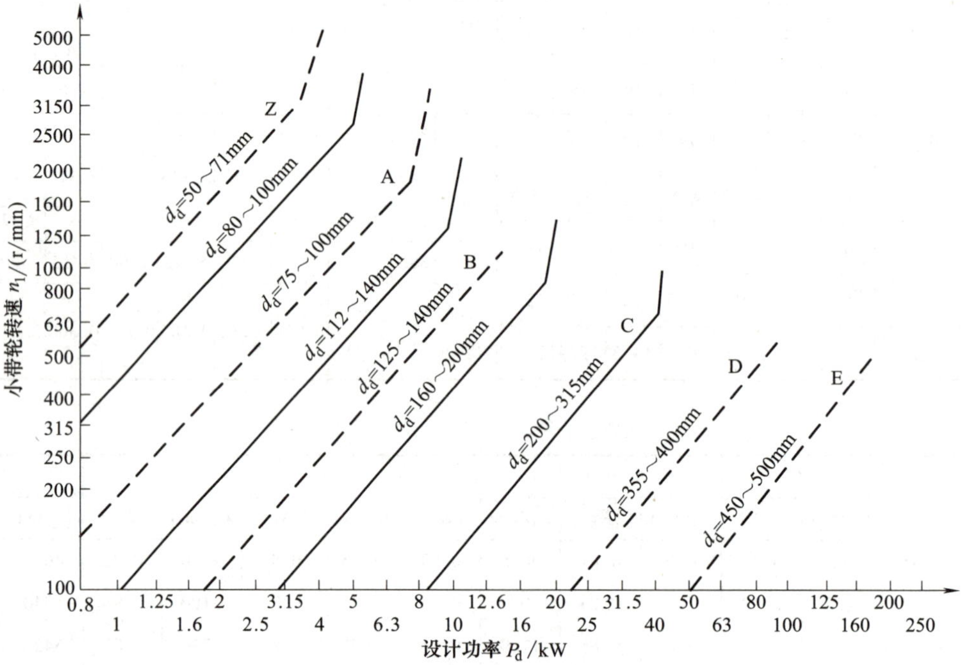

图 1-8　普通 V 带选型图（摘自 GB/T 13575.1—2022）

表 1-4　工况系数 K_A

工况		空、轻载起动			重载起动		
		每天工作小时数/h					
		<10	10~16	>16	<10	10~16	>16
载荷变化微小	液体搅拌机、通风机和鼓风机（≤7.5kW）、离心式水泵和压缩机、轻载输送机	1.0	1.1	1.2	1.1	1.2	1.3
载荷变化小	带式输送机、通风机和鼓风机（>7.5kW）、旋转式水泵和压缩机（非离心式）、发电机、金属切削机床、锯木机和木工机械	1.1	1.2	1.3	1.2	1.3	1.4
载荷变化较大	制砖机、斗式提升机、往复式水泵和压缩机、起重机、冲剪机床、橡胶机械、振动筛、纺织机械、重载输送机	1.2	1.3	1.4	1.4	1.5	1.6
载荷变化很大	破碎机（旋转式、颚式等）、磨碎机（球磨、棒磨、管磨）	1.3	1.4	1.5	1.5	1.6	1.8

注：空、轻载起动是电动机（交流起动、三角起动、直流并励）、四缸及以上内燃机、装有离心式离合器或液力联轴器的动力机。重载起动是电动机（联机交流起动、直流复励或串励）、四缸以下的内燃机。

2. 带轮直径

带轮越小，传动所占空间越小，带的弯曲应力越大，带越容易疲劳断裂。带轮上与所选用 V 带的节宽 W_p 相对应的直径称为基准直径 d_d，带轮基准直径系列见表 1-5。

表 1-5 带轮基准直径系列 （单位：mm）

型号	基准直径 d_d													
Y	20	22.4	25	28	31.5	35.5	40	45	50	56	63	71	80	90
	100	112	125											
Z	50	56	63	71	75	80	90	100	112	125	132	140	150	160
	180	200	224	250	280	315	355	400	500	630				
A	75	80	85	90	95	100	106	112	118	125	132	140	150	160
	180	200	224	250	280	315	355	400	450	500	560	630	710	800
B	125	132	140	150	160	170	180	200	224	250	280	315	355	400
	450	500	560	600	630	710	750	800	900	1000	1120			
C	200	212	224	236	250	265	280	300	315	335	355	400	450	500
	560	600	630	710	750	800	900	1000	1120	1250	1400	1600	2000	
D	355	375	400	425	450	475	500	560	600	630	710	750	800	
	900	1000	1060	1120	1250	1400	1500	1600	1800	2000				
E	500	530	560	600	630	670	710	800	900	1000	1120			
	1250	1400	1500	1600	1800	2000	2240	2500						

设计时小带轮基准直径 d_{d1} 可参考图 1-8 及表 1-5 选取，大带轮基准直径 $d_{d2}=id_{d1}(1-\varepsilon)$。带轮直径最好取表 1-5 中所列的标准值。

为延长 V 带的寿命，宜选取较大的带轮直径。

3. 带速

带速过高，会因离心力太大而降低带和带轮间的正压力，从而降低摩擦力和传动的工作能力，同时也降低带的疲劳强度；带速过低，所需有效拉力 F 大，要求带的根数多。带速的计算公式为

$$v=\frac{\pi d_{d1}n_1}{60\times1000} \tag{1-15}$$

式中，n_1 为小带轮转速（r/min）。

一般带速 v 应在 5~25m/s 内选取，为充分发挥 V 带的传动能力，应使 $v\approx20$m/s。

4. 带长、轴间距及包角

（1）初定轴间距　若带传动的轴间距过小，虽然使传动结构紧凑，但带的长度较短，在一定速度下单位时间内带的应力变化次数多，会加速带的疲劳损坏。而且，当传动比 i 较大时，小的轴间距将导致小带轮包角 θ_1 过小。但是传动的轴间距又不宜过大，否则在速度较高时容易引起带的颤动。一般，初定轴间距 C_0 为

$$0.7(d_{d1}+d_{d2})\leqslant C_0<2(d_{d1}+d_{d2}) \tag{1-16}$$

当然，也可根据结构要求确定轴间距。

（2）带长　初选 C_0 后，根据开口带传动的几何关系，按下式初步计算带的基准长度：

$$L_{d0}=2C_0+\frac{\pi}{2}(d_{d1}+d_{d2})+\frac{(d_{d2}-d_{d1})^2}{4C_0} \tag{1-17}$$

根据计算结果 L_{d0}，从表 1-3 中选取接近的标准基准长度 L_d。

（3）实际轴间距　根据选取的标准基准长度 L_d 按下式计算实际轴间距：

$$C=\frac{2L_d-\pi(d_{d1}+d_{d2})+\sqrt{[2L_d-\pi(d_{d1}+d_{d2})]^2-8(d_{d2}-d_{d1})^2}}{8}$$

由于 V 带传动的轴间距一般是可以调整的，故可采用下式做近似计算：

$$C\approx C_0+\frac{L_d-L_{d0}}{2} \tag{1-18}$$

考虑安装调整和补偿张紧力（如因胶带伸长而松弛后的张紧）的需要，轴间距的变动范围为 $(C-0.015L_d)\sim(C+0.03L_d)$。

（4）小带轮包角　小带轮包角 θ_1 越小，传动越容易打滑，带的工作能力越不能充分发挥，所以应保证

$$\theta_1=180^\circ-\frac{d_{d2}-d_{d1}}{C}\times57.3^\circ\geqslant120^\circ \tag{1-19}$$

5. 带根数

根据式（1-12）可计算单根 V 带所能传递的功率，以 P_0 表示。为了设计方便，各种型号单根 V 带的许用功率 P_0 值在表 1-6 中给出。表中值是 $\theta_1=\theta_2=180^\circ$、载荷平稳、特定基准长度的单根普通 V 带的许用功率。

表 1-6　单根普通 V 带的许用功率 P_0（$\theta_1=\theta_2=180^\circ$，特定基准长度，载荷平稳）

（单位：kW）

型号	小带轮基准直径 d_{d1}/mm	小带轮转速 n_1/(r/min)											
		200	400	700	800	950	1200	1450	1600	2000	2400	2800	3200
A	75	0.22	0.38	0.58	0.64	0.73	0.86	0.98	1.05	1.21	1.35	1.47	1.57
	90	0.30	0.53	0.84	0.93	1.06	1.27	1.47	1.58	1.85	2.09	2.30	2.48
	100	0.36	0.64	1.01	1.12	1.28	1.54	1.78	1.92	2.26	2.56	2.83	3.06
	112	0.42	0.76	1.21	1.34	1.54	1.86	2.15	2.32	2.74	3.11	3.44	3.73
	125	0.49	0.89	1.42	1.58	1.82	2.20	2.55	2.75	3.25	3.69	4.08	4.41
	140	0.57	1.04	1.66	1.86	2.14	2.58	2.99	3.23	3.81	4.33	4.77	5.14
	160	0.68	1.23	1.98	2.21	2.55	3.08	3.57	3.85	4.54	5.14	5.64	6.04
	180	0.78	1.42	2.29	2.56	2.95	3.56	4.13	4.45	5.23	5.89	6.42	6.82
B	125	0.65	1.13	1.75	1.93	2.19	2.59	2.94	3.13	3.58	3.92	4.17	4.30
	140	0.79	1.40	2.18	2.41	2.75	3.27	3.73	3.99	4.58	5.05	5.38	5.58
	160	0.97	1.74	2.74	3.04	3.48	4.15	4.75	5.09	5.86	6.46	6.88	7.10
	180	1.16	2.08	3.29	3.66	4.19	5.01	5.74	6.14	7.07	7.77	8.23	8.42
	200	1.34	2.42	3.84	4.27	4.89	5.84	6.70	7.16	8.21	8.97	9.41	9.50

（续）

型号	小带轮基准直径 d_{d1}/mm	小带轮转速 n_1/(r/min)											
		200	400	700	800	950	1200	1450	1600	2000	2400	2800	3200
B	224	1.55	2.81	4.48	4.99	5.71	6.82	7.80	8.33	9.49	10.26	10.61	10.47
	250	1.79	3.24	5.16	5.74	6.57	7.84	8.94	9.52	10.75	11.46	11.59	11.07
	280	2.05	3.72	5.92	6.59	7.54	8.96	10.17	10.79	12.02	12.56	12.29	11.13
C	200	1.94	3.39	5.19	5.72	6.46	7.53	8.41	8.85	9.67	9.93	9.60	8.59
	224	2.35	4.14	6.40	7.07	7.99	9.36	10.48	11.03	12.06	12.35	11.82	10.38
	250	2.78	4.93	7.67	8.49	9.62	11.26	12.61	13.27	14.41	14.58	13.65	11.48
	280	3.27	5.84	9.12	10.09	11.43	13.37	14.93	15.66	16.80	16.62	14.94	—
	315	3.84	6.87	10.76	11.90	13.47	15.70	17.42	18.18	19.10	18.21	15.23	—
	355	4.48	8.04	12.57	13.89	15.70	18.19	19.98	20.69	21.05	18.89	—	—
	400	5.19	9.32	14.55	16.05	18.06	20.74	22.46	22.99	22.28	18.03	—	—
	450	5.97	10.72	16.66	18.32	20.51	23.24	24.68	24.84	22.33	—	—	—
D	355	7.10	12.25	18.21	19.77	21.70	23.74	24.18	23.58	—	—	—	—
	400	8.64	15.03	22.46	24.39	26.75	29.11	29.27	28.18	—	—	—	—
	450	10.32	18.05	26.99	29.26	31.96	34.33	33.67	31.64	—	—	—	—
	500	11.97	21.00	31.30	33.83	36.70	38.68	36.63	33.20	—	—	—	—
	560	13.93	24.45	36.16	38.89	41.73	42.67	38.09	32.30	—	—	—	—
	630	16.17	28.35	41.41	44.19	46.64	45.48	36.62	27.04	—	—	—	—
	710	18.69	32.66	46.78	49.36	50.84	45.99	30.31	—	—	—	—	—
	800	21.47	37.28	51.99	53.96	53.61	42.77	—	—	—	—	—	—

当 $i>1$ 时，$d_{d2}>d_{d1}$，胶带绕过大带轮时的弯曲应力较绕过小带轮时小，故其传动能力有所提高，其传递功率的增量 ΔP_0（kW）为

$$\Delta P_0 = 0.0001\Delta T n_1 \tag{1-20}$$

式中，ΔT 为普通 V 带所能传递转矩的修正值（N·m），见表 1-7；n_1 为主动轮的转速（r/min）。

表 1-7 单根普通 V 带所能传递转矩的修正值 ΔT （单位：N·m）

V 带型号	传动比 i							
	1.03~1.07	1.08~1.13	1.14~1.20	1.21~1.30	1.31~1.40	1.41~1.60	1.61~2.39	≥2.4
A	0.2	0.4	0.6	0.8	0.9	1.0	1.1	1.2
B	0.5	1.1	1.6	2.1	2.3	2.6	2.9	3.1
C	1.5	2.9	4.4	5.8	6.6	7.3	8.0	9.0
D	5.2	10.3	15.5	21.0	23.0	26.0	28.4	31.0
E	10	20	29	39	44	49	53.4	58

在某些机械设计手册中直接给出 ΔP_0 值，使用起来更为方便。

考虑到实际传动中小带轮包角的减小和实际带长的影响，分别引入包角修正系数 K_θ（见表 1-8）和带长修正系数 K_L（见表 1-3）。因此，V 带根数为

$$z=\frac{P_d}{(P_0+\Delta P_0)K_\theta K_L} \tag{1-21}$$

为使各根带受力比较均匀，胶带根数不宜太多，通常 $z<10$，否则应改选带的型号，重新计算。胶带若有损坏，必须全部同时更换。

表 1-8　包角修正系数 K_θ

$\theta/(°)$	180	174	169	163	157	151	145	139	133	127	120
K_θ	1.00	0.99	0.97	0.96	0.94	0.93	0.91	0.89	0.87	0.85	0.82

6. 单根 V 带的张紧力

张紧力的大小是保证传动正常工作的重要因素。张紧力过小，摩擦力小，容易发生打滑；张紧力过大，带的寿命短，轴和轴承受力大。既能保证传递功率又不出现打滑时，单根 V 带最合适的张紧力可由下式计算：

$$F_0=500\frac{P_d}{vz}\left(\frac{2.5}{K_\theta}-1\right)+qv^2 \tag{1-22}$$

7. 作用在轴上的载荷

为了设计带轮的轴和轴承，需求出传动作用在轴上的载荷，该载荷可近似按式（1-23）计算，受力分析如图 1-9 所示。

$$F_r=2zF_0\sin\frac{\theta_1}{2} \tag{1-23}$$

式中，F_0 为单根带的张紧力（N）；z 为带的根数；θ_1 为小带轮上的包角（°）。

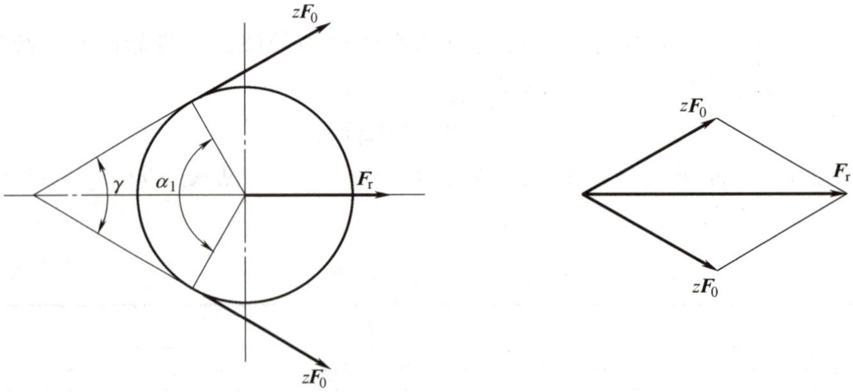

图 1-9　带传动作用在轴上的载荷

1.5　带轮结构及带的张紧装置

1. 带轮的结构和尺寸

带轮材料常采用灰铸铁、钢、铝合金或工程塑料等。灰铸铁应用最广，当 $v\leqslant 30$m/s 时

用 HT200；$v \geqslant 25 \sim 45\mathrm{m/s}$ 时宜采用孕育铸铁或铸钢，也可用钢板冲压、焊接带轮。小功率传动可用铸铝或塑料。

设计带轮时，应使其结构便于制造，质量分布均匀，重量轻，并避免由于铸造产生过大的内应力。$v>5\mathrm{m/s}$ 时要进行静平衡检测，$v>25\mathrm{m/s}$ 时应进行动平衡检测。

带轮由轮缘、轮毂和轮辐（或辐板）三部分组成。用以安装传动带的部分称为轮缘，用以安装轴的部分称为轮毂，连接轮缘与轮毂的部分称为轮辐或辐板。V 带轮的典型结构有四种：

（1）实心式　带轮基准直径 $d_d \leqslant (2.5 \sim 3)d$（$d$ 为轴的直径）时，可采用实心式，如图 1-10a 所示。

（2）腹板式　$d_d \leqslant 300\mathrm{mm}$ 时，若 $d_s - d_k < 100\mathrm{mm}$，采用腹板式，如图 1-10b 所示。

（3）孔板式　$d_d \leqslant 300\mathrm{mm}$ 时，若 $d_s - d_k \geqslant 100\mathrm{mm}$，采用孔板式，如图 1-10c 所示。

（4）轮辐式　$d_d > 300\mathrm{mm}$ 时，采用轮辐式，如图 1-10d 所示，轮辐剖面为椭圆形，其长轴与回转平面重合。

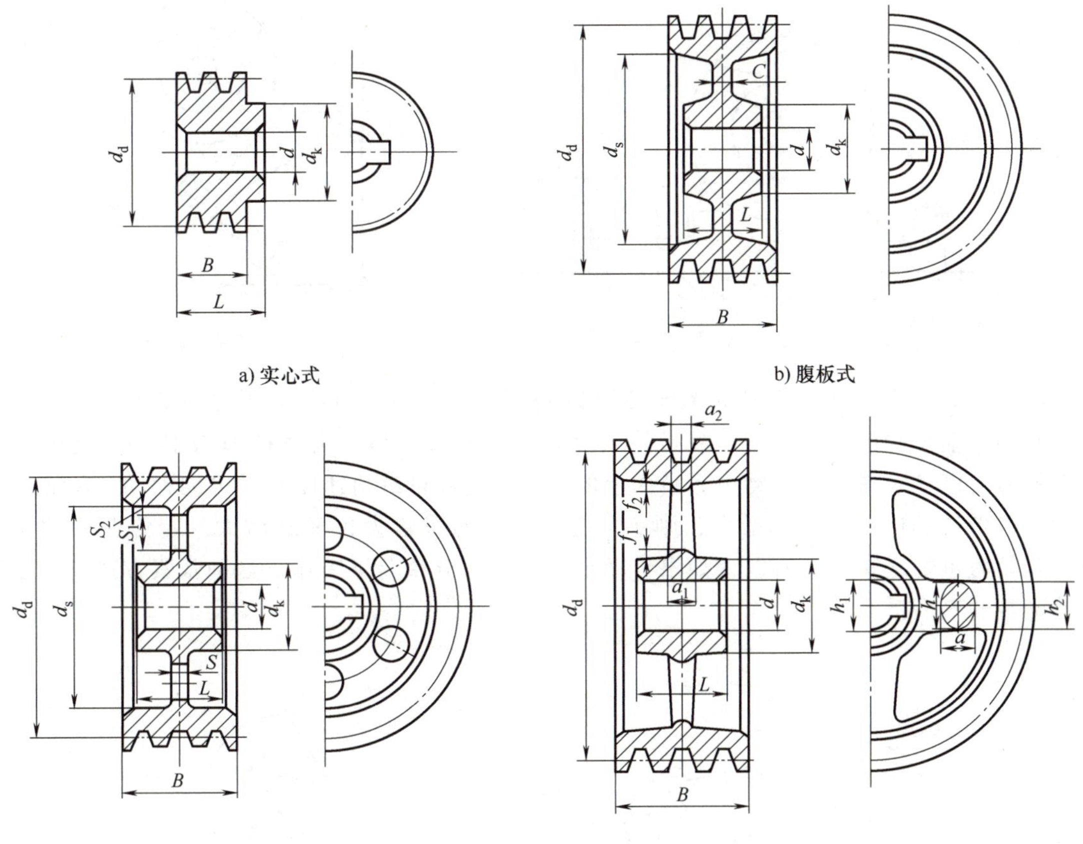

a) 实心式　b) 腹板式　c) 孔板式　d) 轮辐式

图 1-10　V 带轮结构

轮辐受力情况很复杂，计算时可简化成一端固定的悬臂梁，梁的长度等于带轮的半径 R，在梁的自由端受一集中载荷。带轮工作时只有部分轮缘受到摩擦力，且各轮辐受力不均，所以计算时假定只有 $z_a/3$（z_a 为轮辐数）的轮辐传递转矩。轮辐尺寸根据以下公式计算：

$$h_1 = 290\sqrt[3]{\frac{P}{nz_a}}, \quad h_2 = 0.8h_1$$

式中，P 为传递的功率（kW）；n 为带轮转速（r/min）。

除轮槽外，其他部分尺寸大都按经验公式计算，可参考相关机械设计手册。

2. 带传动张紧装置

由于传动带的材料不是完全的弹性体，因而带在工作一段时间后会发生塑性伸长而松弛，使张紧力降低。因此，带传动需要有重新张紧的装置，以保证正常工作。张紧装置分为定期张紧装置和自动张紧装置两类。

（1）定期张紧装置　定期张紧装置是采用定期改变轴间距的方法，使带张紧。如利用滑轨和调节螺钉（图 1-11），摆动架和调节螺杆（图 1-12），以及张紧轮（图 1-13）等。采用张紧轮传动，会增加带的挠曲次数，使带的寿命缩短。

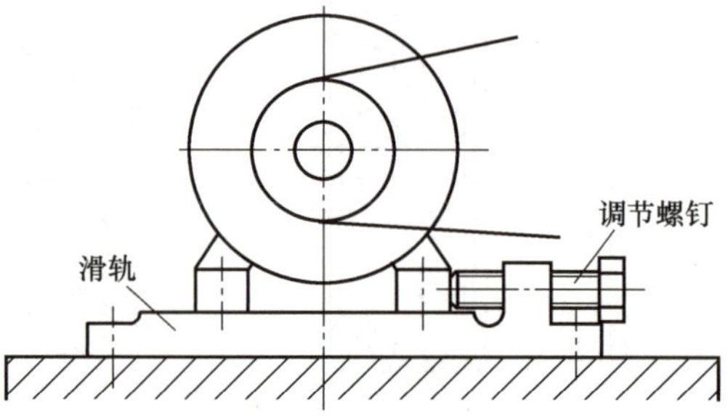

图 1-11　滑轨和调节螺钉

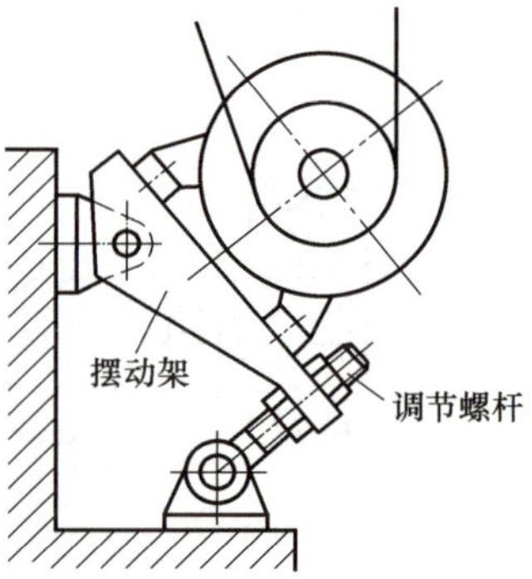

图 1-12　摆动架和调节螺杆

（2）自动张紧装置　自动张紧装置可以利用浮动架（图 1-14）及浮动齿轮（图 1-15）等。利用浮动齿轮的张紧装置是将带轮与浮动齿轮制成一体，由系杆 H 支持并可绕电动机轴上的齿轮摆动。作用在浮动齿轮齿面上的力 F_{n2} 使带轮沿角速度 ω 的方向摆动，从而使带张紧。若带传动传递的功率增大，则 F_{n2} 增大，带的张紧力也随之增大；若传递的功率减小，张紧力也随之减小。所以，如果传动带经常在部分载荷下工作，这种张紧方法有利于延长传动带的寿命。

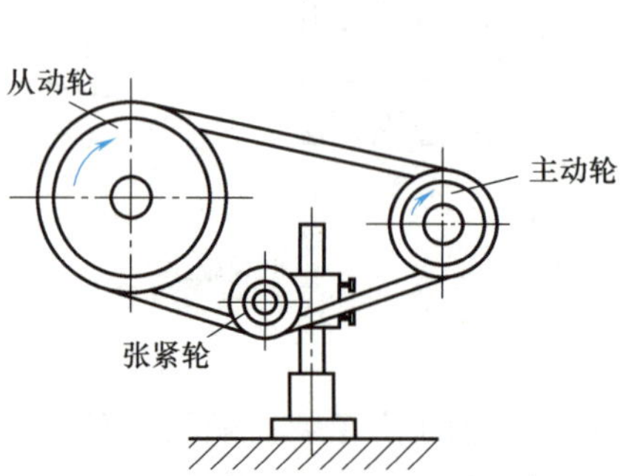

图 1-13　张紧轮

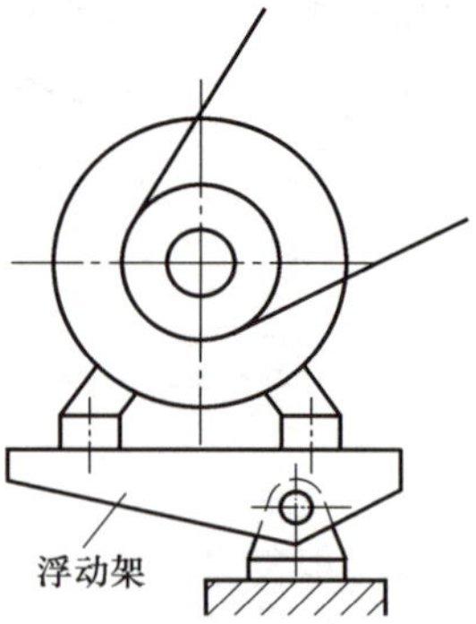

图 1-14　浮动架

(3) 控制张紧力　带的张紧力对其传动能力、寿命和压轴力都有很大影响，适当的张紧力是保证带传动正常工作的重要因素。

在带传动中，张紧力是通过在带与带轮的切边中点处加一垂直于带的载荷 G，使其产生规定的挠度 f 来控制的，如图 1-16 所示。切边长度 t（mm）可以实测或用下式计算：

$$t=\sqrt{C^2-\frac{(d_{a2}-d_{a1})^2}{4}}$$

式中，C 为两轮轴间距（mm）；d_{a1} 为小带轮外径（mm）；d_{a2} 为大带轮外径（mm）。

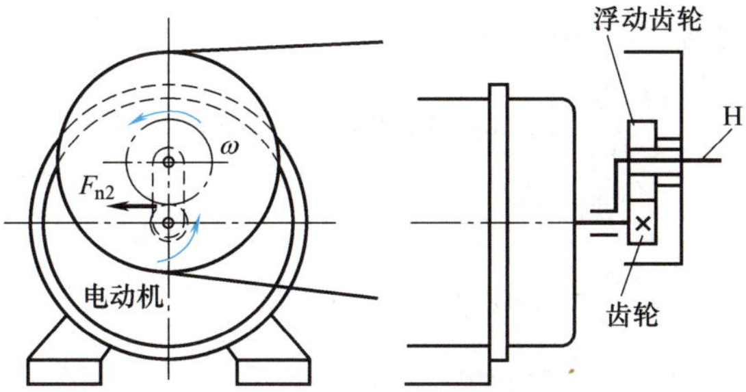

图 1-15　浮动齿轮

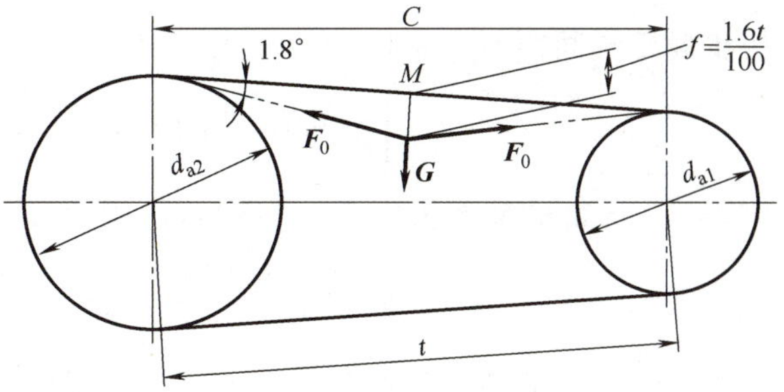

图 1-16　张紧力的控制

载荷 G（N）的值可由下式算出：

新安装的 V 带　　$G=\dfrac{1.5F_0+\Delta F_0}{16}$

运转后的 V 带　　$G=\dfrac{1.3F_0+\Delta F_0}{16}$

最小极限值　　$G=\dfrac{F_0+\Delta F_0}{16}$

式中，F_0 为张紧力（N）；ΔF_0 为张紧力的修正值，查表 1-9。

表 1-9　普通 V 带的张紧力修正值 ΔF_0　　（单位：N）

带型	Y	Z	A	B	C	D	E
ΔF_0	6	10	15	20	29.4	58.8	108

为了测定所需的张紧力 F_0，通常是在带的切边中点加一规定的载荷 G，使切边长每 100mm 产生 1.6mm 挠度，即 $f=1.6t/100$ 来保证。

1.6　工程案例

例 1-1　设计由电动机驱动的带式运输机中普通 V 带传动。电动机为 Y 系列三相异步电动机。已知 V 带传递的功率 $P=7.5\text{kW}$，小带轮转速 $n_1=1440\text{r/min}$，大带轮转速 $n_2=455\text{r/min}$，每日工作 16h。

解：1) 普通 V 带型号　由表 1-4 查得工况系数 $K_A=1.2$，$P_d=K_AP=1.2\times7.5\text{kW}=9\text{kW}$。根据 P_d 和 n_1，由图 1-8 确定为 A 型 V 带。

2）带轮基准直径　由图 1-8 并参照表 1-5 选取

$$d_{d1}=125\text{mm},\ d_{d2}=\frac{n_1}{n_2}d_{d1}=\frac{1440}{455}\times125\text{mm}=395.6\text{mm}$$

由表 1-5 取 $d_{d2}=400\text{mm}$。

3）计算带速　$$v=\frac{\pi d_{d1}n_{n1}}{60\times1000}=\left(\frac{\pi\times125\times1440}{60\times1000}\right)\text{m/s}=9.42\text{m/s}$$

4）带长、轴间距及包角　根据式（1-16）得

$$0.7\times(125+400)\text{mm}\leqslant C_0<2\times(125+400)\text{mm}$$

初步确定轴间距 $C_0=800\text{mm}$。根据式（1-17）计算带的基准长度

$$L_{d0}=\left[2\times800+\frac{\pi}{2}(125+400)+\frac{(400-125)^2}{4\times800}\right]\text{mm}\approx2448\text{mm}$$

由表 1-3 选带的基准长度 $L_d=2480\text{mm}$。根据式(1-18)计算实际轴间距

$$C\approx C_0+\frac{L_d-L_{d0}}{2}=\left(800+\frac{2480-2448}{2}\right)\text{mm}=816\text{mm}$$

考虑安装调整和补偿张紧力的需要，轴间距的变动范围为 778～890mm。

由式（1-19）验算小带轮包角

$$\theta_1=180°-\frac{d_{d2}-d_{d1}}{C}\times57.3°=180°-\frac{400-125}{816}\times57.3°\approx161°>120°$$

5）V 带根数　由表 1-6 查得 $P_0=2.54\text{kW}$，根据传动比 $i=n_2/n_1=1440/455\approx3.16$，由表 1-7 查得 $\Delta T=1.2\text{N}\cdot\text{m}$，由式（1-20）得

$$\Delta P_0=0.0001\Delta Tn_1=0.0001\times1.2\times1440\text{kW}=0.1728\text{kW}$$

由表 1-8 查得 $K_\theta=0.95$，由表 1-3 查得 $K_L=1.09$，按式（1-21）得

$$z=\frac{P_d}{(P_0+\Delta P_0)K_\theta K_L}=\frac{9}{(2.54+0.1728)\times0.95\times1.09}\approx3.2$$

取 $z=4$ 根。

6）张紧力　由表 1-2 查得 $q=0.105\text{kg/m}$，由式（1-22）得

$$F_0=500\frac{P_d}{vz}\left(\frac{2.5}{K_\theta}-1\right)+qv^2=\left[500\times\frac{9}{9.42\times4}\times\left(\frac{2.5}{0.95}-1\right)+0.105\times9.42^2\right]\text{N}=204.17\text{N}$$

7）作用在轴上的载荷　由式（1-23）得

$$F_r=2zF_0\sin\frac{\theta_1}{2}=2\times4\times204.17\times\sin\frac{161°}{2}\text{N}\approx1611\text{N}$$

8）带轮的结构和尺寸（略）。

主要设计结论：选用 A 型普通 V 带 4 根，带基准长度 $L_d=2480\text{mm}$。带轮基准直径 $d_{d1}=125\text{mm}$，$d_{d2}=400\text{mm}$，中心距 $C=816\text{mm}$。单根带张紧力 $F_0=204.17\text{N}$，压轴力 $F_r=1611\text{N}$。

课后习题

1-1　带传动中小带轮直径 $d_1=160\text{mm}$，大带轮直径 $d_2=300\text{mm}$，小带轮转速 $n_1=960\text{r/min}$，V 带传动滑动率 $\varepsilon=2\%$。试求：计入滑动率和不计入滑动率相比，大带轮的转速相差多少？

1-2　V 带传动所传递的功率 $P=7.5\text{kW}$，带速 $v=10\text{m/s}$。现测得张紧力 $F_0=1125\text{kN}$，试求紧边拉力 F_1 和松边拉力 F_2。

1-3　单根 V 带传递的最大功率 $P=4.82\text{kW}$，小带轮直径 $d_1=180\text{mm}$，大带轮直径 $d_2=400\text{mm}$，$n_1=1450\text{r/min}$，小带轮包角 $\theta_1=152°$，带和带轮的当量摩擦系数 $\mu_v=0.25$，试确定带传动的有效拉力 F、紧边拉力 F_1 和张紧力 F_0。

1-4　试按下列数据设计带式运输机传动机构的 V 带传动。已知：作用于带式运输机的卷筒的圆周力 $F=4000\text{N}$，卷筒的圆周速度 $v=1.4\text{m/s}$，如图 1-17 所示。电动机转速 $n_1=960\text{r/min}$，额定功率 $P=7.5\text{kW}$，减速器输入轴转速 $n_2=300\text{r/min}$，两班制连续工作。减速器效率 $\eta_1=0.95$，卷筒轴的滑动轴承效率 $\eta_2=0.98$，V 带传动效率 $\eta_3=0.93$。

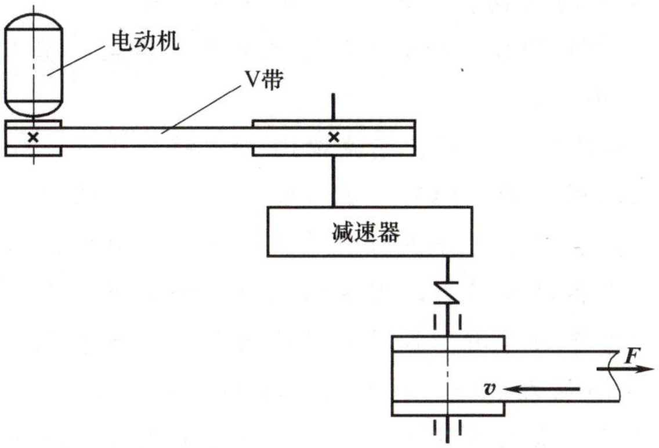

图 1-17　带式运输机传动简图

1-5　试设计某牛头刨床用的 V 带传动。已知：电动机的额定功率 $P=4\text{kW}$，转速 $n_1=1440\text{r/min}$，要求传动比 $i=3.5$，刨床两班制工作，由于结构限制，要求大带轮的外径不超过 450mm。

知识拓展

大约在公元前 1 世纪，西汉扬雄在其著作《方言》中所描述的纺车，就有传动带的专门表述。纺车（图 1-18）的动力来自人力摇动大轮，使小轮纺锤上的梃子做快速旋转，把纤维纺成线。纺车采用线绳作为传动带，完成大轮与小轮梃子之间的动力传递。这是关于传动带最早的文献记载。

图 1-18　纺车示意图

欧洲最早出现传动带是在公元 1430 年，是由传动带带动一个水平旋转的石磨做功，比我国最早的传动带晚了 1500 多年。欧洲的旅行家从我国带回去许多先进技术，传动带即是其中之一，它是作为纺车的一部分与纺车一起传到欧洲的。但是，在 19 世纪以前，传动带在欧洲很少能派上用场。直到 19 世纪末，扁平的传动带和钢丝缆索，才开始作为传动装置的重要部分逐渐得到普遍应用。

随着科技水平的日益进步，许多高新技术获得了突破性的进展，这也为带传动的发展注入了新的活力，一些新型、高效的带传动方式不断涌现，其中磁力金属带传动是较为典型的新型带传动之一。磁力金属带传动（Metal Belt Drive with Magnet，MBDM）是以金属带为挠性元件的新型摩擦传动，它于1968年提出，1987年日本富士重工开始使用，是近年发展起来的高效、精密的传动方式之一。它的主要特点是利用磁场吸引力和带预紧力的耦合作用来传递运动和动力。它较普通带传动的传动功率提高5~6倍，传动比增加3~4倍；最高带速可达50~60m/s，甚至可达120m/s；弹性滑动率降至0.2‰~0.5‰，传动比准确；传动效率高，传动效率η=0.98~0.99。由于其有大功率、大传动比、高速、精密、长寿命的特点，可用于机床、纺织、汽车、化工、国防等高速、重载、重大装备领域。

根据磁力带轮励磁方式的不同，可将MBDM分为电磁带轮式金属带传动（Metal Belt Drive with Eleetrie Magnet，MBDEM）和永磁带轮式金属带传动（Metal Belt Drive with Permanent Magnet，MBDPM）两类。

MBDEM的工作原理如图1-19所示，它主要由主动磁力带轮、从动磁力带轮、励磁线圈及金属带组成。主动、从动磁力带轮的轮辐上各缠绕一定匝数的励磁线圈，通以直流电流时便可在磁力带轮的轮缘上产生磁场，并吸引金属带，从而大幅度提高金属带与磁力带轮间的正压力和摩擦力，进而传递运动和动力。当主动磁力带轮由驱动力作用而发生运动时，依靠金属带与磁力带轮之间的摩擦力作用，带动从动磁力带轮一起转动。MBDPM的工作原理如图1-20所示，它主要由主动磁力带轮、从动磁力带轮、稀土永磁体及金属带组成。安装在主动、从动磁力带轮上的稀土永磁体可产生磁场并吸引金属带，进而传递运动和动力。

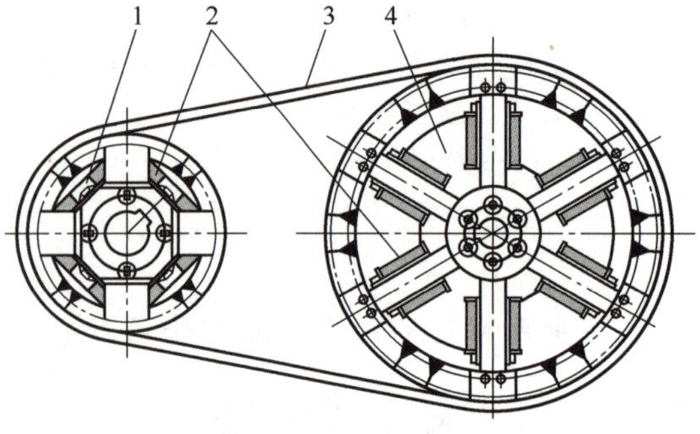

图1-19 MBDEM的工作原理
1—主动磁力带轮 2—励磁线圈 3—金属带
4—从动磁力带轮

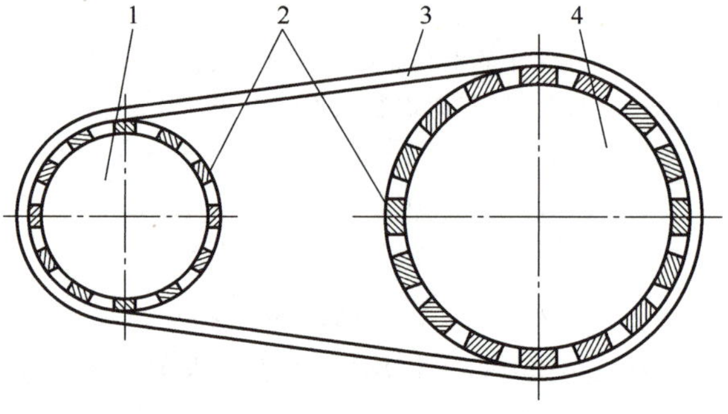

图1-20 MBDPM的工作原理
1—主动磁力带轮 2—稀土永磁体
3—金属带 4—从动磁力带轮

第2章　链传动

知识图谱

- 链传动
  - 认识选用
    - 特点
      - 中心距适用范围大、效率高、压轴力小
      - 同向传动、平稳性差、有噪声
    - 分类 — 滚子链、套筒链、弯板链、无声链、成型链
    - 应用 — 农业、采矿、冶金、起重、运输等
  - 工作能力
    - 由于瞬时传动比不恒定，引起附加动载荷和振动，不宜用于高速场合
    - 工作拉力 — $F_1=\frac{1000P}{v}$
    - 离心拉力 — $F_2=qv^2$
    - 垂度拉力 — $F_3\approx\frac{1}{f}\left(\frac{qga}{2}\times\frac{a}{4}\right)=\left(\frac{a}{8f}\right)qga=K_f qga$
  - 设计依据
    - 链轮材料
      - 要求 — 足够的强度和耐磨性
      - 材料 — 碳素钢、合金结构钢等
    - 失效形式 — 疲劳破坏、磨损、胶合、拉断
    - 许用传递功率 — $\frac{K_A K_z P}{K_p}\leqslant P_0$
  - 参数选择
    - 传动比 — 一般应小于 8
    - 链轮齿数 — 一般 $9\leqslant z\leqslant 120$
    - 链速 — 一般不超过 12m/s
    - 链节距 — 满足载荷的条件下取较小节距
    - 中心距 — $a=(30\sim50)p$
    - 链长 — $L_p=\frac{z_1+z_2}{2}+2\frac{a}{p}+\left(\frac{z_2-z_1}{2\pi}\right)^2\frac{p}{a}$
  - 结构设计
    - 布置方式 — 由传动条件选择合理布置方式
    - 张紧方法
      - 移动链轮增大中心距
      - 张紧轮张紧
      - 压板或托板张紧
    - 带轮结构 — 整体式、辐板式、装配式

2.1 链传动的特点及应用

链传动是在两个或多个链轮之间用链作为挠性拉曳元件的一种啮合传动，如图 2-1 所示。工作时，主动轮通过轮齿与链的啮合带动从动轮转动并传递动力。

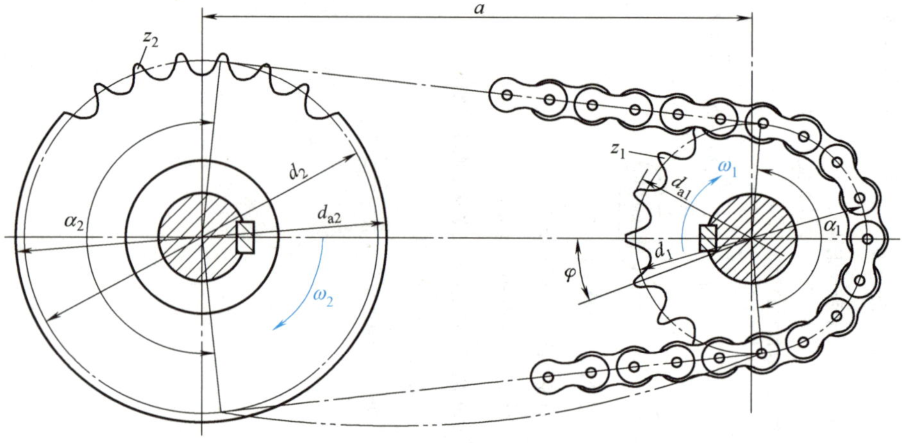

链传动特点及应用

图 2-1 链传动简图

1. 链传动的特点

链传动与摩擦型带传动相比，具有以下主要优点：①无滑动，可以得到较准确的传动比（平均传动比）；②传动效率较高，达到 98%；③不需要很大的张紧力，作用在轴上的载荷较小；④在同样使用条件下，链传动的整体尺寸较小，结构较为紧凑；⑤可以在比较恶劣的环境（如高温、多尘、湿度大等）中使用。

链传动的主要缺点是：只能实现两平行轴间的同向传动，瞬时速度不均匀，传动平稳性较差，有噪声，故不宜用于载荷变化很大、高速和急速反向的传动中。

2. 链传动的应用范围

链传动主要用于工作可靠，中心距较大，低速重载，工作环境恶劣，以及其他不宜采用齿轮传动的场合，在农业、采矿、冶金、起重、运输、石油、化工、纺织等各种机械的动力传动中应用广泛。目前，链传动最大传递功率可达 3600kW，最高速度达到 40m/s，最大传动比达到 15，最大中心距达到 8m。一般链传动使用范围是：传递功率小于 100kW，速度小于 12m/s，传动比小于 8。

2.2 传动链分类与链轮结构

传动链的型式很多，常用的有短节距精密滚子链（简称滚子链）、短节距精密套筒链（简称套筒链）、重载传动用弯板滚子链（简称弯板链）、齿形传动链（又称为无声链）和成型链。其中滚子链常用于传动系统的低速级，一般传递的功率在 100kW 以下，链速不超过 15m/s。本章仅讨论滚子链传动。

1. 滚子链

滚子链由内链板、外链板、销轴、套筒和滚子组成，如图 2-2 所示。外链板与销轴、内链板与套筒之间采用过盈配合；而销轴与套筒、套筒与滚子之间则采用间隙配合，以适应链条进入或退出链轮的屈伸，且使滚子与链轮轮齿间为滚动摩擦，有利于减小链和轮齿的磨损。

把一根以上的单列链并列、用长销轴联接起来的链称为多排链（双排链），如图 2-3 所示。链的排数越多，链的承载能力越高，但链的制造与安装精度要求也越高，且越难使各排链受力均匀，故一般不超过四排。当载荷大而要求排数多时，可采用两根或两根以上的双排链或三排链。

相邻滚子轴线间的距离 p 称为链节距，是链的重要参数，如图 2-3 所示。p 越大，链及链轮尺寸越大，链的承载能力越高。

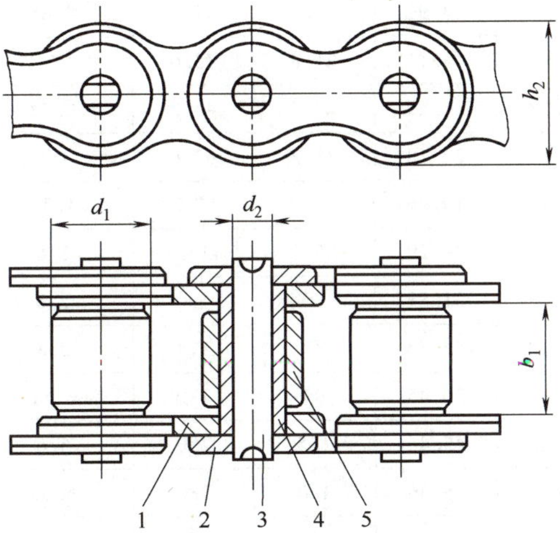

图 2-2　滚子链

1—内链板　2—外链板　3—销轴

4—套筒　5—滚子

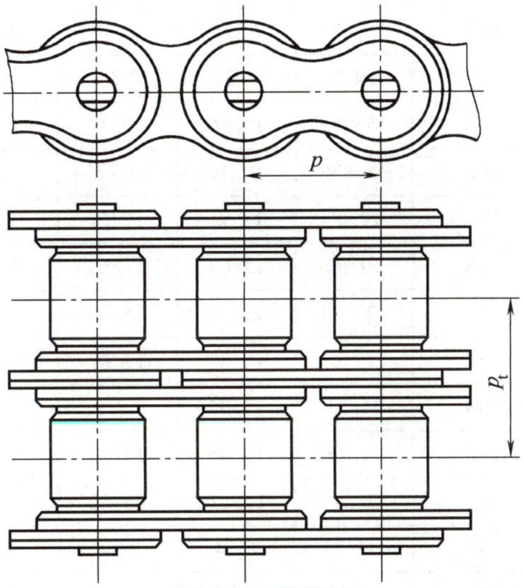

图 2-3　双排链

链的接头型式如图 2-4 所示。当链节数为偶数时，采用联接链节，其形状与链节相同，接头处用钢丝锁销、弹簧卡片等止锁件将销轴与联接链板固定；当链节数为奇数时，则必须加一个过渡链节。过渡链节的链板在工作时受附加弯矩，故一般情况下链节数以偶数为宜。但在重载、冲击、反向等繁重条件下工作时，采用全部由过渡链节组成的链，柔性较好，能减轻冲击和振动。

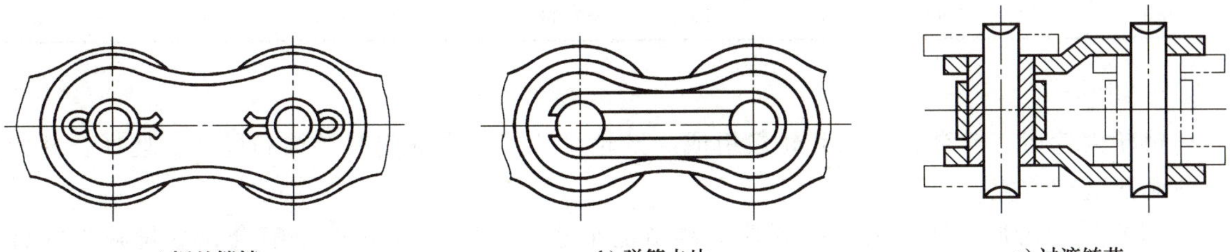

a) 钢丝锁销　　b) 弹簧卡片　　c) 过渡链节

图 2-4　链的接头型式

滚子链已标准化，表 2-1 列出了几种常用规格滚子链的主要尺寸和抗拉载荷。表中链号数乘以$\frac{25.4}{16}$mm 即为链节距值，后缀 A 或 B 分别表示 A 或 B 系列，A 系列尺寸规格符合美国链条标准，B 系列尺寸规格符合欧洲（以英国为主）链条标准。

表 2-1　常用规格滚子链的主要尺寸和抗拉载荷

链号	链节距 p	滚子直径 d_1 max	内链节内宽 b_1 min	销轴直径 d_2 max	内链板高度 h_2 max	排距 p_t	抗拉载荷 Q_B 单排 min	抗拉载荷 Q_B 双排 min	单排单位长度质量 q min
	mm						kN		kg/m
05B	8	5	3	2.31	7.11	5.64	4.4	7.8	0.18
06B	9.525	6.35	5.72	3.28	8.26	10.24	8.9	16.9	0.39
08A	12.7	7.92	7.85	3.98	12.07	14.38	13.9	27.8	0.6
08B	12.7	8.51	7.75	4.45	11.81	13.92	17.8	31.1	0.65
10A	15.875	10.16	9.4	5.09	15.09	18.11	21.8	43.6	1
10B	15.875	10.16	9.65	5.08	14.73	16.59	22.2	44.5	0.92
12A	19.05	11.91	12.57	5.96	18.10	22.78	31.3	62.6	1.5
12B	19.05	12.07	11.68	5.72	16.13	19.46	28.9	57.8	1.24
16A	25.4	15.88	15.75	7.94	24.13	29.29	55.6	111.2	2.6
16B	25.4	15.88	17.02	8.28	21.08	31.88	60	106	2.8
20A	31.75	19.05	18.9	9.54	30.17	35.76	87	174	3.8
20B	31.75	19.05	19.56	10.19	26.42	36.45	95	170	3.81
24A	38.1	22.23	25.22	11.11	36.2	45.44	125	250	5.6
24B	38.1	25.4	25.4	14.63	33.4	48.36	160	280	6.65
28A	44.45	25.4	25.22	12.71	42.23	48.87	170	340	7.5
28B	44.45	27.94	30.99	15.9	37.08	59.56	200	360	
32A	50.8	28.58	31.55	14.29	48.26	58.55	223	446	10.1
32B	50.8	29.21	30.99	17.81	42.29	58.55	250	450	
36A	57.15	35.71	35.48	17.46	54.30	65.84	281	562	
40A	63.5	39.68	37.85	19.85	60.33	71.55	347	694	16.1
40B	63.5	39.37	38.1	22.89	52.96	72.29	355	630	
48A	76.2	47.63	47.35	23.81	72.39	87.83	500	1000	22.6
48B	76.2	48.26	45.72	29.24	63.88	91.21	560	1000	

2. 链轮

链轮由轮齿、轮缘、轮辐和轮毂组成。链轮设计主要是确定其结构和尺寸，选择合理的材料和热处理方式。

（1）链轮齿形　链轮齿形必须保证链节能平稳自如地进入和退出啮合，尽量减少啮合时链节的冲击和接触应力，而且要便于加工。

滚子链链轮端面齿形如图 2-5 所示。它由三段圆弧 $\widehat{aa}$、$\widehat{ab}$、$\widehat{cd}$ 和一段直线 $\overline{bc}$ 构成，简称三弧一直线齿形。齿形用标准刀具加工，在链轮工作图上不必绘制端面齿形，但应绘制链轮轴面齿形，如图 2-6 所示，其尺寸参阅相关设计手册。工作图中应注明链节距 p、齿数 z、

分度圆（链轮上链的各滚子中心所在的圆）直径 d、齿顶圆直径 d_a 以及齿根圆直径 d_f。其计算公式为

分度圆直径
$$d=\frac{p}{\sin\frac{180°}{z}} \tag{2-1}$$

齿顶圆直径
$$d_a=p\left(0.54+\cot\frac{180°}{z}\right) \tag{2-2}$$

齿根圆直径
$$d_f=d-d_1 \tag{2-3}$$

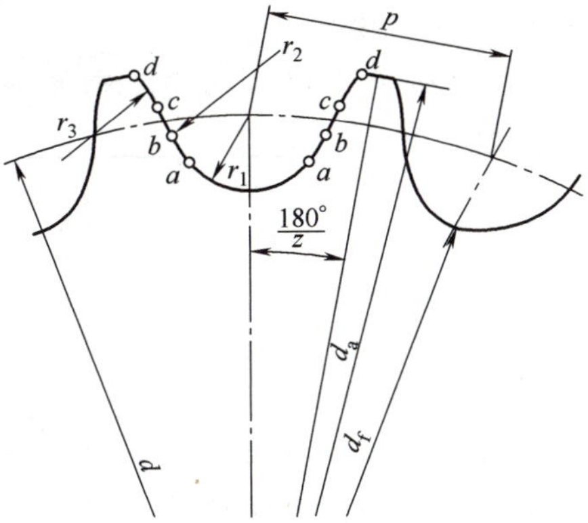

图 2-5 滚子链链轮端面齿形

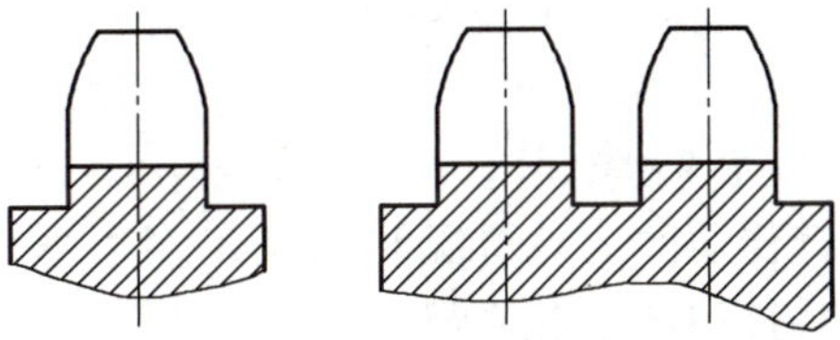

图 2-6 滚子链链轮轴面齿形

（2）链轮结构 图 2-7 所示为几种常用的链轮结构。小直径链轮一般做成整体式，如图 2-7a 所示；中等直径链轮多做成辐板式，为便于搬运、装夹和减重，在辐板上开孔，如图 2-7b 所示；大直径链轮可做成装配式，如图 2-7c、d 所示，此时齿圈与轮芯可用不同材料制造。

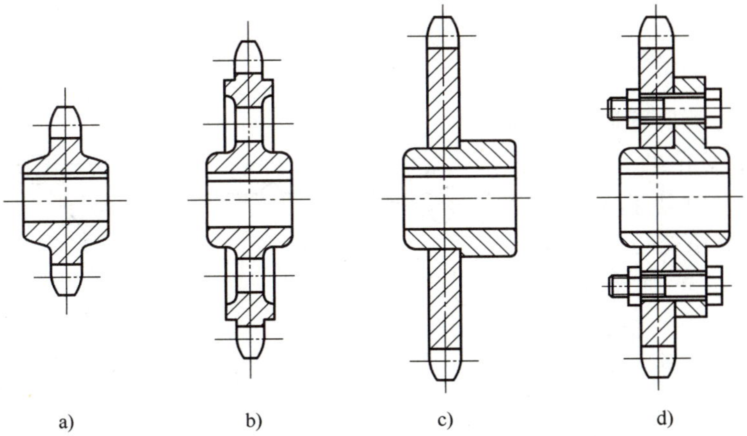

图 2-7 链轮结构

（3）链轮材料 链轮材料应保证轮齿有足够的强度和耐磨性，故链轮齿面一般都经过热处理，使之达到一定硬度。由于工作中，小链轮的啮合次数比大链轮多，因此对小链轮材料的要求比大链轮高。常用链轮材料及齿面硬度见表 2-2。

表 2-2　常用链轮材料及齿面硬度

链轮材料	热处理	齿面硬度	应用范围
15、20	渗碳、淬火、回火	50~60HRC	$z\leqslant 25$ 有冲击载荷的链轮
35	正火	160~200HBW	$z>25$ 的链轮
45、50、ZG310-570	淬火、回火	40~45HRC	无剧烈冲击的链轮
15Cr、20Cr	渗碳、淬火、回火	50~60HRC	$z<25$ 的大功率传动链轮
40Cr、35SiMn、35CrMo	淬火、回火	40~50HRC	重要的、使用 A 级链条的链轮
Q235、Q275	焊接后退火	140HBW	中速、中等功率、尺寸较大的链轮
普通灰铸铁	淬火、回火	260~280HBW	$z>50$ 的链轮
夹布胶木	—	—	$P<6$kW、速度较高、要求传动平稳、噪声小的链轮

2.3　滚子链传动的工作能力

1. 链传动的运动特性

链传动运动不均匀性动载荷

链传动的运动情况和绕在正多边形轮子上的带传动很相似，如图 2-8 所示。边长相当于链节距 p，边数相当于链轮齿数 z。链轮每转一周，链移动的距离为 zp，故链的平均速度 v（m/s）为

$$v=\frac{z_1pn_1}{60\times1000}=\frac{z_2pn_2}{60\times1000} \tag{2-4}$$

式中，p 为链节距（mm）；z_1、z_2 为主、从动链轮的齿数；n_1、n_2 为主、从动链轮的转速（r/min）。

由式（2-4）可得链传动的平均传动比

$$i=\frac{n_1}{n_2}=\frac{z_2}{z_1} \tag{2-5}$$

实际上，链传动的瞬时链速和瞬时传动比都是变化的。原理是：设链的紧边在传动时处于水平位置（图 2-8），并设主动轮以等角速度 ω_1 转动，则其分度圆周速度为 $R_1\omega_1$。当链节进入主动轮时，其销轴总是随着链轮的转动而不断改变其位置。当位于 β 角的瞬时，链水平运动的瞬时速度 v 等于链轮圆周速度的水平分量，链垂直运动的瞬时速度 v'等于链轮圆周速度的垂直分量，即

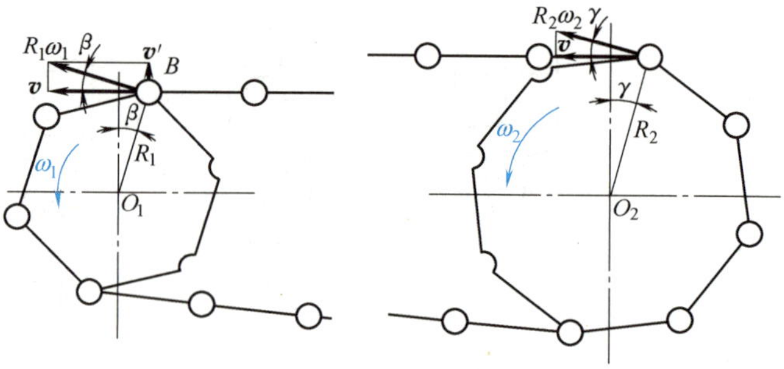

图 2-8　链传动的运动分析

$$\begin{cases}v=R_1\omega_1\cos\beta\\ v'=R_1\omega_1\sin\beta\end{cases} \tag{2-6}$$

β 角的变化范围为 $-\frac{\varphi_1}{2} \sim +\frac{\varphi_1}{2}$，$\varphi_1 = \frac{360°}{z_1}$。因此，当主动链轮匀速转动时，链速 v 是变化的。每转过一个链节距，链速就周期变化一次，如图 2-9 所示。

同样，从动链轮由于链速 $v \neq$ 常数和 γ 角（图 2-8）不断地变化，因而它的角速度 ω_2 也是变化的 $\left(\omega_2 = \frac{v}{R_2\cos\gamma}\right)$。链传动的瞬时传动比 i_t 为

$$i_t = \frac{\omega_1}{\omega_2} = \frac{R_2\cos\gamma}{R_1\cos\beta} \tag{2-7}$$

显然，瞬时传动比不能得到恒定值，因此链传动工作不平稳。只有当两链轮的齿数相等及紧边的长度恰好为链节距的整数倍时，瞬时传动比才能得到恒定值。

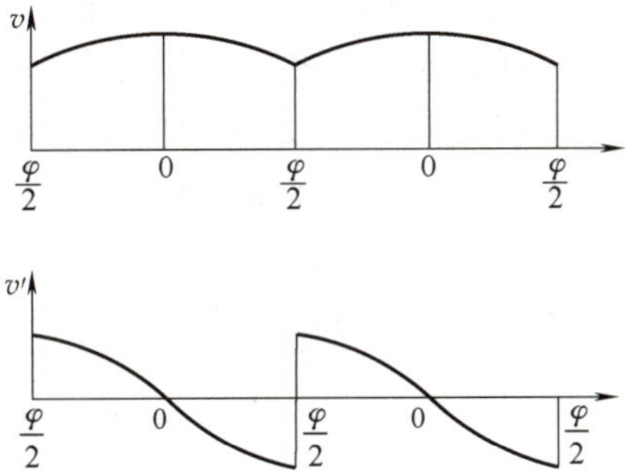

图 2-9　链速变化规律

2. 链传动的动载荷

链传动在工作时产生动载荷的主要原因如下：

1）链速和从动链轮角速度周期性变化，从而产生了附加的动载荷。链的加速度越大，链速变化引起的惯性力及相应动载荷也就越大。链的加速度为

$$a = \frac{\mathrm{d}v}{\mathrm{d}t} = -R_1\omega_1\sin\beta\frac{\mathrm{d}\beta}{\mathrm{d}t} = -R_1\omega_1^2\sin\beta$$

当 $\beta = \pm\frac{\varphi_1}{2}$ 时，得到最大加速度

$$a_{\max} = \pm R_1\omega_1^2\sin\frac{\varphi_1}{2} = \pm R_1\omega_1^2\sin\frac{180°}{z} = \pm\frac{\omega_1^2 p}{2}$$

可见，链轮转速越高、链节距越大、链轮齿数越少，动载荷越大。

2）链沿垂直方向的分速度 v' 也做周期性地变化，使链产生横向振动，这也是链传动产生动载荷的原因之一。

3）链节进入链轮的瞬时，链节与链轮轮齿以一定的相对速度啮合，链与轮齿将受到冲击，并产生附加动载荷。这种现象随着链轮转速的增加和链节距的加大而加剧，使传动产生振动和噪声。

4）若链张紧不好、链条松弛，在起动、制动、反转、载荷变化等情况下，将产生惯性冲击，使链传动产生很大的动载荷。

由于链传动的动载荷效应，链传动不宜用于高速场合。

3. 链传动的受力分析

如果不考虑动载荷，链在传动中的主要作用力有：

（1）工作拉力 F_1（N）

$$F_1 = \frac{1000P}{v} \tag{2-8}$$

链传动受力分析

式中，P 为传递功率（kW）；v 为链速（m/s）。

（2）离心拉力 F_2（N）

$$F_2 = qv^2 \tag{2-9}$$

式中，q 为单位链长质量（kg/m）。

当 $v<7\text{m/s}$ 时，F_2 可以忽略不计。

（3）垂度拉力 F_3（N） 垂度拉力取决于传动的布置方式及链在工作时允许的垂度。若允许垂度过小，则必须以很大的力 F_3 拉紧，从而增加链的磨损和轴承载荷；若允许垂度过大，则又会使链和链轮的啮合情况变坏。可按照求悬索拉力的方法求解垂度拉力 F_3，计算简图如图 2-10 所示。

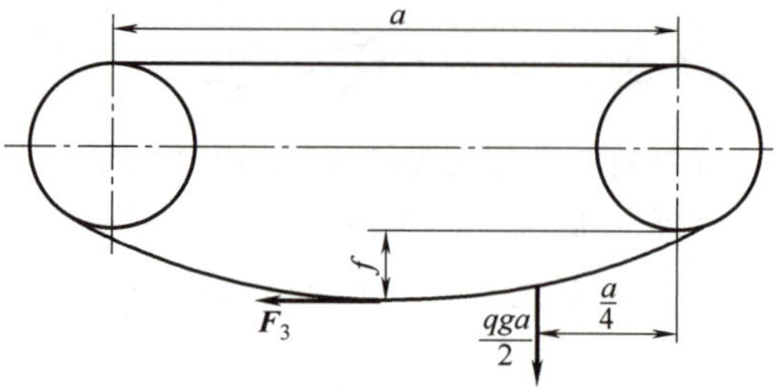

图 2-10 垂度拉力计算简图

$$F_3 \approx \frac{1}{f}\left(\frac{qga}{2}\times\frac{a}{4}\right)=\left(\frac{a}{8f}\right)qga = K_f qga \tag{2-10}$$

式中，f 为悬索垂度（mm）；g 为重力加速度（m/s^2）；a 为中心距（m）；K_f 为垂度拉力系数，见表 2-3。

表 2-3 垂度拉力系数 K_f

传动布置	水平传动	两链轮中心连线与水平面夹角<40°	两链轮中心连线与水平面夹角>40°	垂直传动
K_f	6	4	2	1

由此得链紧边拉力 F 和松边拉力 F' 为

$$\begin{cases} F = F_1 + F_2 + F_3 \\ F' = F_2 + F_3 \end{cases} \tag{2-11}$$

作用在轴上的载荷可近似地取为紧边和松边总拉力之和。离心拉力对它没有影响，不应计算在内，由此得 $Q \approx F_1 + 2F_3$。又由于垂度拉力不大，可近似取

$$Q \approx 1.2F_1 \tag{2-12}$$

2.4 滚子链传动的设计计算

1. 滚子链传动的主要失效形式

（1）链的疲劳破坏 链在传动过程中，各元件均承受变应力，经过一定循环次数后，使链板产生疲劳断裂（中低速时），套筒与销轴及滚子表面产生接触疲劳点蚀（中高速时）。在经常起动、反转、制动或工作有冲击载荷的场合，套筒与滚子承受较大的冲击载荷，经过一定冲击次数后产生疲劳破坏。

（2）链的铰链磨损 由于链传动不具备实现液体摩擦的条件，链条在工作过程中，销轴与套筒、套筒与滚子之间的相对转动会使其接合表面产生磨损，导致链节距 p 逐渐增大，链在链轮上位置逐渐移向齿顶，从而引起脱链，使链传动失效。

（3）链的铰链胶合 对于高速和润滑不良的链传动，销轴与套筒之间的摩擦会使工作表面温度过高而发生胶合。因此，胶合在一定程度上限制了链传动的极限转速。

（4）过载拉断 低速（$v<0.6\text{m/s}$）重载或有较大瞬时过载的链传动，静强度破坏是主要失效形式，此时链条易被拉断。

（5）冲击疲劳破坏 经常起动、反转、制动或工作有冲击载荷的链传动，套筒与滚子

将受到大的冲击载荷，经过一定次数的冲击后而产生疲劳破坏（断裂）。

2. 传动功率曲线

（1）极限传动功率曲线　链传动的各种失效形式与链速有关，在一定使用寿命和润滑良好条件下，滚子链极限传动功率曲线如图 2-11 所示。由图可见：在润滑良好、中等速度下，链传动的承载能力主要取决于链板的疲劳强度；随着转速的提高，链传动的动载荷增大，传动能力主要取决于套筒和滚子的冲击疲劳强度；当转速很高时，胶合将限制链传动的承载能力。

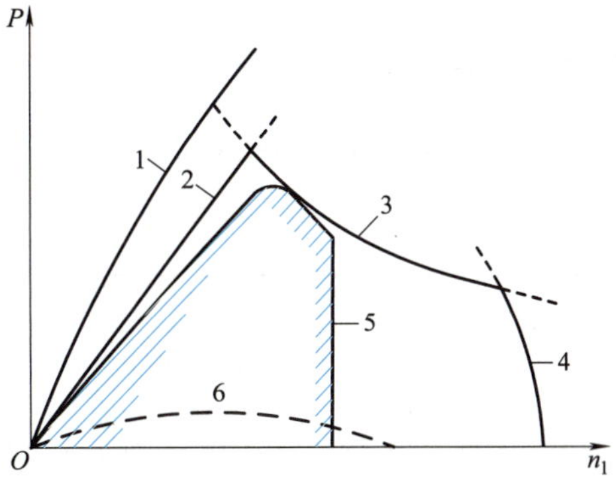

图 2-11　滚子链极限传动功率曲线

1—磨损破坏极限　2—链板疲劳破坏极限
3—套筒、滚子冲击疲劳极限　4—套筒、销轴胶合极限
5—许用传动功率曲线，在此范围内为安全区
6—润滑不良、工作环境恶劣的磨损极限

（2）额定功率曲线　为避免出现上述各种失效形式，图 2-12 给出了单排滚子链在特定试验条件下的额定功率曲线。试验条件：$z_1=19$、链节数 $L_p=120$、单排链水平位置、载荷平稳、工作环境正常、按推荐的润滑方式润滑、使用寿命 15000h。实际使用中，与上列条件不同时，需做适当修正，由此得链传动的传递功率应满足下列要求：

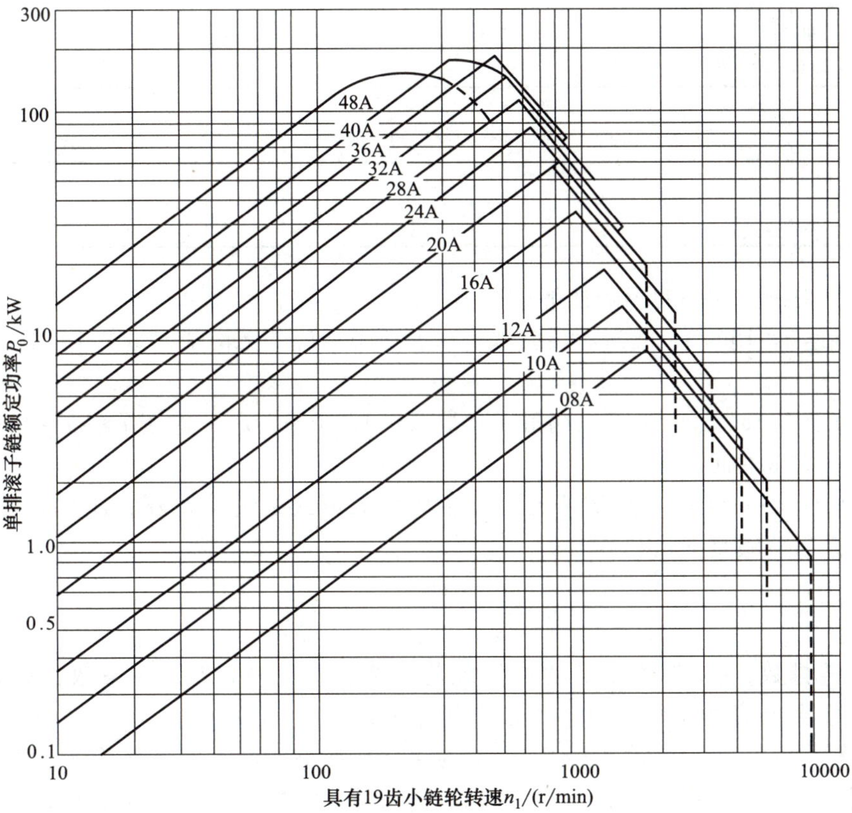

图 2-12　单排滚子链额定功率曲线

$$\frac{K_A K_z P}{K_p} \leqslant P_0 \tag{2-13}$$

式中，P_0 为单排链额定功率（kW），由图 2-12 查取；P 为传递功率（kW）；K_A 为工况系数，见表 2-4；K_z 为小链轮齿数系数，$K_z = \left(\frac{19}{z_1}\right)^{1.08}$；$K_p$ 为多排链系数，见表 2-5。

表 2-4 工况系数 K_A

从动机械特性		主动机械特性		
		平稳运转	轻微冲击	中等冲击
		电动机、汽轮机和燃气轮机、带液力变矩器的内燃机	六缸或六缸以上带机械联轴器的内燃机、经常起动的电动机（一日两次以上）	少于六缸带机械联轴器的内燃机
平稳运转	离心式的泵和压缩机、印刷机械、平稳载荷的带式输送机、纸张压光机、自动扶梯、液体搅拌机和混料机、旋转干燥机、风机	1.0	1.1	1.3
中等冲击	三缸或三缸以上往复式泵和压缩机、混凝土搅拌机、载荷不均匀的输送机、固体搅拌机和混合机	1.4	1.5	1.7
严重冲击	电铲、轧机、球磨机、橡胶加工机械、压力机、剪床、单缸或双缸的泵和压缩机、石油钻机	1.8	1.9	2.1

表 2-5 多排链系数 K_p

排数 z_p	1	2	3	4	5
K_p	1	1.7	2.5	3.3	4.1

链的速度对额定功率的影响如下：

1）当链速 $v \leqslant 15\text{m/s}$，润滑不良时取（0.3~0.6）P_0；无润滑时取 $0.15P_0$，寿命不能保证 15000h。

2）当链速 $1.5\text{m/s} < v < 7\text{m/s}$，润滑不良取（0.15~0.3）$P_0$；对于 $v > 7\text{m/s}$ 的链传动，必须采用充分、完善的润滑。

3）对于 $v < 0.6\text{m/s}$ 的低速链传动，其主要失效形式是过载拉断，应进行静强度校核。静强度安全系数应满足下式：

$$S = \frac{z_p Q_B}{K_A F_1 + F_2 + F_3} \geqslant [S] \tag{2-14}$$

式中，z_p 为链排数；Q_B 为单排链的抗拉载荷，见表 2-1；K_A 为工况系数，见表 2-4；F_1、F_2、F_3 分别为链传动的工作拉力、离心拉力和垂度拉力，分别按式（2-8）、式（2-9）和式（2-10）计算；[S] 为许用安全系数，一般为 4~8；如果用最大尖峰载荷 F_{max} 代替 $K_A F_1$ 进行计算，则 [S] 可为 3~6；对于速度较低、从动系统惯性较小、不太重要的传动或作用力的确定比较准确时，[S] 可取较小值。

3. 主要参数选择

(1) 传动比 i 链传动的传动比一般应小于 8，在低速和外廓尺寸不受限制的地方允许到 10。若传动比过大，则链条在小链轮上的包角过小，啮合的齿数太少，这将加速轮齿的磨损，容易出现跳齿，破坏正常啮合。通常包角最好不小于 120°，传动比在 3 左右。

(2) 链轮齿数 链轮齿数不宜过多或过少。过少时将：①增加传动的不均匀性和动载荷；②增加链节间的相对转角，从而增大功率消耗；③增加铰链承压面间的压强（因齿数少时，链轮直径小，链的工作拉力将增加），从而加速铰链磨损等。增加小链轮齿数可以缓和上述存在的问题。

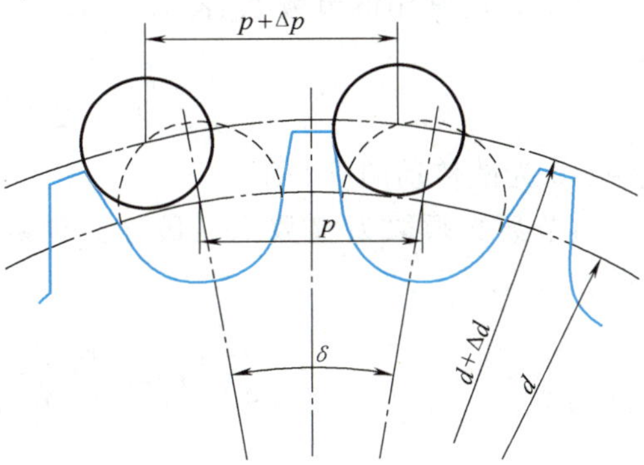

图 2-13 链节伸长对啮合的影响

链轮齿数太多时，链的使用寿命将缩短。因为链节磨损后，套筒和滚子都被磨薄而且中心偏移，这时，链与轮齿实际啮合的链节距将由 p 增至 $p+\Delta p$，链节势必沿着轮齿齿廓向外移，因而分度圆直径将由 d 增至 $d+\Delta d$，如图 2-13 所示。若 Δp 不变，则链轮齿数越多，分度圆直径的增量就越大，所以链节越向外移，越容易引起脱链，链的使用期限也就越短。

因此，链轮齿数一般限制在 $9 \leqslant z \leqslant 120$ 范围内。具体 z_1 选取可由传动比的大小，参考表 2-6 选取。在选取链轮齿数时，应同时考虑到均匀磨损的问题。由于链节数最好选用偶数，所以链轮齿数最好选质数或不能整除链节数的数。

表 2-6 小链轮齿数 z_1

传动比 i	1~2	3~4	5~6	>6
z_1	27~31	23~25	17~21	17

(3) 链速和链轮的极限转速 受链传动附加动载荷的限制，链速一般不超过 12m/s。如果链和链轮的制造质量很高，链节距较小，链轮齿数较多，安装精度很高，以及采用合金钢制造的链，则链速也允许到 20~30m/s。链轮的最佳转速和极限转速可参看图 2-12。图中接近于最大许用传动功率时的转速为最佳转速，功率曲线右侧竖线为极限转速。

(4) 链节距 p 链节距越大，链和链轮齿各部分尺寸越大，链的拉曳能力也就越大，但传动的速度不均匀性、动载荷、噪声等都将增加。因此设计时，在承载能力足够的条件下，应选取较小链节距的单排链，高速重载时，可选用小链节距的多排链。

若已知传递功率 P 和转速 n_1，可由图 2-12 按式 (2-13) 条件选取链节距和排数。反之，可确定已知链能传递的功率。

(5) 链长和中心距 a 当链速不变时，若传动的中心距小、链节数少，则在单位时间内同一链节的屈伸次数势必增多，加速链的磨损。若中心距大、链较长，则弹性较好，抗震能力较强，又因磨损较慢，所以链的使用寿命较长。但中心距如果太大，会发生松边上下颤动的现象，使传动运行不平稳。推荐的最适宜的中心距 $a=(30\sim50)p$ 和最大中心距 $a_{max}=80p$。

最小中心距 a_{min} 受小轮上包角不小于 120°的限制，通常按下式选取：

$$
\begin{cases} a_{\min}=\dfrac{1}{2}(d_{a1}+d_{a2})+(30\sim50)\,\mathrm{mm},\ i\leqslant3 \\ a_{\min}=\dfrac{1}{2}(d_{a1}+d_{a2})\dfrac{9+i}{10},\ i>3 \end{cases} \tag{2-15}
$$

式中，d_{a1}、d_{a2} 分别为小链轮和大链轮的顶圆直径（mm）。

链的长度常用链节数 L_p 表示

$$
L_p=\frac{z_1+z_2}{2}+2\frac{a}{p}+\left(\frac{z_2-z_1}{2\pi}\right)^2\frac{p}{a} \tag{2-16}
$$

式中，a 为链传动的中心距。

链节数必须取为整数，且最好为偶数。然后根据圆整后的链节数用下式计算实际中心距：

$$
a=\frac{p}{4}\left[\left(L_p-\frac{z_1+z_2}{2}\right)+\sqrt{\left(L_p-\frac{z_1+z_2}{2}\right)^2-8\left(\frac{z_2-z_1}{2\pi}\right)^2}\right] \tag{2-17}
$$

2.5 链传动的布置、张紧与润滑

1. 链传动的合理布置

为使链传动工作正常，应将其合理布置，布置原则可参考表 2-7。

2. 链传动的张紧方法

链传动中如松边垂度过大，将引起啮合不良和链条振动现象，所以链传动张紧的目的和带传动不同，张紧力并不决定链的工作能力，而只是决定垂度的大小。当中心连线与水平线之间的夹角大于 60°时，通常应设有张紧装置。

链传动的布置与张紧

表 2-7 链传动的布置

传动条件	合理布置方式	不合理布置方式	说明
$i=2\sim3$ $a=(30\sim50)p$	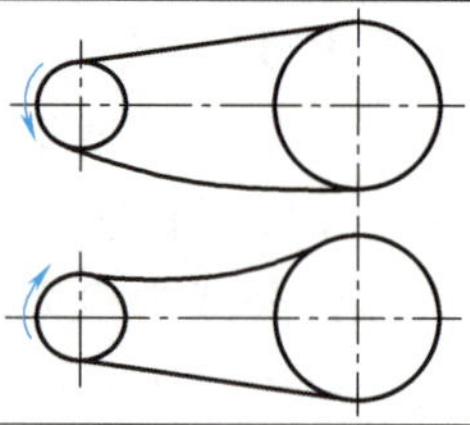		两链轮中心连线最好成水平，或与水平面成 60°以下的倾角。紧边在上较好
$i>2$ $a<30p$	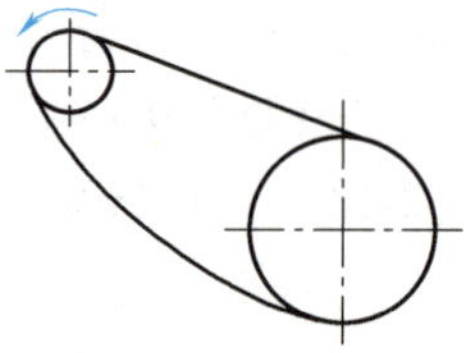	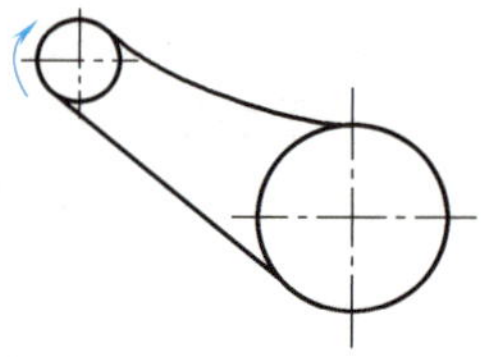	两链轮中心连线与水平面有夹角，松边应布置在下面
$i<1.5$ $a>60p$	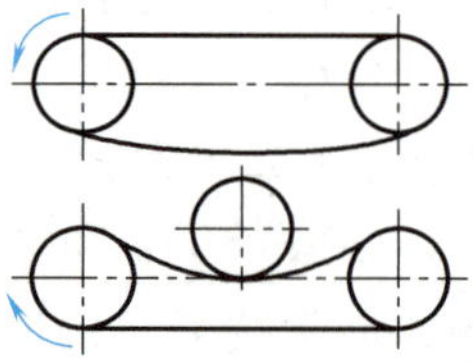		两链轮中心连线水平，松边应布置在下面

（续）

传动条件	合理布置方式	不合理布置方式	说明
垂直传动场合 i、a为任意值	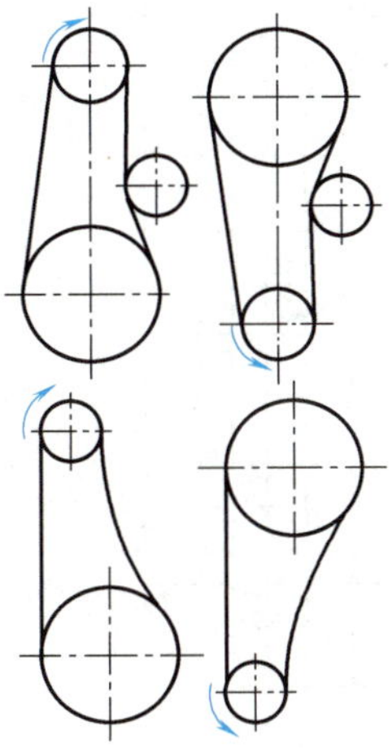	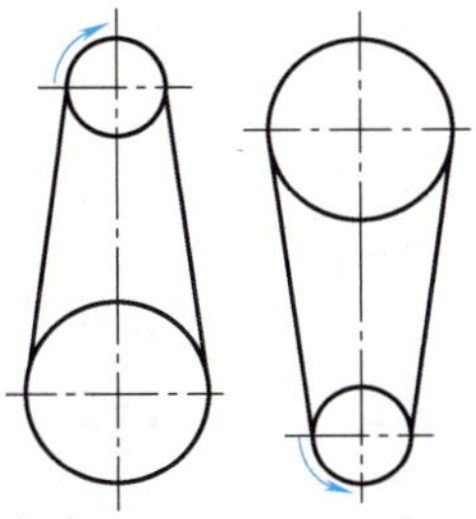	避免中心连线铅垂，同时应采用： 1）中心距可调 2）张紧装置 3）尽可能将小链轮布置在上方

张紧方法很多，最常见的是移动链轮以增大两轮的中心距。但当中心距不可调时，也可以采用张紧轮张紧，如图 2-14a、b 所示。不论是带齿的还是不带齿的张紧轮，其分度圆直径最好与小链轮的分度圆直径相近。不带齿的张紧轮可以用夹布胶木制成，宽度应比链约宽 5mm。此外，还可用压板或托板张紧，如图 2-14c 所示。特别是中心距大的链传动，用托板控制垂度更为合理。

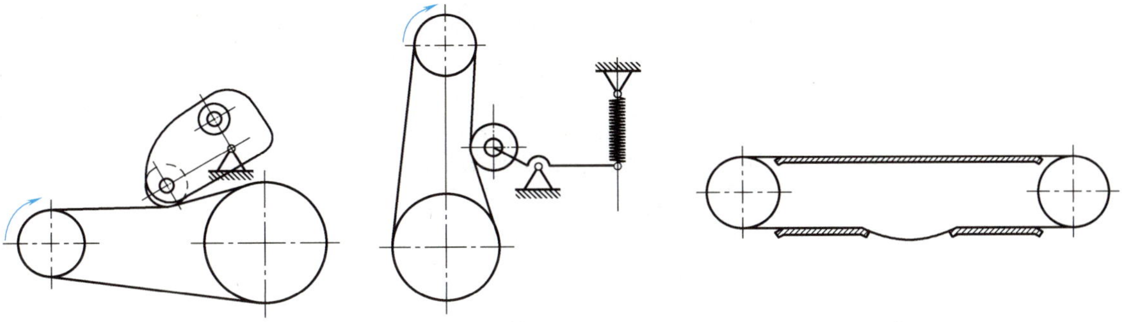

a)　　b)　　c)

图 2-14　链的张紧装置

3. 链传动的润滑

铰链中有润滑油时，有利于缓和冲击、减小摩擦和降低磨损。因此，链传动的润滑条件对传动工作能力和使用寿命有很大影响。链传动的润滑方式可以根据图 2-15 选取。

润滑时，应设法将油注入链活动关节间的缝隙中，并均匀分布于链宽上。润滑油应加在松边上，因这时链节处于松弛状态，润滑油容易进入各摩擦面之间。

润滑油推荐采用黏度等级为 32、46、68 的全损耗系统用油。对于开式及重载低速传动，可在润滑油中加入 MoS_2、WS_2 等添加剂。对于不便使用润滑油的场合，允许使用润滑脂，但应定期清洗和更换润滑脂。采用喷镀塑料的套筒或粉末冶金的含油套筒，因有自润滑作用，允许不另加润滑油。

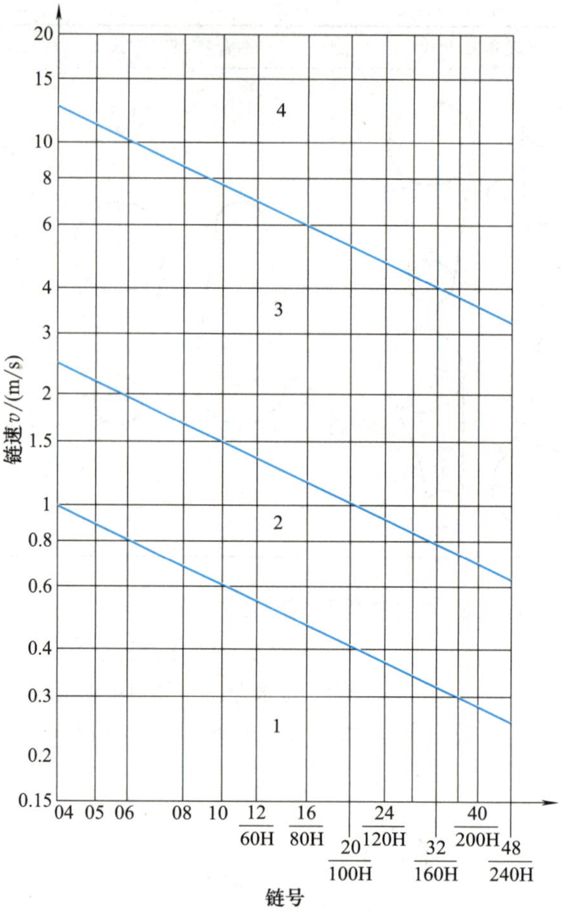

图 2-15 润滑方式选择图

1—人工定期润滑 2—滴油润滑 3—油浴或飞溅润滑 4—压力喷油润滑

2.6 工程案例

例 2-1 设计一压气机用链传动，电动机转速 $n_1=720\text{r/min}$，压气机转速 $n_2=240\text{r/min}$，传递功率 $P=4\text{kW}$，单班制工作，中心距要求控制在 650mm 以内，并且可调。

解： 1）采用滚子链传动，确定链轮齿数。

传动比：$i=\dfrac{n_1}{n_2}=\dfrac{720}{240}=3$。

小链轮齿数：由表 2-6 选取 $z_1=25$。

大链轮齿数：$z_2=iz_1=3\times25=75$。

2）选取链节距。初定中心距 $a=40p$。链节数为

$$L_p=\frac{z_1+z_2}{2}+2\frac{a}{p}+\left(\frac{z_2-z_1}{2\pi}\right)^2\frac{p}{a}=\frac{25+75}{2}+2\times\frac{40p}{p}+\left(\frac{75-25}{2\pi}\right)^2\frac{p}{40p}\approx131.58$$

取链节数 $L_p=132$。

传递功率
$$P_0 \geqslant \frac{K_A K_z P}{K_p}$$

查表2-4，取工况系数 $K_A=1$；小链轮齿数系数 $K_z=\left(\frac{19}{25}\right)^{1.08}=0.74$；查表2-5，多排链系数 $K_p=1$。则有

$$P_0 \geqslant \frac{1\times0.74\times4}{1}\text{kW}=2.96\text{kW}$$

根据 $P_0 \geqslant 2.96\text{kW}$ 及 $n_1=720\text{r/min}$，由图2-12查出选用08A滚子链，链节距 $p=12.70\text{mm}$（查表2-1）。

3）确定实际中心距。

$$a=\frac{p}{4}\left[\left(L_p-\frac{z_1+z_2}{2}\right)+\sqrt{\left(L_p-\frac{z_1+z_2}{2}\right)^2-8\left(\frac{z_2-z_1}{2\pi}\right)^2}\right]$$
$$=\frac{12.70}{4}\times\left[\left(132-\frac{25+75}{2}\right)+\sqrt{\left(132-\frac{25+75}{2}\right)^2-8\times\left(\frac{75-25}{2\pi}\right)^2}\right]\text{mm}=511\text{mm}$$

4）计算作用在轴上的载荷。

链速
$$v=\frac{n_1 z_1 p}{60\times1000}=\frac{720\times25\times12.70}{60\times1000}\text{m/s}=3.81\text{m/s}$$

工作拉力
$$F_1=\frac{1000P}{v}=\frac{1000\times4}{3.81}\text{N}=1050\text{N}$$

轴上载荷
$$Q=1.2F_1=1.2\times1050\text{N}=1260\text{N}$$

5）确定润滑方式。根据链速 v 和链号，由图2-15查出选用油浴或飞溅润滑。

6）链轮尺寸、材料（略）。

主要设计结论：链条型号08A；链轮齿数 $z_1=25$，$z_2=75$；链节数 $L_p=132$；中心距 $a=511\text{mm}$。

课后习题

2-1 一链式运输机驱动装置采用套筒滚子链传动，链节距 $p=25.4\text{mm}$，主动链轮齿数 $z_1=17$，从动链轮齿数 $z_2=69$，主动链轮转速 $n_1=960\text{r/min}$。试求：①链条的平均速度 v；②链条的最大速度 v_{max} 和最小速度 v_{min}；③链条的最大加速度 a_{max}。

2-2 已知某套筒滚子链传动，采用12A单排（$p=19.05\text{mm}$），主动链轮齿数 $z_1=19$，链速 $v=6\text{m/s}$，试问该链传动能传递的功率为多少？

2-3 试设计由电动机到空气压缩机之间的套筒滚子链传动。已知：电动机功率 $P=10\text{kW}$，小链轮转速 $n_1=970\text{r/min}$，压缩机转速 $n_2=330\text{r/min}$，两班制工作，采用人工定期润滑，链传动水平布置，要求中心距不大于600mm。

知识拓展

为何摩托车多采用链传动方式？

学过前面带传动以后，肯定有很多同学想问，为什么摩托车主要使用链传动？为何不采

用带传动或其他传动方式？其实道理很简单，车厂会综合使用性能和成本选取最佳设计方案。目前常见的摩托车传动装置有三种：链传动、带传动和轴传动。

链传动是当前摩托车采用的主流传动系统，如图 2-16 所示。链传动系统具有结构简单、轻巧、成本低等优点，而且可以通过更换链轮便能容易改变末级减速比，因此被大多数摩托车采用。此外，链条可以缓冲车辆加减速的冲击，又能减小悬挂系统上下振荡造成链轮之间的距离变化。但是，链传动噪声较大，链条和链轮需要经常润滑，裸露的链条很容易弄脏和在雨中骑行时链条油会被冲掉，需要定期保养上油。

图 2-16　采用链传动的摩托车

带传动通常用于踏板和巡航车上，这两种车型更注重乘坐舒适性，属于无级变速类型。带传动产生的噪声较小，材质上也比链条要轻，能够在其起步和加速时带来更低的动力损耗，而且几乎不需要维护，振动噪声低，乘坐舒适性好。但是，带传动的传递效率较低，抗过载能力相对较差，如急加速或大扭矩时可能会出现打滑现象；另外传动带容易磨损，不仅更换麻烦而且成本较高。

轴传动系统是利用轴和齿轮取代链条和链轮，通过传动轴前端的齿轮和后轮上的齿轮啮合来传递动力，因为轴与后轮的转动方向相反，所以采用锥齿轮使转动方向改变 90°。采用轴传动系统的车辆基本不需要养护，其耐久性远远高于链传动系统，而且噪声很低。但是，采用轴传动的车辆质量大，较为笨重；最重要的是，轴传动系统成本高，对于重视车辆运动性能和在车辆轻量级趋势的背景下，轴传动的设计很少用于市场销售的车型中。

总的来说，链传动技术成熟，成本低，性价比高，对普通摩托车最合适，因此应用最为广泛。

第3章 齿轮传动

知识图谱

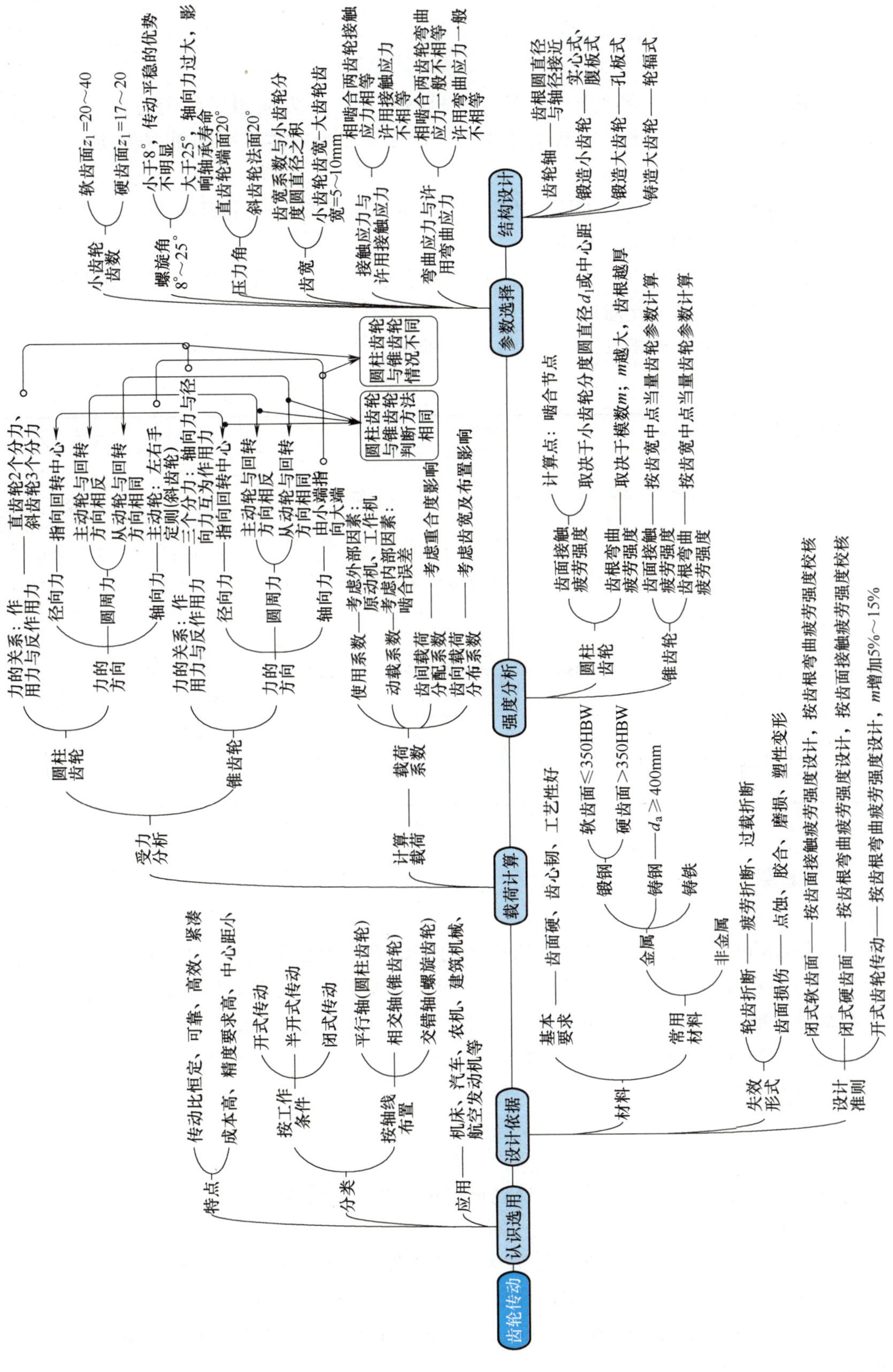

3.1 齿轮传动的特点及分类

齿轮传动的特点、应用及分类

为确定齿轮传动是否适用于所设计的机械系统，首先应当了解齿轮传动的特点，以便于做出正确的判断和选择。齿轮传动作为一类重要的机械传动，形式多样，应用广泛。

齿轮传动的主要优点：①传动比恒定；②传动效率高；③传递载荷大；④速度范围广；⑤结构紧凑；⑥工作可靠、寿命长。

齿轮传动的主要缺点：①制造及安装精度要求高；②成本高（需专用机床与刀具）；③轴间距过大的传动不宜使用。

为适应不同的传动要求、便于选择，对齿轮传动按多种方式进行分类，见表 3-1。

表 3-1 齿轮传动的分类

分类方式	类型			示意图
按轴线相对位置	平行轴齿轮传动	相交轴齿轮传动	交错轴齿轮传动	螺旋齿+交错轴；人字齿+平行轴；斜齿轮+平行轴；锥齿轮+相交轴
按外廓形状	圆柱齿轮传动(直齿、斜齿)	锥齿轮传动(直齿、斜齿、曲齿)		
按齿面硬度	软齿面齿轮传动(≤350HBW)	硬齿面齿轮传动(>350HBW)		
按工作及防护情况	开式齿轮传动	半开式齿轮传动	闭式齿轮传动	

3.2 齿轮传动的材料及失效形式

常用材料、失效形式、计算准则

为保证齿轮正常运转，选择齿轮材料的基本原则为**齿面要硬、齿心要韧**。齿面足够的硬度能够避免轮齿表面损坏，足够的韧性可以抵御循环载荷和冲击载荷导致的轮齿折断。在保证基本性能的前提下，还需考虑良好的机械加工工艺性、热处理工艺性以及经济性。

3.2.1 常用材料

1. 钢

钢材韧性好、耐冲击，通过热处理可以进一步改善力学性能、提高齿面硬度，是应用最广泛、最适宜的齿轮材料。

（1）锻钢　除尺寸过大或者是结构形状复杂，只宜铸造者外，一般采用优质碳素钢或合金钢锻造齿轮。相比于碳素钢，合金成分的加入，使合金钢材料在韧性、耐冲击、耐磨及抗胶合等方面的性能得到提高。所以，对于既工作于高速、重载条件下，又要求尺寸小、质量小的齿轮（如航空用齿轮），宜采用合金钢制造，常用材料牌号有 20CrMnTi、20CrMnMo、20Cr2Ni4A 等。

软齿面齿轮的齿面硬度≤350HBW，热处理后仍可切削轮齿。适用于对强度、速度、精度要求不高的齿轮。加工工艺为齿轮毛坯→正火或调质→切齿。精度一般为 7~8 级，制造成本低。常用于中载、中速、结构尺寸不受限的场合。因小齿轮进入啮合的次数多，为保证大小齿轮寿命相当，设计时要求小齿轮齿面硬度比大齿轮高 30~50HBW。

硬齿面齿轮的齿面硬度>350HBW，热处理后需精加工轮齿。适用于高速、重载、精密机械用齿轮，如航空用齿轮。加工工艺为齿轮毛坯→切齿→表面热处理→精磨齿，热处理方法有表面淬火、渗碳、渗氮、碳氮共渗等。精度高，可达 4~5 级。制造成本高，力学性能好，结构尺寸小。

（2）铸钢　当毛坯直径过大（d_a≥400mm）没有大型锻造设备或结构形状复杂时，采用铸钢。铸钢的耐磨性及强度均较好，一般进行退火及正火处理，必要时还可进行调质处理。

2. 铸铁

铸铁性质较脆，抗冲击及耐磨性都较差，但抗胶合及抗点蚀的能力较好。为避免接触不良和载荷集中引起齿根折断，齿轮宽度应较窄。常用于工作平稳，速度较低，开式传动和功率不大的场合。常用材料有 HT250、QT500-7 等。

其中，灰铸铁的铸造性能和切削性能好，价格便宜，但抗弯强度和冲击韧性较差，适用于低速、无冲击、大尺寸或开式传动。球墨铸铁的力学性能和抗冲击性能高于灰铸铁，可替代调质钢制造某些大齿轮。

3. 非金属材料

非金属材料的弹性模量小，能很好地补偿因制造和安装误差所引起的不利后果，故振动小，噪声小；在承受同样载荷的作用下，其接触应力小。但非金属材料的硬度、接触强度和抗弯强度低。适用于高速、轻载、要求低噪声而精度要求不高的齿轮传动中。常用材料有塑料、夹布胶木、尼龙等。

非金属材料的导热性差，需与齿面光洁的金属齿轮配对使用，以利于散热。通常用非金属材料制造小齿轮，用钢或铸铁制造大齿轮。

齿轮常用材料及其力学性能参见表 3-2。

表 3-2　齿轮常用材料及其力学性能

材料牌号	热处理方法	抗拉强度 $R_m(\sigma_b)$/MPa	屈服强度 $R_{eL}(\sigma_s)$/MPa	硬度	
				HBW	HRC(齿面)
45	正火	580	290	162~217	
	调质	650	360	217~255	
	表面淬火				40~50
42SiMn	调质	750	470	217~269	
	表面淬火				40~55
38SiMnMo	调质	700	550	217~269	
	表面淬火				40~55
35CrMo	调质	700	500	207~269	
	表面淬火				40~55

（续）

材料牌号	热处理方法	抗拉强度 $R_m(\sigma_b)$/MPa	屈服强度 $R_{eL}(\sigma_s)$/MPa	硬度	
				HBW	HRC(齿面)
40Cr	调质	700	500	241～286	
	表面淬火				48～55
40CrNiMo	调质	980	833	283～330	
42CrMo4V	表面淬火	1100	750		48～56
38CrMoAlA	调质	1000	850	229	
	渗氮				HV>850
20CrMnTi	渗碳淬火	1100	850		56～62
20CrMnMo	渗碳淬火	1177	883		54～62
ZG310-570	正火	570	310	156～217	
ZG340-640	正火	640	340	169～229	
HT200		200		151～229	
HT250		250		180～269	
HT300		300		207～313	
QT600-3	正火	600	370	190～270	
QT500-7	正火	500	320	180～230	
夹布胶木		100		25～35	

3.2.2 失效形式

两齿轮啮合时，齿面接触点附近及轮齿根部均受到变应力作用，使齿轮发生失效，故齿轮传动的失效通常发生在轮齿部分。常见的失效形式可分为轮齿折断和齿面损伤，齿面损伤又可进一步分为齿面点蚀、齿面胶合、齿面磨损和塑性变形。轮齿典型失效形式如图 3-1 所示。

1. 轮齿折断

轮齿受载后，齿根承受弯曲应力最大，且过渡圆角处有较大的应力集中，故折断一般发生在齿根部位。轮齿折断的原因有两种：疲劳折断和过载折断。

（1）疲劳折断　当轮齿反复受载时，在齿根弯曲应力及过渡圆角应力集中的共同作用下，轮齿受拉侧产生疲劳裂纹，随着应力的交变循环，裂纹逐渐扩展，致使轮齿疲劳折断。

齿根折断

（2）过载折断　当齿轮受到短时过载，或过大冲击载荷，或轮齿磨损减薄时，由于齿根静强度不足，轮齿易发生突然折断。尤其脆性材料制造的齿轮更易发生过载折断，如铸铁、淬火钢等。

失效后果：直齿轮轮齿的折断，一般是全齿折断，如图 3-1a 所示。斜齿轮和人字齿轮，由于接触线倾斜，一般是局部齿折断，如图 3-1b 所示。当直齿轮齿宽较宽且制造安装不良时，载荷可能集中在齿的一端，也会产生局部断齿。

避免措施：①采用正变位齿轮，增加齿根强度；②适当增大齿根圆角半径，消除加工刀痕，减小应力集中；③增大轴及支承的刚性，使轮齿接触线上的受载均匀；④合理提高齿轮精度，改善载荷分布；⑤正确选择材料和热处理方式，提高轮齿心部强度和韧性；⑥对齿根

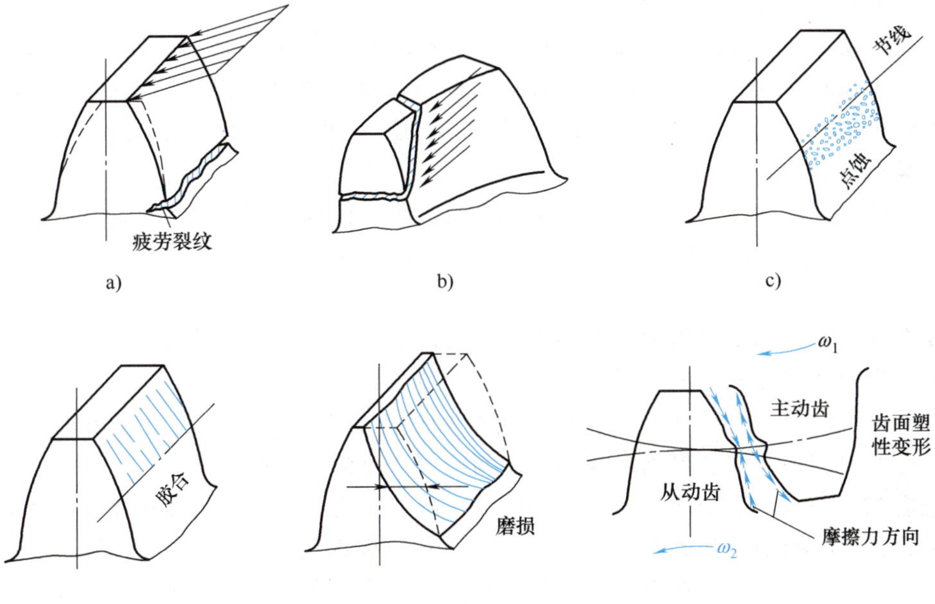

图 3-1 轮齿典型失效形式

部位进行喷丸、碾压等强化处理。

2. 齿面点蚀

点蚀是润滑良好的闭式传动中常见的失效形式。轮齿受载后，齿面将产生按脉动循环变化的接触应力。在载荷的反复作用下，轮齿表面或次表层出现疲劳裂纹，随着润滑油楔入，裂纹逐渐扩展，最终使齿面金属微粒剥落形成麻点状不规则凹坑，称为齿面疲劳点蚀，如图 3-1c 所示。

点蚀通常首先出现在节线附近齿根面上，然后逐渐扩展。因为在节线附近齿面接触应力最大，且在节点处齿廓相对滑动速度小，油膜不易形成。对于直齿圆柱齿轮，节线附近是单齿对啮合区；对于斜齿圆柱齿轮，虽然接触线是从齿顶到齿根的倾斜线，但齿面润滑油膜在节线附近产生压力峰值，即接触应力最大。

闭式软齿面齿轮可发生两种点蚀，即收敛性点蚀和扩展性点蚀。新齿轮工作初期，相啮合齿面接触不良，造成局部应力过高，出现少量点蚀，磨合一段时间后，齿面被磨损和碾压，凸起处逐渐变平，承压面积增加，接触应力趋于均匀，麻点不再扩散，甚至消失，即为收敛性点蚀。随着工作时间的增加，由于齿面疲劳，再度出现点蚀，且点蚀面积随工作时间的延长而不断扩展，即为扩展性点蚀。

闭式硬齿面齿轮的齿面接触疲劳强度高，不易出现点蚀，一旦出现点蚀，即为扩展性点蚀。

开式齿轮传动中齿面磨损快，来不及产生疲劳裂纹齿面就被磨损，很少出现点蚀现象。

失效后果：严重点蚀后，齿廓形状破坏，齿轮在啮合过程中会产生剧烈的振动，噪声增大，以至于齿轮不能正常工作而使传动失效。

避免措施：①提高齿面硬度；②降低齿面粗糙度；③采用角变位齿轮；④合理选用润滑油黏度。

3. 齿面胶合

齿面胶合主要发生在高速重载齿轮传动中，有时也在润滑不良的低速重载传动中出现。由于齿面间未能有效地形成润滑油膜，导致齿面金属直接接触，在高温或高压下相互黏着，并随着啮合传动两齿面沿着相对滑动方向相互撕扯，从而出现条状划痕，如图 3-1d 所示。齿面胶合又称为黏着磨损。

高速重载齿轮传动中，在齿面间可形成完全油膜，但齿面间压力大、滑动速度高，因摩擦导致啮合点处瞬时温度升高、润滑失效，从而使相啮合两齿面间金属尖峰直接接触并焊合。

低速重载齿轮传动中，齿面间的润滑油膜难以形成，或局部偏载使油膜破坏，也会发生胶合。此时齿面间并无明显的瞬时高温，故称为冷胶合。

失效后果：齿面上滑动速度较大的齿顶和齿根容易发生胶合。瞬时超载可导致发生胶合，且迅速发展，引起剧烈振动和噪声，进而造成严重的齿面破坏。

避免措施：①采用正变位齿轮，减小模数、降低齿高，以减小啮合面滑动速度；②采用角变位齿轮，以降低啮合开始及终止点的滑动系数；③提高齿面硬度、降低齿面粗糙度值；④采用抗胶合能力强的齿轮材料及合适的材料配对；⑤在润滑油中加入抗胶合添加剂。

4. 齿面磨损

齿面磨损包括磨粒磨损和研磨性磨损两种。磨粒磨损因灰尘、硬颗粒（砂粒、铁屑）等进入啮合齿面间而引起；研磨性磨损因齿面摩擦而引起，如图 3-1e 所示。

开式齿轮传动中，由于齿轮裸露在外，无法防尘、润滑不良，故磨损是主要失效形式。闭式齿轮传动中，磨损破坏较少出现。

失效后果：齿面磨损后，齿廓失去正确形状，引起振动、产生噪声。严重磨损后会因轮齿减薄过多而断裂。

避免措施：①采用闭式传动或加防护罩；②提高齿面硬度，降低齿面粗糙度值；③保持润滑油清洁；④使用有减摩作用的添加剂。

5. 塑性变形

塑性变形常发生在低速重载与频繁起动的场合，齿面材料较软的传动中，有齿体塑性变形和齿面塑性变形两种。齿体塑性变形表现为突然过载引起轮齿整体歪斜变形；齿面塑性变形则因过载导致齿面油膜破坏、摩擦力剧增，当齿面应力超过材料的屈服极限时，节线附近产生局部的塑性变形，齿面金属沿摩擦力方向产生塑性流动，使轮齿失去正确齿形。

塑性变形

轮齿在啮合过程中，主动轮齿上，摩擦力方向背离节线，齿面金属流动导致节线处形成凹沟。从动轮齿上，摩擦力方向指向节线，齿面金属流动导致节线处形成凸棱，如图 3-1f 所示。

失效后果：塑性变形破坏轮齿的正确啮合位置和齿廓形状，引起振动、产生噪声。

避免措施：①提高轮齿齿面硬度；②采用高黏度的或加有极压添加剂的润滑油；③对于有频繁起动或短期过载的传动进行短期或静载荷校核。

3.2.3 设计准则

为防止齿轮在给定的工作条件下，发生各种形式的失效，需制定设计齿轮承载能力所应依据的设计准则。本章主要讨论钢制齿轮的设计准则。

1. 闭式齿轮传动设计准则

（1）闭式软齿面齿轮　轮齿的主要失效形式是齿面疲劳点蚀，也可能发生轮齿折断。设计时通常按齿面接触疲劳强度设计传动参数，按齿根弯曲疲劳强度校核参数。

（2）闭式硬齿面齿轮　轮齿的主要失效形式是轮齿疲劳断裂，也可能发生齿面疲劳点蚀。设计时通常按齿根弯曲疲劳强度设计传动参数，按齿面接触疲劳强度校核参数。

2. 开式齿轮传动设计准则

主要失效形式是齿面磨损，且通常会在轮齿磨薄以后发生轮齿折断。因此，一般按齿根弯曲疲劳强度设计传动参数，并考虑磨损将计算得到的模数适当增大，以保证轮齿磨损变薄后仍有足够的弯曲疲劳强度。

对于齿面磨损、塑性变形，尚未形成有效的可在工程实际中使用的计算方法及设计数据，只能进行相应的条件性计算，或采取防止失效措施。高速大功率的齿轮传动（如航空发动机主传动），需进行齿面抗胶合能力的设计。如果齿轮传动在工作时有偶然过载或短期尖峰载荷出现，为避免轮齿过载折断或塑性变形，还需验算齿轮传动的抗过载能力。

对于齿轮的轮圈、轮辐、轮毂等部位的尺寸，通常仅按经验做结构设计，不进行强度计算。但对于工作在重要场合的齿轮传动，这些部位也要进行强度计算。

3.3　齿轮传动的受力分析

1. 直齿圆柱齿轮传动的受力分析

齿轮传动的受力分析

理想情况下，作用于轮齿上的力沿接触线均匀分布，可简化为集中力作用于齿宽中点，即为法向力 $\boldsymbol{F}_n$，如图 3-2 所示。通常齿轮传动润滑良好，齿面间摩擦力较小，可忽略不计，所以法向力沿啮合线方向垂直于齿廓表面。在分度圆上，法向力 $\boldsymbol{F}_n$ 可分解为两个互相垂直的分力：切于分度圆的圆周力（切向力）$\boldsymbol{F}_t$ 和指向轴心（半径方向）的径向力 $\boldsymbol{F}_r$。

力的大小：

$$\begin{cases} \text{圆周力} \quad F_t = \dfrac{2T_1}{d_1} \\ \text{径向力} \quad F_r = F_t \tan\alpha \\ \text{法向力} \quad F_n = \dfrac{F_t}{\cos\alpha} \end{cases} \qquad (3\text{-}1)$$

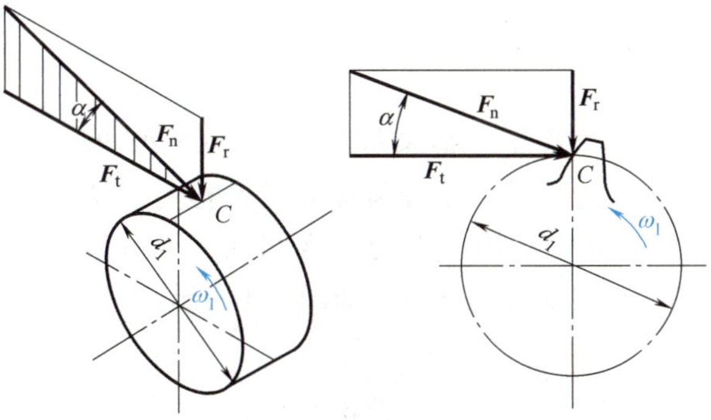

图 3-2　直齿圆柱齿轮传动受力分析

式中，d_1 为主动齿轮分度圆直径（mm）；α 为分度圆压力角；T_1 为主动齿轮传递的名义转矩（N · mm）。

力的方向：忽略摩擦力，根据作用力与反作用力的关系，作用在主动轮和从动轮上的各对应作用力等值反向。①圆周力方向：对于主动轮是阻力，与回转方向相反；对于从动轮是驱动力，与回转方向相同。记为 $\boldsymbol{F}_{t1}$、$\boldsymbol{F}_{t2}$，下标 1 表示主动轮，下标 2 表示从动轮。②径向力方向：分别由啮合点指向各齿轮的轮心（内齿轮为远离轮心方向），记为 $\boldsymbol{F}_{r1}$、$\boldsymbol{F}_{r2}$。

2. 斜齿圆柱齿轮传动的受力分析

忽略啮合齿面间的摩擦力，因斜齿轮传动接触线倾斜，法向力 $\boldsymbol{F}_n$ 作用于法向平面内，可分解为三个相互垂直的分力，即圆周力 $\boldsymbol{F}_t$、径向力 $\boldsymbol{F}_r$、轴向力 $\boldsymbol{F}_a$，如图 3-3 所示。根据各力的空间相对位置及几何关系，按照力的平衡条件，可得

$$\begin{cases} 圆周力 \quad F_t = \dfrac{2T_1}{d_1} \\ 径向力 \quad F_r = F_t \tan\alpha_t = \dfrac{F_t \tan\alpha_n}{\cos\beta} \\ 轴向力 \quad F_a = F_t \tan\beta \\ 法向力 \quad F_n = \dfrac{F_t}{\cos\alpha_t \cos\beta_b} = \dfrac{F_t}{\cos\alpha_n \cos\beta} \end{cases} \tag{3-2}$$

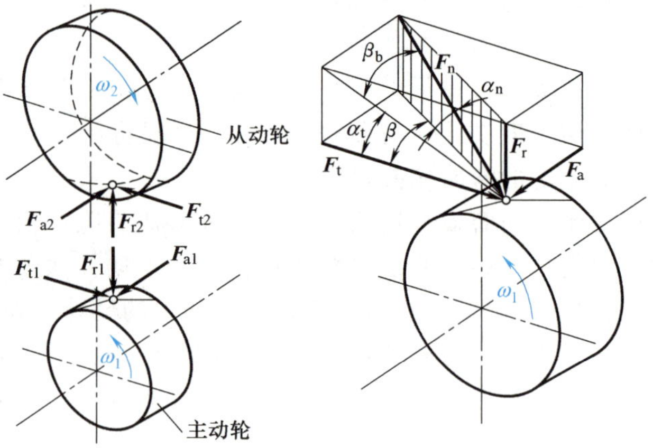

图 3-3　斜齿圆柱齿轮传动受力分析

式中，α_n 为法向压力角；α_t 为端面压力角；β 为分度圆螺旋角；β_b 为基圆螺旋角。

力的方向：忽略摩擦力，根据作用力与反作用力的关系，作用在主动轮和从动轮上的各对应作用力等值反向。①圆周力方向：对于主动轮是阻力，与回转方向相反；对于从动轮是驱动力，与回转方向相同。②径向力方向：分别由啮合点指向各齿轮的轮心（内齿轮为远离轮心方向）。③轴向力方向：取决于齿轮的回转方向和螺旋线方向，可用“主动轮左、右手定则”判断，左旋用左手、右旋用右手。握住主动轮轴线，四指弯曲方向表示主动轮的转向，拇指指向即为轴向力的方向，记为 $\boldsymbol{F}_{a1}$、$\boldsymbol{F}_{a2}$。从动轮的轴向力方向与主动轮相反。上述用左右手判断轴向力方向的方法仅适用于主动轮。

3. 锥齿轮传动的受力分析

仅介绍常用的轴交角 $\Sigma = \delta_1 + \delta_2 = 90°$ 的直齿锥齿轮传动。不计齿面间的摩擦力，法向力 $\boldsymbol{F}_n$ 集中作用于平均分度圆处，可分解为三个互相垂直的分力，如图 3-4 所示。

$$\begin{cases} 圆周力 \quad F_{t1} = \dfrac{2T_1}{d_{m1}} \\ 径向力 \quad F_{r1} = F_{t1} \tan\alpha \cos\delta_1 \\ 轴向力 \quad F_{a1} = F_{t1} \tan\alpha \sin\delta_1 \\ 法向力 \quad F_n = \dfrac{F_{t1}}{\cos\alpha} \end{cases} \tag{3-3}$$

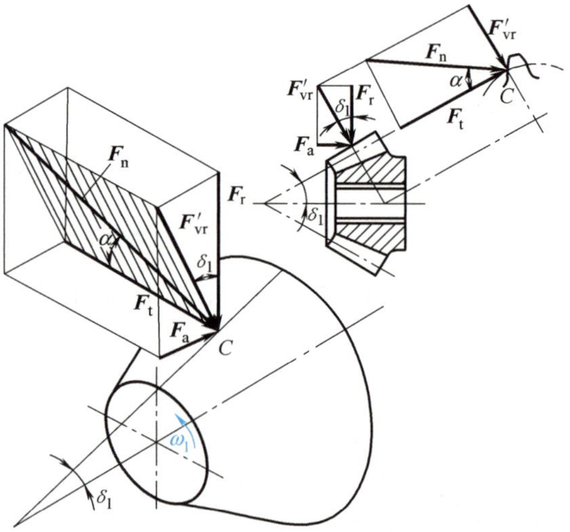

图 3-4　直齿锥齿轮传动受力分析

式中，d_{m1} 为小锥齿轮分度圆直径（mm）；δ_1 为小锥齿轮分度圆锥角。

力的方向：忽略摩擦力，根据作用力与反作用力的关系，作用在主动轮和从动轮上的各对应作用力等值反向。①圆周力方向：对于主动轮是阻力，与回转方向相反；对于从动轮是驱动力，与回转方向相同。②径向力方向：分别由啮合点指向各齿轮的轮心。③轴向力方向：分别指向各轮的大端。

由于直齿锥齿轮传动是相交轴间传动，故主动轮与从动轮上的力不全是同名力大小相等，方向相反。而是：$\boldsymbol{F}_{t1}=-\boldsymbol{F}_{t2}$，$\boldsymbol{F}_{r1}=-\boldsymbol{F}_{a2}$，$\boldsymbol{F}_{a1}=-\boldsymbol{F}_{r2}$，负号表示方向相反。

3.4　齿轮传动的计算载荷

计算载荷

根据齿轮传动的额定功率和转速，计算出的法向载荷 $\boldsymbol{F}_n$（或转矩 T_1）称为名义载荷。在实际传动中，由于制造安装误差、轮齿变形等各种内外部因素的影响，轮齿上承担的实际载荷比名义载荷大。为考虑各因素的影响，通常乘以载荷系数 K 对名义载荷进行修正，称为计算载荷。即

$$\begin{cases} F_{nc}=KF_n \\ K=K_AK_vK_\alpha K_\beta \end{cases} \tag{3-4}$$

式中，K 为载荷系数（按照强度计算的类别，计算齿根弯曲疲劳强度记为 K_F，计算齿面接触疲劳强度记为 K_H）；K_A 为使用系数；K_v 为动载系数；K_α 为齿间载荷分配系数；K_β 为齿向载荷分布系数。

1. 使用系数 K_A

考虑原动机和工作机的运转特性、联轴器类型及运行状态等外部因素引起的外部附加动载荷，引入使用系数 K_A，可按表 3-3 选取。例如单缸内燃机产生的瞬时尖峰转矩、剪床工作时产生的冲击载荷、联轴器的缓冲性能、传动系统的回转质量等，都将影响外部附加动载荷的大小。

表 3-3　使用系数 K_A

工作机特性		原动机特性			
		均匀平稳	轻微冲击	中等冲击	严重冲击
		电动机、均匀运转的蒸汽机、燃气轮机等	蒸汽机、燃气轮机、液压装置等	多缸内燃机等	单缸内燃机等
均匀平稳	发电机、均匀传送的带式运输机、均匀传送的板式运输机、螺旋运输机、轻型升降机、电动葫芦、机床进给机构、通风机、汽轮机、均匀密度材料搅拌机	1.00	1.10	1.25	1.50
轻微冲击	非均匀速度带式或板式运输机、工业与矿用风机、重型离心机、机床主传动、重型升降机、起重机回转机构、非均匀密度材料搅拌机、多缸柱塞泵、进料泵	1.25	1.35	1.50	1.75

（续）

工作机特性		原动机特性			
		均匀平稳	轻微冲击	中等冲击	严重冲击
		电动机、均匀运转的蒸汽机、燃气轮机等	蒸汽机、燃气轮机、液压装置等	多缸内燃机等	单缸内燃机等
中等冲击	橡胶挤压机、连续工作的橡胶和塑料混料机、轻型球磨机、木工机械、钢坯初轧机、提升机构、单缸活塞泵等	1.50	1.60	1.75	2.00
严重冲击	压力机、剪床、轧机、挖掘机、重型离心机、重型进料泵、旋转钻机、压坯机、重型球磨机、橡胶揉合机、破碎机、重型给水泵、带材冷轧机等	1.75	1.85	≥2.00	≥2.25

注：1. 表中所列 K_A 值仅适用于在非共振速度区运转的减速传动齿轮装置。若为增速传动，K_A 值为表值的 1.1 倍。
2. 当外部机械与齿轮传动装置之间有挠性联接时，K_A 值可适当减小，但不得小于 1。

2. 动载系数 K_v

K_v 是考虑在啮合过程中，因齿轮副自身的啮合误差（基圆齿距误差、齿形误差、轮齿弹性变形等）所引起的内部附加动载荷对轮齿受载的影响。对于一般齿轮传动，动载系数 K_v 可按图 3-5 选用。

应该注意：①图 3-5 中，v 为齿轮的节线速度；各曲线对应的数字表示齿轮传动的精度等级系数，与齿轮的精度有关。若将其看作齿轮精度，则查取的 K_v 值偏于安全。②对于直齿锥齿轮传动，应按图中低一级的精度线及锥齿轮宽度中点处的节线速度 v_m 查取 K_v 值（参见 GB/T 10062.1—2003）。

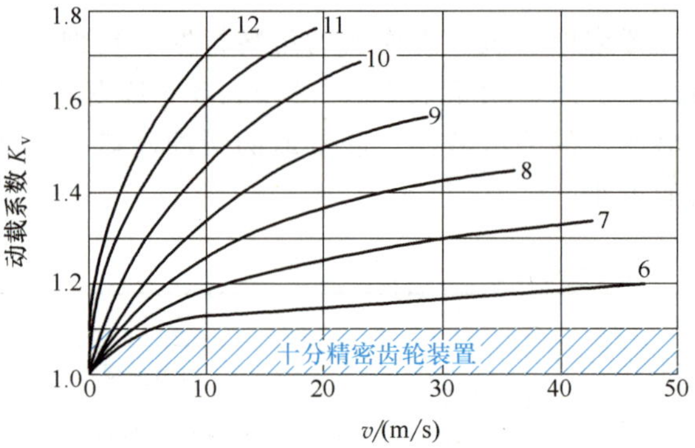

图 3-5　动载系数 K_v

齿轮传动时，只有啮合轮齿的基圆齿距完全相等，才能保证瞬时传动比相等。而由于弹性变形和制造误差等，轮齿的基圆齿距 P_{b1} 和 P_{b2} 不可能完全相等（图 3-6），从而导致轮齿不能正确啮合传动，瞬时传动比发生变化，从动轮在运转中产生角加速度，引起附加动载荷并产生冲击。直齿圆柱齿轮在啮合过程中，因单齿对啮合与双齿对啮合不断交替，引起啮合齿对刚度变化，也会产生动载荷。斜齿圆柱齿轮传动，因传动平稳，K_v 取值可比直齿圆柱齿轮传动小。

（1）基圆齿距误差对传动平稳性的影响

1）如图 3-6a 所示，$P_{b1}<P_{b2}$ 时，后一对齿尚未进入啮合区就提前在啮合线外的 A' 点（偏离理论啮合点 A）相接触。此瞬间，实际节点由 C 点变为 C' 点，瞬时传动比减小，使从动轮的角速度 ω_2 突然增大，从而产生动载荷，这种情况称为啮入冲击。瞬时传动比为

$$i=\frac{\omega_1}{\omega_2}=\frac{r_2-\Delta r}{r_1+\Delta r}<\frac{r_2}{r_1}$$

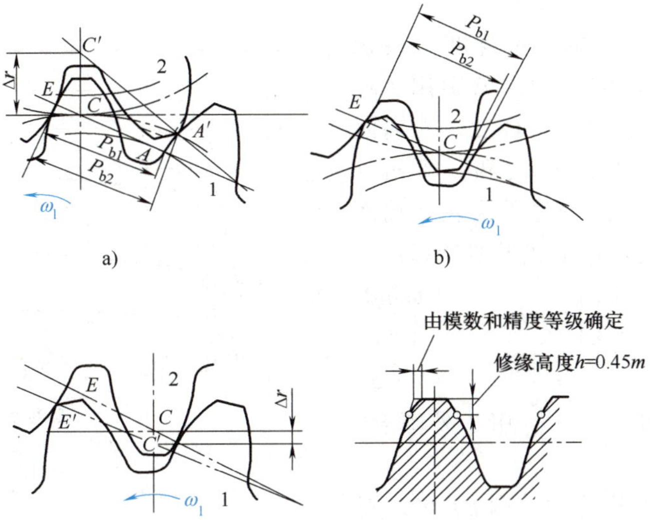

图 3-6　基圆齿距误差对传动平稳性的影响

2）如图 3-6b 所示，$P_{b1}>P_{b2}$ 时，前一对齿应在理论啮合点 E 点退出啮合时，后一对齿仍未进入啮合，导致前一对齿在理论啮合线外仍保持接触。如图 3-6c 所示，直至主动轮的后一个齿撞上从动轮的齿，同时前一对齿在 E' 点脱离啮合。此瞬时，实际节点由 C 点变为 C' 点，瞬时传动比增大，从动轮的角速度 ω_2 降低，随着后一对齿进入正常啮合，ω_2 又骤然增大，从而产生动载荷，这种情况称为换齿冲击。瞬时传动比为

$$i=\frac{\omega_1}{\omega_2}=\frac{r_2+\Delta r}{r_1-\Delta r}>\frac{r_2}{r_1}$$

（2）齿形误差对传动平稳性的影响　与基圆齿距误差的影响相似，齿形误差也产生附加动载荷。齿轮的速度越高、齿轮质量越大、加工精度越低，产生的内部附加动载荷越大。适当提高加工精度、适量修削齿顶齿廓，如图 3-6d 所示，可达到降低动载荷的目的。

例如，对从动轮进行齿顶修缘，可使实际开始啮合点靠近理论开始啮合点 A，对主动轮进行齿顶修缘，可使实际终止啮合点向理论终止啮合点 E 靠近，从而减小基圆齿距误差引起的内部附加动载荷。从动轮和主动轮修缘后的齿廓分别如图 3-6a、b 中齿顶的虚线所示。

3. 齿间载荷分配系数 K_α

K_α 是考虑同时啮合的各对轮齿间，载荷不能按理想状态分配时，对轮齿应力的影响。理论上齿轮传动的端面重合度都大于 1，工作中存在单齿对啮合区和双齿对啮合区。当处于双齿对啮合区时，由于制造误差和轮齿变形等原因，载荷在各啮合齿对之间的分配是不均匀的。

根据啮合原理，在轮齿从齿根到齿顶的啮合过程中，轮齿在啮合线上的位置不断变化，故齿面上载荷作用点随之改变。导致轮齿在啮合线上不同位置的变形及刚度不同，刚度大者承担载荷大，因此在同时啮合的两对轮齿间，载荷的分配是不均匀的。此外，基圆齿距误

差、齿面硬度、齿顶修缘量、轮齿啮合刚度、重合度、磨合量等对齿间载荷分配也有影响。斜齿圆柱齿轮传动，K_α 取值可比直齿轮小。当制造精度低，齿面硬时，取大值，反之取小值。

K_α 值可按图 3-7 查取，重合度对接触应力和弯曲应力的影响不同，分别用 $K_{H\alpha}$ 和 $K_{F\alpha}$ 表示。图中 ε_γ 为总重合度，为端面重合度 ε_α 与纵向重合度 ε_β 之和，即 $\varepsilon_\gamma=\varepsilon_\alpha+\varepsilon_\beta$。对于标准和未经修缘的齿轮，端面重合度和纵向重合度可按下式近似计算：

$$\varepsilon_\alpha=\left[1.88-3.2\left(\frac{1}{z_1}\pm\frac{1}{z_2}\right)\right]\cos\beta;\quad \varepsilon_\beta=\frac{b\sin\beta}{\pi m_n} \tag{3-5}$$

式中，b 为齿轮宽度，“+”用于外啮合，“−”用于内啮合。

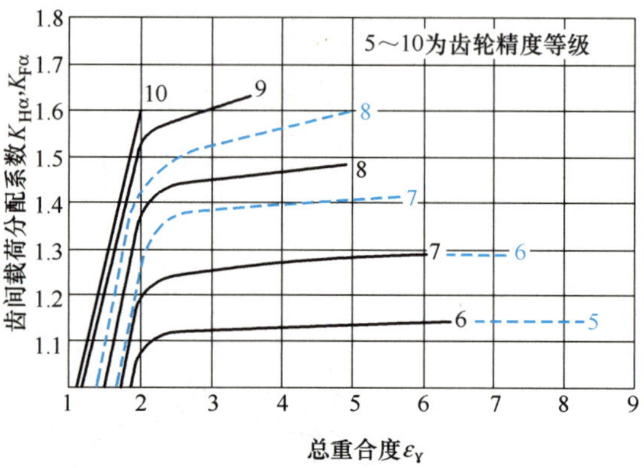

图 3-7　齿间载荷分配系数 K_α

——调质钢　- - -渗碳淬火钢、渗氮钢

若为直齿圆柱齿轮传动，则 $\beta=0°$。对于锥齿轮传动，由于制造精度较低，不考虑与重合度有关的 K_α 的影响，取 $K_{H\alpha}=K_{F\alpha}=1$。

若采用简化方法计算的 K_α 值，可查表 3-4。

表 3-4　齿间载荷分配系数 $K_{H\alpha}$、$K_{F\alpha}$

K_AF_t/b			≥100N/mm				<100N/mm
精度等级			5	6	7	8	5 级或更低
硬齿面	直齿圆柱齿轮	$K_{H\alpha}$	1.0		1.1	1.2	≥1.2
		$K_{F\alpha}$					
	斜齿圆柱齿轮	$K_{H\alpha}$	1.0	1.1	1.2	1.4	≥1.4
		$K_{F\alpha}$					
非硬齿面	直齿圆柱齿轮	$K_{H\alpha}$	1.0			1.1	≥1.2
		$K_{F\alpha}$					
	斜齿圆柱齿轮	$K_{H\alpha}$	1.0	1.1	1.2	1.4	≥1.4
		$K_{F\alpha}$					

注：1. 大、小齿轮精度等级不同时，按精度等级较低者取值。
2. 可用于灰铸铁和球墨铸铁齿轮的计算。

4. 齿向载荷分布系数 K_β

K_β 是考虑沿齿宽方向载荷分布不均匀对轮齿承载能力影响的系数。齿轮传动中，齿轮相对轴承布置不对称时，轴的弯曲和扭转变形、轴承和箱体的变形，齿轮的制造和安装误差等原因，都将导致齿轮副相互倾斜及轮齿扭曲，使载荷沿接触线分布不均匀。

如图 3-8a 所示，轴的弯曲变形使两齿轮的相对位置产生倾斜。齿轮相对倾斜导致轮齿沿齿宽变形程度不同，载荷分布不均匀，如图 3-8b 所示。齿轮在轴上偏置越大，载荷分布不均匀越严重。如图 3-8d 所示，将一对齿轮中的一个齿轮的轮齿做鼓形修整，则齿宽中部首先接触，并扩大到整个齿宽，载荷分布不均匀现象可得到改善，受载情况如图 3-8c 所示。

如图 3-9 所示，轴的扭转变形也会使载荷沿齿宽分布不均，尤其在转矩输入端轮齿变形最大，所受载荷也最大。综合考虑弯曲和扭转变形的影响，使齿轮扭转变形能补偿弯曲变形引起的齿轮偏载，应将齿轮布置在远离转矩输入端。否则，载荷分布不均匀现象较严重。

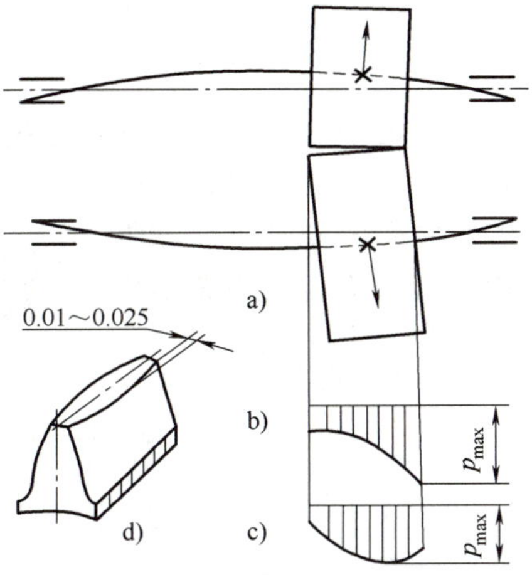

图 3-8 轮齿载荷分布（由于弯曲）

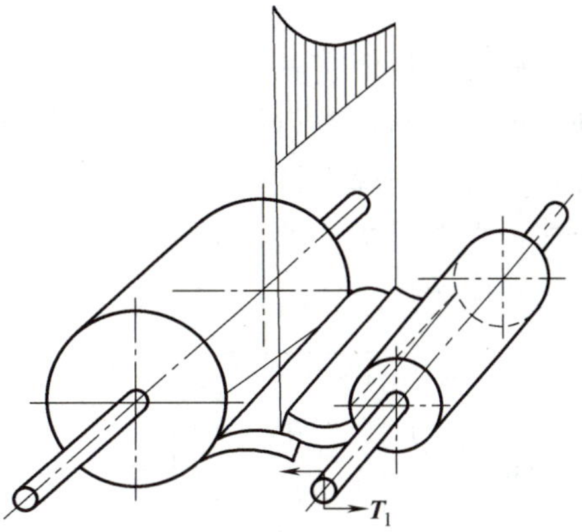

图 3-9 轮齿载荷分布（由于扭转）

影响因素：①轴、轴承和箱体的刚度；②轮齿宽度；③齿轮在轴上的位置；④齿轮制造和安装精度；⑤齿面磨合程度。

改善措施：①提高轴、轴承以及箱体的刚度；②合理选择齿宽；③恰当布置齿轮在轴上的位置；④提高制造和安装精度；⑤对软齿面齿轮，磨合后，载荷分布趋于均匀；对硬齿面齿轮，将齿端修薄或做成鼓形齿。

影响载荷集中的因素很多，齿向载荷分布系数的计算方法也十分复杂。对于一般工业用齿轮传动，图 3-10 所示曲线可供初步计算时查用。根据齿轮布置、齿宽系数及齿面硬度查取。

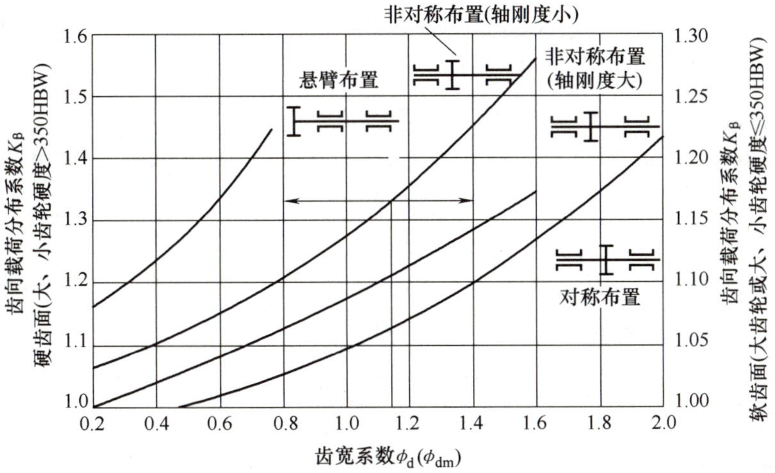

圆柱齿轮 $\phi_d=\dfrac{b}{d_1}$；锥齿轮 $\phi_{dm}=\dfrac{b}{d_{m1}}=\dfrac{\phi_R\sqrt{u^2+1}}{2-\phi_R}$

图 3-10 齿向载荷分布系数 K_β

3.5 齿轮传动的强度计算

3.5.1 直齿圆柱齿轮传动的强度计算

1. 齿面接触疲劳强度计算

直齿圆柱齿轮齿面接触疲劳强度计算

齿面疲劳与齿面接触应力大小有关，为防止齿面在预定寿命期内发生疲劳点蚀，设计准则是对齿面进行接触疲劳强度计算。一对互相啮合的轮齿接触状况，可看作轴线平行的两圆柱体相接触，圆柱体的曲率半径等于齿廓曲线在该啮合点的曲率半径，如图 3-11 所示。因此，齿面接触应力可用赫兹公式表达，强度条件为

$$\sigma_H=\sqrt{\frac{F}{\pi B}\left(\frac{\frac{1}{\rho_\Sigma}}{\frac{1-\mu_1^2}{E_1}+\frac{1-\mu_2^2}{E_2}}\right)}\leqslant[\sigma_H] \qquad (3\text{-}6)$$

式中，σ_H 为接触应力（MPa）；$[\sigma_H]$ 为许用接触应力（MPa）；F 为圆柱体上的压力，对于齿轮为法向力 F_n；ρ_Σ 为综合曲率半径（mm），$\frac{1}{\rho_\Sigma}=\frac{1}{\rho_1}\pm\frac{1}{\rho_2}$，$\rho_1$、$\rho_2$ 为两轮齿接触点曲率半径（mm），“+”号用于外啮合，“-”号用于内啮合；μ_1、μ_2、E_1、E_2 分别为两齿轮材料的泊松比及弹性模量；B 为圆柱体接触线长度（mm），用于齿轮则为沿齿宽方向的接触线长度，由于齿轮端面重合度大于 1，应代以齿轮接触线总长度 L。

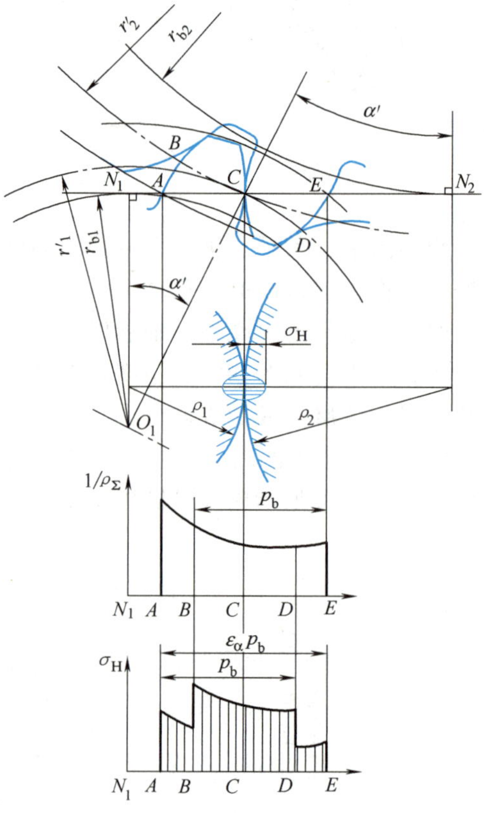

图 3-11 齿面接触应力

在轮齿啮合过程中，随着啮合点的不断变化，齿廓接触点处的曲率半径也随之变化，图 3-11 中给出了渐开线齿廓沿啮合线各点的综合曲率 $1/\rho_\Sigma$ 及接触应力 σ_H 的变化情况。显然，在单齿对啮合区下界点 B 处的 σ_H 和综合曲率均最大。这符合点蚀首先出现在节点附近偏向齿根表面的实际情况。因节点 C 处与 B 点处的应力值相差不大，且一般为单对齿啮合，考虑计算的简便，故接触疲劳强度计算通常以节点为计算点。

在节点 C 处各参数为

$$F_n=\frac{F_t}{\cos\alpha}=\frac{2T_1}{d_1\cos\alpha},\qquad L=\frac{b}{Z_\varepsilon^2},$$

$$\frac{1}{\rho_\Sigma}=\frac{2}{d_1\cos\alpha\tan\alpha'}\frac{u\pm1}{u},\quad b=\phi_d d_1$$

计入载荷系数 K 后，代入式（3-6）中得最大接触应力为

$$\sigma_H=\underbrace{\sqrt{\frac{1}{\pi\left(\frac{1-\mu_1^2}{E_1}+\frac{1-\mu_2^2}{E_2}\right)}}}_{\text{弹性系数}Z_E}\cdot\underbrace{\sqrt{\frac{2}{\cos^2\alpha\tan\alpha'}}}_{\text{节点区域系数}Z_H}\cdot\underbrace{Z_\varepsilon}_{\text{重合度系数}}\cdot\sqrt{\frac{2KT_1}{bd_1^2}\cdot\frac{u\pm1}{u}}$$

$$=Z_EZ_HZ_\varepsilon\sqrt{\frac{2KT_1}{bd_1^2}\cdot\frac{u\pm1}{u}}$$

因此，齿面接触疲劳强度的校核公式为

$$\sigma_H=Z_EZ_HZ_\varepsilon\sqrt{\frac{2KT_1}{bd_1^2}\cdot\frac{u\pm1}{u}}\leqslant[\sigma_H]\tag{3-7}$$

经变换，可得设计公式为

$$d_1\geqslant\sqrt[3]{\frac{2KT_1}{\phi_d}\cdot\frac{u\pm1}{u}\cdot\left(\frac{Z_EZ_HZ_\varepsilon}{[\sigma_H]}\right)^2}\tag{3-8}$$

式（3-7）和式（3-8）中，σ_H、$[\sigma_H]$ 的单位为 MPa；d_1 为小齿轮分度圆直径（mm）。

公式说明如下：

（1）综合曲率　设 d' 与 α' 分别为节圆直径和啮合角，啮合节点处的两齿廓曲率半径及综合曲率分别为

$$\rho_1=\frac{d'_1\sin\alpha'}{2},\quad \rho_2=\frac{d'_2\sin\alpha'}{2},\quad \frac{1}{\rho_\Sigma}=\frac{\rho_2\pm\rho_1}{\rho_1\rho_2}=\frac{\frac{\rho_2}{\rho_1}\pm1}{\rho_1\left(\frac{\rho_2}{\rho_1}\right)}=\frac{2\left(\frac{\rho_2}{\rho_1}\pm1\right)}{d'_1\sin\alpha'\left(\frac{\rho_2}{\rho_1}\right)}$$

代入 $d'_1=d_1\dfrac{\cos\alpha}{\cos\alpha'}$ 和 $\dfrac{\rho_2}{\rho_1}=\dfrac{d'_2}{d'_1}=\dfrac{d_2}{d_1}=\dfrac{Z_2}{Z_1}=u$，得综合曲率为

$$\frac{1}{\rho_\Sigma}=\frac{2}{d_1\cos\alpha\tan\alpha'}\frac{u\pm1}{u}$$

（2）重合度系数 Z_ε 与接触线总长度 L　Z_ε 是考虑重合度对齿面接触应力影响的系数。接触线总长度 L 由齿轮宽度 b 和端面重合度 ε_α 决定，直接影响单位齿宽上的载荷大小。重合度越大，接触线总长度越大，单位接触载荷越小。Z_ε 和 L 的计算公式如下：

$$Z_\varepsilon=\sqrt{\frac{4-\varepsilon_\alpha}{3}},\quad L=\frac{b}{Z_\varepsilon^2}\tag{3-9}$$

（3）弹性系数 Z_E　材料弹性模量 E 和泊松比 μ 对接触应力的影响用弹性系数 Z_E 修正，不同材料组合的齿轮副，其弹性系数可由表 3-5 查得。

表 3-5　弹性系数 Z_E　（单位：$\sqrt{MPa}$）

项目		配对大齿轮材料				
		锻钢	铸钢	球墨铸铁	灰铸铁	夹布胶木
弹性模量 E/MPa		206×10^3	202×10^3	173×10^3	118×10^3	7.85×10^3
小齿轮材料	锻钢	189.8	188.9	181.4	162.0	56.4
	铸钢	—	188.0	180.5	161.4	—
	球墨铸铁	—	—	173.9	156.6	—
	灰铸铁	—	—	—	143.7	—

注：表中所列夹布胶木的泊松比 μ 为 0.5，其余材料的 μ 均为 0.3。

（4）节点区域系数 Z_H　节点区域系数用以考虑节点处齿廓曲率对接触应力的影响，可以查图 3-12 获得。

（5）许用接触应力［σ_H］　一对相啮合的大、小齿轮的齿面接触应力相等 $\sigma_{H1}=\sigma_{H2}$，而大、小齿轮的材料和热处理方法不尽相同，即两轮的齿面许用接触应力不同［σ_{H1}］≠［σ_{H2}］。因此，在运用式（3-7）和式（3-8）进行计算时，应取［σ_{H1}］和［σ_{H2}］两者中较小者代入公式。

由式（3-7）可知，载荷和材料一定时，影响齿面接触强度的几何参数主要有：分度圆直径 d_1、齿宽 b、齿数比 u 和啮合角 α。采用正变位，增大齿轮的变位系数 x_1、x_2，可使节点曲率半径增大，Z_H 减小，σ_H 随之减小，从而提高齿面接触疲劳强度。在分度圆直径 d_1 确定后，齿宽 b 过大会造成偏载严重，齿数比 u 过大会造成两齿轮寿命差过大。因此，齿面接触疲劳强度主要取决于齿轮的分度圆直径 d_1，而与齿数多少及模数大小无关。d_1 越大，σ_H 越小。提高齿轮精度等级，改善齿轮材料和热处理方式，均可提高齿面接触疲劳强度。

2. 齿根弯曲疲劳强度计算

齿根断裂与齿根弯曲应力大小有关，为防止在预定寿命期内发生轮齿疲劳折断，需进行齿根弯曲疲劳强度计算。由于轮缘刚度较大，可把轮齿看作是宽度为 b 的悬臂梁。当载荷作用于齿面时，将在齿根危险截面上产生弯曲应力。

直齿圆柱齿轮齿根弯曲疲劳强度计算

计算轮齿弯曲应力时，要确定齿根危险截面和作用在轮齿上的载荷作用点。

齿根危险截面：可用 30°切线法确定（图 3-13），作与轮齿对称中线成 30°角并与齿根过渡曲线相切的切线，通过两切点作平行于齿轮轴线的截面，即齿根危险截面。

载荷作用点：啮合过程中，轮齿上的载荷作用点是变化的，应将使齿根产生最大弯矩者作为计算时的载荷作用点。当轮齿在齿顶啮合时，处于双齿对啮合区，有两对轮齿共同承担载荷，虽力臂最大，但齿根所受弯曲应力不是最大。在单齿对啮合区最上点啮合时，力臂虽较前者稍小，但只有一对轮齿承担总载荷，齿根所受弯矩最大，故应以该点作为计算时的载荷的作用点。按此点计算较为复杂，为简化计算，通常假设全部载荷作用于齿顶，且仅由一对齿承担载荷，再用重合度系数 Y_ε 对齿根弯曲应力予以修正。

沿啮合线方向作用于齿顶的法向力 $\boldsymbol{F}_n$ 可分解为互相垂直的两个分力：$\boldsymbol{F}_n\cos\alpha_F$ 和

$F_n\sin\alpha_F$，如图 3-13 所示。前者使齿根截面产生弯曲应力和剪切应力，后者使齿根截面产生压应力。弯曲应力起主要作用，其余影响很小，为简化计算，在应力修正系数 Y_{Sa} 中考虑。

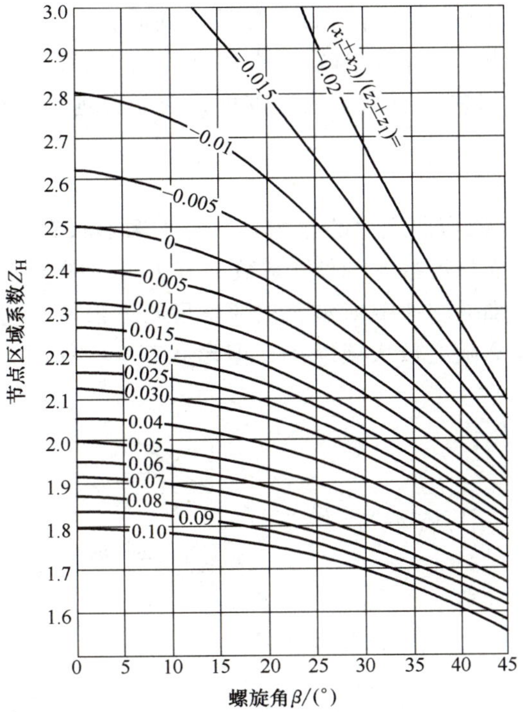

图 3-12　节点区域系数 Z_H

（$\alpha_n=20°$，x_1、x_2 为变位系数）

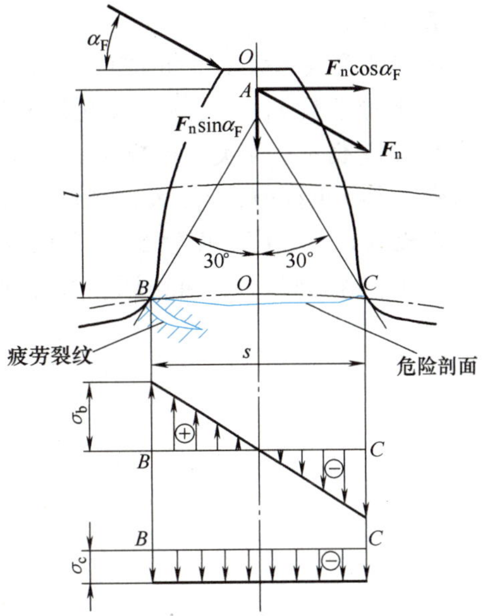

图 3-13　齿根应力图

轮齿长期工作后，齿根受拉侧先产生弯曲疲劳裂纹，故齿根弯曲疲劳强度计算应以受拉侧为计算依据。由图 3-13 可知，齿根最大弯曲力矩为

$$M=F_n\cos\alpha_F l=\frac{F_t}{\cos\alpha}l\cos\alpha_F=\frac{2T_1}{d_1}\cdot\frac{l\cos\alpha_F}{\cos\alpha}$$

设 s 为齿根危险截面厚度，b 为齿宽，齿根最大弯曲应力为

$$\sigma_F\approx\sigma_b=\frac{M}{W}=\frac{F_n\cos\alpha_F l}{\frac{bs^2}{6}}=\frac{2T_1}{d_1\frac{bs^2}{6}}\cdot\frac{l\cos\alpha_F}{\cos\alpha}=\frac{2T_1}{bd_1m}\cdot\underbrace{\frac{6\left(\frac{l}{m}\right)\cos\alpha_F}{\left(\frac{s}{m}\right)^2\cos\alpha}}_{\text{齿形系数}Y_{Fa}}=\frac{2T_1}{bd_1m}Y_{Fa}$$

计入载荷系数 K、应力修正系数 Y_{Sa}、重合度系数 Y_ε 后，得到齿根弯曲疲劳强度校核公式

$$\sigma_F=\frac{2KT_1}{bd_1m}Y_{Fa}Y_{Sa}Y_\varepsilon=\frac{KF_t}{bm}Y_{Fa}Y_{Sa}Y_\varepsilon\leqslant[\sigma_F]\tag{3-10}$$

将 $b=\phi_d d_1$、$d_1=mz_1$ 代入，得到设计公式

$$m \geqslant \sqrt[3]{\frac{2KT_1}{\phi_d z_1^2 [\sigma_F]} Y_{Fa} Y_{Sa} Y_{\varepsilon}} \tag{3-11}$$

应该注意：同一对齿轮传动，因大小齿轮的齿数不相等，故两者的弯曲应力不相等。又因材料或热处理方式通常不同，两者的许用弯曲应力 $[\sigma_F]$ 也不相等。同时，大小齿轮的齿形系数 Y_{Fa}、应力修正系数 Y_{Sa} 是不相同的。因此，设计时应对大小齿轮的 $Y_{Fa}Y_{Sa}/[\sigma_F]$ 进行比较，并按两者中的大值进行计算。求得的模数应圆整成标准值，对于传递动力的齿轮，模数一般应大于 2mm。

式中有关参数和数据说明如下：

（1）齿形系数 Y_{Fa}　反映轮齿几何形状对齿根弯曲应力的影响。只与齿廓形状有关，与轮齿大小（模数 m）无关。标准齿轮，齿形主要与齿数 z 和变位系数 x 有关。如图 3-14a 所示，齿数 z 少，齿根薄，Y_{Fa} 大，抗弯强度低；如图 3-14b 所示，正变位齿轮齿根厚，使 Y_{Fa} 减小，可提高抗弯强度。而模数 m 变化时，齿廓随之放大或缩小，但形状不变，如图 3-14c 所示，故 Y_{Fa} 值不变。Y_{Fa} 可由图 3-15 查得。

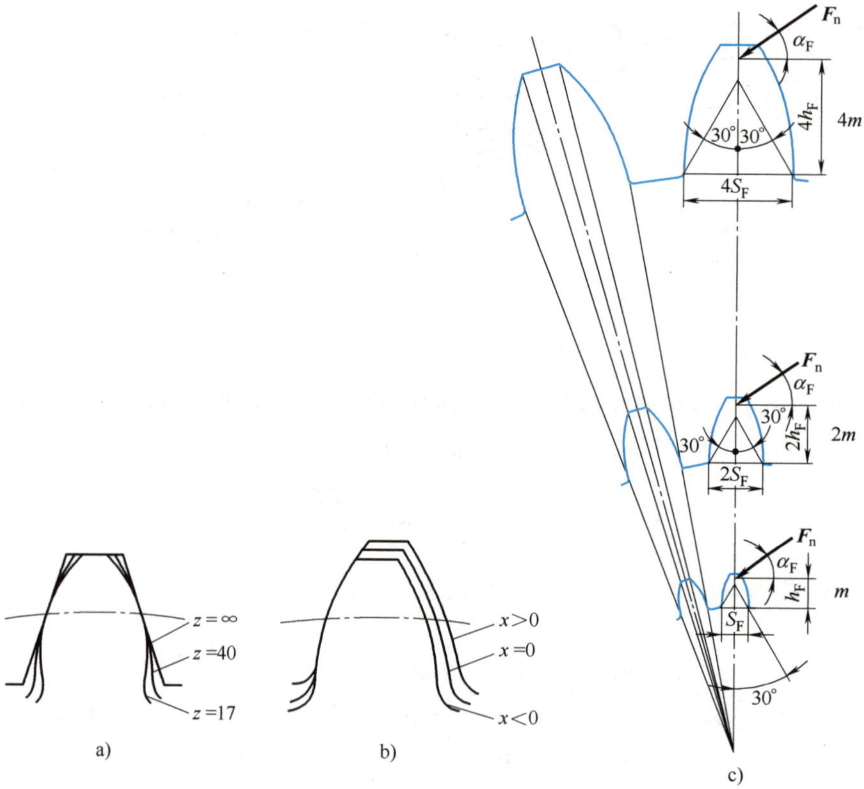

图 3-14　齿数及变位系数对齿形的影响

（2）应力修正系数 Y_{Sa}　用于综合考虑齿根过渡曲线处的应力集中和危险截面上的压应力和剪应力对齿根应力集中的影响。Y_{Sa} 可由图 3-16 查得。

（3）重合度系数 Y_{ε}　可按下式计算：

$$Y_{\varepsilon} = 0.25 + \frac{0.75}{\varepsilon_{\alpha}} \tag{3-12}$$

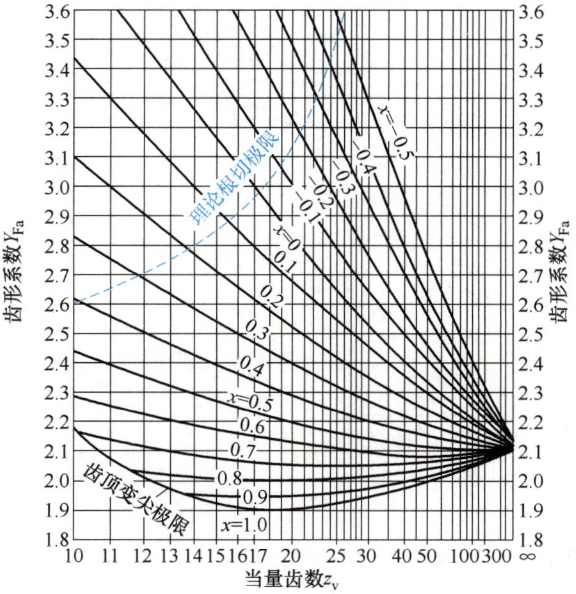

图 3-15　外齿轮齿形系数 Y_{Fa}

注：$\alpha_n=20°$，$h_a^*=1$，$c^*=0.25$，$\rho_f=0.38m_n$
对于内齿轮，可取 $Y_{Fa}=2.055$。

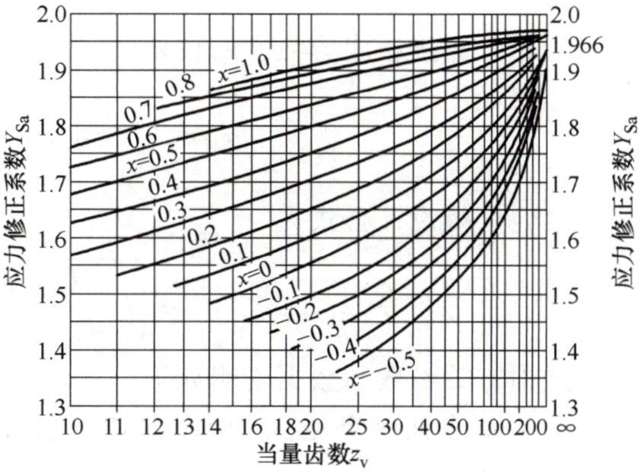

图 3-16　外齿轮应力修正系数 Y_{Sa}

注：$\alpha_n=20°$，$h_a^*=1$，$c^*=0.25$，$\rho_f=0.38m_n$
对于内齿轮，可取 $Y_{Fa}=2.458$。

3.5.2　斜齿圆柱齿轮传动的强度计算

斜齿圆柱齿轮传动的强度计算

1. 齿面接触疲劳强度计算

斜齿圆柱齿轮齿面接触疲劳强度计算的原理和方法与直齿圆柱齿轮基本相同，以齿轮啮合节点作为计算点。不同之处如下：斜齿轮的参数按当量直齿轮参数进行计算，故啮合点曲率半径按法向计算（图 3-17）；接触线倾斜，总长度比直齿轮大，有利于减小接触应力，提高接触疲劳强度，用螺旋角系数 Z_β 来考虑；接触线长度随啮合位置不同变化，受端面重合度与纵向重合度共同影响，引入重合度系数 Z_ε。

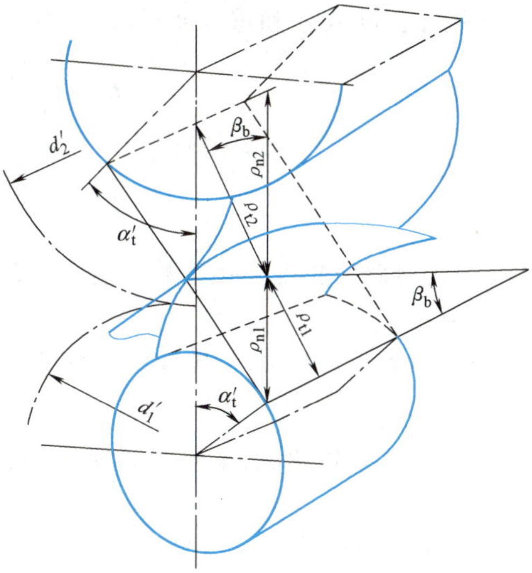

图 3-17　斜齿圆柱齿轮节点曲率半径

节点处的有关参数：

① 法向计算载荷

$$KF_n=\frac{KF_t}{\cos\alpha_t\cos\beta_b}=\frac{2T_1}{d_1}\cdot\frac{K}{\cos\alpha_t\cos\beta_b}$$

② 综合曲率

$$\frac{1}{\rho_\Sigma}=\frac{2\cos\beta_b}{d_1\cos\alpha_t\tan\alpha_t'}\cdot\frac{u\pm1}{u}$$

③ 接触线长度

$$L=\frac{b}{Z_\varepsilon^2\cos\beta_b}$$

相关参数代入式（3-6），并考虑 Z_β，得

$$\sigma_H=\underbrace{\sqrt{\frac{1}{\pi\left(\frac{1-\mu_1^2}{E_1}+\frac{1-\mu_2^2}{E_2}\right)}}}_{\text{弹性系数}Z_E}\cdot\underbrace{\sqrt{\frac{2\cos\beta_b}{\cos^2\alpha_t\tan\alpha'_t}}}_{\text{节点区域系数}Z_H}\underbrace{Z_\varepsilon}_{\text{重合度系数}}\underbrace{Z_\beta}_{\text{螺旋角系数}}\sqrt{\frac{2KT_1}{bd_1^2}\cdot\frac{u\pm1}{u}}$$

则斜齿轮齿面接触疲劳强度的校核公式为

$$\sigma_H=Z_EZ_HZ_\varepsilon Z_\beta\sqrt{\frac{2KT_1}{bd_1^2}\cdot\frac{u\pm1}{u}}\leqslant[\sigma_H] \tag{3-13}$$

经变换，可得设计公式为

$$d_1\geqslant\sqrt[3]{\frac{2KT_1}{\phi_d}\cdot\frac{u\pm1}{u}\left(\frac{Z_EZ_HZ_\varepsilon Z_\beta}{[\sigma_H]}\right)^2} \tag{3-14}$$

式中有关参数和数据说明如下：

（1）综合曲率半径 ρ_Σ　由图 3-17，端面内啮合节点处的曲率半径为

$$\rho_{t1}=\frac{d'_1}{2}\sin\alpha'_t,\quad \rho_{t2}=\frac{d'_2}{2}\sin\alpha'_t$$

法向曲率半径为

$$\rho_{n1}=\frac{\rho_{t1}}{\cos\beta_b}=\frac{d'_1\sin\alpha'_t}{2\cos\beta_b},\quad \rho_{n2}=\frac{\rho_{t2}}{\cos\beta_b}=\frac{d'_2\sin\alpha'_t}{2\cos\beta_b}$$

综合曲率为

$$\frac{1}{\rho_\Sigma}=\frac{\rho_{n2}\pm\rho_{n1}}{\rho_{n1}\rho_{n2}}=\frac{\frac{\rho_{n2}}{\rho_{n1}}\pm1}{\rho_{n1}\frac{\rho_{n2}}{\rho_{n1}}}=\frac{2\cos\beta_b}{d'_1\sin\alpha'_t}\cdot\frac{\frac{\rho_{n2}}{\rho_{n1}}\pm1}{\frac{\rho_{n2}}{\rho_{n1}}}=\frac{2\cos\beta_b}{d_1\cos\alpha_t\tan\alpha'_t}\cdot\frac{u\pm1}{u}$$

式中，α'_t 为端面啮合角（°）；α_t 为端面分度圆压力角（°）；β_b 为基圆螺旋角（°）。

（2）接触线总长度 L 和重合度系数 Z_ε　斜齿轮的接触线是倾斜的，其长度为变值，最小接触线总长度 L_{min} 和重合度系数 Z_ε 分别为

$$\left.\begin{aligned}L_{min}&=\frac{x\varepsilon_\alpha b}{\cos\beta_b}=\frac{b}{Z_\varepsilon^2\cos\beta_b}\\Z_\varepsilon&=\sqrt{\frac{4-\varepsilon_\alpha}{3}(1-\varepsilon_\beta)+\frac{\varepsilon_\beta}{\varepsilon_\alpha}}\end{aligned}\right\} \tag{3-15}$$

式中，x 为接触线长度变化系数；端面重合度 ε_α 与纵向重合度 ε_β 参见式（3-5）。若 $\varepsilon_\beta\geqslant1$，则取 $\varepsilon_\beta=1$。

（3）螺旋角系数 Z_β　螺旋角系数可按下式计算：

$$Z_\beta=\sqrt{\cos\beta} \tag{3-16}$$

（4）弹性系数 Z_E、节点区域系数 Z_H　它们的意义与直齿轮相同，分别查表 3-5 和图 3-12。

2. 齿根弯曲疲劳强度计算

斜齿圆柱齿轮的接触线是倾斜的，故其轮齿通常是局部折断的。啮合过程中，其接触线和危险截面的位置都在不断变化，齿根弯曲应力计算较复杂。工程上通常用其法向当量直齿

圆柱齿轮按式（3-10）进行计算。式中各参数均为法向参数，考虑到斜齿圆柱齿轮倾斜的接触线对提高抗弯强度有利，引入螺旋角系数 Y_β 对齿根应力进行修正，可得斜齿轮齿根弯曲疲劳强度校核公式为

$$\sigma_F=\frac{2KT_1}{bd_1m_n}Y_{Fa}Y_{Sa}Y_\varepsilon Y_\beta=\frac{KF_t}{bm_n}Y_{Fa}Y_{Sa}Y_\varepsilon Y_\beta\leqslant[\sigma_F] \tag{3-17}$$

将 $b=\phi_d d_1$、$d_1=m_n z_1/\cos\beta$ 代入，得到设计公式

$$m_n\geqslant\sqrt[3]{\frac{2KT_1\cos^2\beta}{\phi_d z_1^2[\sigma_F]}Y_{Fa}Y_{Sa}Y_\varepsilon Y_\beta} \tag{3-18}$$

式中，Y_{Fa} 为齿形系数，按当量齿数 $z_v=z/\cos^3\beta$，由图 3-15 查取；Y_{Sa} 为应力修正系数，按当量齿数 $z_v=z/\cos^3\beta$，由图 3-16 查取；Y_ε 为重合度系数，按式（3-12）计算；Y_β 为螺旋角系数，按下式计算：

$$Y_\beta=1-\varepsilon_\beta\frac{\beta}{120°}\geqslant0.75\quad（当\ \varepsilon_\beta\geqslant1\ 时，取\ \varepsilon_\beta=1） \tag{3-19}$$

上述公式的使用同直齿圆柱齿轮。

3.5.3 直齿锥齿轮传动的强度计算

直齿锥齿轮传动的强度计算

锥齿轮传动用于传递两相交轴之间的运动和动力，有直齿、斜齿和曲齿之分，轴交角可为任意角度。本节仅介绍最常用的轴交角为90°的直齿锥齿轮传动。

1. 直齿锥齿轮传动强度计算的特点

锥齿轮的制造精度低于圆柱齿轮，且沿齿宽方向的齿廓大小与其到锥顶的距离成正比。轮齿大端刚度大于小端，沿齿宽的载荷分布不均匀。为简化计算，取齿宽中点处的齿廓为强度计算基准。即用齿宽中点处背锥展开所得的当量直齿圆柱齿轮进行强度计算，得到该锥齿轮强度，故可引用直齿圆柱齿轮传动的相应公式。其中，当量齿轮的分度圆半径为齿宽中点处背锥母线长，模数为齿宽中点的平均模数，法向力为齿宽中点的合力 F_n。

2. 几何计算

将齿宽中点处的背锥展开，即可得到直径分别为 d_{v1} 和 d_{v2} 的两个当量直齿圆柱齿轮，如图 3-18 所示。可得

$$\tan\delta_1=\frac{d_1/2}{d_2/2}=\frac{1}{u},\quad \cos\delta_1=\frac{1}{\sqrt{\tan^2\delta_1+1}}=\frac{u}{\sqrt{u^2+1}}$$

$$\tan\delta_2=\frac{d_2/2}{d_1/2}=u,\quad \cos\delta_2=\frac{1}{\sqrt{\tan^2\delta_2+1}}=\frac{1}{\sqrt{u^2+1}}$$

$$d_{v1}=\frac{d_{m1}}{\cos\delta_1}=d_{m1}\frac{\sqrt{u^2+1}}{u},\quad d_{v2}=\frac{d_{m2}}{\cos\delta_2}=d_{m2}\sqrt{u^2+1}$$

直齿锥齿轮的齿廓参数以大端为标准，故当量参数用大端参数表示。标准直齿锥齿轮传动的主要几何尺寸计算公式见表 3-6。

3. 齿面接触疲劳强度计算

将当量齿轮的有关参数代入式（3-6），并略去重合度系数 Z_ε（因制造精度较低），得

$$\sigma_H = Z_E Z_H \sqrt{\frac{2KT_{v1}}{bd_{v1}^2}\frac{u_v+1}{u_v}} \leqslant [\sigma_H]$$

式中代入

$$d_{v1} = \frac{d_{m1}}{\cos\delta_1} = (1-0.5\phi_R)d_1\frac{\sqrt{u^2+1}}{u}$$

$$T_{v1} = F_{t1}\frac{d_{v1}}{2} = F_{t1}\frac{d_{m1}}{2\cos\delta_1} = \frac{T_1}{\cos\delta_1} = T_1\frac{\sqrt{u^2+1}}{u}$$

$$u_v = \frac{z_{v2}}{z_{v1}} = \frac{z_2/\cos\delta_2}{z_1/\cos\delta_1} = \frac{z_2}{z_1}\frac{\cos\delta_1}{\cos\delta_2} = u\tan\delta_2 = u^2$$

$$b = \phi_R R = \phi_R\frac{d_1}{2\sin\delta_1} = \frac{\phi_R d_1\sqrt{u^2+1}}{2}$$

得直齿锥齿轮传动的齿面接触疲劳强度校核公式和设计公式分别为

$$\sigma_H = Z_E Z_H \sqrt{\frac{4KT_1}{\phi_R(1-0.5\phi_R)^2 d_1^3 u}} \leqslant [\sigma_H] \tag{3-20}$$

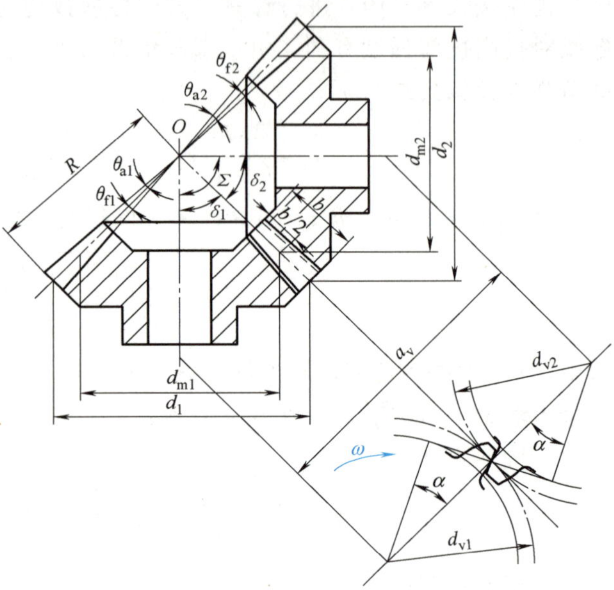

图 3-18 直齿锥齿轮传动的几何关系

（轴交角 90°）

$$d_1 \geqslant \sqrt[3]{\frac{4KT_1}{\phi_R(1-0.5\phi_R)^2 u}\left(\frac{Z_E Z_H}{[\sigma_H]}\right)^2} \tag{3-21}$$

齿向载荷分布系数 K_β 查图 3-10，当量齿轮的齿宽系数为

$$\phi_{dm} = \frac{b}{d_{m1}} = \frac{\phi_R d_1\sqrt{u^2+1}}{2(1-0.5\phi_R)d_1} = \frac{\phi_R\sqrt{u^2+1}}{2-\phi_R} \tag{3-22}$$

弹性系数 Z_E 查表 3-5；节点区域系数 Z_H 查图 3-12。

表 3-6 标准直齿锥齿轮传动的主要几何尺寸计算公式（轴交角 90°）

名称及代号	计算公式及说明	名称及代号	计算公式及说明
齿数比 u	$u=z_2/z_1$	平均分度圆直径 d_m	$d_m=(1-0.5\phi_R)d$
当量齿数 z_v	$z_v=z/\cos\delta$	平均模数 m_m	$m_m=d_m/z=(1-0.5\phi_R)m$
当量齿轮的齿数比 u_v	$u_v=z_{v2}/z_{v1}=u^2$	齿高 h	$h=h_a+h_f=m+1.2m=2.2m$
分锥角 δ	$\tan\delta_1=z_1/z_2=1/u$	大端顶圆直径 d_a	$d_a=d+2h_a\cos\delta$
大端模数 m	由强度计算或结构设计确定，并取标准值	齿顶角 θ_a	不等顶隙收缩齿： $\tan\theta_a=h_a/R$ 等顶隙收缩齿： $\theta_{a1}=\theta_{f2}$，$\theta_{a2}=\theta_{f1}$
大端分度圆直径 d	$d=mz$	齿根角 θ_f	$\tan\theta_f=h_f/R$
锥距 R	$R=\frac{d_1}{2\sin\delta_1}=\frac{d_2}{2\sin\delta_2}=\frac{m}{2}\sqrt{z_1^2+z_2^2}$	顶锥角 δ_a	不等顶隙收缩齿： $\delta_{a1}=\delta_1+\theta_{a1}$，$\delta_{a2}=\delta_2+\theta_{a2}$ 等顶隙收缩齿： $\delta_{a1}=\delta_1+\theta_{f2}$，$\delta_{a2}=\delta_2+\theta_{f1}$
齿宽系数 ϕ_R	$\phi_R=b/R\leqslant 1/3$，b 为齿宽，一般 $\phi_R=0.25\sim0.3$	根锥角 δ_f	$\delta_{f1}=\delta_1-\theta_{f1}$，$\delta_{f2}=\delta_2-\theta_{f2}$

4. 齿根弯曲疲劳强度计算

将当量齿轮的有关参数代入式（3-10），不考虑重合度影响略去 Y_ε 和 K_α，经整理可得齿根弯曲疲劳强度的校核公式为

$$\sigma_F=\frac{2KT_{v1}}{bd_{v1}m_m}Y_{Fa}Y_{Sa}=\frac{4KT_1}{\phi_R(1-0.5\phi_R)^2z_1^2m^3\sqrt{u^2+1}}Y_{Fa}Y_{Sa}\leqslant[\sigma_F] \tag{3-23}$$

经变换，可得设计公式为

$$m\geqslant\sqrt[3]{\frac{4KT_1}{\phi_R(1-0.5\phi_R)^2z_1^2[\sigma_F]\sqrt{u^2+1}}Y_{Fa}Y_{Sa}} \tag{3-24}$$

式中，齿形系数 Y_{Fa} 和应力修正系数 Y_{Sa} 按当量齿数 z_v 分别由图 3-15 和图 3-16 查取。

3.6 齿轮传动的主要参数

1. 齿轮传动主要参数选择

齿轮几何参数对齿轮的尺寸和传动质量有很大影响，在满足强度的条件下，应合理选择。

（1）模数 m　模数 m 主要影响齿根抗弯强度，而对齿面接触疲劳强度没有直接影响。对于闭式硬齿面齿轮，通常按齿根抗弯强度设计计算后，查表 3-7 取标准值。对于闭式软齿面齿轮，按齿面接触疲劳强度设计求得 d 或 a 后，再按经验公式确定模数 m，查表 3-7 取标准值，在满足齿根抗弯强度的前提下，m 应取小值。对于开式齿轮传动，为考虑齿面磨损，按齿根抗弯强度设计计算后，模数 m 增大 10%~15%，再按表 3-7 取标准值。

模数 m 的最小允许值由齿轮的抗弯强度决定，但对于传递动力的齿轮，模数 m 应不小于 2mm，以免短期过载时轮齿折断。

减小模数，可以降低齿高，减少金属切削量，节省制造费用；可以减小滑动速度，减少磨损及胶合的可能性；也可导致齿厚减薄，降低轮齿抗弯强度。

表 3-7　渐开线齿轮的标准模数 m（摘自 GB/T 1357—2008）

第Ⅰ系列	1　1.25　1.5　2　2.5　3　4　5　6　8　10　12　16　20　25　32　40　50
第Ⅱ系列	1.125　1.375　1.75　2.25　2.75　3.5　4.5　5.5　(6.5)　7　9　11　14　18　22　28　36　45

注：1. 对斜齿圆柱齿轮及人字齿轮，取法向模数为标准模数；对锥齿轮，取大端模数为标准模数。
2. 应优先采用第Ⅰ系列，括号内的模数尽可能不用。

（2）小齿轮齿数 z_1　齿轮的齿数越多，相啮合齿轮的重合度越大，传动越平稳。当承载能力主要取决于齿面接触疲劳强度时，在一定的齿数范围内，以齿数多一些为宜。齿面接触强度与小齿轮直径 d_1 和齿数比 u（或传动中心距 a）有关，如保持 d_1、u（或 a）不变，改变 m 及 z_1，对齿面接触疲劳强度没有影响。

闭式软齿面齿轮的主要失效形式是点蚀，一般转速较高，为了提高传动的平稳性，减小冲击振动，以齿数多一些为好。通常小齿轮的齿数取为 20~40。

闭式硬齿面齿轮的主要失效形式是轮齿折断，当分度圆直径一定时，为了提高齿根厚度，小齿轮的齿数尽量取少。为避免根切现象，通常小齿轮的齿数取为 17~20，对于变位齿轮可以取到 14。

开式（半开式）齿轮传动，由于轮齿主要为磨损失效，为使轮齿不致过小，故小齿轮不宜选用过多的齿数，一般可取为17~20。

一对齿轮的齿数 z_1 和 z_2 以互为质数为好，可以防止轮齿的磨损集中于某几个齿上，而造成齿轮过早报废。

（3）压力角 α　增大压力角 α，轮齿的齿厚及节点处的齿廓曲率半径皆随之增加，可提高齿轮传动的抗弯强度及接触强度。但当传递转矩 T_1 不变时，压力角增大可导致径向力增加，进而增大轴承的载荷。在我国，对于一般用途齿轮，规定标准压力角 $\alpha=20°$。为增强航空用齿轮的抗弯强度及接触强度，航空齿轮标准中规定标准压力角 $\alpha=25°$。

（4）螺旋角 β　螺旋角越大，相啮合斜齿轮的重合度越大，传动越平稳。但同时，轴向力也随之增大，导致轴承上承担的轴向载荷增大，影响轴承寿命。螺旋角过小，其传动平稳的优势不明显，故一般取 $\beta=8°\sim20°$，最大可达25°。对于人字齿轮，因轴向力可相互抵消，可取 $\beta=20°\sim35°$。在设计时，应先初选 β 角，其他参数确定后，再精确计算。

（5）齿宽系数 ϕ_d（ϕ_{dm}）　轮齿越宽，承载能力也越高，因而轮齿不宜过窄；但增大齿宽又会使齿面上的载荷分布更趋不均匀，故齿宽系数应取得适当。

圆柱齿轮齿宽系数 ϕ_d 的推荐值见表3-8。为保证装配后的接触宽度 b，小齿轮的宽度 b_1 应大于大齿轮的宽度 b_2，通常取 $b_1=b_2+(5\sim10\text{mm})$。强度计算时，取 $b=b_2$。

表 3-8　圆柱齿轮齿宽系数 ϕ_d 的推荐值

装置状况	两支承相对小齿轮对称布置	两支承相对小齿轮不对称布置	小齿轮悬臂布置
ϕ_d	0.9~1.4(1.2~1.9)	0.7~1.15(1.1~1.65)	0.4~0.6

注：1. 大、小齿轮皆为硬齿面时，ϕ_d 应取表中偏下限的数值；皆为软齿面或仅大齿轮为软齿面时，ϕ_d 可取表中偏上限的数值。括号内的数值用于人字齿轮，此时 b 为人字齿轮的总宽度。

2. 金属切削机床的齿轮传动，若传递的功率不大时，ϕ_d 可小到0.2；非金属齿轮 ϕ_d 可取0.5~1.2。

直齿锥齿轮齿宽系数 ϕ_{dm} 的推荐值见表3-9。直齿锥齿轮传动的参数选择与直齿圆柱齿轮传动基本相同。

表 3-9　直齿锥齿轮齿宽系数 ϕ_{dm} 的推荐值

u	1	2	3	4	5	6	7	8
ϕ_{dm}	0.15~0.25	0.25~0.4	0.35~0.55	0.45~0.7	0.6~0.9	0.7~1.1	0.8~1.2	0.9~1.4

2. 齿轮传动的许用应力

所引用的标准试验齿轮参数：$m=3\sim5\text{mm}$、$\alpha=20°$、$b=10\sim50\text{mm}$、节线速度 $v=10\text{m/s}$、齿面粗糙度值约为 $Ra3.2\mu\text{m}$。疲劳极限按失效概率为1%，经持久应力循环次数作用后确定。对一般的齿轮传动，因绝对尺寸、齿面粗糙度、圆周速度及润滑等对实际所用齿轮材料疲劳极限的影响不大，通常都不予考虑，故仅考虑应力循环次数对疲劳极限的影响。

齿轮的工作应力循环次数 N 为

$$N=60njL_h \tag{3-25}$$

式中，n 为齿轮转速（r/min）；j 为齿轮每转一圈时，同一齿面的啮合次数；L_h 为齿轮工作寿命（h）。

齿轮的许用应力 $[\sigma]$ 按下式计算：

$$[\sigma]=\frac{K_N\sigma_{lim}}{S} \tag{3-26}$$

式中，S 为疲劳强度安全系数。对于接触疲劳强度，由于出现点蚀后只是增大振动和噪声，不会导致齿轮传动中断，故可取 $S=S_H=1$。对于弯曲疲劳强度，一旦发生断齿，就会引起严重事故，因此通常取 $S=S_F=1.25\sim1.5$。对于直齿锥齿轮的齿根弯曲疲劳强度计算，取 $S_F\geqslant1.5$；K_N 为寿命系数，是用于考虑应力循环次数影响的系数。接触疲劳寿命系数 K_{HN} 可查图 3-19，弯曲疲劳寿命系数 K_{FN} 可查图 3-20；σ_{lim} 为齿轮材料的疲劳极限。接触疲劳强度极限值 σ_{Hlim} 可查图 3-21；弯曲疲劳强度极限值 σ_{Flim} 可查图 3-22，图中的 σ_{Flim} 值已扣除试验齿轮应力集中的影响。

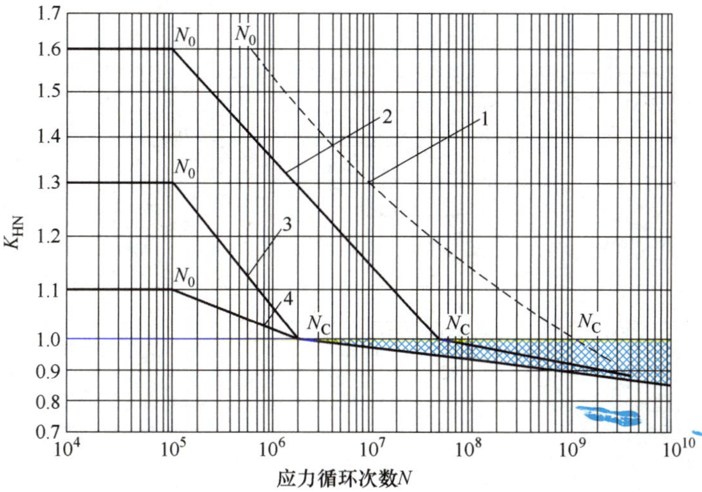

图 3-19 接触疲劳寿命系数 K_{HN}（当 $N>N_C$ 时，可根据经验在网纹区内取值）

1—结构钢，调质钢，渗碳淬火钢，球墨铸铁（珠光体、贝氏体），珠光体可锻铸铁，允许一定的扩展性点蚀
2—结构钢，调质钢，渗碳淬火钢，火焰或表面感应淬火钢，球墨铸铁，珠光体可锻铸铁，不允许出现扩展性点蚀
3—灰铸铁，球墨铸铁（铁素体），渗氮的调质钢或渗氮钢 4—碳氮共渗的调质钢

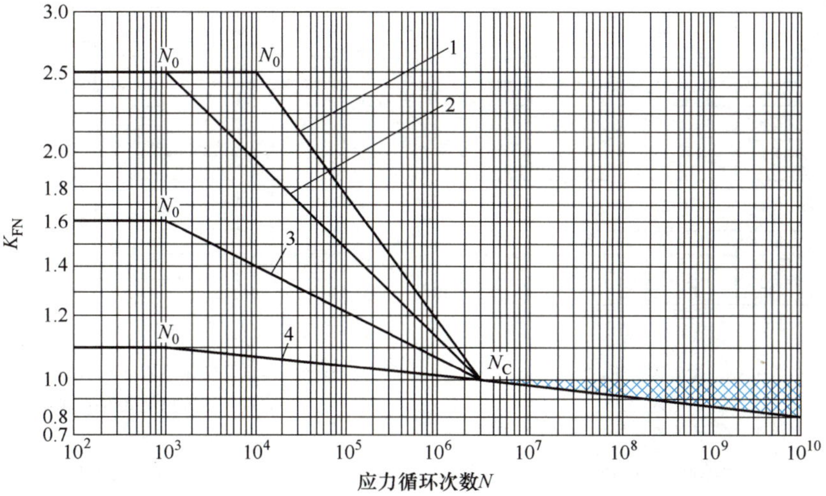

图 3-20 弯曲疲劳寿命系数 K_{FN}（当 $N>N_C$ 时，可根据经验在网纹区内取值）

1—调质钢，球墨铸铁（珠光体、贝氏体），珠光体可锻铸铁 2—渗碳淬火钢，火焰或表面感应淬火钢
3—渗氮钢，球墨铸铁（铁素体），灰铸铁，结构钢 4—碳氮共渗的调质钢

由于齿轮材料的品质和加工过程不尽相同，使其疲劳极限具有一定的分散性。在图 3-21 和图 3-22 中，将同一种材料能够达到的质量分为高、中、低三个等级，分别用 ME、MQ、ML 表示。MX 为对淬透性及金相组织有特殊考虑的调质合金钢取值线。在查取数据时，一般在 MQ 与 ML 中间取值。但齿面硬度超出图中推荐的范围时，可按外插法查取数据。图 3-22 所示为脉动循环应力下的齿根弯曲疲劳极限。对称循环应力下齿根弯曲疲劳极限仅为脉动循环的 70%。夹布胶木弯曲疲劳许用应力和接触疲劳许用应力分别为 $[\sigma_F]$ = 50MPa、$[\sigma_H]$ = 110MPa。

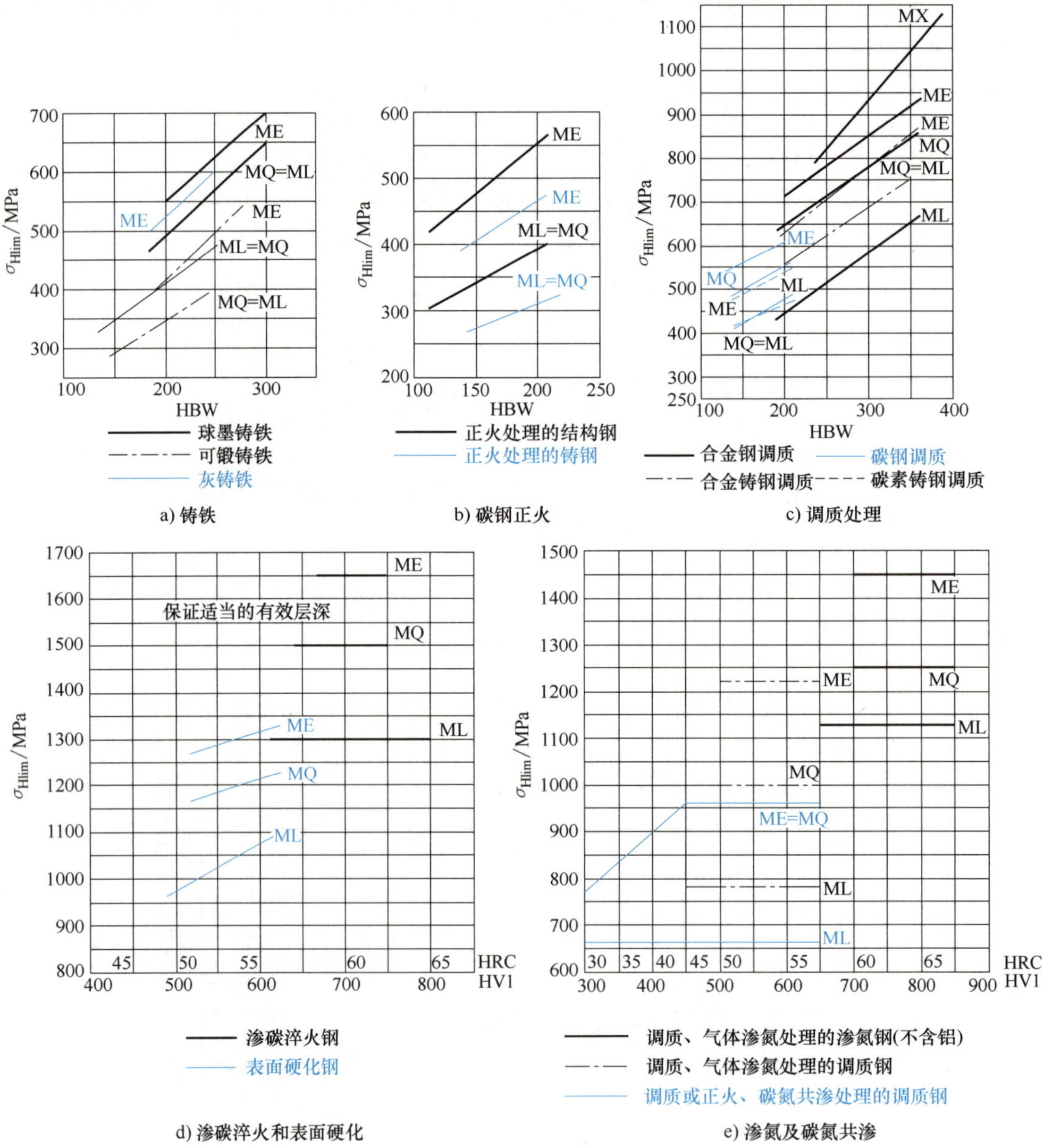

图 3-21　齿轮材料的接触疲劳强度极限值 σ_{Hlim}

轮齿折断会导致重大损失或人身事故，为使齿轮具有充分的可靠性，轮齿的弯曲疲劳许用应力应降低 20% ~ 40%。为使以磨损破坏为主的开式齿轮传动具有适当的工作寿命，轮齿的弯曲疲劳许用应力也应降低 20% ~ 40%。

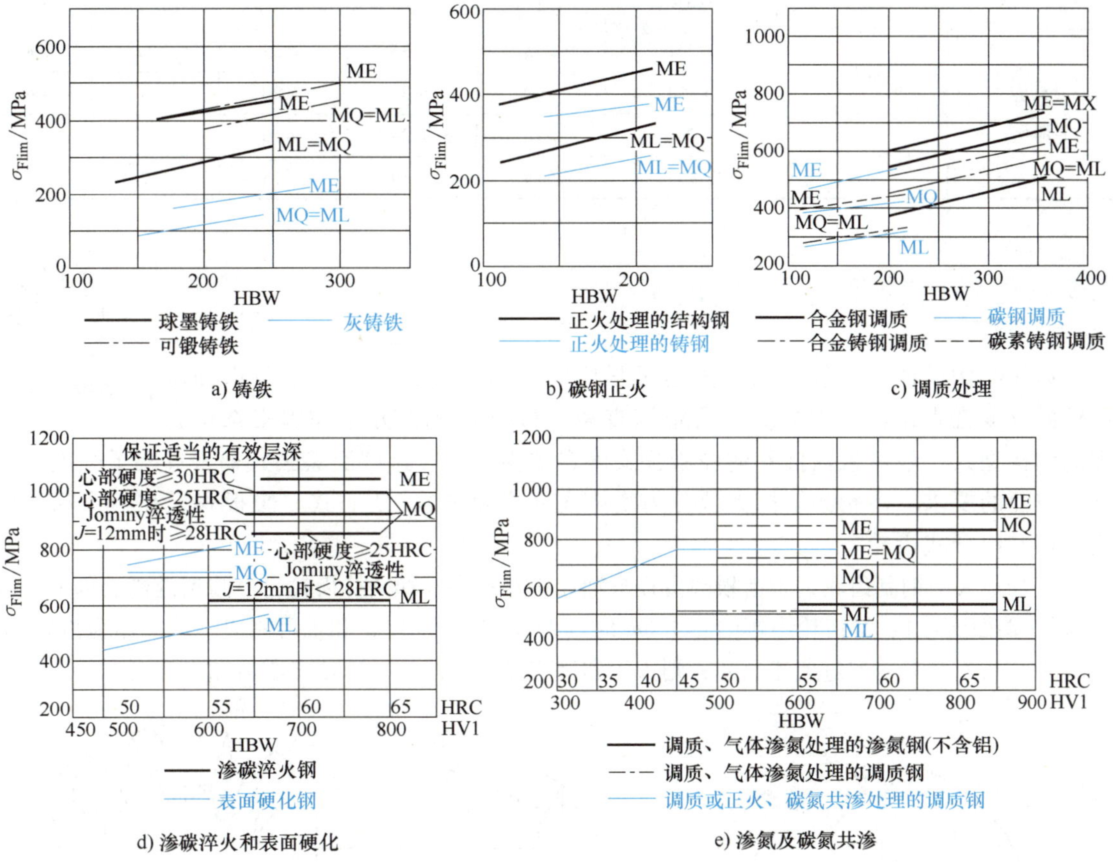

图 3-22 齿轮材料的弯曲疲劳强度极限值 σ_{Flim}

3. 齿轮的精度等级

渐开线圆柱齿轮传动的精度划分为 13 个等级，其中 0 级最高、12 级最低。齿轮传动精度等级可分为三个公差组，分别决定齿轮传递运动的准确性、平稳性和载荷分布的均匀性。选择齿轮精度等级时，在降低制造成本的前提下，应根据齿轮传动的用途、工作条件、传递功率和圆周速度等进行确定。一般高速、大功率、要求传动平稳等场合选用较高精度等级，反之，选用较低精度等级。同一齿轮的三种精度指标可以相同，也可以不同，具体根据功能要求确定。表 3-10 列出了各种精度等级齿轮传动适用的速度范围。

表 3-10 各种精度等级齿轮传动适用的速度范围 （单位：m/s）

齿轮种类		齿面硬度 HBW	齿轮精度等级				
			3、4、5	6	7	8	9
直齿	圆柱齿轮	≤350	>12	≤18	≤12	≤6	≤4
		>350	>10	≤15	≤10	≤5	≤3
	锥齿轮	≤350	>7	≤10	≤7	≤4	≤3
		>350	>6	≤9	≤6	≤3	≤2.5

（续）

齿轮种类		齿面硬度HBW	齿轮精度等级				
			3、4、5	6	7	8	9
斜齿 曲齿	圆柱齿轮	≤350	>25	≤36	≤25	≤12	≤8
		>350	>20	≤30	≤20	≤9	≤6
	锥齿轮	≤350	>16	≤24	≤16	≤9	≤6
		>350	>13	≤19	≤15	≤7	≤5

3.7 齿轮结构型式与设计

齿轮的构造

齿轮结构设计的一般步骤，先通过强度和几何计算，确定满足轮齿强度要求的分度圆直径等基本参数，再根据直径、材质和加工方法等因素选定合理的结构型式，最后根据推荐的经验公式确定结构尺寸。这些经验公式通常反映了强度和刚度等方面的要求。齿轮的结构大致分为整体式（齿轮轴）、实心式、腹板式、孔板式和轮辐式，还有组合式齿轮。

直径不大的钢制齿轮，若齿根圆直径与轴径相差不多，即圆柱齿轮齿根圆到键槽底部的距离 $e<2m_t$（端面模数）、锥齿轮小端的 $e<1.6m$ 时（图 3-23），则齿轮和轴可制成一体，称为齿轮轴，如图 3-24 所示。若 e 超过上述尺寸，则齿轮和轴应设计为两体，以便于制造和降低成本。

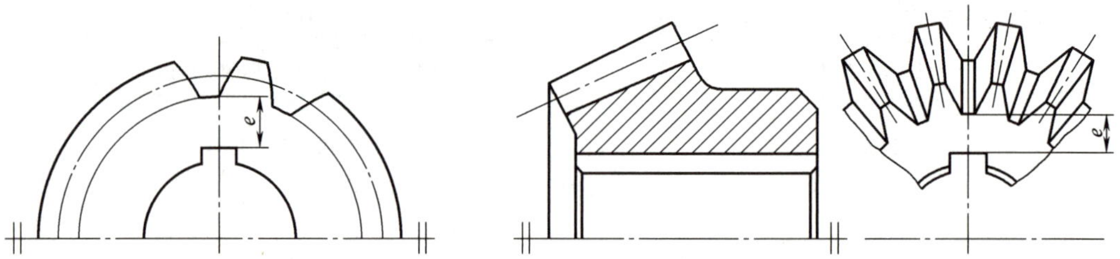

a) 圆柱齿轮　　b) 锥齿轮

图 3-23　齿轮结构尺寸 e

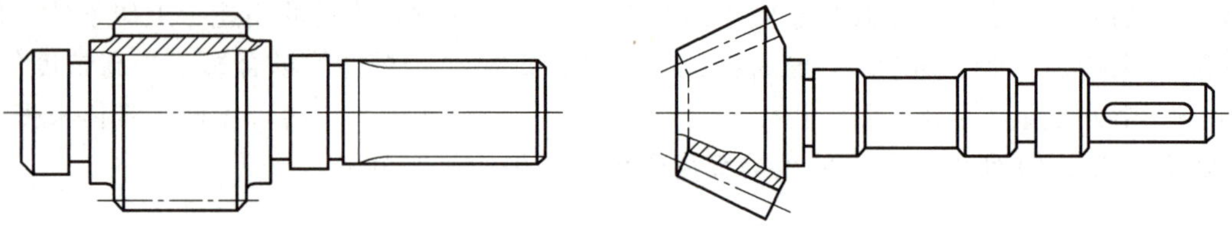

a) 圆柱齿轮　　b) 锥齿轮

图 3-24　齿轮轴

当齿轮直径较小（一般齿顶圆直径 d_a<160mm）或轴孔与齿根之间距离较小时，可做成实心结构的齿轮，如图 3-23 和图 3-25 所示。否则，对于齿顶圆直径 d_a≤500mm 的齿轮，常用锻造毛坯，制成腹板式结构，如图 3-26 和图 3-27 所示，有时在腹板上制出圆孔，以减轻重量并便于装夹、搬运，同时满足热处理工艺要求。

当齿轮直径较大，如 d_a>400mm，且受锻造设备的限制，也可采用铸造齿轮，结构为轮辐式，如图 3-28a 所示，轮辐数目根据结构尺寸确定，各部分尺寸由经验公式确定。d_a>300mm 的铸造锥齿轮，常做成带加强筋的轮辐式结构，如图 3-28b 所示。

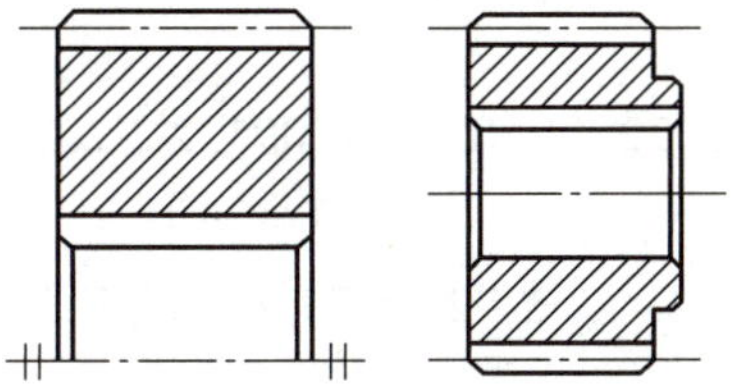

图 3-25 实心式齿轮

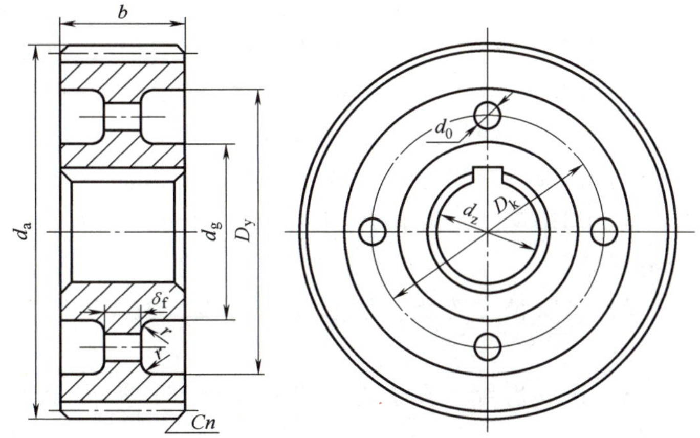

图 3-26 腹板式齿轮（自由锻）

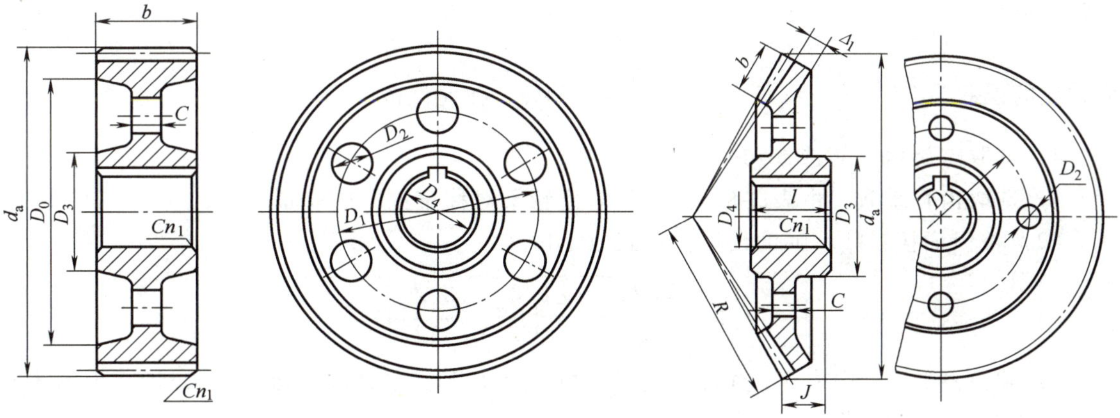

a) 圆柱齿轮

b) 锥齿轮

图 3-27 腹板式齿轮（模具锻造）

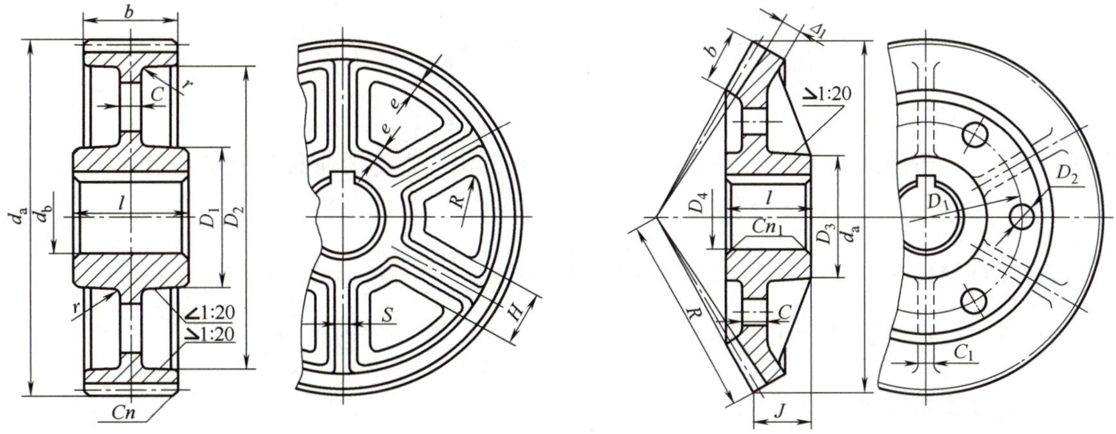

a) 圆柱齿轮

b) 锥齿轮

图 3-28 轮辐式齿轮（铸造）

3.8 工程案例

例 3-1 设计一斜齿圆柱齿轮闭式减速传动，该传动系统由电动机驱动，用于不均匀加料用的连续运输机，已知传递功率 $P_1=5.16\text{kW}$，小齿轮转速 $n_1=200\text{r/min}$，齿数比 $u=3.2$，工作寿命为 15 年（每年为 300 个工作日），两班制。

解：（1）选择材料、精度等级及参数

1）选取齿轮的材料、热处理方法、齿面硬度。由表 3-2，小齿轮选用 45 钢，调质，$HB_1=240HBW$；大齿轮选用 45 钢，正火，$HB_2=200HBW$。$\Delta HB=HB_1-HB_2=40HBW$，合适。

2）选取精度等级。初选 8 级精度，按 GB/T 10095.1—2022 和 GB/T 10095.2—2023 选取。

3）选取齿数。取小齿轮齿数 $z_1=23$；大齿轮齿数 $z_2=uz_1=3.2\times23=73.6$，圆整取 $z_2=74$。

实际的齿数比
$$u'=\frac{z_2}{z_1}=\frac{74}{23}=3.217$$

齿数比的误差为 $\left|\dfrac{u-u'}{u}\right|=\left|\dfrac{3.2-3.217}{3.2}\right|\approx0.54\%$，在允许范围内。

4）选取螺旋角。初选 $\beta=14°$。

5）选取齿宽系数。由表 3-8，轴承相对齿轮不对称布置，选取 $\phi_d=0.8$。

（2）按齿面接触疲劳强度设计　按式（3-14）

$$d_1\geqslant\sqrt[3]{\frac{2KT_1}{\phi_d}\cdot\frac{u\pm1}{u}\left(\frac{Z_EZ_HZ_\varepsilon Z_\beta}{[\sigma_H]}\right)^2}$$

1）载荷系数 K。由表 3-3 查得，使用系数 $K_A=1.25$；估计圆周速度 $v=4\text{m/s}$，由图 3-5，查得动载系数 $K_v=1.17$。

$$\varepsilon_\alpha=\left[1.88-3.2\times\left(\frac{1}{z_1}+\frac{1}{z_2}\right)\right]\cos\beta=\left[1.88-3.2\times\left(\frac{1}{23}+\frac{1}{74}\right)\right]\cos14°=1.65$$

$$\varepsilon_\beta=\frac{b\sin\beta}{\pi m_n}=\frac{\phi_dz_1}{\pi}\tan\beta=\frac{0.8\times23}{\pi}\tan14°=1.46$$

$$\varepsilon_\gamma=\varepsilon_\alpha+\varepsilon_\beta=1.65+1.46=3.11$$

由图 3-7，查得齿间载荷分配系数 $K_\alpha=1.42$；由图 3-10，查得齿向载荷分布系数 $K_\beta=1.07$。

$$K=K_AK_vK_\alpha K_\beta=1.25\times1.17\times1.42\times1.07=2.22$$

2）计算转矩 T_1。$T_1=9.55\times10^6\dfrac{P_1}{n_1}=9.55\times10^6\times\dfrac{5.16}{200}\text{N}\cdot\text{mm}=2.464\times10^5\text{N}\cdot\text{mm}$

3）节点区域系数 Z_H。由图 3-12 查得 $Z_H=2.43$。

4）重合度系数 Z_ε。由式（3-15），因 $\varepsilon_\beta>1$，取 $\varepsilon_\beta=1$，$Z_\varepsilon=\sqrt{\dfrac{1}{\varepsilon_\alpha}}=\sqrt{\dfrac{1}{1.65}}=0.78$。

5）螺旋角系数 Z_β。$Z_\beta=\sqrt{\cos\beta}=\sqrt{\cos14°}=0.985$。

6）弹性系数 Z_E。由表 3-5 查得 $Z_E=189.8\sqrt{MPa}$。

7）接触疲劳极限应力 σ_{Hlim}。由图 3-21c 查得 $\sigma_{Hlim1}=590MPa$，由图 3-21b 查得 $\sigma_{Hlim2}=470MPa$。

8）应力循环次数。由式（3-25）得

$$N_1=60n_1jL_h=60\times200\times1\times(2\times8\times300\times15)=8.64\times10^8$$

$$N_2=\frac{N_1}{u'}=8.64\times\frac{10^8}{3.217}=2.69\times10^8$$

9）寿命系数 K_{HN}。由图 3-19 查得 $K_{HN1}=1.02$，$K_{HN2}=1.07$（允许有点蚀）。

10）许用接触应力［σ_H］。取失效概率为 1%，安全系数 $S=1$，由式（3-26）得

$$[\sigma_{H1}]=\frac{K_{HN1}\sigma_{Hlim1}}{S}=\frac{1.02\times590}{1}MPa=601.8MPa;[\sigma_{H2}]=\frac{K_{HN2}\sigma_{Hlim2}}{S}=\frac{1.07\times470}{1}MPa=502.9MPa$$

取［σ_H］=502.9MPa。

11）小齿轮分度圆直径 d_1。由式（3-14）试算

$$d_1\geqslant\sqrt[3]{\frac{2\times2.22\times2.464\times10^5}{0.8}\times\frac{3.217+1}{3.217}\times\left(\frac{189.8\times2.43\times0.78\times0.985}{502.9}\right)^2}mm=96.19mm$$

12）圆周速度 v。$v=\frac{\pi d_1n_1}{60\times1000}=\frac{\pi\times96.19\times200}{60\times1000}m/s=1.007m/s$

13）修正动载系数。由图 3-5 查得动载系数 $K'_v=1.07$。

14）校正分度圆直径 d_1。

$$d'_1=d_1\sqrt[3]{\frac{K'_v}{K_v}}=96.19\times\sqrt[3]{\frac{1.07}{1.17}}mm=93.37mm$$

15）法向模数 m_n。$m_n=\frac{d'_1\cos\beta}{z_1}=93.37\times\frac{\cos14°}{23}=3.939mm$，圆整为标准值，取 $m_n=4mm$。

16）计算中心距 a。$a=\frac{(z_1+z_2)m_n}{2\cos\beta}=\frac{(23+74)\times4}{2\cos14°}mm=199.939mm$，圆整取 $a=200mm$。

17）修正螺旋角 β。$\beta=\arccos\frac{(z_1+z_2)m_n}{2a}=\arccos\frac{(23+74)\times4}{2\times200}=14°4'12''$

β 之值改变不多，参数 ε_α、K_α、Z_H 不必修正。

18）计算分度圆直径 d。$d_1=\frac{z_1m_n}{\cos\beta}=\frac{23\times4mm}{\cos14°4'12''}=94.85mm$

$$d_2=\frac{z_2m_n}{\cos\beta}=\frac{74\times4mm}{\cos14°4'12''}=305.15mm$$

19）计算齿轮宽度 b。$b=\phi_dd_1=0.8\times94.85mm=75.88mm$，圆整取 $b_2=76mm$，通常 $b_1=b_2+(5\sim10)mm$，故 $b_1=b_2+6mm=82mm$。

（3）校核齿根弯曲疲劳强度　由式（3-17）得

$$\sigma_{F1}=\frac{2KT_1}{bd_1m_n}Y_{Fa1}Y_{Sa1}Y_\varepsilon Y_\beta\leqslant[\sigma_{F1}],\quad\sigma_{F2}=\frac{\sigma_{F1}Y_{Fa2}Y_{Sa2}}{Y_{Fa1}Y_{Sa1}}\leqslant[\sigma_{F2}]$$

1）重合度系数 Y_ε。 $Y_\varepsilon=0.25+\dfrac{0.75}{\varepsilon_\alpha}=0.25+\dfrac{0.75}{1.65}=0.70$

2）螺旋角系数 Y_β。因 $\varepsilon_\beta>1$，取 $\varepsilon_\beta=1$，$Y_\beta=1-\varepsilon_\beta\dfrac{\beta}{120°}=1-1\times\dfrac{14.069°}{120°}=0.88$。

3）当量齿数 z_v。

$$z_{v1}=\frac{z_1}{\cos^3\beta}=\frac{23}{\cos^3 14°4'12''}\approx 25.2$$

$$z_{v2}=\frac{z_2}{\cos^3\beta}=\frac{74}{\cos^3 14°4'12''}\approx 81$$

4）齿形系数 Y_{Fa}。由图 3-15 查得 $Y_{Fa1}=2.65$，$Y_{Fa2}=2.23$。

5）应力修正系数 Y_{Sa}。由图 3-16 查得 $Y_{Sa1}=1.58$，$Y_{Sa2}=1.77$。

6）弯曲疲劳极限应力 σ_{Flim}。由图 3-22c 查得 $\sigma_{Flim1}=450\text{MPa}$；由图 3-22b 查得 $\sigma_{Flim2}=390\text{MPa}$。

7）寿命系数 K_{FN}。由图 3-20 按 $N_1=8.64\times10^8$，$N_2=2.69\times10^8$，分别查得 $K_{FN1}=K_{FN2}=1$。

8）许用弯曲应力。取失效概率为 1%，安全系数 $S=1$，由式（3-26）得

$$[\sigma_{F1}]=\frac{K_{FN1}\sigma_{Flim1}}{S}=450\text{MPa}；[\sigma_{F2}]=\frac{K_{FN2}\sigma_{Flim2}}{S}=390\text{MPa}$$

9）计算弯曲应力。

$$\sigma_{F1}=\frac{2\times2.22\times2.464\times10^5}{76\times94.85\times4}\times2.65\times1.58\times0.70\times0.88\text{MPa}=97.86\text{MPa}<[\sigma_{F1}]$$

$$\sigma_{F2}=97.86\times\frac{2.23\times1.77}{2.65\times1.58}\text{MPa}=92.25\text{MPa}<[\sigma_{F2}]，合适。$$

（4）结构设计（略）

课后习题

3-1 一对斜齿圆柱齿轮的转向及螺旋角方向如图 3-29 所示。试分别画出当齿轮 1 为主动轮时和齿轮 2 为主动轮时的轴向分力 F_{a1} 和 F_{a2}。

3-2 图 3-30 所示为一斜齿圆柱齿轮传动装置。若轮 1 为主动轮，转向如图所示，轮齿为右旋时，试在图中画出轮 1、2 和 3 的圆周力、径向力和轴向力的方向。若改为轮 2 为主动轮，转向不变，则各力方向有何变化？

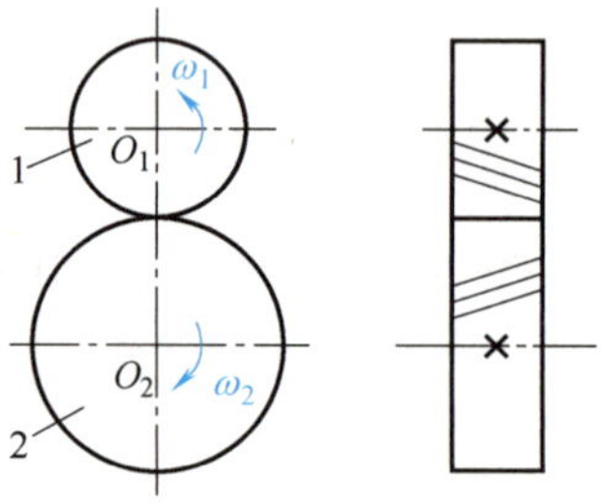

图 3-29 题 3-1 图

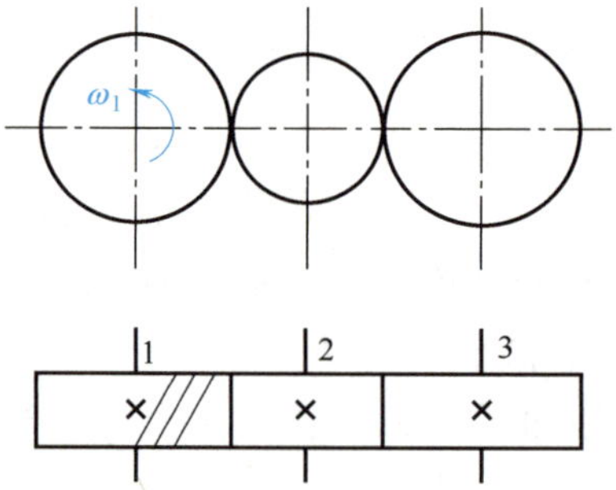

图 3-30 题 3-2 图

3-3 图 3-31 所示为一内啮合斜齿圆柱齿轮传动，轮 1 为主动轮，轮齿螺旋方向为右旋，转向如图所示。试在图中画出轮 1、轮 2 各啮合分力的方向。

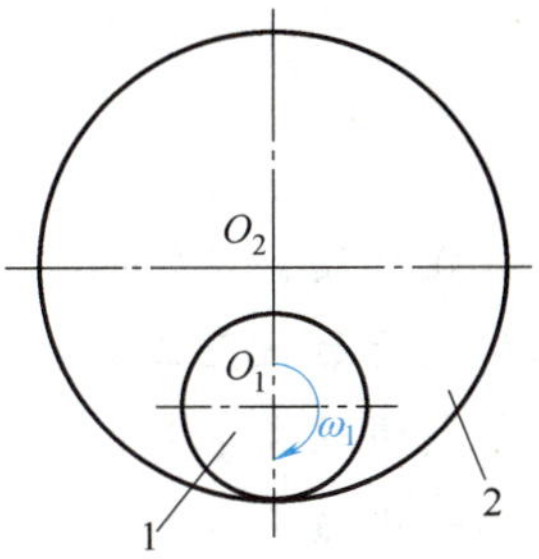

图 3-31 题 3-3 图

3-4 一对模数 $m=2$mm，齿数 $z_1=20$，$z_2=40$ 的标准直齿圆柱齿轮和一对模数及齿数相同，但中心距 $a=64$mm 的变位齿轮相比，若接触齿宽相等，试分析哪对齿轮的齿面接触应力大，为什么？

3-5 有一对斜齿圆柱齿轮，因大齿轮已断齿，需要配制，却没有图样可查，只知是标准齿轮。用两种方法测量，以便分别计算齿轮的模数 m 和螺旋角 β 能相互校对，其测量结果如下：

1）已知齿数 $z_1=20$，$z_2=80$，中心距 $a=155$mm，齿顶圆直径 $d_{a1}=68$mm，$d_{a2}\approx254$mm，如何求得 m_n 和 β？

2）已知小齿轮轴孔内壁至齿顶圆距离 $H_1\approx19$mm，至齿根圆距离 $H_2\approx12.25$mm，$z_1=20$，$d_{a1}\approx68$mm，如何求得 m_n 和 β？

3-6 一对需双向运转、重要用途、采用软-硬齿面组合的直齿圆柱齿轮传动，小齿轮材料为 35CrMo 钢，表面淬火硬度为 55HRC，大齿轮采用 45 钢，调质处理硬度为 240HBW，齿数 $z_1=25$，$z_2=74$，模数 $m=5$mm，按无限寿命考虑，试确定齿轮的许用接触应力和许用弯曲应力。

3-7 两级标准斜齿圆柱齿轮传动的减速器，如图 3-32 所示。已知齿轮 2 的参数 $m_n=3$mm，$z_2=51$，$\beta_2=15°$，左旋；齿轮 3 的参数 $m_n=5$mm，$z_3=17$。试问：①为使中间Ⅱ轴上两齿轮的轴向力方向相反，低速级斜齿圆柱齿轮 3 的螺旋线方向如何选择？若Ⅰ轴转向如图所示，试画出Ⅱ轴的轴测图，并标明 2、3 轮的圆周力 F_t、径向力 F_r 和轴向力 F_a 的方向。②低速级齿轮 3、4 的螺旋角 β_3、β_4 应取多大值才能使Ⅱ轴的轴向力相互抵消？

3-8 一直齿锥齿轮的齿数比 $u=2.5$，压力角 $\alpha=20°$，齿宽中点分度圆的圆周力 $F_{t1}=2800$N，与大锥齿轮装在同一轴上的斜齿圆柱齿轮的螺旋角 $\beta=11°36'$，分度圆的圆周力 $F_{t3}=4750$N。传动装置如图 3-33 所示。试确定中间轴Ⅱ上的轴向力的大小，并标出 z_2、z_3 齿轮轴向分力的方向。

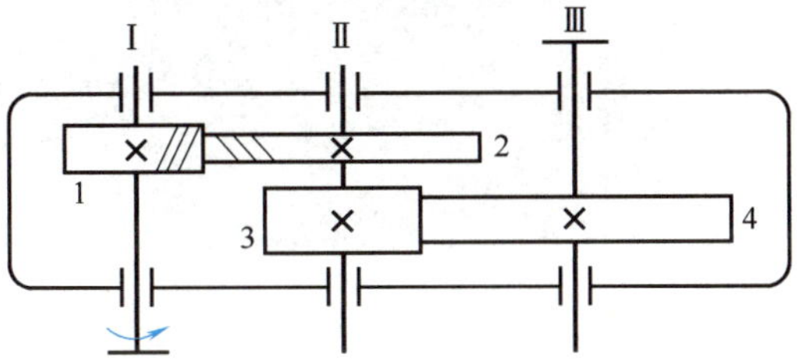

图 3-32 题 3-7 图

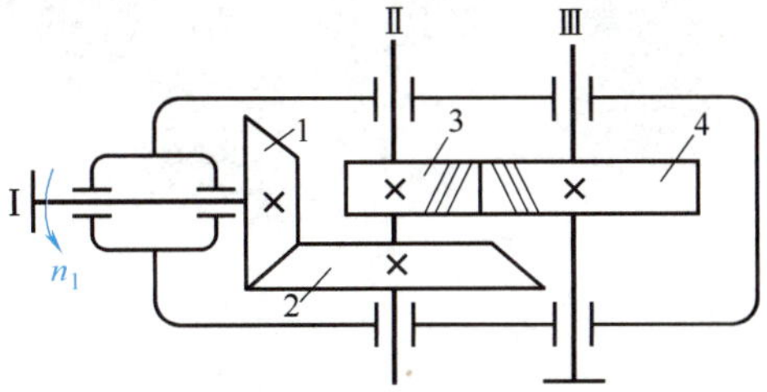

图 3-33 题 3-8 图

3-9 设计铣床变速箱中的一对直齿圆柱齿轮传动。已知：传递功率 $P_1=7.5$kW，小齿轮转速 $n_1=1450$r/min，齿数 $z_1=26$，$z_2=54$，预期使用寿命为 12000h，轴承相对齿轮不对称布置，6 级制造精度，要求尺寸紧凑。

3-10 设计单级闭式斜齿圆柱齿轮传动，所需传递功率 $P_1=10$kW，转速 $n_1=1450$r/min，传动比 $i=4.3$，电动机驱动，双向传动，中等冲击载荷。设小齿轮用 40MnB 钢，调质处理硬度为 260HBW，大齿轮用 45 钢，调质处理硬度为 230HBW，齿数 $z_1=21$，齿轮的应力循环次数估计 $N>N_0$，试设计此齿轮传动。

3-11 设计开式圆柱齿轮传动。已知：主动轴传递功率 $P_1=7$kW，转速 $n_1=200$r/min，从动轴转速 $n_2=51.5$r/min，小齿轮材料为 45 钢，载荷稳定，传动不可逆，齿轮悬臂布置。

3-12 设计直齿锥齿轮传动，用于机床辅助传动装置中。已知：传递功率 $P_1=0.72$kW，转速 $n_1=320$r/min，齿数 $z_1=20$，$z_2=25$，使用寿命 $L_h=12000$h，小齿轮悬臂布置。

知识拓展

在我国，齿轮的应用最早可以追溯到公元前400—200年，如山西出土的青铜齿轮，考证年代为秦代至西汉初年（公元前221年—公元24年）；河北午汲古城出土的铁齿轮，考证年代为战国末期到西汉年间（公元前3世纪—公元24年）；陕西出土的青铜人字齿轮，考证年代为东汉初年（公元1世纪）。我国古代以齿轮机构为核心的机械装置很多，颇具代表性的有：水运浑象仪（图3-34），由东汉张衡（公元78—139年）制作，利用水力驱动齿轮系统，使浑象每日等速地绕轴旋转一周；记里鼓车（三国时期），采用减速齿轮传动系统；指南车，马钧（公元235年）制成，其齿轮传动系统带有离合装置。其中水运浑象仪后世又进一步发展，《新唐书·天文志》记载，唐开元十三年（公元725年）僧一行、梁令瓒制造了水运浑仪。《新仪象法要》记载，苏颂、韩公廉等人于北宋元祐三年（公元1088年）制造了规模巨大的水运仪象台（图3-35）。

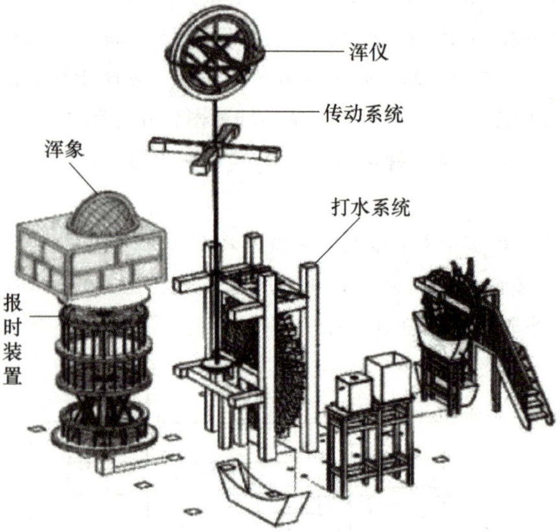

图3-34　水运浑象仪

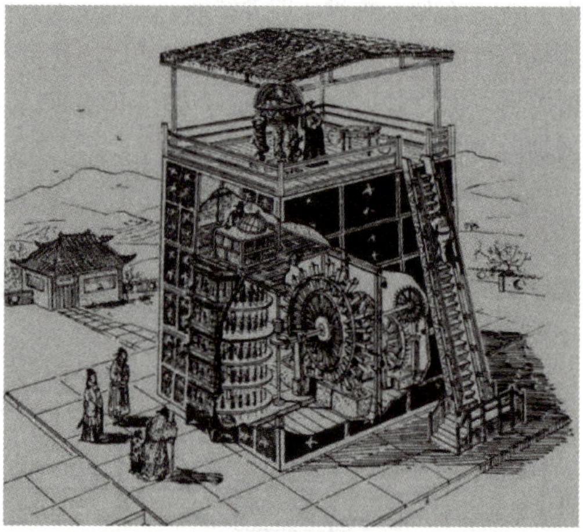

图3-35　水运仪象台

在国外，公元前400—200年，埃及和巴比伦开始使用齿轮。亚里士多德（公元前384—322年）在《机械问题》中提到了齿轮。阿基米德（公元前287—212年）记录了蜗杆传动卷扬机。公元前1世纪，罗马出现了用齿轮传递动力的水力磨粉机。公元前150年左右，亚历山大港的克特西比乌斯（Ctesibius），将齿轮机构用于水力计时器，埃龙（Heron）制作了用齿轮传递运动的计程车和瞄准器。上述齿轮都是木制的。1484年德国的沃索鲁斯（Waltherns）将结合齿轮的机械式钟表用于天文观测。15世纪后叶，达·芬奇在手稿中，记载了各种齿轮装置。17世纪末，学者们开始进行齿形理论研究。到18世纪工业革命以后，摆线齿轮传动得到发展并广泛应用。从20世纪初至今，渐开线齿轮占主导地位并广泛应用于工业各领域。

齿轮作为重要的基础件，对重大机械装备的质量和可靠性影响很大。我国齿轮技术正在从基础技术、设计技术、加工技术、材料和热处理技术、润滑冷却与密封技术、关键工艺装备技术六个方面发展进步。其中，基础技术集中于发展新齿形、新传动形式及标准化；设计技术集中于形成数字化、智能化、集成化设计技术，多学科耦合的设计与分析技术，驱动、传动、控制一体化设计技术；加工技术集中于齿轮净成形技术、超硬加工及干切削技术、齿轮制造数字化及信息化技术、大型齿轮修复和再制造；材料和热处理技术集中于大层深、高效氮化技术，多频感应淬火，热处理变形及残余应力控制技术，高强度塑料和粉末冶金齿轮；润滑冷却与密封技术包括固体、气体、自润滑技术，摩擦学设计和油液检测与故障诊断技术；关键工艺装备技术主要发展光纤测头微型齿轮测量技术，激光跟踪、室内激光雷达测量技术，在机、在线测量技术，机床精度保持技术。未来，上述技术的发展和研究成果必将促进我国机械工业的飞速发展，助力我国“智能制造”开启新篇章。

拓展视频
风力发电

第4章 蜗杆传动

知识图谱

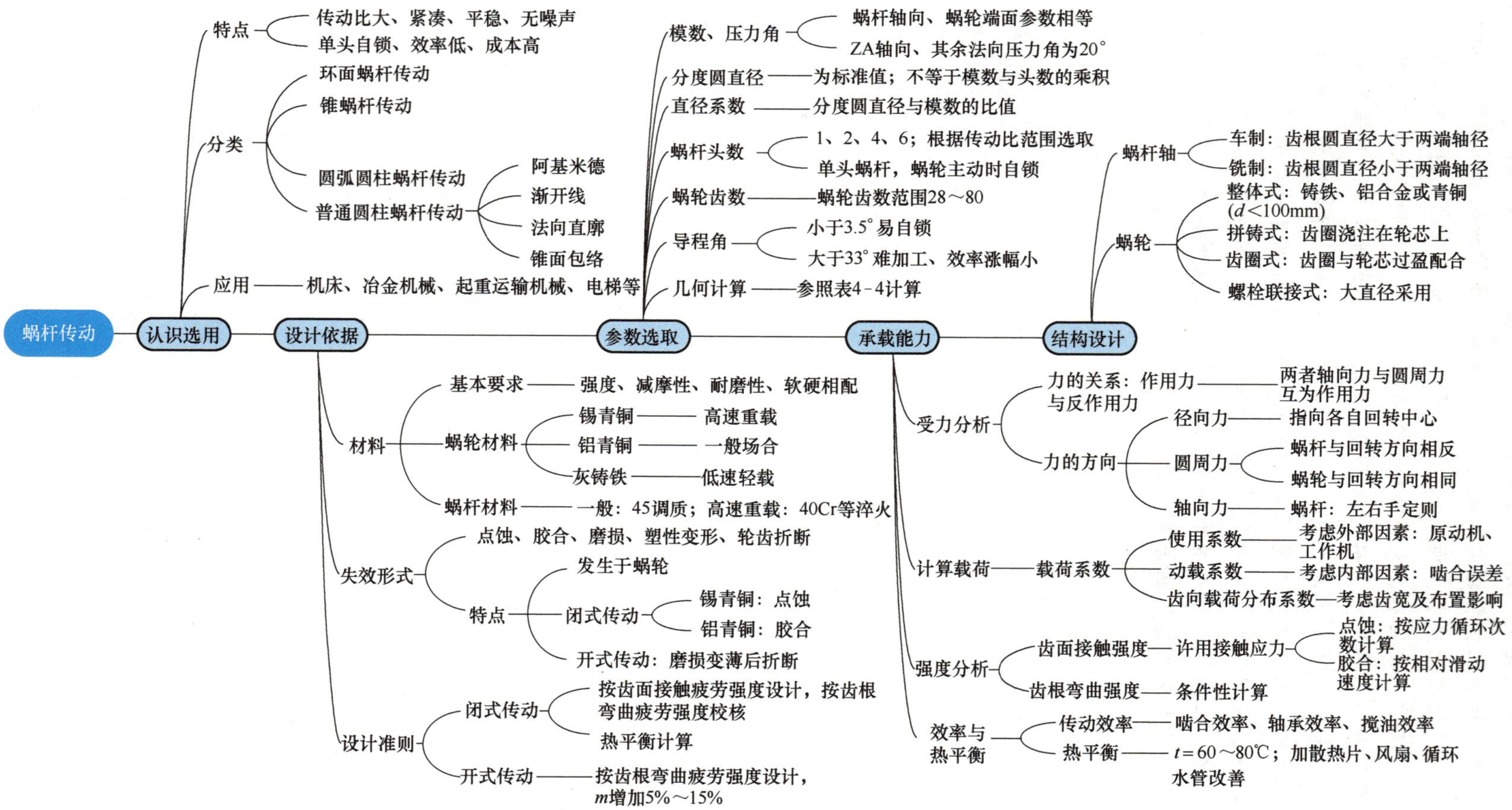

4.1　蜗杆传动的特点及分类

蜗杆传动概述

蜗杆传动由蜗杆和蜗轮组成，用于传递空间交错轴之间的运动和动力，交错角可为任意值，通常为90°。

1. 蜗杆传动的特点

与齿轮传动相比，蜗杆传动具有以下特点：

1）单级传动比大，结构紧凑。在动力传动中，单级传动比 i 一般为 8~80；只传递运动时，如在机床分度机构或某些仪表中，单级传动比 i 可达几百，甚至到 1000。

2）传动平稳，无噪声。蜗杆齿是连续不断的螺旋齿，它和蜗轮轮齿啮合过程是连续的，且同时啮合的齿对数较多，故冲击载荷小。

3）具有自锁特性。当蜗杆的导程角小于啮合面间的当量摩擦角时，蜗杆传动可以实现自锁。

4）传动效率低。因蜗杆与蜗轮啮合齿面间相对滑动速度较大，摩擦损失较大，故传动效率较低。当蜗杆主动时，传动效率 η 一般为 0.7~0.9，自锁蜗杆的传动效率 $\eta<0.5$。在制造精度和传动比相同的条件下，蜗杆传动的效率比齿轮传动低。

5）成本较高。蜗轮常用贵重的减摩材料（如青铜）制造。

由于上述特点，蜗杆传动常用在传动比大而要求结构紧凑或自锁的场合。例如，在机床工业中，蜗杆传动是一般低速转动工作台和分度机构最常用的传动形式；在冶金机械中，轧机压下机构都采用大型蜗杆传动；在起重运输机械中，各种提升设备、电梯和自动扶梯等均采用蜗杆传动。

2. 蜗杆传动的分类

按蜗杆形状不同可分为圆柱蜗杆传动、环面蜗杆传动、锥蜗杆传动三类，如图 4-1 所示。其中应用最广泛的是圆柱蜗杆传动。

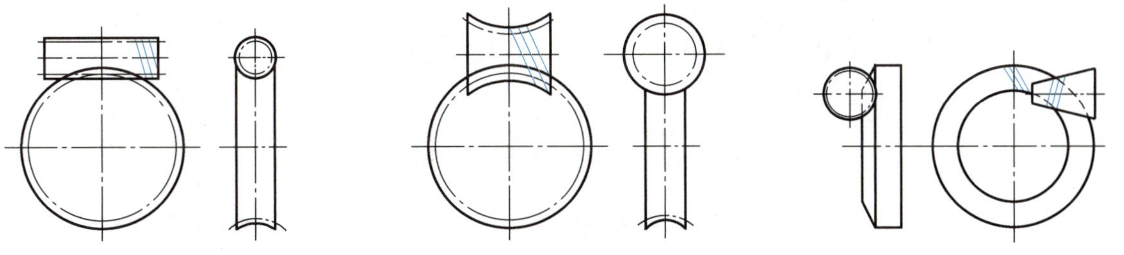

a) 圆柱蜗杆传动　　b) 环面蜗杆传动　　c) 锥蜗杆传动

图 4-1　蜗杆传动的类型

按齿面形状不同，圆柱蜗杆传动分为普通圆柱蜗杆传动和圆弧圆柱蜗杆传动两类。

普通圆柱蜗杆又根据刀具加工位置的不同，分为阿基米德蜗杆（ZA 蜗杆）、渐开线蜗杆（ZI 蜗杆）、法向直廓蜗杆（ZN 蜗杆）及锥面包络蜗杆（ZK 蜗杆）四种，如图 4-2 所示。

（1）阿基米德蜗杆　ZA 蜗杆螺旋面的形成原理与螺纹相同，车削加工时，刀具切削刃顶面需通过蜗杆轴线。定义通过蜗杆轴线且垂直蜗轮轴线的平面为中平面（旧标准定义为

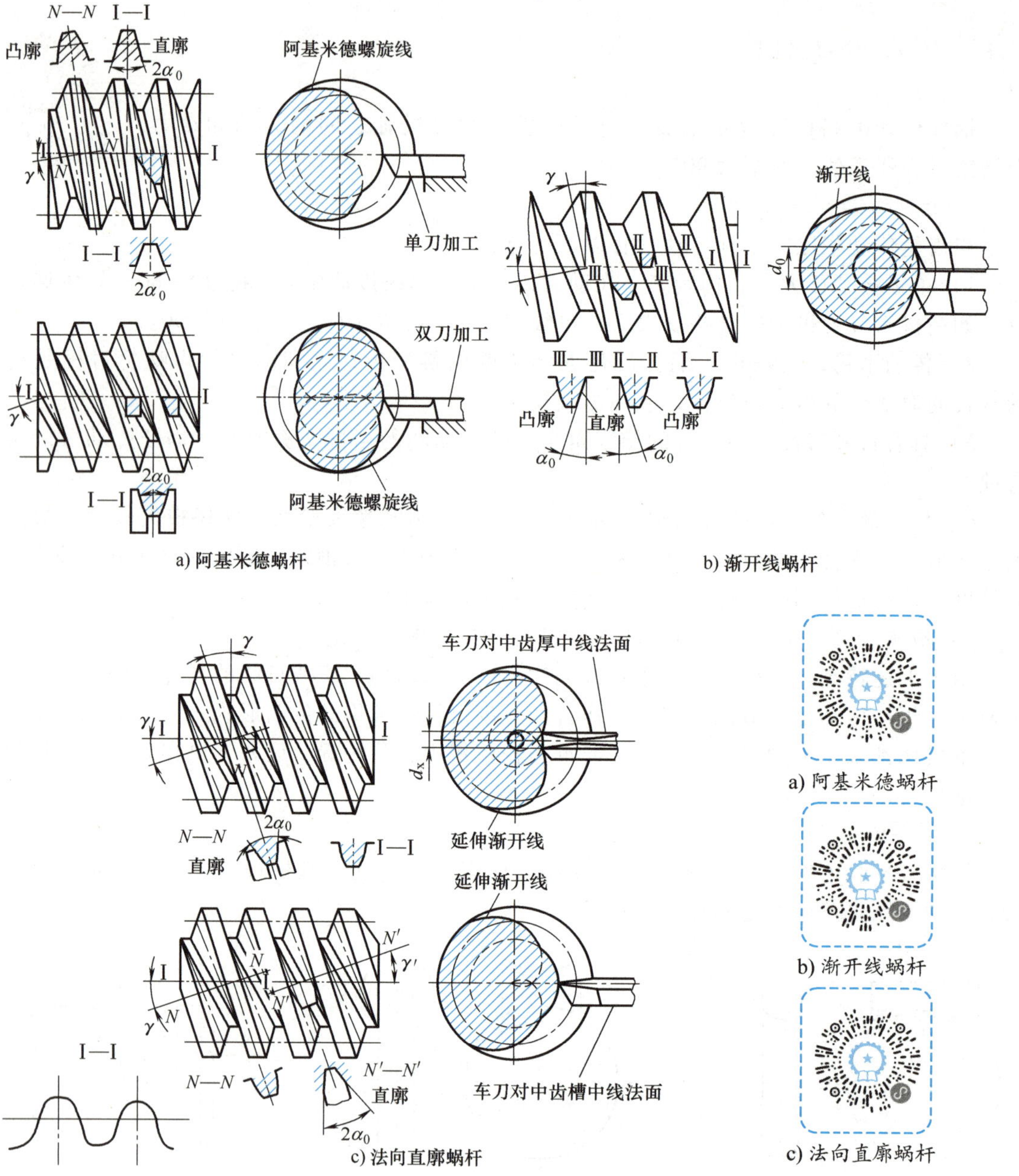

图 4-2　普通圆柱蜗杆

中间平面)，则在中平面上蜗杆齿廓为直线，蜗杆与蜗轮啮合相当于齿条与渐开线齿轮的啮合。在垂直于蜗杆轴线的剖面上（端面），蜗杆齿廓为阿基米德螺旋线。阿基米德蜗杆磨削困难，故精度低，通常在无须磨削加工的情况下广泛采用。

（2）渐开线蜗杆　ZI 蜗杆可用车刀车削，也可用齿轮滚刀滚削。车削加工时，两把直线切削刃的车刀位于蜗杆轴线两侧，且切削刃顶面与基圆柱相切。渐开线蜗杆的端面齿廓为渐开线，与蜗杆基圆柱相切的剖面齿廓是直线，因而可以用平面砂轮在专用机床上磨削，获得高精度。

（3）法向直廓蜗杆　ZN 蜗杆也可用直线切削刃的车刀车削，加工时，刀具的切削平面在垂直于齿槽（或齿厚）中点螺旋线的法平面内。可用直母线砂轮在普通螺纹磨床上进行磨削，在端面内能得到极接近于延伸渐开线的蜗杆齿廓。切制蜗轮的滚刀也用同样的方法磨削，因而蜗杆与蜗轮能得到正确的啮合。

（4）锥面包络蜗杆　ZK 蜗杆不能车削加工，可以铣削并磨削。加工时，工件做螺旋运动，刀具（锥面盘状铣刀或砂轮）同时绕其自身轴线回转，从而包络形成蜗杆齿廓曲面，制造精度较高。

3. 蜗杆传动的精度

GB/T 10089—2018 对圆柱蜗杆传动规定了 12 个精度等级，第 1 级精度最高，第 12 级精度最低。圆柱蜗杆传动采用的精度等级，主要取决于传动功率、使用条件及蜗轮圆周速度等，可参考表 4-1 选取。

表 4-1　蜗杆传动精度等级的选择

精度等级		3～6	7	8	9
应用范围	使用条件	分度机构	高速动力传动	一般动力传动	低速传动或手动机构
	蜗轮圆周速度/(m/s)	>5	≤7.5	≤3	≤1.5
切齿方法	蜗杆	齿面需磨削加工		车削加工	
	蜗轮	用滚刀铣切，并用蜗杆形剃齿刀精切		用滚刀铣切或飞刀加工并加载磨合	用滚刀铣切或飞刀加工
齿面粗糙度 Ra/μm	蜗杆	0.4	1.6	3.2	6.3
	蜗轮	0.8	1.6	3.2	6.3

4.2　普通圆柱蜗杆传动基本参数与几何计算

普通圆柱蜗杆传动参数选择和几何计算

在中平面上，普通圆柱蜗杆传动相当于齿条与齿轮的啮合传动。故选取中平面上的参数和尺寸作为蜗杆传动的设计计算基准，并沿用齿轮传动的计算关系。

1. 基本参数

（1）模数 m 和压力角 α　由正确啮合条件，蜗杆的轴向模数 m_a、压力角 α_a 与蜗轮的端面模数 m_t、压力角 α_t 分别相等，即 $m_{a1}=m_{t2}=m$；$\alpha_{a1}=\alpha_{t2}$。

GB/T 10088—2018 规定，蜗杆轴向模数 m_a 为标准值，用 m 表示，部分模数值见表 4-2。规定 ZA 蜗杆的轴向压力角（齿形角）为标准值 20°，其余三种（ZN、ZI、ZK）蜗杆的法向压力角为标准值 20°，蜗杆轴向压力角与法向压力角关系为

$$\tan\alpha_a=\tan\alpha_n/\cos\gamma$$

式中，γ 为蜗杆分度圆导程角。

（2）蜗杆分度圆直径 d_1 和蜗杆直径系数 q　蜗杆分度圆直径也称为蜗杆中圆直径。为减少蜗轮滚刀规格，实现刀具尺寸的标准化、系列化，国标规定蜗杆分度圆直径 d_1 为标准值，与模数相对应，见表 4-2。蜗杆分度圆直径 d_1 与模数 m 的比值称为蜗杆直径系数，即

$$q=\frac{d_1}{m} \tag{4-1}$$

因 d_1 与 m 均为标准值，故 q 为导出值，不一定是整数。对于动力蜗杆传动，q 值为 8~18；对于分度蜗杆传动，q 值为 16~30。

表 4-2　动力蜗杆传动蜗杆基本参数（轴交角 90°）

模数 m/mm	分度圆直径 d_1/mm	蜗杆头数 z_1	直径系数 q	m^3q/mm³	模数 m/mm	分度圆直径 d_1/mm	蜗杆头数 z_1	直径系数 q	m^3q/mm³
1	18	1	18.000	18	6.3	80	1,2,4	12.698	3175.2
1.25	20	1	16.000	31.25		112	1	17.778	4445.28
	22.4	1	17.920	35	8	63	1,2,4	7.875	4032
1.6	20	1,2,4	12.500	51.2		80	1,2,4,6	10.000	5120
	28	1	17.500	71.68		100	1,2,4	12.500	6400
2	18	1,2,4	9.000	72		140	1	17.500	8960
	22.4	1,2,4,6	11.200	89.6	10	71	1,2,4	7.100	7100
	28	1,2,4	14.000	112		90	1,2,4,6	9.000	9000
	35.5	1	17.750	142		112	1,2,4	11.200	11200
2.5	20	1,2,4	8.960	140		160	1	16.000	16000
	28	1,2,4,6	11.200	175	12.5	90	1,2,4	7.200	14062.5
	35.5	1,2,4	14.200	221.88		112	1,2,4	8.960	17500
	45	1	18.000	281.25		140	1,2,4	11.200	21875
3.15	25	1,2,4	7.937	248		200	1	16.000	31250
	35.5	1,2,4,6	11.270	352.25	16	112	1,2,4	7.000	28672
	45	1,2,4	14.286	446.52		140	1,2,4	8.750	35840
	56	1	17.778	555.66		180	1,2,4	11.250	46080
4	31.5	1,2,4	7.875	504		250	1	15.625	64000
	40	1,2,4,6	10.000	640	20	140	1,2,4	7.000	56000
	50	1,2,4	12.500	800		160	1,2,4	8.000	64000
	71	1	17.750	1136		224	1,2,4	11.200	89600
5	40	1,2,4	8.000	1000		315	1	15.750	126000
	50	1,2,4,6	10.000	1250	25	180	1,2,4	7.200	112500
	63	1,2,4	12.600	1575		200	1,2,4	8.000	125000
	90	1	18.000	2250		280	1,2,4	11.200	175000
6.3	50	1,2,4	7.936	1984.5		400	1	16.000	250000
	63	1,2,4,6	10.000	2500.47					

注：1. 表中模数均系第 1 系列，m<1mm 的未列入，m>25mm 的还有 31.5mm、40mm 两种。属于第 2 系列的模数有：1.5mm，3mm，3.5mm，4.5mm，5.5mm，6mm，7mm，12mm，14mm。

2. 表中蜗杆分度圆直径 d_1 均属于第 1 系列，d_1<18mm 的未列入，此外还有 355mm。属于第 2 系列的有：30mm，38mm，48mm，53mm，60mm，67mm，75mm，85mm，95mm，106mm，118mm，132mm，144mm，170mm，190mm，300mm。

3. 模数和分度圆直径均应优先选用第 1 系列。

（3）蜗杆头数 z_1 和蜗轮齿数 z_2　当蜗杆头数 z_1 少时，可获得大传动比，但导程角小、效率低、发热多，故重载传动不宜采用单头蜗杆。要求反行程自锁时可取 $z_1=1$。当蜗杆头数 z_1 多时，效率高，但头数过多、导程角大、制造困难。常用的蜗杆头数为 1、2、4、6，可根据传动比范围对应选取，参考表 4-3。

蜗轮齿数 $z_2=iz_1$，一般取 $z_2=28\sim80$。为避免根切，并保证传动的平稳性，z_2 应不小于 28；对于动力传动，z_2 不宜大于 80。因为若蜗轮直径 d_2 不变，则 z_2 越大，模数 m 越小，蜗轮抗弯强度减弱；若 m 一定，则 z_2 越大，蜗轮越大，蜗杆越长，蜗杆刚度越小，蜗杆易产生挠曲从而影响正常啮合。对于分度传动，z_2 的选择不受限制。

表 4-3　传动比范围与蜗杆头数

传动比 i	5~8	7~16	15~32	30~83
蜗杆头数 z_1	6	4	2	1

（4）蜗杆导程角 γ　蜗杆分度圆上的导程角 γ 可由下式计算：

$$\tan\gamma=\frac{z_1p_a}{\pi d_1}=\frac{z_1\pi m}{\pi d_1}=\frac{z_1m}{d_1}=\frac{z_1}{q} \tag{4-2}$$

式中，p_a 为蜗杆轴向齿距（mm）；z_1 为蜗杆头数。

导程角 γ 的范围为 3.5°~33°。导程角大，传动效率高；导程角小，传动效率低。通常 $\gamma\leqslant3°30'$ 的蜗杆传动具有自锁性。但在实践中，支承为滚动轴承，且在振动工作条件下，$\gamma<3°30'$ 并不能保证可靠的自锁。若支承为滑动轴承，且螺旋工作面比较粗糙，即使 γ 值达到 5°或 6°时，也可能自锁。

（5）传动比 i 和齿数比 u　蜗杆传动的传动比 i 和齿数比 u 分别为

$$i=\frac{n_1}{n_2},\quad u=\frac{z_2}{z_1} \tag{4-3}$$

式中，n_1、n_2 分别为蜗杆、蜗轮的转速（r/min）。

蜗杆主动时，传动比 i 和齿数比 u 相等。应当指出：蜗杆传动的传动比不等于蜗轮、蜗杆的分度圆直径比，即 $i\neq d_2/d_1$。

（6）标准中心距 a　蜗杆传动的标准中心距为

$$a=\frac{1}{2}(d_1+d_2)=\frac{1}{2}(q+z_2)m \tag{4-4}$$

（7）变位系数 x　蜗杆传动的变位方法与齿轮传动相同，即在切削时将刀具沿蜗轮径向移位。但因在中平面上蜗杆相当于齿条，蜗轮相当于齿轮，所以仅蜗轮变位，蜗杆不变位。变位后，蜗杆节圆改变，蜗轮节圆则永远与分度圆重合。变位的目的一般为凑中心距（齿数不变）或凑传动比（中心距不变），使之符合推荐值。变位系数 x 过大会导致齿顶变尖，变位系数 x 过小会产生轮齿根切，故一般取 $|x|\leqslant1$。未变位和变位的蜗杆传动情况如图 4-3 所示。其中，图 4-3b 所示为正变位 $x>0$ 凑中心距的示例，变位后中心距增大，即 $a'>a$；图 4-3c 所示为负变位 $x<0$ 凑传动比的示例，变位后齿数增加，即 $z_2'>z_2$。

2. 几何计算

圆柱蜗杆传动的基本几何尺寸如图 4-4 所示，有关尺寸的计算公式见表 4-4。

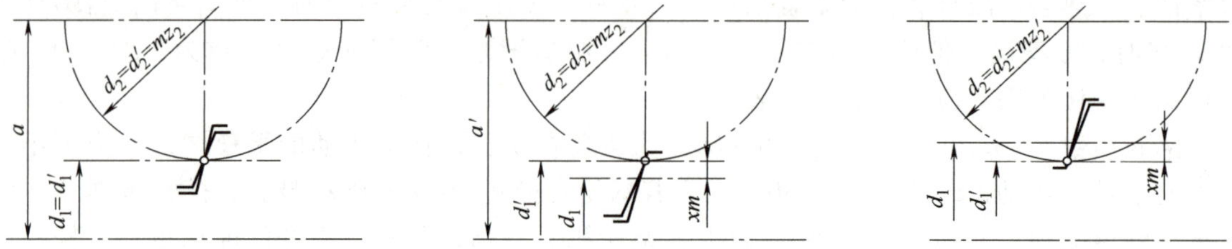

a) 未变位，$x=0$　　b) 变位凑中心距示例　　c) 变位凑传动比示例

图 4-3　未变位和变位的蜗杆传动情况

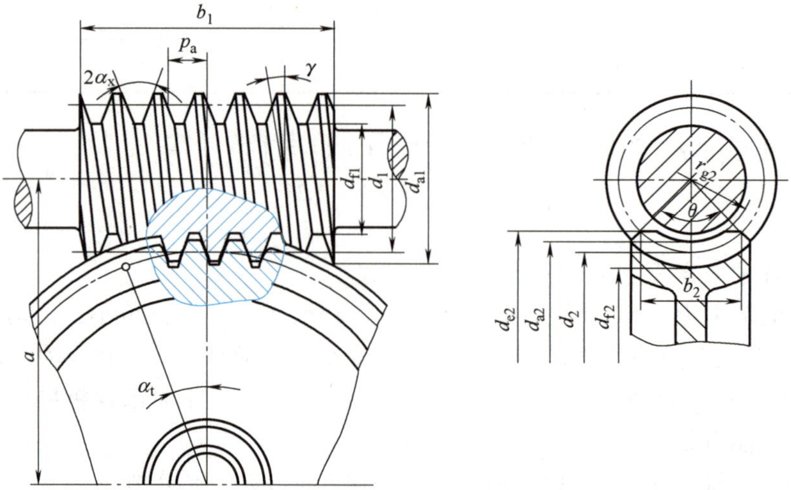

图 4-4　圆柱蜗杆传动的基本几何尺寸

表 4-4　圆柱蜗杆传动基本尺寸计算公式（轴交角 90°）

蜗杆基本尺寸	计算公式	蜗轮基本尺寸	计算公式
轴向齿距	$p_a=\pi m$	分度圆直径	$d_2=mz_2=2a-d_1-2xm$
蜗杆导程	$p_z=\pi m z_1$	喉圆直径	$d_{a2}=d_2+2m(h_a^*+x)$
分度圆直径	$d_1=mq$	齿根圆直径	$d_{f2}=d_2-2m(h_a^*-x+c^*)$
齿顶圆直径	$d_{a1}=d_1+2h_a^* m$	蜗轮外径	$d_{e2}\approx d_{a2}+m$
齿根圆直径	$d_{f1}=d_1-2m(h_a^*+c^*)$	咽喉母圆半径	$r_{g2}=a'-d_{a2}/2$
节圆直径	$d'_1=d_1+2mx=m(q+2x)$	蜗轮节圆直径	$d'_2=d_2$
分度圆导程角	$\tan\gamma=mz_1/d_1=z_1/q$	蜗轮齿宽	建议取 $b_2\approx 2m(0.5+\sqrt{q+1})$
节圆导程角	$\tan\gamma'=z_1/(q+2x)$	蜗轮齿宽角	$\theta=2\arcsin(b_2/d_1)$
齿宽（螺纹长度）	建议取 $b_1\approx 2m\sqrt{z_2+1}$	变位系数	凑中心距：$x=(a'-a)/m$ 凑传动比：$x=(z_2-z'_2)/2$
渐开线蜗杆基圆直径	$d_{b1}=d_1\tan\gamma/\tan\gamma_b=mz_1/\tan\gamma_b$	标准中心距	$a=m(z_2+q)/2$
	$\cos\gamma_b=\cos\alpha_n\cos\gamma$	变位中心距	$a'=m(z_2+q+2x)/2$

注：1. 取齿顶高系数 $h_a^*=1$，顶隙系数 $c^*=0.2$。

2. $\gamma>15°$ 的渐开线和法向直廓蜗杆传动，在计算 d_{a1}、d_{f1}、d_{a2}、d_{f2}、d_{e2} 时，公式中的 m 应代以 m_n。

4.3　蜗杆传动的失效形式、计算准则、材料选择

失效形式、计算准则、材料和结构

1. 失效形式

蜗杆传动的失效形式和齿轮传动类似，包括齿面点蚀、胶合、磨损、塑性变形及轮齿的折断。由于蜗杆齿是连续的螺旋，且其材料为强度较高的钢材，蜗杆齿的强度总是高于蜗轮齿的强度，故失效经常发生在蜗轮轮齿上。蜗杆传动相对滑动速度大，发热量大。因此，其主要失效形式是蜗轮齿面产生胶合、点蚀和磨损，很少发生轮齿弯曲折断。

2. 计算准则

目前对胶合和磨损的计算还缺乏可靠的方法和数据，因而仍沿用圆柱齿轮接触疲劳强度和弯曲疲劳强度条件计算蜗杆传动的承载能力，但在选取许用应力时适当考虑胶合和磨损失效因素的影响。显然，蜗杆传动强度计算是条件性的。

在闭式传动中，主要发生齿面胶合或点蚀失效。因此，通常按齿面接触疲劳强度进行设计，按齿根弯曲疲劳强度进行校核，此外因不易散热，还应进行热平衡计算；在开式传动中，多为齿面磨损和轮齿折断失效。故应以保证齿根弯曲疲劳强度作为主要设计准则。蜗杆轴本身的强度和刚度验算与轴的一样。

3. 材料选择

在保证强度的前提下，要求制造蜗杆副的材料组合具有优良的减摩性、耐磨性和磨合性能。蜗轮材料选择：①重要传动，滑动速度 $3\text{m/s} \leqslant v_s < 25\text{m/s}$，常用铸造锡青铜(ZCuSn10P1 和 ZCuSn5Pb5Zn5)，锡青铜抗胶合能力强、耐磨性好，但价格较高；②一般传动，通常滑动速度 $v_s \leqslant 4\text{m/s}$，不超过 8m/s，采用铸造铝铁青铜（ZCuAl9Fe4Ni4Mn2 和 ZCuAl10Fe3Mn2)，与锡青铜比较，铝铁青铜抗胶合能力和耐磨性较差，但强度高、价格较低；③低速传动，滑动速度 $v_s < 2\text{m/s}$，可采用灰铸铁。为防止变形，常对蜗轮进行时效处理。蜗轮材料的强度见表 4-5。

表 4-5　蜗轮材料的强度　（单位：MPa）

材料强度极限	ZCuSn10P1		ZCuSn5Pb5Zn5			ZCuAl9Fe4Ni4Mn2 ZCuAl10Fe3Mn2			HT200	HT150
	砂型	金属型	砂型	金属型	离心型	砂型	金属型	离心型	砂型	砂型
抗拉强度 R_m	220	250	180	200	200	400	500	500	200	150
屈服强度/R_{eL}	140	200	80	80	90	200	200			
抗弯强度 σ_{bb}									400	330
适用滑动速度 v_s/(m/s)	≤12	≤26	≤10	≤12		≤8			≤2	

蜗杆材料选择：主要为碳素钢和合金钢，见表 4-6。

表 4-6　蜗杆材料及工艺要求

蜗杆材料	热处理	硬度	表面粗糙度值 $Ra/\mu m$
40、45、40Cr、40CrNi、42SiMn	表面淬火	45~55HRC	0.80~1.60
20Cr、20CrMnTi、12CrNi3A	表面渗碳淬火	58~63HRC	0.80~1.60
45	调质	≤270HBW	6.3

4.4 普通圆柱蜗杆传动的承载能力分析计算

受力分析和计算载荷

1. 受力分析

圆柱蜗杆传动的受力分析与斜齿圆柱齿轮传动相似。为简化受力分析，通常不考虑摩擦力的影响。图 4-5a 所示是以右旋蜗杆为主动件，并沿图示方向旋转时蜗杆传动的受力情况。设法向力 $\boldsymbol{F}_n$ 集中作用于节点 P 处，$\boldsymbol{F}_n$ 可分解为三个互相垂直的分力，即圆周力 $\boldsymbol{F}_t$、径向力 $\boldsymbol{F}_r$、轴向力 $\boldsymbol{F}_a$。显然，在蜗杆与蜗轮之间，相互作用着 $\boldsymbol{F}_{t1}$ 与 $\boldsymbol{F}_{a2}$、$\boldsymbol{F}_{r1}$ 与 $\boldsymbol{F}_{r2}$ 和 $\boldsymbol{F}_{a1}$ 与 $\boldsymbol{F}_{t2}$ 这三对大小相等、方向相反的力，如图 4-5b 所示。各力的大小可按下列各式计算：

$$F_{t1}=F_{a2}=\frac{2T_1}{d_1} \tag{4-5}$$

$$F_{a1}=F_{t2}=\frac{2T_2}{d_2} \tag{4-6}$$

$$F_{r1}=F_{r2}=F_{t2}\tan\alpha \tag{4-7}$$

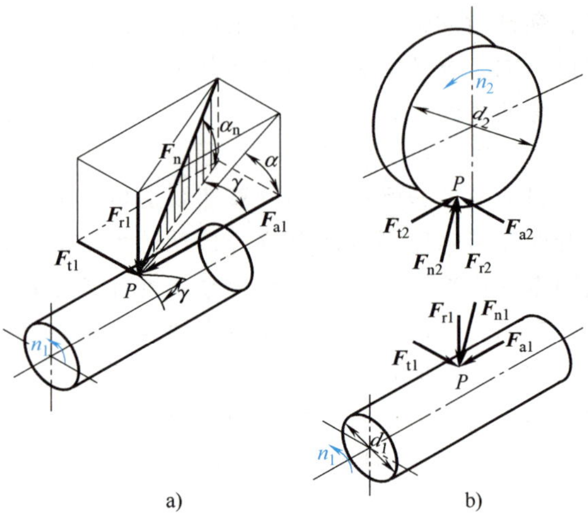

图 4-5 圆柱蜗杆传动受力分析

$$F_n=\frac{F_{a1}}{\cos\alpha_n\cos\gamma}=\frac{F_{t2}}{\cos\alpha_n\cos\gamma}\approx\frac{F_{t2}}{\cos\alpha\cos\gamma} \tag{4-8}$$

式中，T_1、T_2 分别为蜗杆和蜗轮上的公称转矩（N · mm），$T_2=T_1 i\eta$，η 为蜗杆传动的效率，i 为蜗杆传动的传动比；d_1、d_2 分别为蜗杆和蜗轮的分度圆直径（mm）；α、γ 分别为压力角和导程角（°），计算法向力 F_n 时，取 $\alpha_n\approx\alpha=20°$。

通常蜗杆主动，其力的方向判定：①轴向力 $\boldsymbol{F}_{a1}$ 的方向用左右手法则判定。左旋蜗杆用左手判定，将左手握紧，四指方向表示蜗杆转向，拇指指向为 $\boldsymbol{F}_{a1}$ 的方向。右旋蜗杆用右手判定，判定方法同左手。②蜗杆所受圆周力 $\boldsymbol{F}_{t1}$ 方向与它的回转方向相反；③径向力 $\boldsymbol{F}_{r1}$ 的方向指向轴心。根据力的关系，蜗轮圆周力 $\boldsymbol{F}_{t2}$ 与蜗杆轴向力 $\boldsymbol{F}_{a1}$ 方向相反，蜗轮轴向力 $\boldsymbol{F}_{a2}$ 与蜗杆圆周力 $\boldsymbol{F}_{t1}$ 方向相反，蜗轮径向力 $\boldsymbol{F}_{r2}$ 与蜗杆径向力 $\boldsymbol{F}_{r1}$ 方向相反。

2. 计算载荷

与齿轮传动相似，蜗杆传动的计算载荷也是名义载荷与载荷系数 K 的乘积。为便于分析，取蜗轮齿面接触线单位长度上的载荷进行计算，则得到单位计算载荷 p_{ca} 为

$$p_{ca}=\frac{KF_n}{L_0}=\frac{1.62KT_2}{d_1 d_2} \tag{4-9}$$

式中，F_n 为啮合齿面上作用的法向力（N）；L_0 为蜗轮齿面接触线长度（mm）；K 为载荷系数。

（1）接触线长度 L_0　考虑到重合度和接触长度的变化，取为最小接触线长度，即

$$L_0=L_{min}=\chi\varepsilon_\alpha b_2=\chi\varepsilon_\alpha\frac{\pi d_1\theta}{360°\cos\gamma}=\frac{1.31d_1}{\cos\gamma}$$

式中，b_2 为蜗轮轮齿的宽度（mm）；χ 为接触线长度变化系数；ε_α 为重合度，$\varepsilon_\alpha=1.8\sim2.2$；$\theta$ 为蜗轮齿宽角，如图 4-4 所示。通过取平均值 $\chi=0.75$，$\varepsilon_\alpha=2$，$\theta=100°$ 确定 L_{min} 如上。

（2）载荷系数 K

$$K=K_A K_v K_\beta$$

式中，K_A 为使用系数，可按表 4-7 选取；K_v 为动载系数。由于蜗杆传动比齿轮传动运动平稳，故动载系数 K_v 较小，当蜗轮圆周速度 $v_2\leqslant3\text{m/s}$ 时，$K_v=1\sim1.1$；当 $v_2>3\text{m/s}$ 时，$K_v=1.1\sim1.2$。K_β 为齿向载荷分布系数。如果载荷稳定，材料较软的蜗轮轮齿将很快完成磨合，从而改善载荷不均现象，可取 $K_\beta=1$；如果载荷变化较大，或有冲击振动时，由于蜗杆的变形不固定，不能通过磨合使载荷分布均匀，此时可取 $K_\beta=1.1\sim1.3$，刚度大的蜗杆取小值，反之取大值。

表 4-7　使用系数 K_A

动力机	工作机		
	均匀	中等冲击	严重冲击
电动机、汽轮机	0.8~1.25	0.9~1.5	1~1.75
多缸内燃机	0.9~1.50	1~1.75	1.25~2
单缸内燃机	1~1.75	1.25~2	1.5~2.25

注：范围值中小值用于每日偶尔工作，大值用于长期连续工作。

3. 圆柱蜗杆传动的强度计算

蜗杆传动强度计算

各种圆柱蜗杆传动的承载能力大致相近，为计算简便起见，这里仅对阿基米德蜗杆传动进行分析，所得结果同样适用于渐开线和法向直廓蜗杆传动。

（1）蜗轮齿面接触疲劳强度计算　引用赫兹公式，且以啮合节点为计算出发点。因阿基米德蜗杆具有直线齿廓，可取 $\rho_1=\infty$，故 $\rho_\Sigma=\rho_2$。ρ_2 为蜗轮节点啮合处的法向曲率半径，按斜齿轮计算公式，可得 $\rho_2=d_2\sin\alpha/(2\cos\beta_{b2})$，式中 β_{b2} 为蜗轮基圆柱导程角。近似地取 $\alpha=20°$、$\gamma\approx\beta_{b2}$，则法向综合曲率为 $1/\rho_\Sigma=2\cos\gamma/d_2\sin20°$。将 $1/\rho_\Sigma$ 和式（4-9）代入赫兹公式并整理，得到蜗轮齿面接触疲劳强度校核公式：

$$\sigma_H=\sqrt{\frac{1}{\pi\left(\frac{1-\mu_1^2}{E_1}+\frac{1-\mu_2^2}{E_2}\right)}}\cdot\sqrt{\frac{1.62KT_2}{d_1d_2}\cdot\frac{2\cos\gamma}{d_2\sin20°}}=Z_E\sqrt{\frac{9.47KT_2}{d_1d_2^2}\cos\gamma}\leqslant[\sigma_H] \quad (4\text{-}10)$$

式中，Z_E 为弹性系数，见表 4-8；$[\sigma_H]$ 为蜗轮许用接触应力，见表 4-9。

表 4-8　弹性系数 Z_E　（单位：$\sqrt{\text{MPa}}$）

蜗杆材料	蜗轮材料			
	铸造锡青铜 ZCuSn10P1	铸造铝青铜 ZCuAl9Fe4Ni4Mn2	灰铸铁 HT	球墨铸铁 QT
钢	155.0	156.0	162.0	181.4
球墨铸铁	—	—	156.6	173.9

表 4-9　蜗轮许用应力　（单位：MPa）

蜗轮材料	许用接触应力$[\sigma_H]$	许用弯曲应力$[\sigma_F]$
ZCuSn10P1 ZCuSn5Pb5Zn5 其他类似青铜 （钢蜗杆）	$[\sigma_H]\geqslant(0.75\sim0.9)R_m\sqrt[8]{\frac{10^7}{N_2}}$ 其中，$N_2=60n_2t_2$ 1）若 $N_2>25\times10^7$，取 $N_2=25\times10^7$ 2）当 v_s 较小时，$[\sigma_H]$可稍增大 3）硬度≥45HRC 磨光并抛光的钢蜗杆，可用较大的系数	轮齿单面受力 $[\sigma_F]\geqslant(0.25R_{eL}+0.08R_m)\sqrt[9]{\frac{10^6}{N_2}}$ 轮齿双面受力 $[\sigma_F]\geqslant0.16R_m\sqrt[9]{\frac{10^6}{N_2}}$ 其中，$N_2=60n_2t_2$ 1）若 $N_2\leqslant10^6$，取 $N_2=10^6$ 2）若 $N_2>25\times10^7$，取 $N_2=25\times10^7$
ZCuAl9Fe4Ni4Mn2 ZCuAl10Fe3Mn2 （钢蜗杆，淬硬）	$[\sigma_H]=300-25v_s$ v_s 为滑动速度（m/s）	
HT200、HT300 （钢蜗杆）	$[\sigma_H]=210-35v_s$	单面受力$[\sigma_F]=0.12R_m$ 双面受力$[\sigma_F]=0.075\sigma_{bb}$

注：1. 与表面硬度>45HRC、磨制蜗杆相配的蜗轮，由于磨损减小，故 $[\sigma_F]$ 值允许提高 25%。

2. 蜗轮材料的强度极限 R_{eL}、R_m、σ_{bb} 见表 4-5。

设计时，d_1、d_2、γ 均未知，故式（4-10）只能做校核用。代入 $d_1=mq$、$d_2=mz_2$，则设计公式为

$$m^3q\geqslant9.47\cos\gamma KT_2\left(\frac{Z_E}{z_2[\sigma_H]}\right)^2 \tag{4-11}$$

因 γ 值与 z_1 和 q 有关（$\tan\gamma=z_1/q$），故先根据蜗杆头数 z_1，初步按 γ 的平均值计算，确定 $9.47\cos\gamma$ 值，具体参见表 4-10。

表 4-10　初定 $9.47\cos\gamma$ 值

z_1	1	2	4	6
γ	3°～8°	8°～16°	16°～30°	28°～33.5°
$9.47\cos\gamma$	9.42	9.26	8.71	8.13

若是变位蜗杆传动（$x\neq0$），则式（4-11）中的 q 值应代以（$q+2x$）。

（2）蜗轮轮齿弯曲疲劳强度计算　蜗轮轮齿齿形复杂，故通常近似地按斜齿轮考虑进行条件性计算。对于一般工程设计，精度可满足要求。因蜗轮轮齿呈圆弧形，且在距离中平面越远的平行平面上齿厚越大，相当于具有正移距的变位轮齿，所以蜗轮的弯曲疲劳强度比斜齿轮高约 40%，故引入强度增量系数 1.4。如允许齿根厚度最大磨损 20%，再引入补偿轮齿磨损系数 1.5。参照斜齿轮齿根弯曲疲劳强度计算公式（3-17），以 T_2/d_2 代替 T_1/d_1，$m_n=m\cos\gamma$，$b_2=\pi d_1\theta/$（$360°\cos\gamma$），不计应力修正系数，则蜗轮轮齿弯曲应力为

$$\sigma_F=\frac{2KT_2}{d_2m\cos\gamma}\cdot\frac{360°\cos\gamma}{\pi d_1\theta}Y_{Fa}Y_\beta Y_\varepsilon\frac{1.5}{1.4}$$

取重合度系数 $Y_\varepsilon=1/(\chi\varepsilon_\alpha)=1/(0.75\times2)=0.667$（$\chi$ 为接触线长度变化系数，ε_α 为端面重合度），$\theta\approx100°$，代入上式得

$$\sigma_F = \frac{1.64KT_2}{d_1 d_2 m} Y_{Fa2} Y_\beta \leqslant [\sigma_F] \tag{4-12}$$

式中，Y_{Fa2} 为蜗轮齿形系数，按当量齿数 $z_v = z_2/\cos^3\gamma$，由表 4-11 选取；Y_β 为螺旋角系数，$Y_\beta = 1-\gamma/140°$；$[\sigma_F]$ 为蜗轮许用弯曲应力，见表 4-9。

表 4-11 蜗轮齿形系数 Y_{Fa2}

z_v	20	24	26	28	30	32	35	37	40	45	50	60	80	100	150	300
Y_{Fa2}	2.24	2.12	2.10	2.04	1.99	1.94	1.86	1.82	1.76	1.68	1.64	1.59	1.52	1.47	1.44	1.40

式（4-12）用作设计公式时，可以写成

$$m^3 q \geqslant \frac{1.64KT_2}{z_2[\sigma_F]} Y_{Fa2} Y_\beta \tag{4-13}$$

当蜗轮材料为 R_m<300MPa 的青铜、蜗杆材料为钢时，传动的承载能力通常取决于蜗轮的接触疲劳强度，主要失效形式是齿面点蚀。

当蜗轮材料为 $R_m \geqslant$ 300MPa 的青铜或铸铁时，传动的承载能力主要取决于蜗轮的抗胶合能力，主要失效形式是齿面胶合。因目前尚无完善的抗胶合计算方法，而胶合的产生与接触应力大小有关，故采用接触强度的计算公式进行条件性计算，即根据抗胶合条件确定许用应力。该条件为滑动速度 v_s 的大小，与应力循环次数无关，这是因为胶合破坏不属于疲劳范畴。通常，抗胶合条件下的许用接触应力低于抗点蚀条件下的许用接触应力。

（3）蜗杆轴的强度与刚度计算　与一般轴计算方法相同，通常把蜗杆螺旋部分看作直径等于蜗杆齿根圆直径的轴段，参见第 5 章。

4.5 普通圆柱蜗杆传动的效率、润滑及热平衡计算

蜗杆传动的效率和热平衡计算

1. 蜗杆传动的效率

闭式蜗杆传动的功率损耗一般包括三部分，即啮合摩擦损耗、轴承摩擦损耗及零件搅动溅油损耗。因此，总效率为

$$\eta = \eta_1 \eta_2 \eta_3 \tag{4-14}$$

式中，η_1 为啮合效率；η_2 为轴承效率；η_3 为搅油效率，一般取 $\eta_2\eta_3 = 0.95 \sim 0.96$。

啮合效率 η_1 是影响蜗杆传动效率的主要因素，当蜗杆主动时，蜗杆传动总效率为

$$\eta = (0.95 \sim 0.96)\frac{\tan\gamma}{\tan(\gamma+\varphi_v)} \tag{4-15}$$

式中，γ 为蜗杆分度圆柱导程角；φ_v 为当量摩擦角，根据滑动速度 v_s 查表 4-12 选取。

由式（4-15）可知，增大导程角 γ 可提高效率，故常采用多头蜗杆。但 γ 角过大，会导致蜗杆加工困难；而导程角 γ>28°后，效率提高很少。$\gamma \leqslant \varphi_v$ 时，蜗杆传动具有自锁性，但效率很低（η<50%）。由于在振动条件下，φ_v 值的波动可能很大，因此不宜单凭蜗杆传动的自锁性来实现制动，在重要场合应另加制动装置。

在设计初始阶段，为近似计算蜗轮轴转矩 T_2，可根据蜗杆头数估计传动总效率 η，按表 4-13 估取。

表 4-12　当量摩擦系数 f_v 和当量摩擦角 φ_v

蜗轮材料	锡青铜				铝青铜	
蜗杆齿面硬度	硬度>45HRC		其他情况		硬度>45HRC	
滑动速度 v_s/(m/s)	f_v	φ_v	f_v	φ_v	f_v	φ_v
0.01	0.110	6.28°	0.120	6.84°	0.180	10.2°
0.10	0.080	4.57°	0.090	5.14°	0.130	7.40°
0.50	0.055	3.15°	0.065	3.72°	0.090	5.14°
1.00	0.045	2.58°	0.055	3.15°	0.070	4.00°
2.00	0.035	2.00°	0.045	2.58°	0.055	3.15°
3.00	0.028	1.60°	0.035	2.00°	0.045	2.58°
4.00	0.024	1.37°	0.031	1.78°	0.040	2.29°
5.00	0.022	1.26°	0.029	1.66°	0.035	2.00°
8.00	0.018	1.03°	0.026	1.49°	0.030	1.72°
10.0	0.016	0.92°	0.024	1.37°		
15.0	0.014	0.80°	0.020	1.15°		
24.0	0.013	0.74°				

注：1. 硬度>45HRC 的蜗杆，其 f_v、φ_v 值是指经过磨削和磨合并有充分润滑的情况。

2. 蜗轮材料为灰铸铁时，可按铝青铜查取 f_v、φ_v。

表 4-13　传动总效率 η 与蜗杆头数

蜗杆头数 z_1	1	2	4	6
总效率 η	0.65~0.75	0.75~0.82	0.82~0.92	0.82~0.92

2. 蜗杆传动的润滑

蜗杆传动的效率低、发热大、温升高。润滑的目的除减摩外，还有冷却作用，以保证正常油温和黏度。为了尽量避免胶合失效，常用带有各种添加剂的高黏度润滑油。闭式传动可参照表 4-14 选择润滑油黏度和润滑方式。开式传动则采用黏度较高的齿轮油或润滑脂进行定期供油润滑。

闭式蜗杆传动浸油润滑时，对于下置蜗杆，应使油面浸没蜗杆约一个齿高；对于上置蜗杆，浸油深度约为蜗轮外径的 1/3。若采用喷油润滑，喷油嘴应对准蜗杆齿的啮入端；蜗杆正反转时，两边都要装喷油嘴，且要控制一定的油压。

表 4-14　蜗杆传动的润滑油黏度和润滑方式

滑动速度 v_s/(m/s)	<1	<2.5	<5	>5~10	>10~15	>15~25	>25
工作条件	重载	重载	中载	(不限)	(不限)	(不限)	(不限)
运动黏度 ν_{40}/($10^{-6}m^2$/s)	900	500	350	220	150	100	80
润滑方法	浸油(油池润滑)			浸油喷油	压力喷油,压力/MPa		
					0.07	0.2	0.3

3. 热平衡计算

蜗杆传动中若散热不利，则温度过高可能破坏润滑，从而使蜗轮齿面产生胶合和磨损，故对连续工作的闭式蜗杆传动必须进行热平衡计算，以保证油温在规定的范围内。

蜗杆传动中摩擦损耗功率 $P_f=P_1(1-\eta)$，则产生的热流量 H_1（W）为

$$H_1=1000P_1(1-\eta)$$

以自然冷却方式，从箱体外壁散逸到周围空气中去的热流量 H_2（W）为

$$H_2=K_dA(t-t_0)$$

按热平衡条件 $H_1=H_2$，可求得在既定工作条件下的油温 t（℃）为

$$t=t_0+\frac{1000P_1(1-\eta)}{K_dA} \tag{4-16}$$

式中，P_1 为蜗杆轴传递的功率（kW）；η 为蜗杆传动的总效率；K_d 为箱体的散热系数，通风不佳时 $K_d=8.15\sim10.5\text{W}/(\text{m}^2\cdot℃)$，通风良好时 $K_d=14\sim17.45\text{W}/(\text{m}^2\cdot℃)$；$A$ 为散热面积，即箱内壁油能溅到箱外壁又可被空气冷却的箱体表面积（m^2）；t 为油的工作温度，一般限制在 60~70℃，最高不应超过 80℃；t_0 为周围空气的温度，常温情况下取 20℃。

若 $t>80$℃或有效的散热面积不足时，可采取下列冷却措施：

1）增加散热面积。合理设计箱体结构，铸出或焊上散热片。

2）提高散热系数。在蜗杆轴上装置风扇，如图 4-6a 所示；在箱体油池内装设蛇形冷却水管，如图 4-6b 所示；采用压力喷油循环润滑冷却，如图 4-6c 所示。

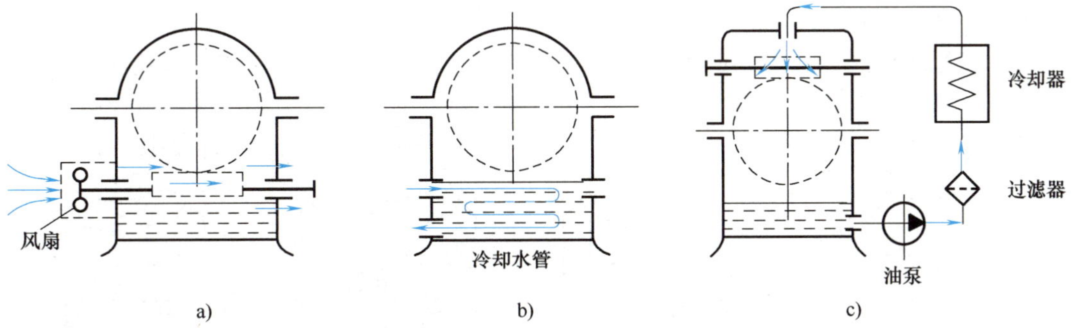

图 4-6　蜗杆传动的散热方法

初步计算时，普通蜗杆传动的箱体散热面积 A 可用下式估算：

$$A=0.33\left(\frac{a}{100}\right)^{1.75}\text{（有散热片）} \tag{4-17}$$

式中，a 为中心距（mm）。

4.6　普通圆柱蜗杆与蜗轮的结构

1. 蜗杆的结构

蜗杆通常与轴做成整体，称为蜗杆轴，结构型式如图 4-7 所示。按蜗杆螺旋齿面加工方法不同，分为车制蜗杆和铣制蜗杆。图 4-7a 所示为车制蜗杆，轴上有退刀槽，便于车削螺旋部分。图 4-7b 所示结构只能铣制。当蜗杆的螺旋部分直径较大时，可以分开制作蜗杆齿与轴，再装配在一起。

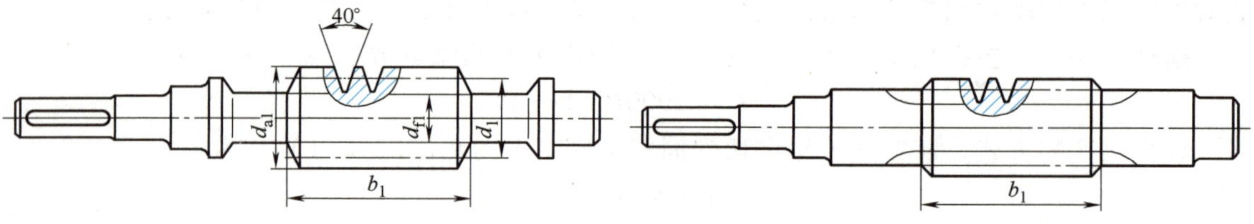

图 4-7 蜗杆结构

2. 蜗轮的结构

蜗轮可制成整体式或组合式。常用蜗轮结构型式有以下四种：

（1）整体式　如图 4-8a 所示，主要用于铸铁蜗轮、铝合金蜗轮、直径小于 100mm 的青铜蜗轮。

（2）拼铸式　如图 4-8b 所示，组合蜗轮的青铜齿圈浇注在铸铁轮芯上，然后切齿。仅用于批量生产。

（3）齿圈式　如图 4-8c 所示，组合蜗轮的齿圈装配在铸铁或铸钢的轮芯上，多采用过盈配合 H7/r6。为增加过盈配合的可靠性，有时沿着接合缝加装 4~6 个螺钉，螺钉孔中心线偏向轮毂一侧，以便于钻孔。螺钉的直径取（1.2~1.5）m，长度取（0.3~0.4）b_2，m、b_2 分别为蜗轮的模数和宽度。这种结构多用于尺寸不太大，温度变化较小的蜗轮，以免热胀冷缩影响配合质量。

（4）螺栓联接式　如图 4-8d 所示，当蜗轮直径较大时，可采用铰制孔螺栓联接。

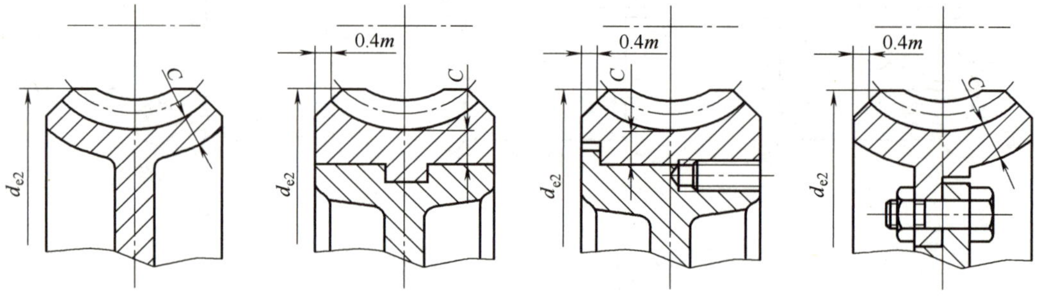

图 4-8 蜗轮结构（m 为蜗轮模数）

4.7 工程案例

例 4-1　计算一闭式蜗杆传动，蜗杆输入功率 $P_1=7.5\text{kW}$，转速 $n_1=1450\text{r/min}$，传动比 $i=20$，载荷平稳，预计使用 12000h。

解：蜗杆采用 45 钢，表面硬度>45HRC。蜗杆头数 $z_1=2$。蜗轮材料采用 ZCuSn10P1，砂型铸造。蜗轮齿数 $z_2=iz_1=20\times2=40$。计算步骤如下：

（1）接触疲劳强度计算

1）许用接触应力 $[\sigma_H]$。由表 4-9 知，应力循环次数为

$$N_2=60n_2t_2=60\times\frac{1450}{20}\times12000=5.22\times10^7$$

$$\sigma_H=0.9R_m\sqrt[8]{\frac{10^7}{N_2}}=0.9\times220\times\sqrt[8]{\frac{10^7}{5.22\times10^7}}\text{MPa}=161\text{MPa}\qquad(R_m\text{ 由表 4-5 查得})$$

2）计算 m^3q。蜗轮转矩 T_2 为

$$T_2=T_1i\eta=9.55\times10^6\frac{P_1}{n_1}i\eta=9.55\times10^6\times\frac{7.5}{1450}\times20\times0.8\text{N}\cdot\text{mm}=7.9\times10^5\text{N}\cdot\text{mm}$$

由 $z_1=2$，查表 4-13，假设 $\eta=0.8$。载荷系数 $K=K_AK_vK_\beta=1\times1.1\times1=1.1$，查表 4-7，$K_A=1$；假设 $v_2<3\text{m/s}$，$K_v=1.1$；K_β 取为 1。

$$m^3q=9.47\cos\gamma KT_2\left(\frac{Z_E}{z_2[\sigma_H]}\right)^2=9.26\times1.1\times7.9\times10^5\times\left(\frac{155}{40\times161}\right)^2\text{mm}^3=4661\text{mm}^3$$

Z_E 见表 4-8，$9.47\cos\gamma=9.26$ 见表 4-10。根据 $m^3q=4661\text{mm}^3$，由表 4-2 查得 $m^3q=5120\text{mm}^3$ 时的 m、d_1、q 值，因 η、γ 都未定，故为初步计算 $m=8\text{mm}$，$d_1=80\text{mm}$，$q=10$。

3）计算基本尺寸。由表 4-4 可知

蜗轮分度圆直径 $d_2=mz_2=8\times40\text{mm}=320\text{mm}$

传动中心距 $a=\frac{1}{2}\times(d_1+d_2)=\frac{1}{2}\times(80+320)\text{mm}=200\text{mm}$

蜗杆导程角 $\gamma=\arctan\frac{z_1}{q}=\arctan\frac{2}{10}=11.31°$

其他尺寸略。

4）确定精度等级。

蜗轮圆周速度 $v_2=\frac{\pi n_2d_2}{60\times1000}=\frac{\pi\times320\times(1450/20)}{60\times1000}\text{m/s}=1.22\text{m/s}$

滑动速度 $v_s=\frac{v_2}{\sin\gamma}=\frac{1.22}{\sin11.31°}\text{m/s}=6.22\text{m/s}$

根据表 4-1，由 v_2 选取 9 级精度。

（2）弯曲疲劳强度校核

1）许用弯曲应力 $[\sigma_F]$。由表 4-9 知

$$[\sigma_F]=(0.25R_{eL}+0.08R_m)\sqrt[9]{\frac{10^6}{N_2}}\times1.25=(0.25\times140+0.08\times220)\times\sqrt[9]{\frac{10^6}{5.22\times10^7}}\times1.25\text{MPa}$$
$$=42.4\text{MPa}$$

R_{eL}、R_m 由表 4-5 查得，1.25 是蜗杆硬度>45HRC 时所乘的系数，见表 4-9。

2）弯曲应力计算。当量齿数 $z_v=\frac{z_2}{\cos^3\gamma}=\frac{40}{\cos^3 11.31°}=42.4$；蜗轮齿形系数 $Y_{Fa2}=1.72$（用插值法由表 4-11 查出）；螺旋角系数 $Y_\beta=1-\frac{\gamma}{140°}=1-\frac{11.31°}{140°}=0.92$。

弯曲应力 $\sigma_F=\frac{1.64KT_2}{d_1d_2m}Y_{Fa2}Y_\beta=\frac{1.64\times1.1\times7.9\times10^5}{80\times320\times8}\times1.72\times0.92\text{MPa}=11\text{MPa}<42.4\text{MPa}$（安全）

3）效率计算。啮合效率 η_1 为

$$\eta_1=\frac{\tan\gamma}{\tan(\gamma+\varphi_v)}=\frac{\tan 11.31°}{\tan(11.31°+1.2°)}=0.901\text{（}\varphi_v\text{ 根据 }v_s\text{ 由表 4-12 查得）}$$

滚动轴承效率 η_2 取为 0.99/对，搅油效率 η_3 取为 0.985。

总效率　$\eta=\eta_1\eta_2\eta_3=0.901\times0.99^2\times0.985=0.8698$

复核 m^3q：

$$m^3q=9.47\cos\gamma KT_2\left(\frac{Z_E}{z_2\ [\sigma_H]}\right)^2$$

$$=9.47\times\cos 11.31°\times1.1\times\left(7.9\times10^5\times\frac{0.8698}{0.8}\right)\left(\frac{155}{40\times161}\right)^2\text{mm}^3=5082.5\text{mm}^3<5120\text{mm}^3$$

（3）热平衡计算

箱体散热面积　$A=0.33\left(\frac{a}{100}\right)^{1.75}=0.33\times\left(\frac{200}{100}\right)^{1.75}\text{m}^2=1.11\text{m}^2$

工作油温　$t=\frac{1000(1-\eta)P_1}{K_dA}+t_0=\left[\frac{1000\times(1-0.8698)\times7.5}{15\times1.11}+20\right]℃=78.65℃<80℃$

课后习题

4-1　有一用于分度机构的普通圆柱蜗杆传动，要求传动比 $i=49$，蜗轮分度圆直径 $d_2\approx100$mm。试选配该蜗杆传动的下列参数：蜗杆头数 z_1、蜗轮齿数 z_2、模数 m、蜗杆的直径系数 q、蜗杆分度圆柱导程角 γ。

4-2　如果已知一普通圆柱蜗杆的轴向齿距 $p_a=15.7$mm，蜗杆齿顶圆直径 $d_{a1}=60$mm，试求当蜗杆头数 $z_1=1$、2、3、4 时，蜗杆分度圆柱导程角各为多少？

4-3　有一阿基米德蜗杆传动，已知模数 $m=5$mm，蜗杆头数 $z_1=1$，蜗轮齿数 $z_2=28$，要求中心距 $a=125$mm。试选择蜗杆的直径系数 q，并计算蜗杆和蜗轮的主要几何尺寸。

4-4　有一阿基米德蜗杆传动，已知模数 $m=10$mm，直径系数 $q=8$，蜗杆头数 $z_1=1$，蜗轮齿数 $z_2=42$，蜗杆为右旋。求：①若为标准传动，试计算其中心距及蜗杆和蜗轮的主要几何尺寸；②若中心距比标准中心距大 5mm，其余参数 m、q、z_1 和 z_2 均不变，试计算变位系数 x，并分析变位后哪些尺寸与标准传动不同。

4-5　图 4-9 所示各图均为蜗杆传动。①分析图中各轴的回转方向；②标明蜗杆或蜗轮的螺旋方向；③标明蜗杆与蜗轮啮合点上所受作用力的方向（用三个分力 F_r、F_t 及 F_a 表示）。

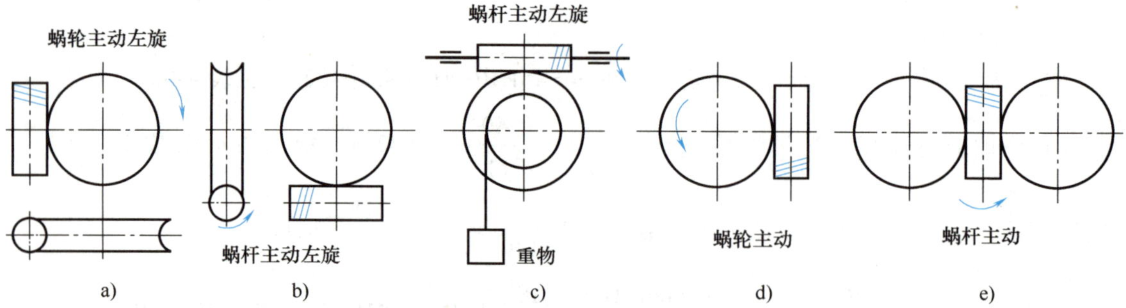

图 4-9　蜗杆传动

4-6 图 4-10 所示为一斜齿圆柱齿轮-蜗杆减速器，小齿轮由电动机驱动，转向如图所示。已知蜗轮是右旋：①试在图中标出蜗轮的转向与蜗杆的螺旋方向；②为使大斜齿轮 z_2 的轴向力与蜗杆 z_3 的轴向力相互抵消，应如何选择斜齿轮 z_1、z_2 的螺旋线方向？③画出蜗杆传动啮合处的受力方向，试在图 4-10b 所示的轴测图中标明；④若Ⅱ轴传递转矩 $T_{Ⅱ}=87.5\text{N}\cdot\text{m}$，转速 $n_1=960\text{r/min}$，蜗杆头数 $z_3=2$，蜗轮齿数 $z_4=36$，端面模数 $m=10\text{mm}$，直径系数 $q=8$，导程角 $\gamma=14°2'10''$，蜗杆传动的效率 = 0.88。试求蜗杆上的啮合力 F_{r3}、F_{t3} 及 F_{a3}。

4-7 图 4-11 所示为两级蜗杆减速器，蜗轮 4 为右旋，逆时针方向转动，要求在Ⅱ轴上的蜗杆 3 与蜗轮 2 的轴向力方向相反。求：①确定蜗杆 1 的螺旋线方向与转向；②在图 b 上画出蜗轮 2 与蜗杆 3 的受力方向。

4-8 试设计一由电动机直接驱动的单级普通圆柱蜗杆传动。已知电动机功率 $P_1=7\text{kW}$，转速 $n_1=1440\text{r/min}$，蜗轮轴转速 $n_2=80\text{r/min}$，载荷平稳，单向转动，单班制工作，使用期为 8 年。

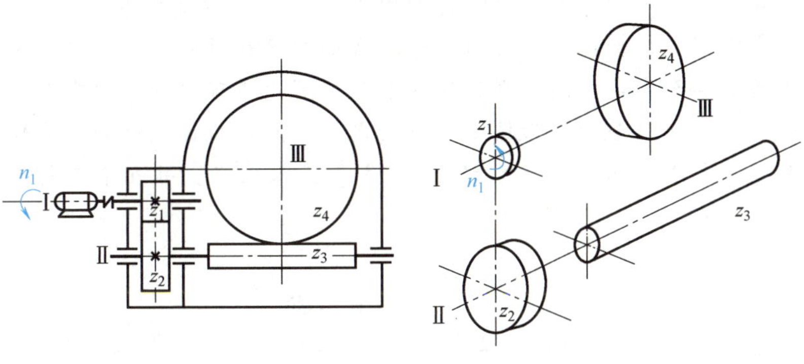

图 4-10 斜齿圆柱齿轮-蜗杆减速器

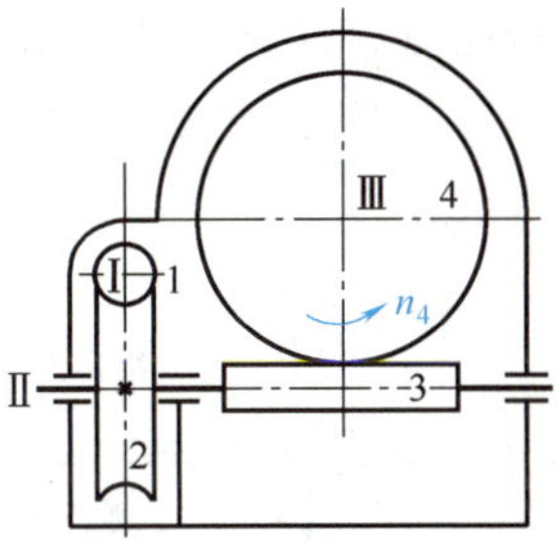

图 4-11 两级蜗杆减速器

知识拓展

巧妙的端面齿轮传动

在实际工程中，经常需要改变传动方向，即两传动轴的轴线不在同一直线上。此时，两传动轴的轴线会出现平面相交或空间交错的情况。那么需要改变传动方向时，应该选择哪些传动类型呢？

对于齿轮传动（蜗杆传动是齿轮传动的特例）而言，当两轴线平面相交时，可以考虑锥齿轮传动；当两轴线空间交错时，一般传动比可以选用螺旋齿轮传动，大传动比需求时选用蜗杆传动。其中，锥齿轮传动因为轮齿的齿厚一端大、另一端小限制其承载能力，同时两节圆锥锥顶必须重合才能保证正常传动，导致其制造、安装困难，传动精度和承载能力低。

端面齿轮传动可以克服锥齿轮传动的缺点，替代直齿锥齿轮、弧齿锥齿轮和准双曲面齿轮传动。端面齿轮传动实际是圆柱齿轮与锥齿轮的啮合传动。

端面齿轮是与圆柱齿轮成 90°或非 90°角啮合传动的一种齿轮，该类型齿轮传动两中心线之间呈相交或交错状态。研究表明，端面齿轮在高速、低速、重载、轻载等情况下均有很好的应用，主要适用于大负荷、长期使用场合。

端面齿轮的特点：①可改变运动的传递方向；②重合度较大，振动小，噪声低，相啮合的小齿轮加工性价比高，产品竞争力强；③相啮合的小齿轮为直齿圆柱齿轮时，小齿轮上无轴向力作用；④相啮合的小齿轮为渐开线圆柱齿轮时，其轴向位置误差对传动性能几乎没有影响，其他方向（如径向）误差影响较小，无需防位错设计，安装调整方便；⑤属于点啮合传动，为非完全正常传动，传动时易产生干涉，可通过选取合理的几何参数予以消除。

端面齿轮的应用：主要应用于直升机、鱼线轮、钟表，以及自行车等行业，其重载、平稳的传动特性，使其具有较为广泛的应用空间。

应用实例：直升机传动装置中的端面齿轮传动。这一应用基于扭矩分解的想法，由 McDonnell Doglas 直升机公司和 Lucas Western 公司设计。

直升机传动原理如图 4-12 所示，图 4-12a 所示为锥齿轮传动方案，通过设计成一体的两个小弧齿锥齿轮传递运动和动力。图 4-12b 所示为端面齿轮传动方案，由一个小齿轮与两个端面齿轮同时相啮合。端面齿轮传动的优点：①动力传递到轴承上的载荷小；②与复杂的具有两个小弧齿锥齿轮的传动方案比较，小齿轮是一个普通的圆柱齿轮（直齿或斜齿）。

通过小齿轮驱动两个端面齿轮实现分解扭矩，可以极大地减小拐弯转动硬件的尺寸和重量。但若直齿轮刚性地安装在两个端面齿轮之间，则扭矩的准确分解是不可靠的。通常令直齿轮自由浮动安装，从而达到直齿轮在两个端面齿轮之间自动定心。利用自由浮动的小齿轮作为扭矩分解装置，不仅被用解析方法证明，而且已经于 1963 年投入生产，并在卡车传动系统中应用了多年。

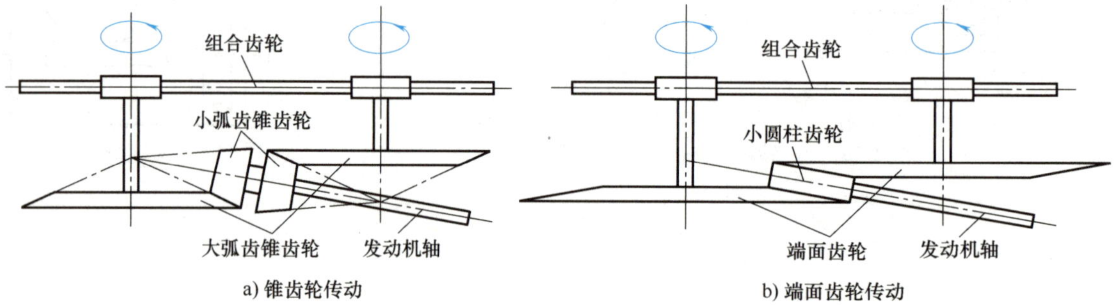

图 4-12　直升机传动原理

第5章 轴

知识图谱

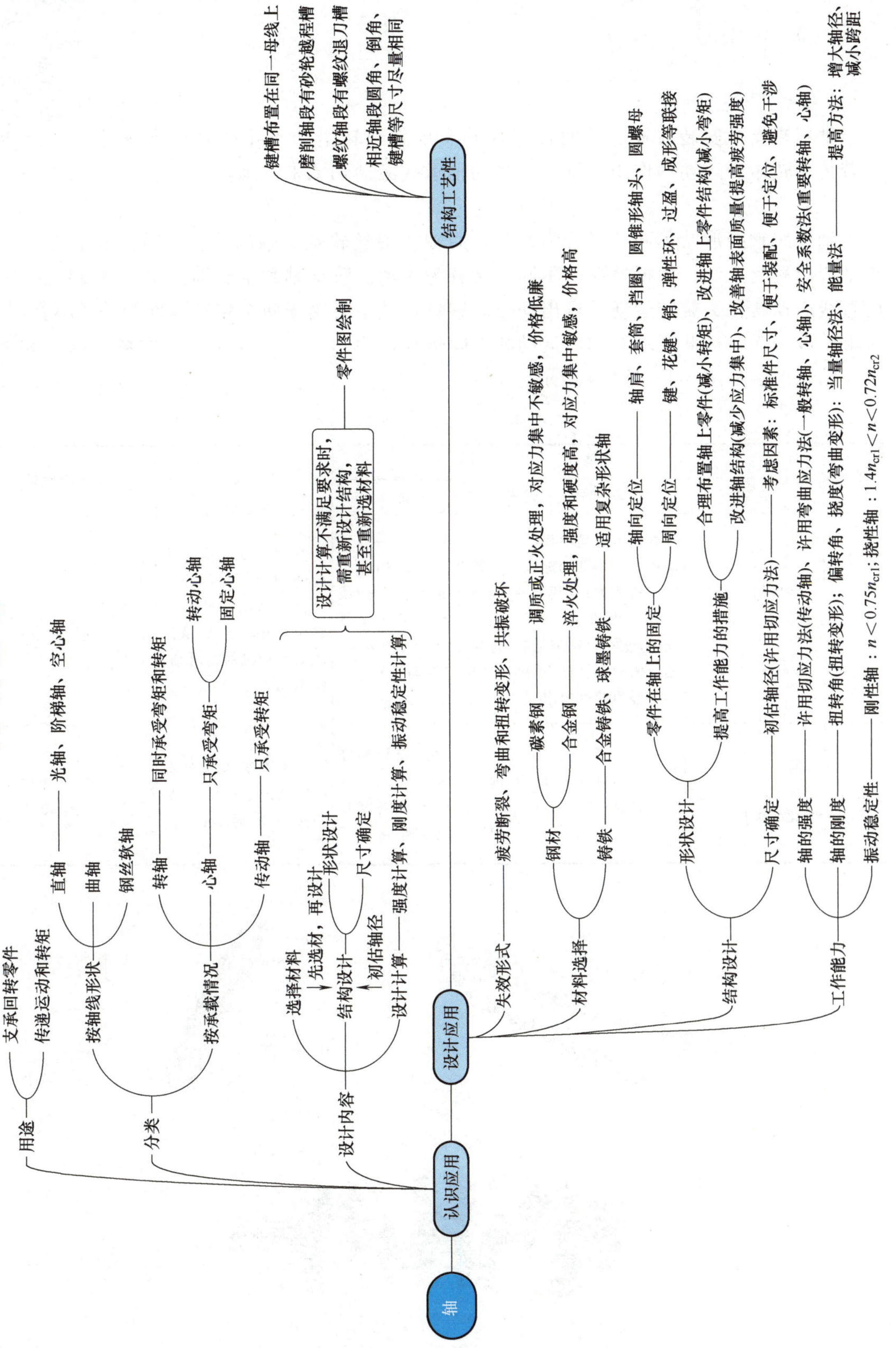

轴
认识应用
用途
支承回转零件
传递运动和转矩
分类
按轴线形状
直轴
光轴、阶梯轴、空心轴
曲轴
钢丝软轴
按承载情况
转轴
同时承受弯矩和转矩
心轴
只承受弯矩
转动心轴
固定心轴
传动轴
只承受转矩
设计内容
选择材料
先选材，再设计
结构设计
形状设计
尺寸确定
初估轴径
设计计算
强度计算、刚度计算、振动稳定性计算
设计计算不满足要求时，需重新设计结构，甚至重新选材料
零件图绘制
设计应用
失效形式
疲劳断裂、弯曲和扭转变形、共振破坏
材料选择
钢材
碳素钢
调质或正火处理，对应力集中不敏感，价格低廉
合金钢
淬火处理，强度和硬度高，对应力集中敏感，价格高
铸铁
合金铸铁、球墨铸铁
适用复杂形状轴
结构设计
形状设计
零件在轴上的固定
轴向定位
轴肩、套筒、挡圈、圆锥形轴头、圆螺母
周向定位
键、花键、销、弹性环、过盈、成形等联接
提高工作能力的措施
合理布置轴上零件(减小转矩)、改进轴上零件结构(减小弯矩)
改进轴结构(减少应力集中)、改善轴表面质量(提高疲劳强度)
尺寸确定
初估轴径(许用切应力法)
考虑因素：标准件尺寸、便于装配、便于定位、避免干涉
工作能力
轴的强度
许用切应力法(传动轴)、许用弯曲应力法(一般转轴、心轴)、安全系数法(重要转轴、心轴)
轴的刚度
扭转角(扭转变形)；偏转角、挠度(弯曲变形)：当量轴径法、能量法
提高方法：增大轴径、减小跨距
振动稳定性
刚性轴：$n < 0.75n_{cr1}$；挠性轴：$1.4n_{cr1} < n < 0.72n_{cr2}$
结构工艺性
键槽布置在同一母线上
磨削轴段有砂轮越程槽
螺纹轴段有螺纹退刀槽
相近轴段圆角、倒角、键槽等尺寸尽量相同

5.1 轴的用途及分类

轴的用途及分类

1. 轴的用途

轴用来支承安装在轴上的回转零件并实现其回转运动，并且大多数轴还起着传递转矩和运动的作用。轴要用滑动轴承或滚动轴承来支承。

2. 轴的分类

轴按照轴线形状不同，可分为直轴、曲轴、钢丝软轴。轴的分类及特点见表 5-1。其中直轴应用最为广泛，根据外形的不同，又分为光轴、阶梯轴和空心轴。曲轴主要用于将活塞的直线运动转化为旋转运动并输出动力。钢丝软轴主要用于两个传动零件的轴线不在同一直线上，或工作时彼此要求有相对运动的空间传动，也适合于受连续振动的场合以缓和冲击。具体结构形状如图 5-1～图 5-4 所示。

表 5-1　轴的分类及特点

分类	直轴			曲轴	钢丝软轴
	光轴	阶梯轴	空心轴		
优点	结构简单;加工方便;应力集中源少	截面形状呈阶梯状，便于轴上零件的定位、固定和装拆;有利于各个轴段达到或接近等强度;能够分别满足各轴段的配合特性、精度和表面粗糙度要求	某些机器结构要求轴中装设其他零件;或用于减轻轴的重量具有重大作用的场合(如航空发动机)	曲轴是发动机中重要的部件。它的作用是将活塞的往复运动转化为旋转运动,从而驱动发动机的输出轴,输出动力	可以把回转运动灵活地传递到任何位置
缺点	轴上零件安装困难;定位需要借助其他零件	加工相对复杂,应力集中突显	空心轴内径与外径的比值通常为 0.5～0.6,以保证轴刚度及扭转的稳定性	加工不便,通常铸造或锻造出毛坯后,再数控车削、磨削加工	刚度低,不能用于支承零件,仅用于传动

图 5-1　光轴

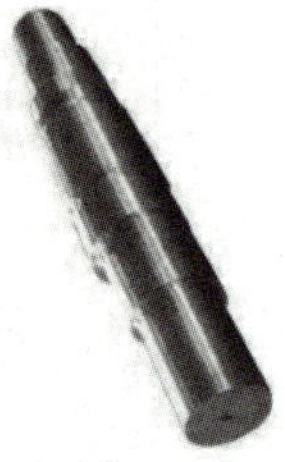

图 5-2　阶梯轴

图 5-3　曲轴

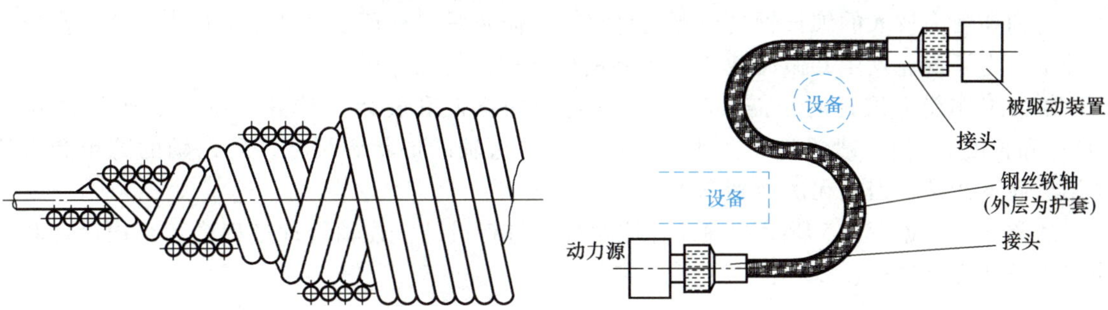

图 5-4 钢丝软轴

对于直轴，根据承载情况不同，可分为转轴、心轴和传动轴三类，其举例、受力简图和特点见表 5-2。

表 5-2 按承载情况的直轴分类

分类	转轴	心轴		传动轴
		轴转动	轴不转(固定)	
举例	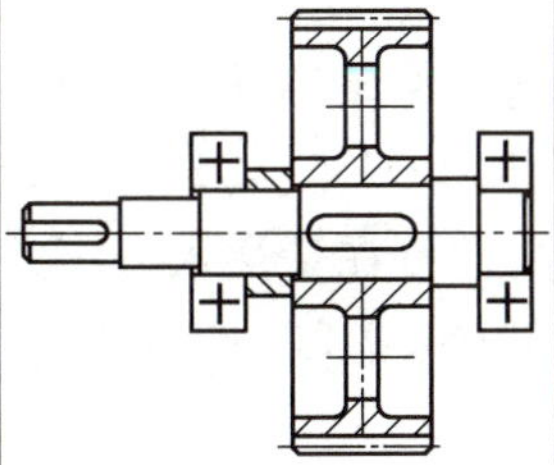	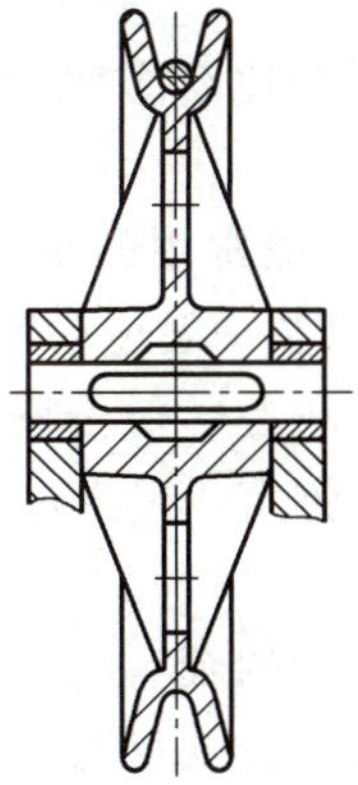	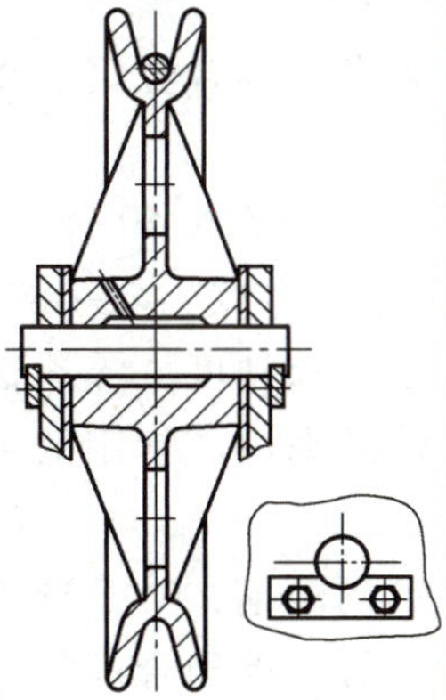	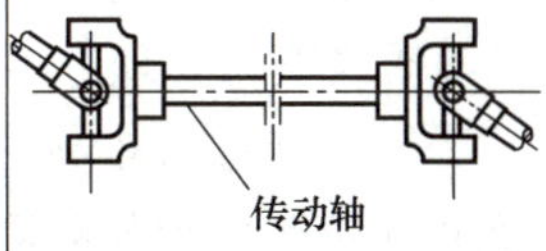
受力简图	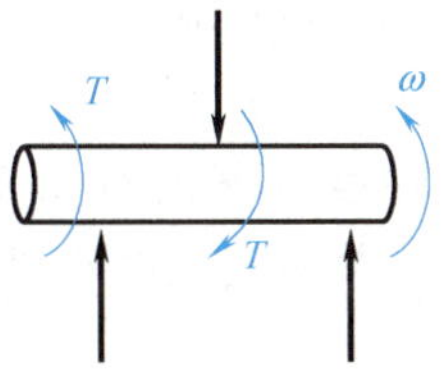	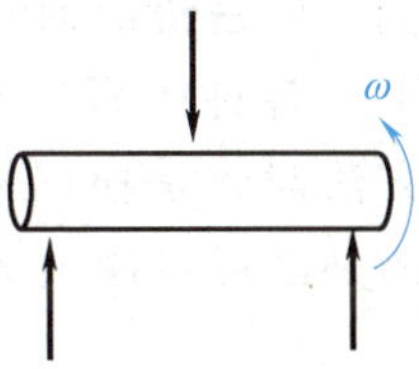	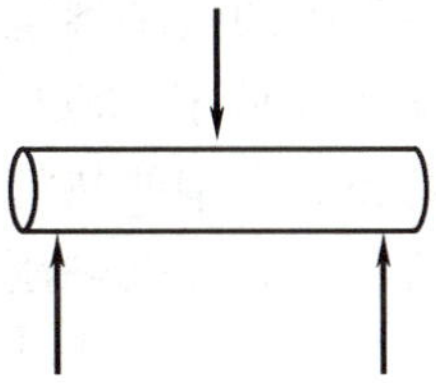	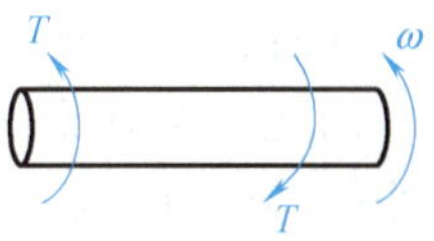
特点	轴同时承受转矩和弯矩	轴只受弯矩，不受转矩 转动心轴受变应力；不转的心轴受静应力		轴主要受转矩，不受弯矩或受弯矩很小

5.2 轴设计的主要内容及材料

1. 轴设计的主要内容

轴的设计主要包括结构设计和工作能力设计。结构设计是根据轴上零件的安装、定位以及轴的制造工艺等方面要求，合理地确定轴的形状和各轴段尺寸。工作能力设计是为了保证轴具有足够的承载能力，防止断裂或塑性变形，根据工作要求对轴进行强度计算；对有刚度要求的轴和受力较大的细长轴进行刚度计算，以防止承受载荷后弹性变形过大；对于高速运转的轴，为了避免发生共振而破坏，还要进行振动稳定性计算。

轴的工作能力设计时，需要根据轴所受到的弯矩和转矩，计算并确定各轴段的尺寸（直径和长度）。但一般情况下，计算之初并不知道轴的形状和尺寸，所以轴的跨距和力的作用点尚不清楚，因此无法得到弯矩。

通常，可根据图 5-5 所示的轴设计流程框图进行设计。在轴设计过程中，结构设计和工作能力设计交叉进行。

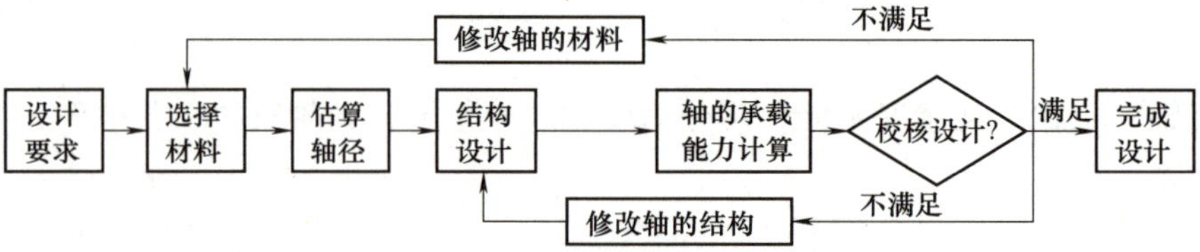

图 5-5　轴设计流程框图

2. 轴的材料

轴的材料主要采用碳素钢和合金钢。碳素钢比合金钢价廉，对应力集中的敏感性较小，所以应用较为广泛。

常用的碳素钢有 30、40、45 和 50 钢，其中最常用的是 45 钢。为保证其力学性能，应进行调质或正火处理。不重要的或受力较小的轴以及一般传动轴可使用 Q235、Q275、Q235AF。

合金钢具有较高的强度和硬度，淬透性也较好，但价格较高，可在传递大功率并要求减轻重量和提高轴颈耐磨性时采用。常用的合金钢有 12CrNi2、12CrNi3、20Cr、40Cr、35CrMo 和 37SiMn2MoV 等。

轴的毛坯一般用圆钢或锻钢，对于形状复杂的轴有时也可以采用合金铸铁和球墨铸铁来制造，因铸造成形的毛坯易于得到合理的形状。铸铁材料的吸振性高，可以用热处理方法获得所需的耐磨性，对应力集中的敏感性也较低。但是铸造轴的品质不易控制，可靠性较差。

注意：在一般工作温度（低于 200℃）下，各种碳素钢和合金钢的弹性模量均相差不多，因此在选择钢的种类和决定钢的热处理方法时，是根据轴的强度与耐磨性要求确定的，而非轴的刚度。在既定条件下，提高轴刚度的办法可以通过适当增大轴径或减小轴的跨距来实现。

5.3　轴的结构设计

轴的结构设计

轴的结构包括合理外形和全部结构尺寸，在轴设计中应考虑以下因素：轴的毛坯种类，轴上作用力的大小和分布情况，轴上零件的布置及固定方式，轴承类型及位置，轴的加工和装配工艺性以及其他一些要求。因为有关的因素很多，所以轴的结构设计具有较大的灵活性和多样性。

1. 轴的毛坯

尺寸较小的轴可以用圆钢棒料车制，尺寸较大的轴应该用锻造的毛坯，铸造毛坯应用很少。为了减轻重量或结构上的需要，某些机器的轴（如水轮机轴和航空发动机主轴等）常采用空心的剖面。因为传递转矩主要靠轴的外表面材料，所以空心轴比实心轴在材料的利用上更经济。当外直径 d 相同时，空心轴的内径若取为 $d_0=0.625d$，则它的强度比实心轴削弱约 18%，而重量却可减轻 39%。但空心轴的制造比较费工，所以必须从经济和技术指标进行全面分析才能决定是否有利。有时为了节约贵重的合金钢或优质钢，或是为了解决大件锻造的困难，也可用焊接的毛坯。

2. 轴颈、轴头、轴身

轴主要由轴颈、轴头、轴身三部分组成，如图 5-6 所示。轴上被支承的部分称为轴颈，安装轮毂的部分称为轴头，联接轴颈和轴头的部分称为轴身。轴颈和轴头的直径应该按规范取圆整尺寸，特别是装滚动轴承的轴颈必须按轴承的内径选取。

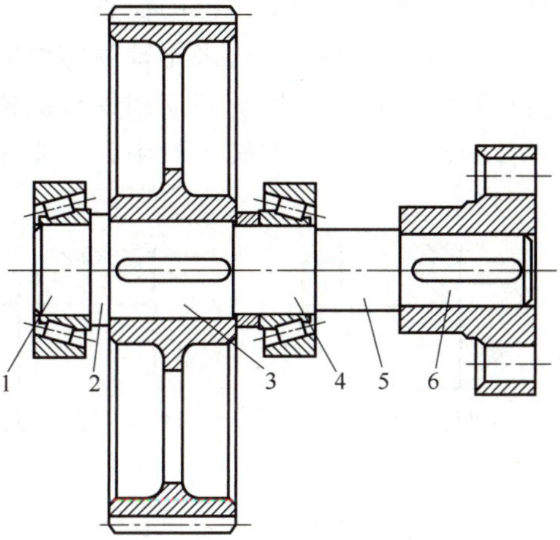

图 5-6　轴的组成

1—端轴颈　2—轴环（轴身）　3、6—轴头　4—中轴颈　5—轴身

轴颈的结构随轴承的类型及安装位置而有所不同，可参考本章及滚动轴承和滑动轴承两章中的插图。

轴颈、轴头与其相联接零件的配合要根据工作条件合理地提出，同时还要规定这些部分的表面粗糙度，为使运转平稳，必要时还应对轴颈和轴头提出平行度和同轴度等要求，有时还要提出表面热处理的条件等。

从节约材料、减轻重量的观点来看，轴的各横截面最好是等强度的。但是从工艺观点来看，轴的形状却是越简单越好。简单的轴制造时省工，热处理不易变形，并可能减小应力集中。当决定轴的外形时，在保证能装配的前提下，既要考虑节约材料，又要考虑便于加工。因此，实际的轴多做成阶梯形（阶梯轴），只有一些简单的心轴和一些有特殊要求的转轴才做成具有同一名义直径的等直径轴（光轴）。

3. 拟订轴上零件的装配方案

在进行轴的结构设计之前，先拟订轴上零件类型及装配方案，这决定着轴的基本形式。所谓装配方案，首先就是预定出轴上主要零件的装配方向、顺序和相互关系。例如图 5-7 所示，轴上零件齿轮、左端挡油环、左侧轴承、轴承端盖（有密封装置）、链轮、轴端挡板依次从轴的左端向右端安装，右侧零件安装顺序为右端挡油环、右侧轴承、轴承端盖。这样对

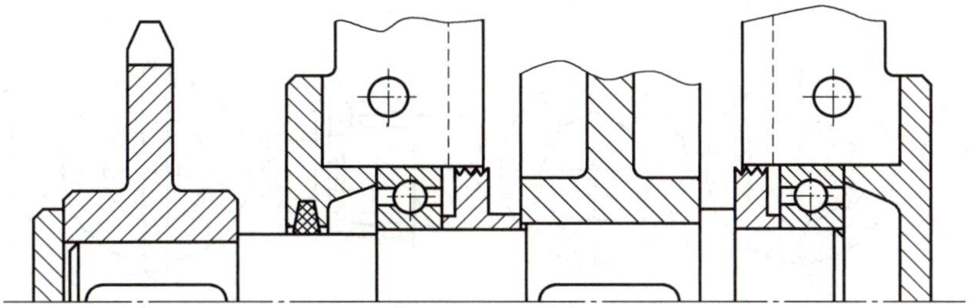
图 5-7　轴上零件的装配与轴的结构

轴的形状和轴段尺寸相对关系有了初步的安排。拟订装配方案时，尽量多考虑几种装配方案，进行分析比较。

4. 轴上零件的固定

轴上零件常以毂和轴联接在一起。轴和毂的固定分为轴向固定和周向固定。

（1）轴上零件的轴向固定　轴上零件的轴向固定方法有很多，常用的几种固定方法有轴肩（或轴环）、挡圈、圆螺母、套筒、圆锥形轴头等，如图 5-8 所示。轴肩的结构简单，可以承受较大的轴向力；螺钉锁紧挡圈用紧定螺钉固定在轴上，在轴上零件两侧各用一个挡圈时，可任意调整轴上零件的位置，装拆方便，但不能承受大的轴向力，且钉端会引起轴应力集中；当轴上零件一边采用轴肩定位时，另一边可采用套筒定位，以便于装拆；如果要求套筒很长时，可不采用套筒而用螺母固定轴上零件，螺母也可用于轴端；轴端挡圈常用于轴端零件的固定；圆锥形轴头对中好，常用于转速较高时，也常用于轴端零件的固定。

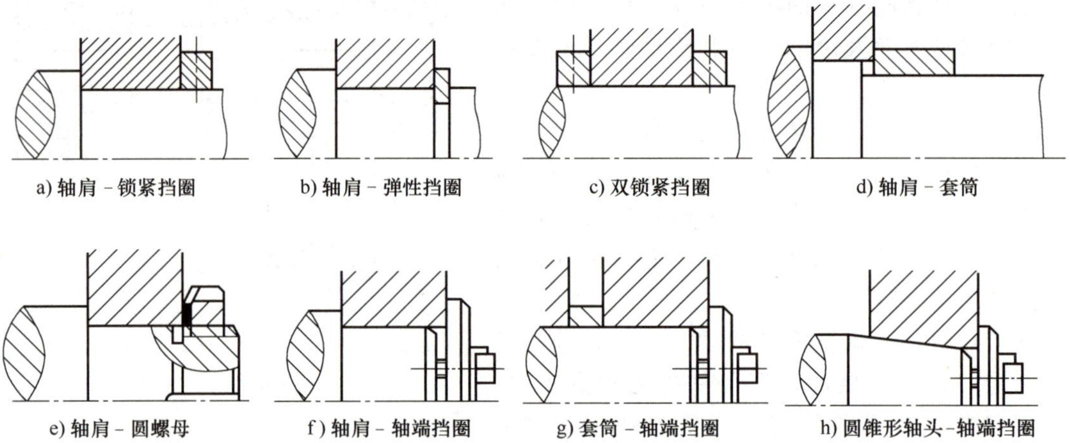

图 5-8　轴上零件的轴向固定方法

为了使轴上零件与轴肩端面紧密贴合，应保证轴的圆角半径 r、轮毂孔的倒角高度 C（或圆角半径 R）、轴肩高度 a 之间有下列关系：

$$r<C<a \text{ 或 } r<R<a$$

如图 5-9 所示。与滚动轴承相配的轴肩尺寸应符合国家标准规定。

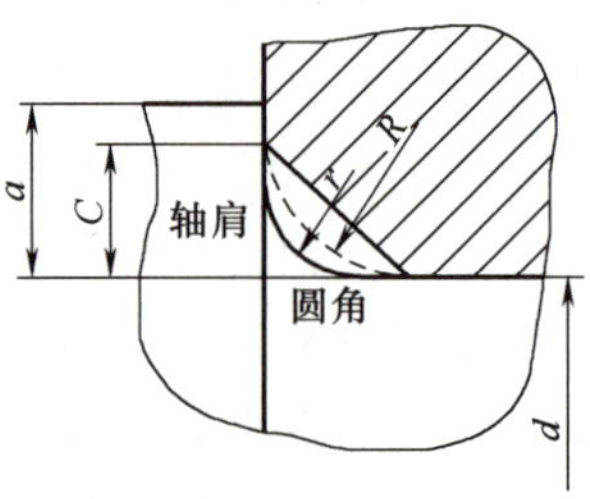

图 5-9　轴的圆角设计

（2）轴上零件的周向固定　周向定位的目的是限制轴上零件与轴发生相对转动。通常可采用键、花键、成形、弹性环、销、过盈等联接，通称为轴毂联接，如图 5-10 所示。

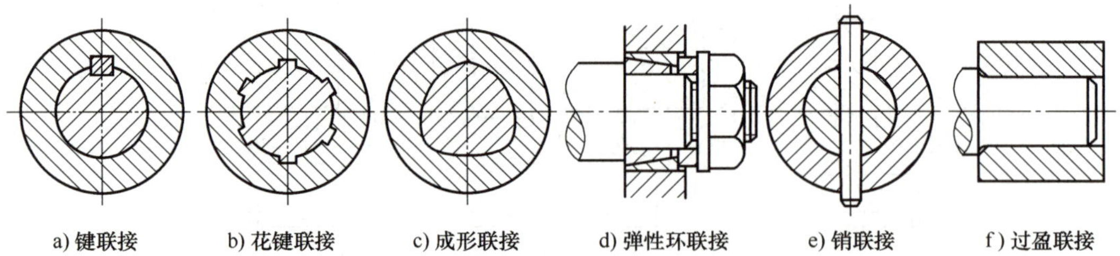

图 5-10　轴上零件的周向固定方法

5. 各轴段直径和长度的确定

确定轴上零件的固定与装拆方案后，轴的形状便基本确定。各轴段的直径与所受载荷大小有关。虽然已知轴的形状，但仍不知道各轴段长度来确定轴所受各力的跨度，也就是不能决定弯矩的大小与分布情况，因而不能得到轴所受具体的应力来确定轴的直径。不过，在设计要求中通常已知或求得轴所受转矩。因此，可按轴传递的转矩初步估算轴的最小轴径 $d_{\min}$（见 5.4 节），然后再按轴上零件的装配方案和定位要求，从最小轴径 $d_{\min}$ 处逐一确定各轴段的直径。在实际设计中，轴的直径也可凭借设计人员经验取定，或参考同类机器用类比法确定。

有配合要求的轴段，应尽量采用标准直径。安装标准件（如滚动轴承、联轴器、密封圈等）部位的轴径，应取为相应的标准值及所选配合的公差。

确定各轴段长度时，应尽可能使结构紧凑，同时还要保证零件所需的装配或调整空间。为了保证轴向定位可靠，与齿轮和联轴器等零件相配合部分的轴段长度一般应比轮毂长度短 2~3mm。

6. 提高轴强度、刚度和减轻重量的常用措施

结构和工艺的合理设计可以提高轴的承载能力，轴的尺寸减小，整个机器的尺寸也常会随之减小，减轻重量，降低制造成本。

提高轴的性能的措施

（1）合理布置轴上零件，改善轴的受力状况　当转矩由一个传动件输入，分配给多个传动件输出时，以图 5-11 为例，为了减小轴上的转矩，应将输入轮 1 放置在输出轮 2 和 3 之间，而不是置于一端。因为若输入转矩为 $T_1=T_2+T_3+T_4$，按图 5-11a 所示布置轴上各轮，轴所受最大转矩为 $T_2+T_3+T_4$，如果改为图 5-11b 所示的布置方式，最大转矩为 T_3+T_4。

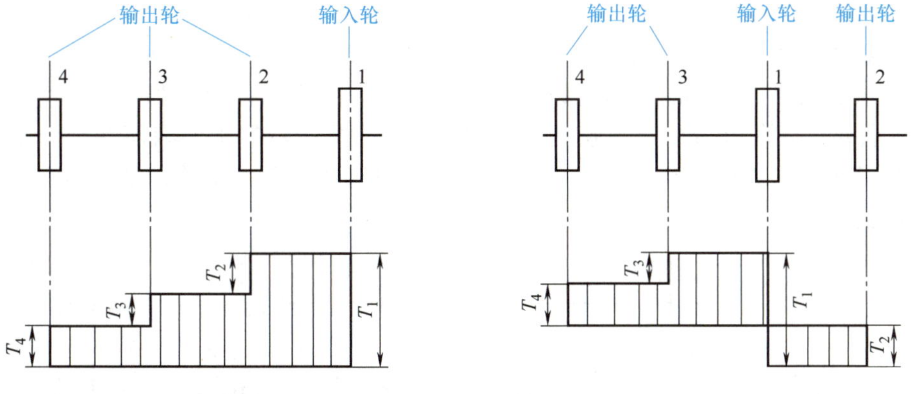

a) 不合理的布置　　b) 合理的布置

图 5-11　轴上零件的布置

（2）改进轴上零件结构，减小轴承受的载荷　图 5-12a 所示卷筒的轮毂很长，轴的弯曲力矩较大，如把轮毂分成两段，如图 5-12b 所示，不仅可以减小轴的弯矩，提高轴的强度和刚度，而且能得到良好的轴孔配合。

图 5-13 所示为齿轮传动的两种结构方案。图 5-13a 所示方案是大齿轮 A 将转矩通过轴传到小齿轮 B，因而轴既受弯矩又受转矩；而图 5-13b 中大齿轮 A 和小齿轮 B 构成双联齿轮，轮毂与轴联接仅通过大齿轮 A 中的键限制圆周运动，转矩经过大齿轮 A 直接传给小齿

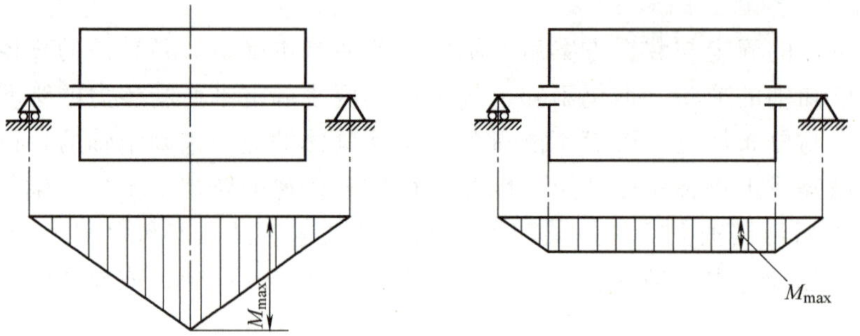

a)　　　　b)

图 5-12　卷筒的轮毂结构

轮 B，此时轴只受弯矩不受转矩。

（3）改进轴的结构，减少应力集中　轴的截面尺寸发生突变处会产生应力集中，为了提高轴的疲劳强度，尽量避免形状的突然变化，轴肩处宜采用较大的过渡圆角半径。若圆角半径受到限制，可改用内圆角、凹切圆角或肩环以保证圆角尺寸，如图 5-14 所示。

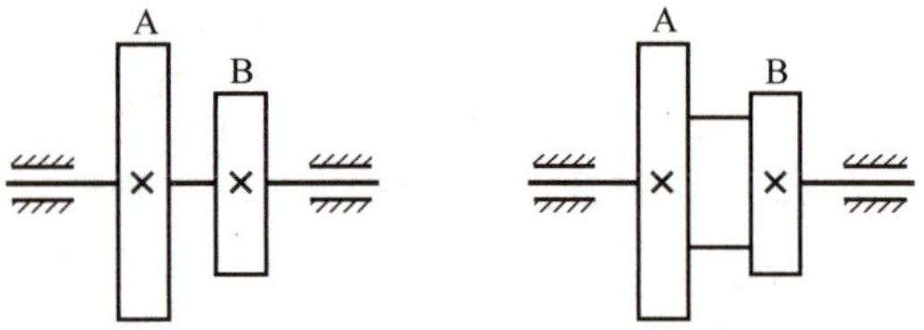

a) 分装齿轮　　b) 双联齿轮

图 5-13　齿轮传动结构方案

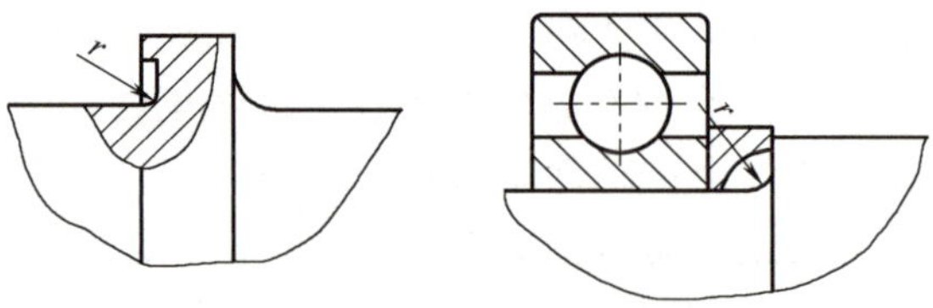

a) 凹切圆角　　b) 应用肩环增大圆角

图 5-14　轴肩过渡结构

当轴与轮毂过盈配合时，配合边缘会产生较大的应力集中，如图 5-15a 所示。为了减小应力集中，可在轮毂上或轴上开卸载槽，如图 5-15b、c 所示，或者加大配合部分的直径，如图 5-15d 所示。由于配合的过盈量越大，引起的应力集中越严重，因而在设计中应合理选择零件与轴的配合。在轴上钻孔、有紧定螺钉端坑或键槽圆角过小等，都常会引起应力集中而降低轴的疲劳强度。

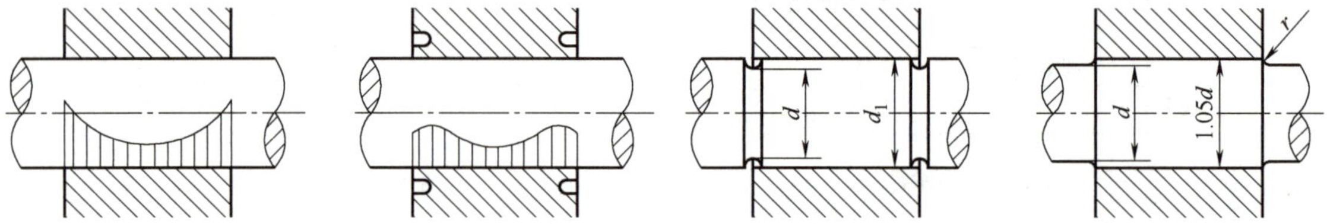

应力集中系数减小15%～25%　　d_1=(1.06～1.08)d 应力集中系数减小 40%　　r>(0.1～0.2)d 应力集中系数减小30%～40%

a) 过盈配合处的应力集中　　b) 轮毂上开卸载槽　　c) 轴上开卸载槽　　d) 增大配合处直径

图 5-15　轴毂配合处的应力集中及其降低方法

（4）改善表面质量，提高轴的疲劳强度　试验证明，表面越粗糙，轴的疲劳强度越低。采用表面强化，如辗压、喷丸、碳氮共渗、渗氮、渗碳、高频或火焰表面淬火等方法，可以显著提高轴的承载能力。

7. 轴结构的工艺性

良好轴的工艺性是指便于加工和装配轴上的零件，并且生产率高，成本低。为了加工方便，减少加工时的装夹次数，节省工时，轴的形状应力求简单，尽量减少轴径的变化。同一轴上不同轴段的键槽应布置（或投影）在轴的同一母线上。对于需要磨削的轴段，应留有砂轮越程槽；对于需要切削螺纹的轴段，应留有螺纹退刀槽。轴上直径相近处的圆角、倒角、键槽宽度、砂轮越程槽宽度和退刀槽宽度等应尽可能采用相同的尺寸。

5.4 轴的计算

轴的强度校核

1. 轴的强度计算

当轴的初步结构设计完成后需要进行强度校核，必要时还要校核轴的刚度、振动稳定性。轴的强度计算主要有按许用切应力计算、按许用弯曲应力计算和安全系数校核计算三种方法。

按许用切应力计算只需知道转矩的大小，方法简便，但计算精度较低。它主要用于下列情况：①以传递转矩为主的传动轴；②初步估算轴径以便进行结构设计；③不重要的轴。弯矩等影响可在计算中适当降低许用切应力。

按许用弯曲应力计算必须已知作用力的大小和作用点的位置、轴承跨距、各段轴径等参数。为此，常先按转矩估算轴径并进行轴的结构设计后，再绘出轴的弯扭合成图，然后计算危险截面的最大弯曲应力。它主要用于计算一般重要的、弯扭复合的轴，计算精度中等。

安全系数校核计算也要在结构设计后进行，不仅需要确定出轴的各段直径，而且要确定出过渡圆角、过盈配合、表面粗糙度等细节。它主要用于重要的传动轴或工作轴，计算精度较高，但计算较复杂，且常要有足够的资料才能进行。安全系数校核计算能判断各危险截面的安全程度，从而改善各薄弱环节，有利于提高轴的疲劳强度。

以上三种方法可单独使用或逐个使用。一般转轴按许用弯曲应力计算已足够可靠，不一定再用安全系数法校核。需要用安全系数法校核的轴，不一定需要再用许用弯曲应力法计算。强度计算不满足要求时，应修改结构设计，两者常相互配合、交叉进行。

（1）按许用切应力计算　受转矩 T(N · mm）的实心圆轴，其扭转强度条件可由材料力学得

$$\tau_T=\frac{T}{W_T}=\frac{9.55\times10^6\dfrac{P}{n}}{0.2d^3}\leqslant[\tau_T] \tag{5-1}$$

写成设计公式，轴的直径 d(mm）为

$$d\geqslant\sqrt[3]{\frac{9.55\times10^6P}{0.2[\tau_T]n}}=C\sqrt[3]{\frac{P}{n}} \tag{5-2}$$

式中，W_T 为轴的抗扭截面系数（mm^3）；P 为轴传递的功率（kW）；n 为轴的转速（r/min）；$[\tau_T]$ 为许用切应力（MPa）；C 为与轴材料有关的系数，可由表 5-3 查得。

表 5-3　轴强度设计公式中的系数 C

轴的材料	Q235		Q275、Q235AF、35		45			40Cr、38SiMnMo	
$[\tau_T]$/MPa	12	15	20	25	30	35	40	45	52
C	160	148	135	125	118	112	107	102	98

对于受弯矩较大的轴宜取较小的 $[\tau_T]$ 值。当轴上有键槽时，应适当增大轴径，单键增大轴径 3%，双键增大轴径 7%。

（2）按许用弯曲应力计算　轴的结构设计、轴的主要结构尺寸、轴上零件的位置以及外载荷和支反力的作用位置均已确定，轴上的载荷也可以求得，因而可按弯曲应力条件对轴进行强度校核计算。一般计算顺序如下（参见“5.5 工程案例”）：

1）画出轴的空间受力简图（参见图 5-18b）。将轴上作用力分解为水平面受力图和垂直面受力图。求出水平面上和垂直面上的支承点反作用力。

2）分别作出水平面上的弯矩（M_{xy}）图和垂直面上的弯矩（M_{xz}）图（参见图 5-18d、e）。

3）作出合成弯矩（$M=\sqrt{M_{xy}^2+M_{xz}^2}$）图（参见图 5-18g）。

4）作出转矩（T）图（参见图 5-18h）。

5）应用公式 $M'=\sqrt{M^2+(\alpha T)^2}$，绘出当量弯矩（$M'$）图（参见图 5-18i），式中 α 是根据转矩性质而定的应力校正系数。对于不变的转矩，取 $\alpha=\dfrac{[\sigma_{-1b}]}{[\sigma_{+1b}]}$；对于脉动的转矩，取 $\alpha=\dfrac{[\sigma_{-1b}]}{[\sigma_{0b}]}$；对于对称循环的转矩，取 $\alpha=1$。$[\sigma_{+1b}]$、$[\sigma_{0b}]$、$[\sigma_{-1b}]$分别为材料在静、脉动循环和对称循环应力状态下的许用弯曲应力，其值可根据表 5-4 选取。

表 5-4　转轴和心轴的许用弯曲应力　（单位：MPa）

材料	R_m	$[\sigma_{+1b}]$	$[\sigma_{0b}]$	$[\sigma_{-1b}]$
碳素钢	400	130	70	40
	500	170	75	45
	600	200	95	55
	700	230	110	65
合金钢	800	270	130	75
	1000	300	150	90
铸钢	400	100	50	30
	500	120	70	40

6）计算应满足下列条件：

$$\sigma_b=\frac{M'}{W}=\frac{M'}{0.1d^3}\leqslant[\sigma_{-1b}] \tag{5-3}$$

或

$$d\geqslant\sqrt[3]{\frac{M'}{0.1[\sigma_{-1b}]}} \tag{5-4}$$

式中，W 为轴的抗弯截面系数（mm^3），见表 5-5。

表 5-5 抗弯截面系数 W 和抗扭截面系数 W_T 的计算公式

截面图	截面系数	截面图	截面系数
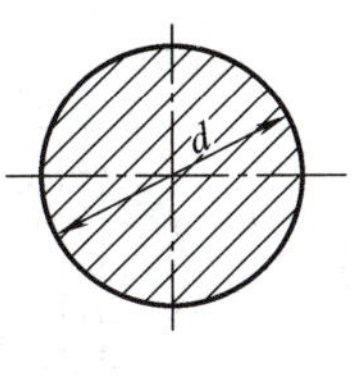	$W=\frac{\pi}{32}d^3\approx0.1d^3$ $W_T=\frac{\pi}{16}d^3\approx0.2d^3$	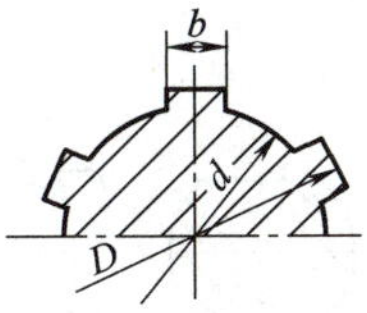	矩形花键 $W=\frac{\pi d^4+bz(D-d)(D+d)^2}{32D}$ $W_T=\frac{\pi d^4+bz(D-d)(D+d)^2}{16D}$ z 为花键齿数
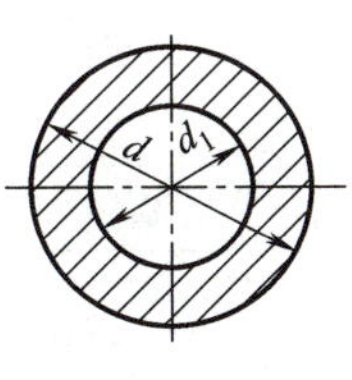	$W=\frac{\pi}{32}d^3(1-r^4)$ $W_T=\frac{\pi}{16}d^3(1-r^4)$ $r=\frac{d_1}{d}$	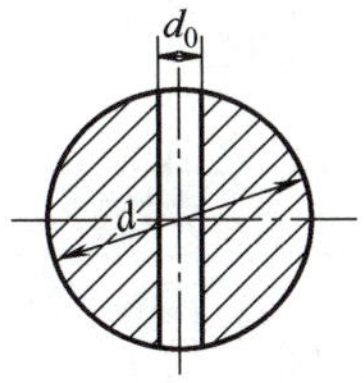	$W=\frac{\pi}{32}d^3\left(1-1.54\frac{d_0}{d}\right)$ $W_T=\frac{\pi}{16}d^3\left(1-\frac{d_0}{d}\right)$
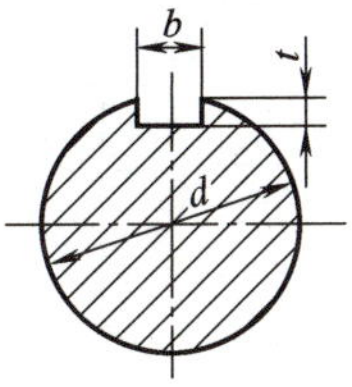	$W=\frac{\pi}{32}d^3-\frac{bt(d-t)^2}{2d}$ $W_T=\frac{\pi}{16}d^3-\frac{bt(d-t)^2}{2d}$	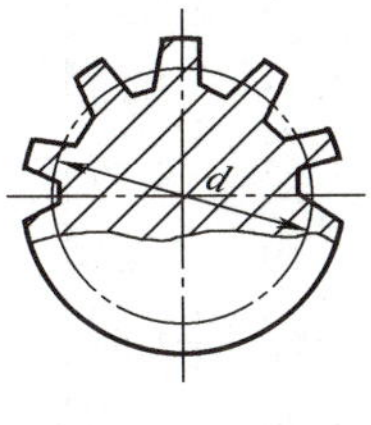	渐开线花键 $W\approx\frac{\pi}{32}d^3$ $W_T\approx\frac{\pi}{16}d^3$
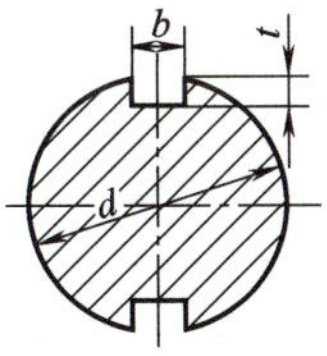	$W=\frac{\pi}{32}d^3-\frac{bt(d-t)^2}{d}$ $W_T=\frac{\pi}{16}d^3-\frac{bt(d-t)^2}{d}$		

（3）安全系数校核计算

1）疲劳强度校核。安全系数法实际在于确定变应力情况下轴的安全程度。在已知轴的外形、尺寸及载荷的基础上，疲劳强度的校核即计入应力集中、表面状态和尺寸影响以后的精确校核。与上面所述方法相同，绘出轴的弯矩（M）图和转矩（T）图以后，选择轴上的危险截面进行校核。根据截面上受到的弯矩和转矩可求出弯曲应力和切应力，这两项循环应力可分解成平均应力 σ_m 及 τ_m 和应力幅 σ_a 及 τ_a。然后就可以分别求出弯矩作用下的安全系数 S_σ 和转矩作用下的安全系数 S_τ。

$$S_\sigma=\frac{k_N\sigma_{-1}}{\frac{k_\sigma}{\beta\varepsilon_\sigma}\sigma_a+\varphi_\sigma\sigma_m},\quad S_\tau=\frac{k_N\tau_{-1}}{\frac{k_\tau}{\beta\varepsilon_\tau}\tau_a+\varphi_\tau\tau_m} \tag{5-5}$$

式中，σ_{-1} 为对称循环弯曲应力；τ_{-1} 为对称循环剪切应力；k_σ 和 k_τ 分别为弯矩和转矩作用的有效应力集中系数（见表 5-6 及表 5-8），配合零件的综合影响系数（见表 5-7）；β 为表面状态系数（见表 5-9 及表 5-10）；ε_σ 和 ε_τ 分别为影响弯曲应力和扭转应力的尺寸系数（见表 5-11）；φ_σ 和 φ_τ 为材料对循环载荷的敏感性系数；k_N 为寿命系数，$k_N=\sqrt[m]{\frac{N_0}{N}}$，$N_0$ 为循环基数，N 为循环次数，m 为寿命指数。

表 5-6　螺纹、键槽、花键及横孔的有效应力集中系数

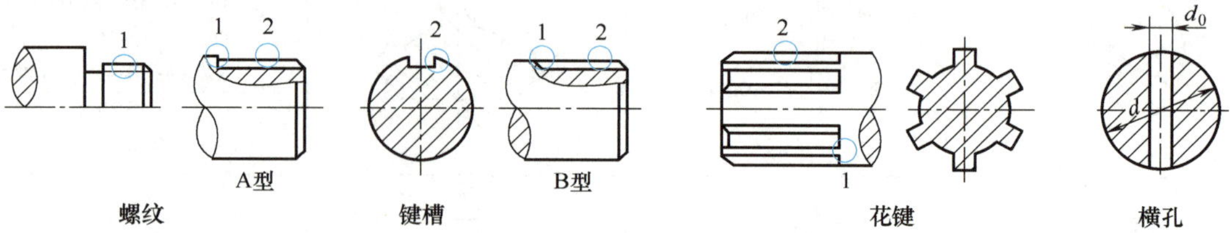

R_m/MPa	螺纹	键槽			花键			横孔			蜗杆①	
	$k_\tau=1$ k_σ	k_σ		k_τ	k_σ（齿轮轴 $k_\sigma=1$）	k_τ		k_σ		k_τ	k_σ	k_τ
		A 型	B 型	A 型 B 型		矩形	渐开线（齿轮轴）	d_0/d 0.05～0.10	d_0/d 0.15～0.25	d_0/d 0.05～0.25		
400	1.45	1.51	1.30	1.20	1.35	2.10	1.40	1.90	1.70	1.70	2.3～2.5	1.7～1.9
500	1.78	1.64	1.38	1.37	1.45	2.25	1.43	1.95	1.75	1.75		
600	1.96	1.76	1.46	1.54	1.55	2.35	1.46	2.00	1.80	1.80		
700	2.20	1.89	1.54	1.71	1.60	2.45	1.49	2.05	1.85	1.80		
800	2.32	2.01	1.62	1.88	1.65	2.55	1.52	2.10	1.90	1.85		
900	2.47	2.14	1.69	2.05	1.70	2.65	1.55	2.15	1.95	1.90		
1000	2.61	2.26	1.77	2.22	1.72	2.70	1.58	2.20	2.00	1.90		
1200	2.90	2.50	1.92	2.39	1.75	2.80	1.60	2.30	2.10	2.00		

注：表中数值为标号 1 处的有效应力集中系数，标号 2 处 $k_\sigma=1$，k_τ = 表中值。

① 对于蜗杆的 k_σ、k_τ，$R_m \leqslant 700$MPa 时取小值，$R_m \geqslant 1000$MPa 时取大值。

表 5-7　配合零件的综合影响系数

$(k_\sigma)_D$ 值（弯曲）										
直径/mm		≤30			50			≥100		
配合		r6	k6	h6	r6	k6	h6	r6	k6	h6
R_m/MPa	400	2.25	1.69	1.46	2.76	2.06	1.80	2.95	2.22	1.92
	500	2.5	1.88	1.63	3.05	2.28	1.90	3.29	2.46	2.13
	600	2.75	2.06	1.79	3.36	2.52	2.18	3.60	2.70	2.34
	700	3.0	2.25	1.95	3.66	2.75	2.38	3.94	2.96	2.56
	800	3.25	2.44	2.11	3.96	2.97	2.57	4.25	3.20	2.76
	900	3.5	2.63	2.28	4.28	3.20	2.78	4.60	3.46	3.00
	1000	3.75	2.82	2.44	4.60	3.45	3.00	4.90	3.98	3.18
	1200	4.25	3.19	2.76	5.20	3.90	3.40	5.60	4.20	3.64

注：1. 滚动轴承内圈配合为过盈配合 r6。

2. 中间尺寸直径的综合影响系数可用插入法求得。

3. 扭转 $(k_\tau)_D=1+0.6[(k_\sigma)_D-1]=0.4+0.6(k_\sigma)_D$。

表 5-8 圆角、环槽的有效应力集中系数

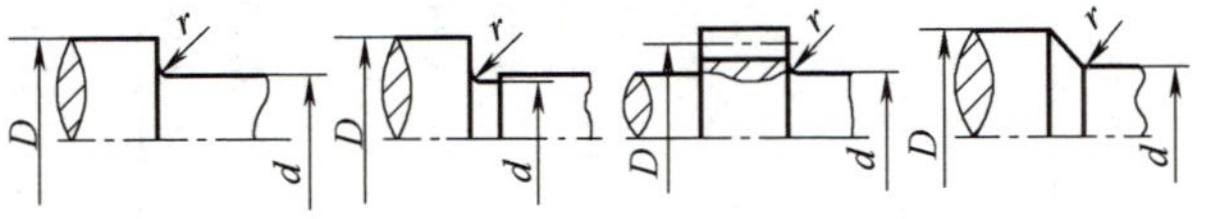

$\frac{D}{d}$	$\frac{r}{d}$	k_σ						k_τ			
		R_m/MPa									
		≤500	600	700	800	900	>1000	≤700	800	900	≥1000
$\frac{D}{d}$≤1.1	0.02	1.84	1.96	2.08	2.20	2.35	2.50	1.36	1.41	1.45	1.50
	0.04	1.60	1.66	1.69	1.75	1.81	1.87	1.24	1.27	1.29	1.32
	0.06	1.51	1.51	1.54	1.54	1.60	1.60	1.18	1.20	1.23	1.24
	0.08	1.40	1.40	1.42	1.42	1.46	1.46	1.14	1.16	1.18	1.19
	0.10	1.34	1.34	1.37	1.37	1.39	1.39	1.11	1.13	1.15	1.16
	0.15	1.25	1.25	1.27	1.27	1.30	1.30	1.07	1.08	1.09	1.11
1.1<$\frac{D}{d}$≤1.2	0.02	2.18	2.34	2.51	2.68	2.89	3.10	1.59	1.67	1.74	1.81
	0.04	1.84	1.92	1.97	2.05	2.13	2.22	1.39	1.45	1.48	1.52
	0.06	1.71	1.71	1.76	1.76	1.84	1.84	1.30	1.33	1.37	1.39
	0.08	1.56	1.56	1.59	1.59	1.64	1.64	1.22	1.26	1.30	1.31
	0.10	1.48	1.48	1.51	1.51	1.54	1.54	1.19	1.21	1.24	1.26
	0.15	1.35	1.35	1.38	1.38	1.41	1.41	1.11	1.14	1.15	1.18
1.2<$\frac{D}{d}$≤2	0.02	2.40	2.60	2.80	3.00	3.25	3.50	1.80	1.90	2.00	2.10
	0.04	2.00	2.10	2.15	2.25	2.35	2.45	1.53	1.60	1.65	1.70
	0.06	1.85	1.85	1.90	1.90	2.00	2.00	1.40	1.45	1.50	1.53
	0.08	1.66	1.66	1.70	1.70	1.76	1.76	1.30	1.35	1.40	1.42
	0.10	1.57	1.57	1.61	1.61	1.64	1.64	1.25	1.28	1.32	1.35
	0.15	1.41	1.41	1.45	1.45	1.49	1.49	1.15	1.18	1.20	1.24

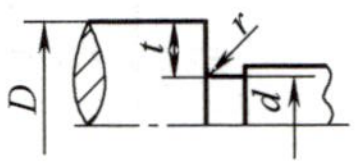

$\frac{t}{r}$	$\frac{r}{d}$	k_σ					$\frac{D}{d}$	$\frac{r}{d}$	k_τ				
		R_m/MPa							R_m/MPa				
		≤650	700	800	900	≥1000			≤650	700	800	900	≥1000
0.4<$\frac{t}{r}$≤0.6	0.02	1.82	1.92	2.06	2.21	2.30	1.02<$\frac{D}{d}$≤1.1	0.02	1.29	1.32	1.39	1.46	1.50
	0.04	1.77	1.82	1.96	2.06	2.16		0.04	1.27	1.30	1.37	1.43	1.48
	0.06	1.72	1.77	1.87	1.92	1.96		0.06	1.25	1.29	1.36	1.41	1.46
	0.08	1.68	1.72	1.77	1.87	1.92		0.08	1.21	1.25	1.32	1.39	1.43
	0.10	1.63	1.68	1.72	1.77	1.82		0.10	1.18	1.21	1.29	1.32	1.37
	0.15	1.53	1.55	1.58	1.63	1.68		0.15	1.14	1.18	1.21	1.25	1.29
0.6<$\frac{t}{r}$≤1	0.02	1.85	1.95	2.10	2.25	2.35	1.1<$\frac{D}{d}$≤1.2	0.02	1.37	1.41	1.50	1.59	1.64
	0.04	1.80	1.85	2.00	2.10	2.20		0.04	1.35	1.38	1.47	1.55	1.62
	0.06	1.75	1.80	1.90	1.95	2.00		0.06	1.32	1.37	1.46	1.52	1.59
	0.08	1.70	1.75	1.80	1.90	1.95		0.08	1.27	1.32	1.41	1.50	1.55
	0.10	1.65	1.70	1.75	1.80	1.85		0.10	1.23	1.27	1.37	1.41	1.47
	0.15	1.55	1.57	1.60	1.65	1.70		0.15	1.18	1.23	1.27	1.32	1.37
1<$\frac{t}{r}$≤1.5	0.02	1.89	1.99	2.15	2.31	2.41	1.2<$\frac{D}{d}$≤1.4	0.02	1.40	1.45	1.55	1.65	1.70
	0.04	1.84	1.89	2.05	2.15	2.26		0.04	1.38	1.42	1.52	1.60	1.68
	0.06	1.78	1.87	1.94	1.99	2.05		0.06	1.35	1.40	1.50	1.57	1.65
	0.08	1.73	1.78	1.84	1.94	1.99		0.08	1.30	1.35	1.45	1.55	1.60
	0.10	1.68	1.73	1.78	1.84	1.89		0.10	1.25	1.30	1.40	1.45	1.52
	0.15	1.58	1.60	1.63	1.68	1.73		0.15	1.20	1.25	1.30	1.35	1.40

表 5-9　强化表面的表面状态系数 β 值

表面强化方法	心部材料的强度 R_m/MPa	表面状态系数 β		
		光轴	有应力集中的轴	
			较小 $k_\sigma \leq 1.5$	较大 $k_\sigma \geq 1.8 \sim 2$
高频淬火①	600~800	1.5~1.7	1.6~1.7	2.4~2.8
	800~1100	1.3~1.5	—	—
渗氮②	900~1200	1.1~1.25	1.5~1.7	1.7~2.1
渗碳	400~600	1.8~2.0	3	—
	700~800	1.4~1.5	—	—
	1000~1200	1.2~1.3	2	—
喷丸处理③	600~1500	1.1~1.25	1.5~1.6	1.7~2.1
滚子碾压④		1.1~1.3	1.3~1.5	1.6~2.0

① 数据是实验室中用 d=10~20mm 的试件求得，淬透深度为（0.05~0.20）d；对于大尺寸的试件，表面状态系数低些。

② 渗氮深度为 0.01d 时，宜取低限值；深度为（0.03~0.04）d 时，宜取高限值。

③ 数据是用 d=8~40mm 的试件求得。喷射速度较小时宜取低值，较大时宜取高值。

④ 数据是用 d=17~130mm 的试件求得。

表 5-10　加工表面的表面状态系数 β 值

加工方法	R_m/MPa		
	400	800	1200
磨光（Ra 0.4~0.2μm）	1	1	1
车光（Ra 3.2~0.8μm）	0.95	0.90	0.80
粗加工（Ra 25~6.3μm）	0.85	0.80	0.65
未加工表面（氧化铁层等）	0.75	0.65	0.45

表 5-11　尺寸系数

毛坯直径/mm	碳素钢		合金钢	
	ε_σ	ε_τ	ε_σ	ε_τ
>20~30	0.91	0.89	0.83	0.89
>30~40	0.88	0.81	0.77	0.81
>40~50	0.84	0.78	0.73	0.78
>50~60	0.81	0.76	0.70	0.76
>60~70	0.78	0.74	0.68	0.74
>70~80	0.75	0.73	0.66	0.73
>80~100	0.73	0.72	0.64	0.72
>100~120	0.70	0.70	0.62	0.70
>120~140	0.68	0.68	0.60	0.68

材料性质不同，N_0 值也不同。钢的硬度、强度越高，N_0 值越大。硬度≤350HBW 的钢，$N_0=10^6\sim10^7$；硬度>350HBW 的钢，$N_0=10\times10^7\sim25\times10^7$。计算 k_N 时，有色金属取 $N_0=25\times10^7$，钢通常取 $N_0=10^7$。

对于硬度≤350HBW 的钢，若 $N>10^7$，取 $N=10^7$；硬度>350HBW 的钢，若 $N>25\times10^7$，取 $N=25\times10^7$。对于有色金属，当 $N>25\times10^7$ 时，取 $N=25\times10^7$。

对于钢：计算拉应力、弯曲应力和切应力时，指数 $m=9$；计算接触应力时，$m=6$。对于青铜：计算弯曲应力时，$m=9$；计算接触应力时，$m=8$。

最后可求出综合安全系数并应满足下列条件：

$$S=\frac{S_\sigma S_\tau}{\sqrt{S_\sigma^2+S_\tau^2}}\geqslant[S] \tag{5-6}$$

式中，[S] 为许用安全系数，其值可按下述情况选取：[S]=1.3~1.5，用于材料均匀、载荷与应力计算精确时；[S]=1.5~1.8，用于材料不够均匀、计算精度较低时；[S]=1.8~2.5，用于材料均匀性及计算精度很低，或轴的直径 $d>200$mm 时。重要的轴或破坏会引起重大事故时，应适当增大 [S] 值。

2）静强度校核。静强度校核的目的在于校核轴对塑性变形的抵抗能力。轴上的尖峰载荷即使作用时间很短和出现次数很少，不足以引起疲劳破坏，但却能使轴产生塑性变形。所以设计时应当按尖峰载荷进行静强度校核。在校核时

$$S_\sigma=\frac{R_{eL}}{\sigma_{max}},\quad S_\tau=\frac{\tau_s}{\tau_{max}} \tag{5-7}$$

式中，σ_{max} 和 τ_{max} 分别为由于尖峰载荷所产生的弯曲应力和切应力；R_{eL} 和 τ_s 分别为材料的拉压和剪切屈服强度。

对于塑性材料，静强度的许用安全系数见表 5-12。当载荷估计不准时，可将表中的 [S] 值适当加大。

当简化作用力和反作用力时，一般认为载荷集中作用在轮毂、轴头或轴颈的中点。

表 5-12 静强度的许用安全系数 [S]

$\frac{R_{eL}}{R_m}$	0.45~0.55	0.55~0.70	0.70~0.90	铸件
[S]	1.2~1.5	1.4~1.8	1.7~2.2	1.6~2.5

2. 轴的刚度计算

轴在载荷作用下将产生弯曲或扭转变形，若变形量超过允许的限度，则会影响轴上零件的正常工作。例如，在电动机中，如果由于弯矩使轴所产生的挠度 y 过大，就会改变电动机转子和定子间的间隙而影响电动机的性能。又如，内燃机凸轮轴受转矩所产生的扭角 φ 如果过大就会影响气门启闭时间。对于一般的轴颈，如果由于弯矩所产生的转角 θ 过大，就会引起轴承上的载荷集中，造成不均匀磨损和过度发热。轴上装齿轮的地方如有过大的转角，也会使齿轮啮合发生偏载。因此，在设计有刚度要求的轴时，必须进行刚度的校核计算。

轴的弯曲刚度以挠度或偏转角度来度量，扭转刚度以扭转角度来度量。轴的刚度校核通常是计算出轴受载荷时的变形量，并控制其不大于允许值。

（1）轴的弯曲刚度校核计算　常见的轴大多可视为简支梁。若是光轴，可直接用材料力学中的公式计算其挠度或偏转角；若是阶梯轴，如果对计算精度要求不高，则可用当量直径法，即把阶梯轴简化为一当量等径光轴进行计算。当量轴径 d_v 可用下式求出：

$$d_v = \sqrt[4]{\frac{L}{\sum_{i=1}^{z} \frac{l_i}{d_i^4}}} \tag{5-8}$$

式中，L 为阶梯轴支点间的距离（mm）；l_i、d_i 分别为轴上第 i 段的长度和直径（mm）；z 为阶梯轴计算长度内的轴段数。当载荷作用于两支承之间时，$L=l$（l 为支承跨距）；当载荷作用于悬臂端时，$L=l+K$（K 为轴的悬臂长度）。

挠度 $$y \leqslant [y] \tag{5-9}$$

偏转角 $$\theta \leqslant [\theta] \tag{5-10}$$

式中，$[y]$ 为轴的许用挠度（mm），见表 5-13；$[\theta]$ 为轴的许用偏转角（rad），见表 5-13。

表 5-13　轴的许用挠度及许用偏转角

名称	许用挠度$[y]$/mm	名称	许用偏转角$[\theta]$/rad
一般用途的轴	$(0.0003\sim0.0005)l$	滑动轴承	0.001
刚度要求较严的轴	$0.0002l$	深沟球轴承	0.005
感应电动机轴	0.1Δ	调心球轴承	0.05
安装齿轮的轴	$(0.01\sim0.03)m_n$	圆柱滚子轴承	0.0025
安装蜗轮的轴	$(0.02\sim0.05)m_a$	圆锥滚子轴承	0.0016
		安装齿轮处轴的截面	0.001～0.002

注：l 为轴的跨距；Δ 为电动机定子与转子之间的间隙；m_n 为齿轮法向模数；m_a 为蜗轮端面模数。

（2）轴的扭转刚度校核计算　轴的扭转变形用每米长的扭转角 φ 来表示。圆轴扭转角 φ［单位(°)/m］的计算公式为

光轴 $$\varphi = 5.73\times10^4 \frac{TL}{GI_p} \tag{5-11}$$

阶梯轴 $$\varphi = 5.73\times10^4 \frac{1}{LG}\sum_{i=1}^{z}\frac{T_i l_i}{I_{pi}} \tag{5-12}$$

式中，T 为轴所受的转矩（N·mm）；G 为轴材料的剪切弹性模量（MPa），对于钢材 $G=8.1\times10^4$MPa；L 为阶梯轴受转矩作用的长度（mm）；T_i、l_i、I_{pi} 分别代表阶梯轴第 i 段上所受的转矩、长度和极惯性矩；z 为阶梯轴受转矩作用的轴段数；I_p 为轴截面的极惯性矩（mm^4），对于圆轴，$I_p=\frac{\pi d^4}{32}$。

轴的扭转刚度条件为 $$\varphi \leqslant [\varphi] \tag{5-13}$$

式中，$[\varphi]$ 为轴每米长的允许扭转角，与轴的使用场合有关。对于一般传动轴，可取 $[\varphi]=0.5°\sim1°/m$；对于精密传动轴，可取 $[\varphi]=0.25°\sim0.5°/m$；对于精度要求不高的轴，$[\varphi]$ 可大于 1°/m。

3. 轴的振动计算和临界转速

轴的转速达到一定值时，运转便不稳定而发生显著的反复变形，这种现象称为轴的振动。如果继续提高转速，振动就会衰减，运转又趋于平稳，但是当转速达到另一较高的定值时，振动又重复出现。发生显著变形的转速，称为轴的临界转速。同型振动的临界转速可以

有好多个，最低的一个称为第一阶临界转速。轴的工作转速不能和其临界转速重合或接近，否则将会发生共振现象而使轴遭到破坏。计算临界转速的目的就在于使工作转速 n 避开轴的临界转速 n_{cr}。

轴的振动可分为横向振动、扭转振动和纵向振动三类。纵向振动的自然频率很高，在轴的工作转速范围内一般不会发生纵向振动。

工作转速 n 低于第一阶临界转速 n_{cr1} 的轴，称为刚性轴；工作转速 n 超过第一阶临界转速 n_{cr1} 的轴，称为挠性轴。对于刚性轴，通常使 $n<0.75n_{cr1}$；对于挠性轴，使 $1.4n_{cr1}\leqslant n\leqslant 0.72n_{cr2}$；$n_{cr1}$ 和 n_{cr2} 分别为轴的第一阶和第二阶临界转速。

下面运用强迫振动理论来求出轴的临界转速。

装有单圆盘的双铰支轴如图 5-16 所示设 C 点代表质量为 m 的圆盘质心（重心），e 是由于材料的不均匀性和制造商的不精确性等原因而存在的小偏心矩。当轴以角速度 ω 转动时，会产生一个随着圆盘转动的离心力：

$$Q_0 = me\omega^2 \tag{5-14}$$

这个离心力在 y 轴和 z 轴上的分力为

$$\begin{aligned} Q_y &= Q_0\cos\omega t = me\omega^2\cos\omega t \\ Q_z &= Q_0\sin\omega t = me\omega^2\sin\omega t \end{aligned} \tag{5-15}$$

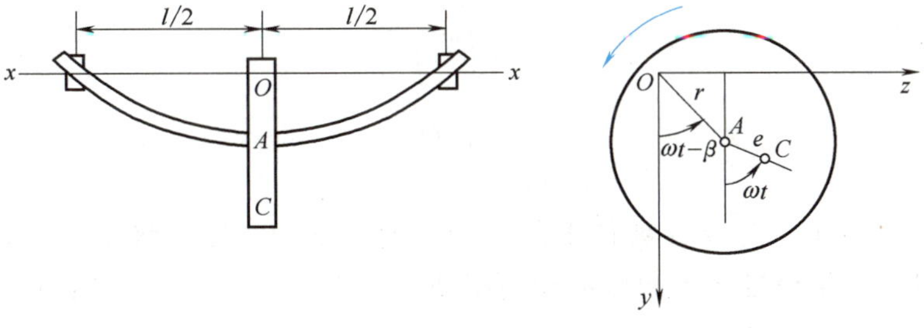

图 5-16 装有单圆盘的双铰支轴

这两个周期性变化的分力 Q_y 和 Q_z 分别在 y 轴和 z 轴方向上同时掀起强迫振动。激励力 Q_0 产生的静位移为

$$x_s = \frac{Q_0}{k} = \frac{\dfrac{Q_0}{m}}{\dfrac{k}{m}} = \frac{e\omega^2}{p^2} \tag{5-16}$$

式中，k 为轴的弯曲刚度；p 为轴-盘系统做横向自由振动（弯曲振动）的圆频率。

再根据机械振动理论得有关强迫振动稳定解的公式，即可直接写出圆盘中心点 A 在 y 轴和 z 轴方向上的运动方程：

$$y = \frac{e\left(\dfrac{\omega}{p}\right)^2}{\sqrt{\left(1-\dfrac{\omega^2}{p^2}\right)^2+\left(2c\dfrac{\omega}{p}\right)^2}}\cos\left[\omega t-\arctan^{-1}\frac{2c\dfrac{\omega}{p}}{1-\left(\dfrac{\omega}{p}\right)^2}\right] \tag{5-17}$$

$$z=\frac{e\left(\frac{\omega}{p}\right)^2}{\sqrt{\left(1-\frac{\omega^2}{p^2}\right)^2+\left(2c\frac{\omega}{p}\right)^2}}\sin\left[\omega t-\arctan^{-1}\frac{2c\frac{\omega}{p}}{1-\left(\frac{\omega}{p}\right)^2}\right] \tag{5-18}$$

式中，c 为阻尼系数。

由于轴的刚度 $k=mg/\delta_s$，其中 g 为重力加速度，δ_s 为轴在圆盘处的静挠度，由机械振动理论知：

$$p=\sqrt{\frac{k}{m}}=\sqrt{\frac{g}{\delta_s}}=\sqrt{\frac{48EI}{ml^3}} \tag{5-19}$$

由式（5-17）和式（5-18）可知，圆盘中点 A 的运动轨迹是一个圆，圆心是点 O，半径为

$$r=\frac{e\left(\frac{\omega}{p}\right)^2}{\sqrt{\left(1-\frac{\omega^2}{p^2}\right)^2+\left(2c\frac{\omega}{p}\right)^2}} \tag{5-20}$$

当忽略阻尼（$c=0$）时，轴的挠度为

$$r=\frac{e\left(\frac{\omega}{p}\right)^2}{1-\frac{\omega^2}{p^2}} \tag{5-21}$$

由式（5-21）可知，当 ω 在数值上越接近 p 时，轴的挠度 r 就越大；当 $\omega=p$ 时，$r\to\infty$，这时出现共振，轴便发生大幅度的横向振动。因此也证明了临界角速度 ω_{cr} 就是与轴的弯曲自振圆频率 p 相等的角速度，即

$$\omega_{cr}=p=\sqrt{\frac{g}{\delta_s}}=\sqrt{\frac{48EI}{ml^3}} \tag{5-22}$$

$$n_{cr}=\frac{30}{\pi}\omega_{cr} \tag{5-23}$$

式（5-23）即为圆盘相对两铰支点对称分布时的临界转速计算公式。同理，可以得到不计轴的质量时单圆盘相对于其他支承方式及非对称布置的临界转速，见表 5-14。

表 5-14　两支承单盘轴的临界转速

支座形式	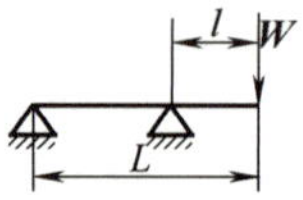	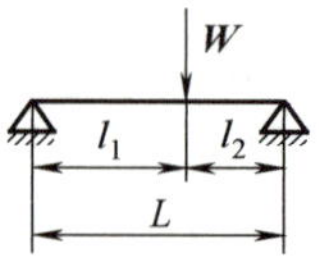	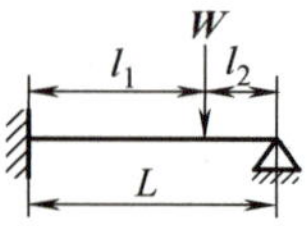	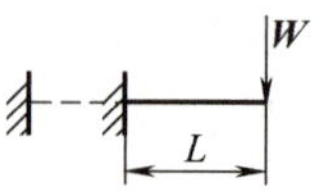	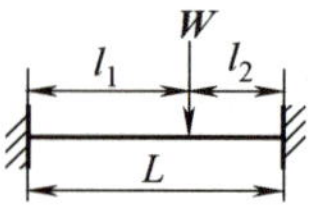
临界转速 n_{cr}/(r/min)	$\frac{30}{\pi}\sqrt{\frac{3EI}{ml^2L}}$	$\frac{30}{\pi}\sqrt{\frac{3EIL}{ml_1^2l_2^2}}$	$\frac{30}{\pi}\sqrt{\frac{12EIL}{ml_1^3l_2^2(3L+l_2)}}$	$\frac{30}{\pi}\sqrt{\frac{3EI}{mL^3}}$	$\frac{30}{\pi}\sqrt{\frac{3EIL}{ml_1^3l_2^3}}$

注：E 为材料的弹性模量（Pa）；I 为轴截面惯性矩（m^4）；L 为跨距（m）；$m=\frac{W}{g}$ 为质量（kg）。

当必须考虑轴的质量时，可以认为是两支承受均布载荷的轴系。根据振动理论推得，该种情况下轴的临界转速见表 5-15。

表 5-15 两支承受均布载荷时轴的临界转速

支座形式	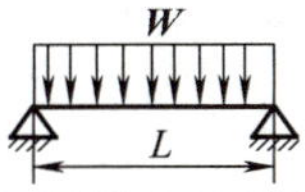	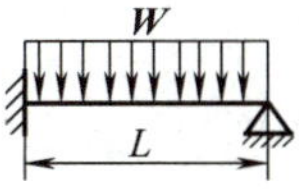	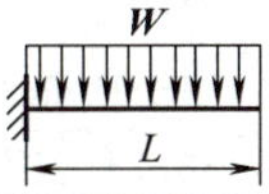	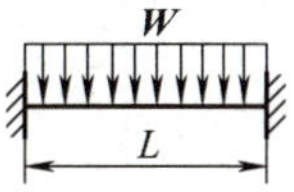
临界转速 n_{cr}/(r/min)	$\frac{30}{\pi}\sqrt{\frac{98EI}{mL^3}}$	$\frac{30}{\pi}\sqrt{\frac{237EI}{mL^3}}$	$\frac{30}{\pi}\sqrt{\frac{12.4EI}{mL^3}}$	$\frac{30}{\pi}\sqrt{\frac{237EI}{mL^3}}$

注：E 为材料的弹性模量（Pa）；I 为轴截面惯性矩（m^4）；L 为跨距（m）；$m=\frac{W}{g}$为质量（kg）。

带有多个圆盘的两支承轴，或仅有单盘但必须考虑自重的轴，可以用分解代换法近似计算公临界转速，计算公式为

$$n_{cr}=\sqrt{\frac{1}{\frac{1}{n_{cr0}^2}+\frac{1}{n_{cr1}^2}+\frac{1}{n_{cr2}^2}+\cdots+\frac{1}{n_{crn}^2}}} \tag{5-24}$$

式中，n_{cr0} 为轴仅承受自重时的一阶临界转速；n_{cr1}、n_{cr2}、…、n_{crn} 分别为轴上只装一个圆盘 1、2、…、n，且不计轴的自重时，轴的一阶临界转速。

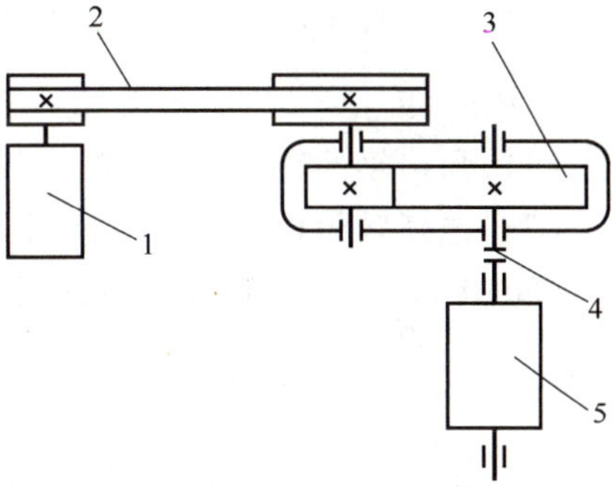

图 5-17 传动装置中的轴

1—电动机 2—带传动 3—齿轮传动 4—联轴器 5—滚筒

5.5 工程案例

例 5-1 试按许用弯曲应力计算法求图 5-17 中小齿轮轴的直径。传动功率 $P=4$kW，电动机转速为 1440r/min。用 A 型 V 带 3 根，大带轮直径 $D=355$mm，大带轮轮毂宽度 $L=50$mm。斜齿圆柱齿轮传动：齿数 $z_1=18$，$z_2=80$，模数 $m_n=3$mm，中心距 $a=150$mm。小齿轮轴转速 $n=450$r/min，小齿轮宽度 $b=60$mm。带轮作用在轴上的力 $Q=1100$N，水平方向。轴的结构如图 5-18a 所示。

解：（1）计算齿轮受力

1）齿轮参数。

斜齿圆柱齿轮螺旋角 $\beta=\arccos\frac{m_n(z_1+z_2)}{2a}=\arccos\frac{3\times(18+80)}{2\times150}=11°28'42''$

小齿轮直径 $d_1=\frac{m_n z_1}{\cos\beta}=\frac{3\times18}{\cos11°28'42''}\text{mm}=55.102\text{mm}$

大齿轮直径 $d_2=\frac{m_n z_2}{\cos\beta}=\frac{3\times80}{\cos11°28'42''}\text{mm}=244.898\text{mm}$

2）小齿轮受力。

转矩 $T_1=9.55\times10^6\dfrac{P}{n}=9.55\times10^6\times\dfrac{4}{450}\text{N}\cdot\text{mm}=84889\text{N}\cdot\text{mm}$

圆周力 $F_t=\dfrac{2T_1}{d_1}=\dfrac{2\times84889}{55.102}\text{N}=3080\text{N}$

径向力 $F_r=\dfrac{F_t\tan\alpha_n}{\cos\beta}=\dfrac{3080\tan20°}{\cos11°28'42''}\text{N}=1140\text{N}$

轴向力 $F_a=F_t\tan\beta=3080\tan11°28'42''\ \text{N}=625\text{N}$

由此可画出小齿轮轴受力图，如图 5-18b 所示。

（2）计算轴承反力（图 5-18c、d）

水平面 $R'_1=\dfrac{1100\times89+625\times\dfrac{55.102}{2}-1140\times64}{128}\text{N}=330\text{N}$

$R'_2=\dfrac{1100\times217+625\times\dfrac{55.102}{2}+1140\times64}{128}\text{N}=2570\text{N}$

垂直面 $R''_1=R''_2=\dfrac{3080}{2}\text{N}=1540\text{N}$

（3）画出弯矩图 M_{xy} 为水平面弯矩，如图 5-18e 所示，M_{xz} 为垂直面弯矩，如图 5-18f 所示，$M=\sqrt{M_{xy}^2+M_{xz}^2}$ 为合成弯矩，如图 5-18g 所示。

（4）画出轴的转矩（T）图 如图 5-18h 所示，$T=84889\text{N}\cdot\text{mm}$。

（5）选择轴的材料，确定许用应力 轴材料选用 45 钢调质，由《机械设计手册》查得 $R_m=650\text{MPa}$，$R_{eL}=360\text{MPa}$。用插值法由表 5-4 查得

$$[\sigma_{0b}]=102.5\text{MPa},\quad [\sigma_{-1b}]=60\text{MPa},\quad \alpha=\frac{[\sigma_{-1b}]}{[\sigma_{0b}]}=\frac{60}{102.5}=0.59$$

（6）画当量弯矩（M'）图（图 5-18i） $\alpha T=0.59\times84889\text{N}\cdot\text{mm}=50085\text{N}\cdot\text{mm}$，由图中可知，在小齿轮和右轴颈中间截面处的最大当量弯矩分别为

$$M'_{\text{IV}}=\sqrt{M^2+(\alpha T)^2}=\sqrt{98640^2+50085^2}\ \text{N}\cdot\text{mm}=110627\text{N}\cdot\text{mm}$$

$$M'_{\text{I-II}}=\sqrt{M^2+(\alpha T)^2}=\sqrt{97900^2+50085^2}\ \text{N}\cdot\text{mm}=109968\text{N}\cdot\text{mm}$$

（7）校核轴径（许用弯曲应力法） 由式（5-4）得

$$d_{\text{IV}}=\sqrt[3]{\frac{M'_{\text{IV}}}{0.1[\sigma_{-1b}]}}=\sqrt[3]{\frac{110627}{0.1\times60}}\text{mm}=26.4\text{mm}<47.6\text{mm}$$

47.6mm 为齿根圆直径，即

$$d_{f1}=d_1-2(h_a^*+c^*)m_n=[55.102-2\times(1+0.25)\times3]\text{mm}=47.6\text{mm}$$

例 5-2 用安全系数法校核例 5-1 中转轴的强度。

解： 如果单独使用安全系数校验的方法，上例步骤（1）~（4）仍需进行。此后要计算的项目如下：

（1）判断危险截面 初步分析Ⅰ、Ⅱ、Ⅲ、Ⅳ四个截面有较大的应力和应力集中。下面以截面Ⅰ为例进行安全系数校核。

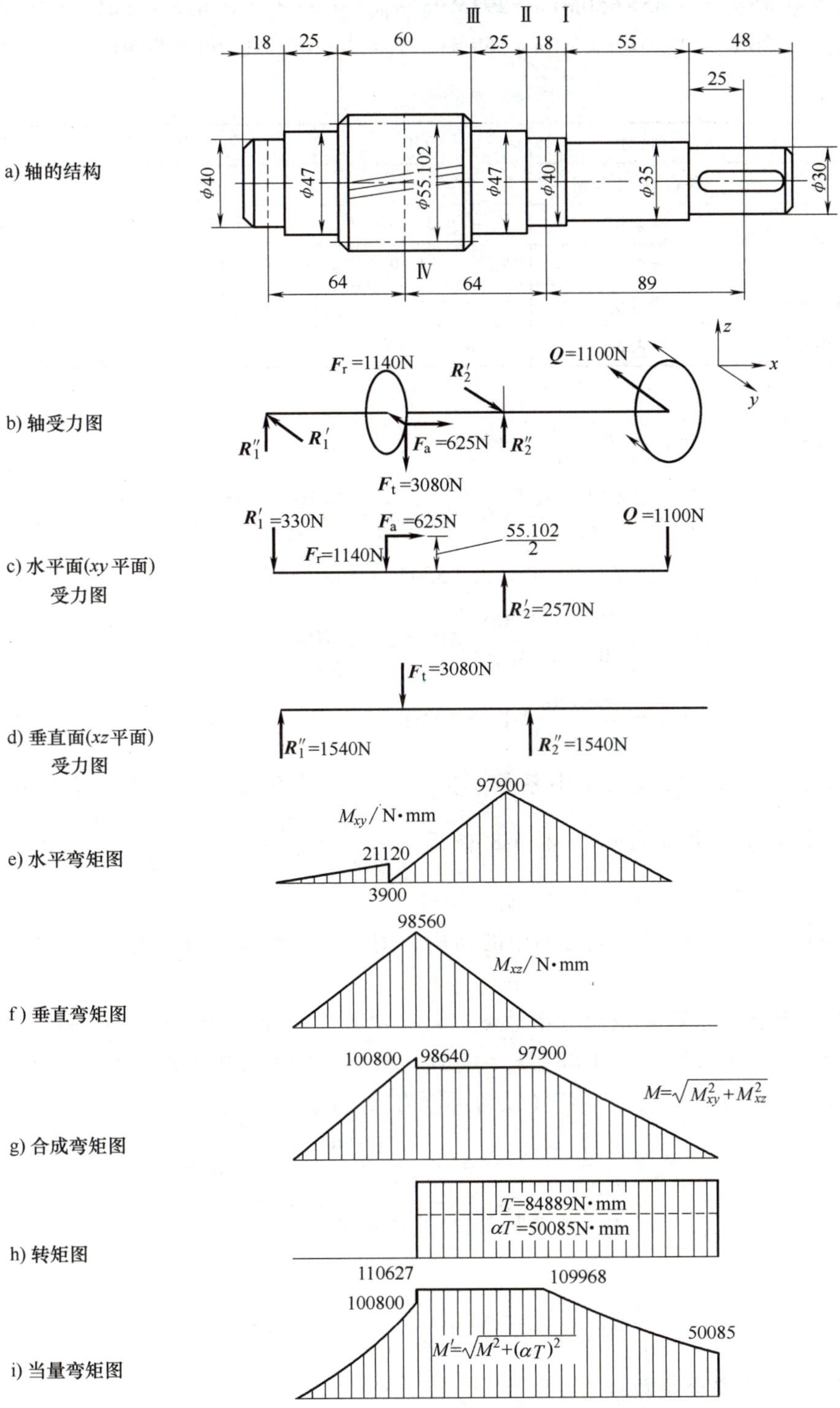

图 5-18 轴的受力分析

（2）轴材料 选用 45 钢调质，$R_m=650\text{MPa}$，$R_{eL}=360\text{MPa}$，由表 5-16 所列公式可求得疲劳极限

$$\sigma_{-1b}=0.45R_m=0.45\times650\text{MPa}=293\text{MPa},\sigma_{0b}=0.81R_m=0.81\times650\text{MPa}=527\text{MPa}$$

$$\tau_{-1}=0.26R_m=0.26\times650\text{MPa}=169\text{MPa},\tau_0=0.50R_m=0.50\times650\text{MPa}=325\text{MPa}$$

表 5-16　钢的极限应力计算公式

极限应力类型	材料	拉压	弯曲	扭剪
强度极限	碳素钢、合金钢	R_m	$\sigma_{bb}=R_m$	$\tau_b=0.6R_m$
屈服极限	碳素钢	$R_{eL}=(0.56\sim0.6)R_m$	$\sigma_{sb}=(0.67\sim0.72)R_m$	$\tau_s=(0.34\sim0.36)R_m$
	合金钢	$R_{eL}=(0.75\sim0.8)R_m$	$\sigma_{sb}=(0.83\sim0.89)R_m$	$\tau_s=(0.45\sim0.48)R_m$
对称循环疲劳极限	碳素钢	$\sigma_{-1}=0.32R_m$	$\sigma_{-1b}=0.45R_m$	$\tau_{-1}=0.26R_m$
脉动循环疲劳极限	碳素钢	$\sigma_0=0.57R_m$	$\sigma_{0b}=0.81R_m$	$\tau_0=0.50R_m$

由式 $\varphi_\sigma=\dfrac{2\sigma_{-1b}-\sigma_{0b}}{\sigma_{0b}}$，$\varphi_\tau=\dfrac{2\tau_{-1}-\tau_0}{\tau_0}$得

$$\varphi_\sigma=\frac{2\times293-527}{527}=0.11,\quad \varphi_\tau=\frac{2\times169-325}{325}=0.04$$

（3）求截面Ⅰ的应力　$M_1=1100\times(25+55)\text{N}\cdot\text{mm}=88000\text{N}\cdot\text{mm}$

$$\sigma=\sigma_a=\frac{M_1}{W}=\frac{88000}{0.1\times35^3}\text{MPa}=20.5\text{MPa},\quad \sigma_m=0\text{MPa}$$

$$\tau=\frac{T}{W}=\frac{88000}{0.2\times35^3}\text{MPa}=10\text{MPa},\quad \tau_a=\tau_m=\frac{\tau}{2}=5\text{MPa}$$

（4）求截面Ⅰ的有效应力集中系数　因在此截面处有轴直径变化，过渡圆角半径 $r=2\text{mm}$，其有效应力集中系数可由表 5-8 查得。由 $\dfrac{D}{d}=\dfrac{40}{35}=1.14$，$\dfrac{r}{d}=\dfrac{2}{35}=0.057$ 及 $R_m=650\text{MPa}$ 查得（用插值法）$k_\sigma=1.77$，$k_\tau=1.31$。

若一个截面上有多种产生应力集中的结构，则分别求出其有效应力集中系数，从中取最大值。

（5）求表面状态系数β及尺寸系数ε_σ、ε_τ　由表 5-10 查得$\beta=0.92$（$Ra=3.2\mu\text{m}$，$R_m=650\text{MPa}$）。由表 5-11 查得$\varepsilon_\sigma=0.88$，$\varepsilon_\tau=0.81$（按靠近应力集中处的最小直径 35mm 查得）。

（6）求安全系数　由式（5-5）（设为无限寿命，$k_N=1$）得

$$S_\sigma=\frac{k_N\sigma_{-1}}{\dfrac{k_\sigma}{\beta\varepsilon_\sigma}\sigma_a+\varphi_\sigma\sigma_m}=\frac{1\times293}{\dfrac{1.77}{0.92\times0.88}\times20.50}=6.54$$

$$S_\tau=\frac{k_N\tau_{-1}}{\dfrac{k_\tau}{\beta\varepsilon_\tau}\tau_a+\phi_\tau\tau_m}=\frac{1\times169}{\dfrac{1.31}{0.92\times0.81}\times5+0.04\times5}=18.8$$

由式（5-6）得综合安全系数

$$S=\frac{S_\sigma S_\tau}{\sqrt{S_\sigma^2+S_\tau^2}}=\frac{6.54\times18.8}{\sqrt{6.54^2+18.8^2}}=6.18>[S]=1.5$$

结论：根据校核，截面Ⅰ足够安全，其他截面尚需做进一步分析与校核。此外，安全系

数较大时，对轴做全面分析后应考虑有无可能减小轴直径。

和其他零件一样，轴的设计并非是一成不变的，下面两种设计步骤都是常用的。

1）从已知的工作条件着手，直接进行结构设计，在结构设计过程中，进行必要的校核计算。例如，可以从传动轮的轮体得知轴头尺寸，从轴承工作条件得到轴颈尺寸。对形状不复杂的轴，就完全有可能不必经过设计计算而直接进行结构设计，并按轴的布置简图画出零件工作图。

2）如果条件不够，或轴的结构比较复杂，就需先做初步计算，通过设计计算初步确定轴的直径，供结构设计时参考。在结构设计过程中再根据需要，进行必要的校核计算，以探索是否有缩小尺寸、节约材料的可能性。

应当指出，单从强度观点，轴的尺寸可缩小，但若受到其他条件限制，如受刚度、振动稳定性、加工和装配工艺条件以及与轴有关联的其他零件和结构的限制等，设计人员必须就所有条件进行全面考虑，方可做出改变结构尺寸的决定。

课后习题

5-1　试分析图 5-19 所示装置中各轴所受的载荷，并注明各轴的类型（按受载分类、不计轴自重）。

5-2　图 5-20 所示为起重机卷扬筒的两种传动方案，试分析卷筒轴Ⅱ的受力情况，并比较两种方案优劣。

5-3　图 5-21 所示为滑轮轴简图，画出两种方案的弯矩图。为减轻轴上载荷和改善其应力特性，应采用哪种方案？

5-4　图 5-22 所示为某旋转轴受力图，直径 d = 80mm，受径向力 F = 2kN，跨距 L = 2m。试计算通过轴中点 A 的截面上最大、最小弯曲正应力 σ_{max}、σ_{min}、应力幅 σ_a、平均应力 σ_m 和循环特性系数 r，并画出其应力图谱。

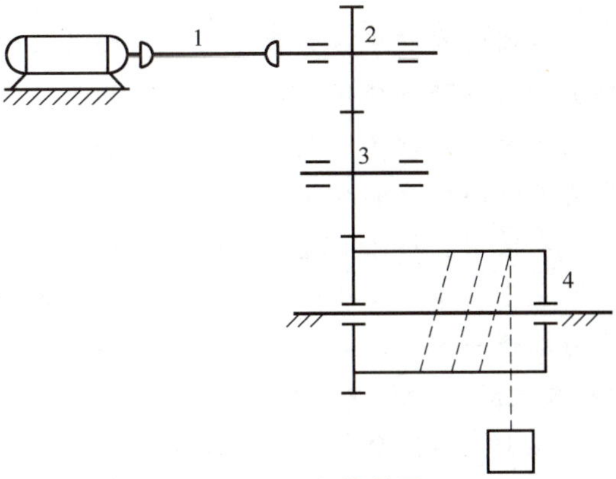

图 5-19　机构简图

5-5　图 5-23 所示为一个单向旋转的齿轮轴简图，从动齿轮为标准直齿圆柱齿轮。已知模数 m = 2mm，齿数 z = 50，分度圆压力角 α = 20°，齿轮传递的转矩 T = 50N · m，轴的危险截面抗弯截面模量 W = 2500mm^3，抗扭截面系数 W_τ = 50000mm^3。

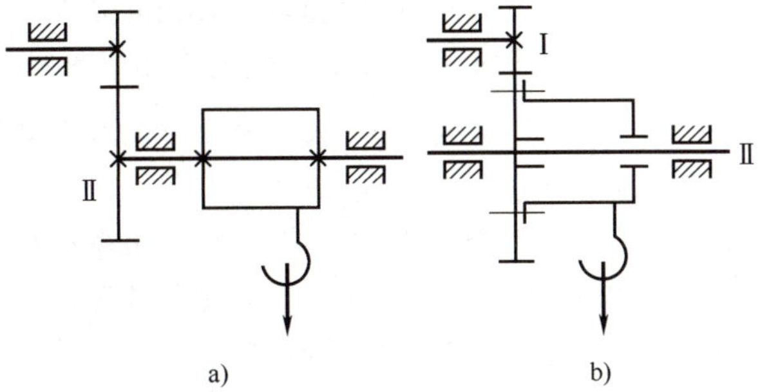

图 5-20　卷扬筒传动方案

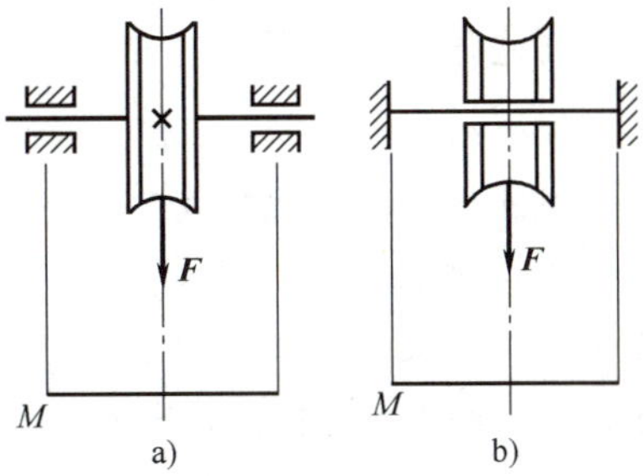

图 5-21　滑轮轴简图

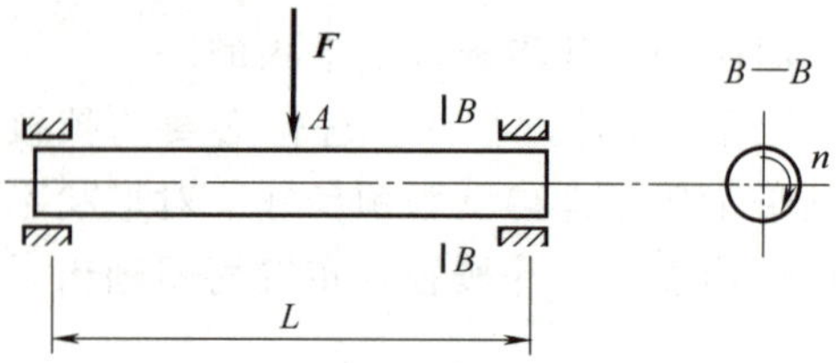

图 5-22　旋转轴受力图

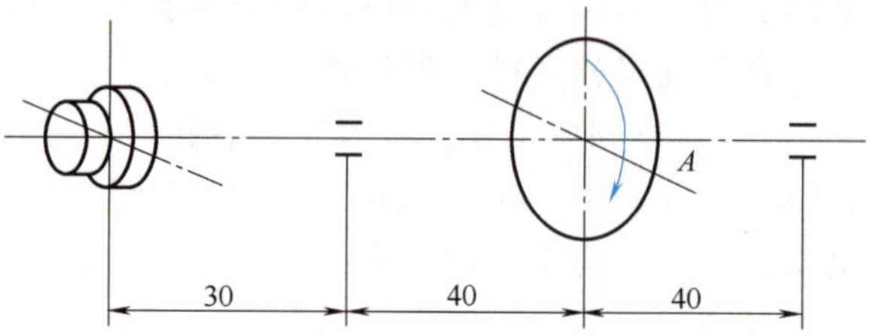

图 5-23　齿轮轴简图

1）计算该齿轮受力（图中啮合点为 A）。

2）画出轴的弯矩图和转矩图。

3）求轴危险截面的弯曲应力幅 σ_a 和平均弯曲应力 σ_m。

4）求轴危险截面的切应力幅 τ_a 和平均切应力 τ_m。

5-6　已知一单级直齿圆柱齿轮减速器，用电动机直接驱动。电动机功率 $P_1=22\text{kW}$，转速 $n_1=1470\text{r/min}$，齿轮模数 $m=2\text{mm}$，齿数 $z_1=37$，$z_2=163$，若支承跨距 $L=180\text{mm}$，轴材料为 45 钢，调质处理，单向运转。试设计输出轴。

知识拓展

轴通常在交变应力作用下发生疲劳破坏。而对轴进行疲劳分析的历史则起源于对火车车轴灾难性故障的研究。通过对事故的调查，人们得出结论，即轴肩处易发生故障，并且消除轴肩较大的几何不连续性有助于缓解这一问题。此后，“疲劳”一词被引入用来描述因循环应力变化而发生的故障。

在德国，19 世纪 50 年代，被认为“疲劳试验之父”的 August Wöhler 在循环应力下进行了大量火车车轴疲劳试验。他使用应力与寿命（S-N）图，展示了疲劳寿命是如何随着变应力幅值的增加而缩短的。另外，在一定的应力幅值以下，试样不会断裂——引入了材料“耐久极限”的概念。Wöhler 进一步得出结论，循环应力幅比峰值应力更重要。

在 19 世纪 70 年代，Gerber 等人研究了平均应力的影响，Goodman 提出了一个关于平均应力简化的理论。1886 年，Bauschinger 提出了在施加引起非弹性变形的反向加载后，拉伸或压缩的屈服强度降低。这是理解金属循环软化和硬化的先驱。

1910 年，Basquin 表明，有限寿命区域内的交变应力与失效循环次数可以用对数线性关系表示。20 世纪 20 年代，Gough 等人发现了弯曲和扭转（多轴疲劳）对轴疲劳的影响。1927 年，Moore 和 Kommers 出版了美国第一本关于金属疲劳的书。1920 年，Griffth 发表了使用玻璃进行脆性断裂理论试验的结果，他发现玻璃的强度取决于微观裂纹的大小。若“S”是断裂处的标称应力，“a”是断裂时的裂纹尺寸，则关系为 $S\sqrt{a}=$常数。通过对裂纹重要性的开创性研究，Griffth 成了“断裂力学之父”。

1954 年德哈维兰公司“彗星”号客机坠毁后，事故调查发现肇事客机的设计存在严重瑕疵。机身蒙皮厚度不足，出现了破裂的痕迹。原因是飞机长期在高空、高速环境下，机上的加压系统使机内外气压不平均，导致金属疲劳，最终从机顶天窗的铆钉部分爆裂，如图 5-24 所示。因此，航空航天行业开始集中精力研究疲劳、应力上升以及裂纹萌生和扩展的临界性。20 世纪 50 年代，L. F. Coffin 和 S. S. Manson 在理解疲劳过程方面取得了进一步进展。他们证明了当裂纹扩展到材料中时，能够用裂纹尖端前方的塑性应变来解释疲劳裂纹的扩展。塑性变形发生在裂纹尖端的正前方，导致裂纹在每个载荷循环中扩展。

图 5-24 “彗星”号客机坠毁

预测疲劳寿命的真正基础始于 20 世纪 60 年代，当时 P. C. Paris 提出了预测单个疲劳裂纹生长速率的方法。他论证了裂纹长度相对于循环次数的变化率。他的成果就是被广泛提及的 da/dN 曲线。然而，自 20 世纪 40 年代中期以来，流行的 M. A. Miner 现象学方法让这一时期 P. C. Paris 的研究成果黯然失色。

在过去的几十年里，在理解循环载荷的影响和金属结构中裂纹扩展的机制方面取得了很大进展。在 20 世纪 80 年代，Brown 和 Miller 研究了同相和异相多轴疲劳的复杂问题。此时注意到了小裂纹问题，许多学者都在努力理解这个问题。小裂纹问题既复杂又重要，因为在相同的驱动力下，这些裂纹的生长速度比较长的裂纹快。对材料疲劳持续不断的研究，可为设计出能够达到预期寿命的零部件提供理论依据。

在组件设计过程中，有两种方法可用于确定其工作的疲劳寿命：安全寿命和损伤容限。

1）设计一个组件，使其在一定的时间内不会发生故障，或者在给定的一组操作条件下，在组件的工作寿命内几乎永远持续使用。安全寿命要求进行测试和分析，以估计组件的使用寿命。此外，该方法引入安全系数可确保不会发生灾难性故障。但是，这种方法使零件结构更大、质量更大，并且制造成本可能更高。直升机叶片就是用这种方法设计其结构的一个范例。

2）损伤容限设计特定寿命的组件，需要假定组件中已经存在裂纹。该方法设定由于特定裂纹尺寸而导致组件失效的断裂载荷，特定裂纹尺寸也被称为临界裂纹尺寸。然后假设现有裂纹的尺寸，使用开发的各类设计工具预测裂纹生长到该临界裂纹尺寸所需的时间。这种方法需要知道组件所用材料的 da/dN 曲线。

第6章 滚动轴承

知识图谱

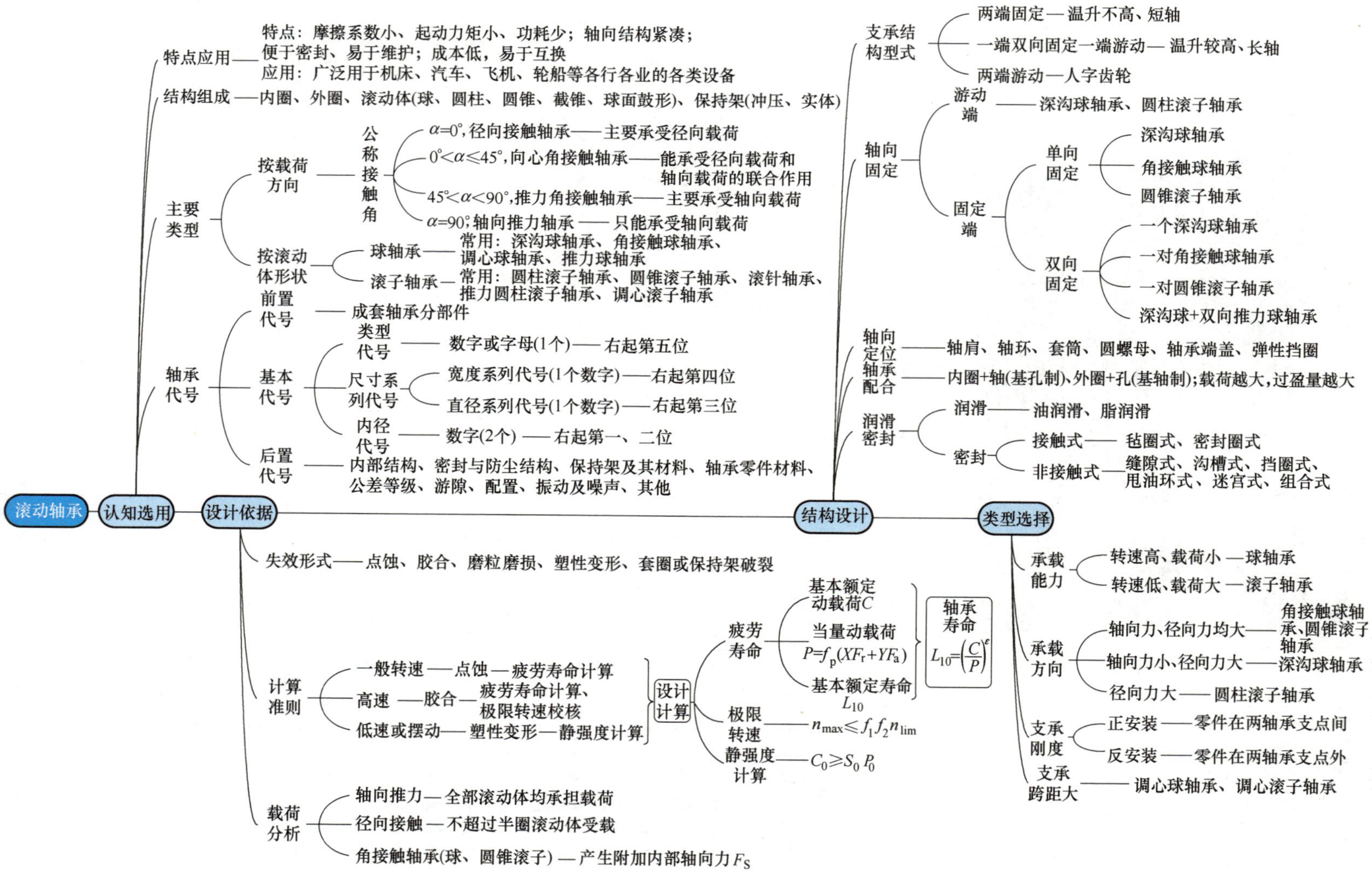

6.1 滚动轴承的结构与分类

滚动轴承的构造、类型和代号

滚动轴承是现代机器中广泛应用的部件之一，它是依靠主要元件间的滚动接触来支承转动零件的。滚动轴承已经标准化，并由专业工厂生产。与滑动轴承比较，滚动轴承主要有下列优点：①在一般工作条件下摩擦系数比滑动轴承小并且比较稳定，不随轴承速度而变化，故起动及运转力矩小，功率损耗少；②对于同尺寸的轴颈，滚动轴承宽度较小，因而轴向结构紧凑；③消耗润滑剂少，便于密封，易于维护；④成批生产，成本较低，易于互换。

滚动轴承的类型、尺寸规格、精度等级、计算方法均制定有国家标准。因此，在机械设计中只需解决两个问题：一是选用合适的滚动轴承的类型和尺寸，二是进行滚动轴承的组合结构设计。

1. 滚动轴承的结构

滚动轴承一般由内圈、外圈、滚动体、保持架四种元件组成，有的轴承还安装有防尘盖，如图 6-1 所示。内圈、外圈分别与轴颈、轴承座孔装配在一起。多数情况下轴承内圈随轴回转，外圈不转；少数情况与此相反；或内、外圈分别按不同转速回转。滚动体是滚动轴承形成滚动摩擦的核心元件，如图 6-2 所示，常用的滚动体形状有球形、圆柱形、截锥形、鼓形等。保持架使滚动体均匀隔开，以避免滚动体之间的摩擦和磨损。保持架有冲压的（图 6-1a）和实体的（图 6-1b）两种。冲压保持架一般用低碳钢板冲压制成，它与滚动体间有较大间隙。实体保持架常用铜合金、铝合金或塑料等材料经切削加工制成，有较好的定心作用。在工作时，轴承需要承受来自外部环境中的油、水、灰尘等物质的侵袭，这些物质会对轴承的生命周期产生负面影响。因此，轴承通常会安装有防尘盖，用于防止杂质的进入，在一定程度上延长轴承的使用寿命。

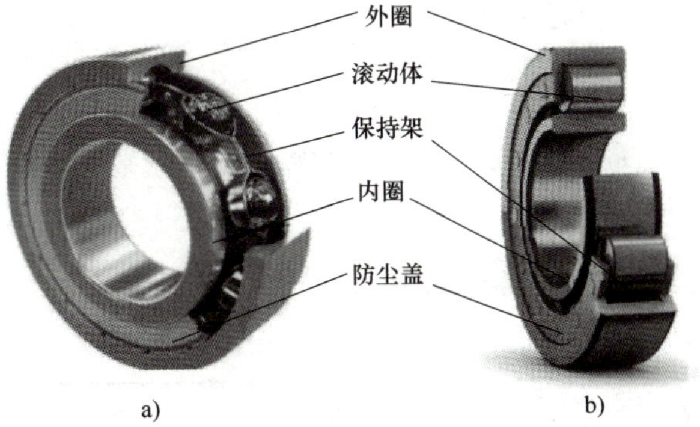

图 6-1 滚动轴承的基本结构

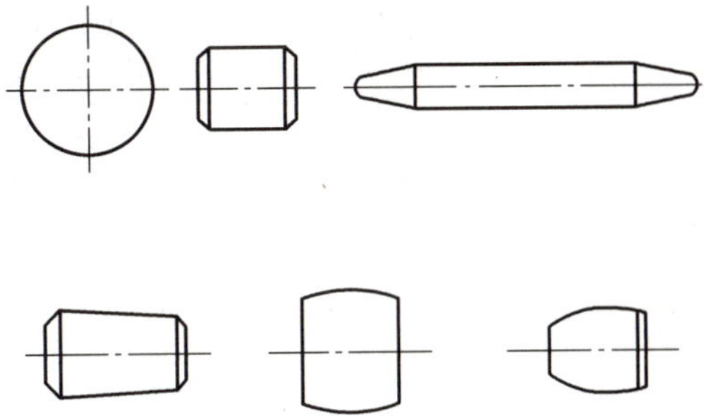

图 6-2 常用的滚动体

轴承的内、外圈和滚动体采用强度高、耐磨性好的轴承合金钢制造，如 GCr15、GSiMnV 等，热处理后表面硬度达 60~65HRC。由于一般轴承的这些元件都经过 150℃ 的回火处理，所以通常只要轴承的工作温度不高于 120℃，元件的硬度就不会下降。

2. 滚动轴承的分类

（1）按承受载荷的方向和大小分类

1）径向接触轴承。公称接触角 $\alpha=0°$，主要承受径向载荷，其中某些轴承也可承受轻微的轴向载荷。当内、外圈轴线重合，并且元件无弹性变形时，滚动体和内、外圈滚道接触处的法线与轴承径向平面间的夹角称为公称接触角，记为 α，如图 6-3 所示。

2）向心角接触轴承。公称接触角 $0°<\alpha\leqslant45°$，能承受径向载荷和轴向载荷的联合作用，但一般以承受径向载荷为主。

3）推力角接触轴承。公称接触角 $45°<\alpha<90°$，主要承受轴向载荷，也可同时承受较小的径向载荷。

4）轴向推力轴承。公称接触角 $\alpha=90°$，只能承受轴向载荷。

上述 1）、2）两类轴承属于向心类轴承，主要用于承受径向载荷；3）、4）两类轴承属于推力类轴承，主要用于承受轴向载荷。

（2）按滚动体形状分类　可分为球轴承和滚子轴承。滚子轴承按滚子的外形和尺寸又分为圆柱滚子轴承、滚针轴承、圆锥滚子轴承、调心滚子轴承（球面鼓形滚子）。

上述类型可归纳为国标规定的 10 余种类型，图 6-3 所示为部分常用滚动轴承类型。

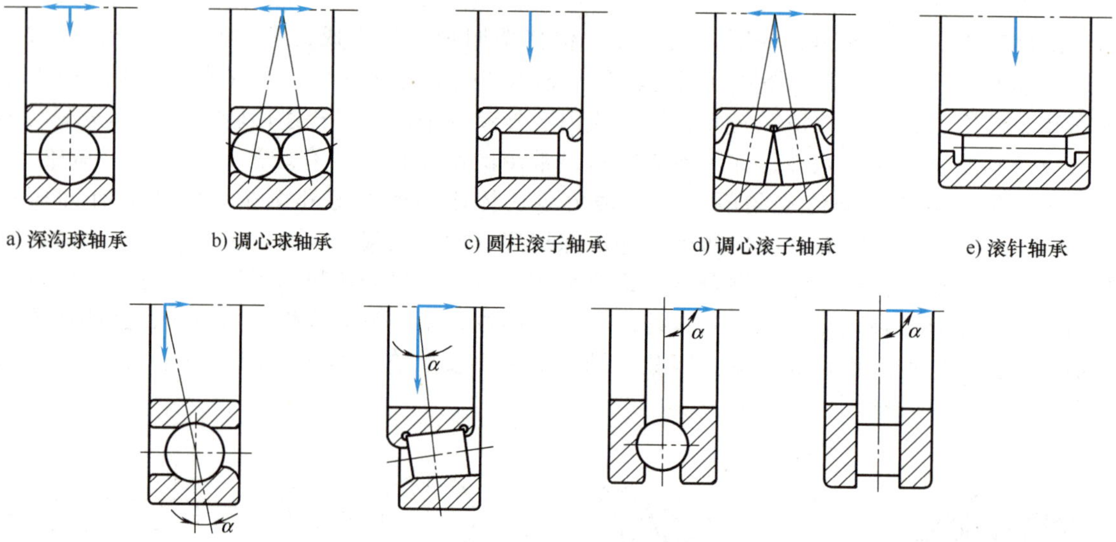

a) 深沟球轴承　b) 调心球轴承　c) 圆柱滚子轴承　d) 调心滚子轴承　e) 滚针轴承

f) 角接触球轴承　g) 圆锥滚子轴承　h) 推力球轴承　i) 推力圆柱滚子轴承

图 6-3　滚动轴承的类型

滚动轴承的类型很多，常用滚动轴承的类型、性能和特点见表 6-1。

表 6-1　常用滚动轴承的类型、性能和特点

类型代号	类型名称	结构简图	结构代号	基本额定动载荷比①	极限转速比②	轴向承载能力	轴向限位能力③	性能和特点
1	调心球轴承	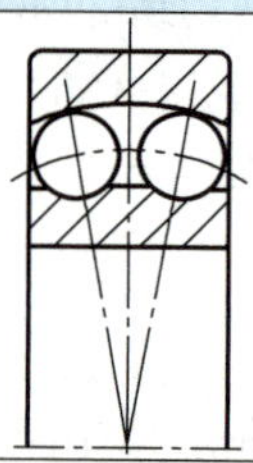	10000	0.6~0.9	中	少量	I	因外圈滚道表面是以轴承中点为中心的球面，故能自动调心，允许内圈（轴）相对外圈（机座孔）轴线偏斜量≤2°~3°。一般不宜承载纯轴向载荷

（续）

类型代号	类型名称	结构简图	结构代号	基本额定动载荷比①	极限转速比②	轴向承载能力	轴向限位能力③	性能和特点
2	调心滚子轴承	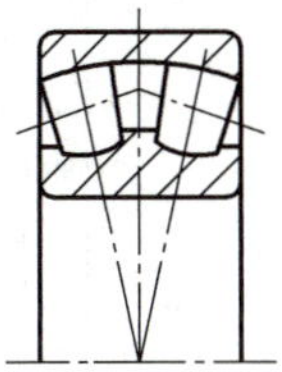	20000	1.8～4	低	少量	Ⅰ	性能、特点与调心球轴承相同，但是有较大的径向承载能力，允许内圈对外圈轴线偏斜量≤1.5°～2.5°
	推力调心滚子轴承	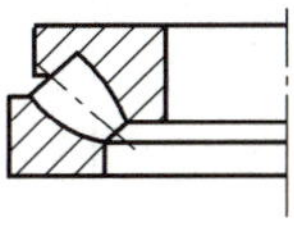	29000	1.6～2.5	低	很大	Ⅱ	用于承受以轴向载荷为主的轴向、径向联合载荷，但径向载荷不得超过轴向载荷的55%。运转中滚动体受离心力矩作用，滚动体与滚道间产生滑动，并导致轴圈与座圈分离。为保证正常工作，需施加一定轴向预载荷。允许轴圈对座圈轴线偏斜量≤1.5°～2.5°
3	圆锥滚子轴承	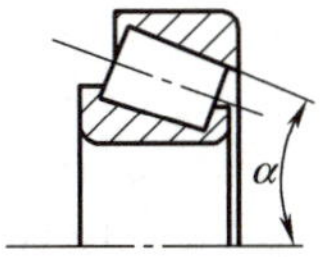	30000 α=10°～18°	1.5～2.5	中	较大	Ⅱ	可以同时承受径向载荷及轴向载荷（30000型以径向载荷为主，30000B型以轴向载荷为主）。外圈可分离，安装时可调整轴承的游隙。一般成对使用
			30000B α=27°～30°	1.1～2.1	中	很大		
5	推力球轴承	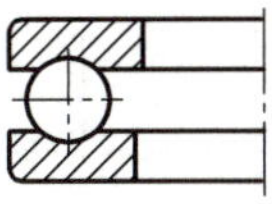	51000	1	低	只能承受单向的轴向载荷	Ⅱ	只能承受轴向载荷。高速时离心力大，钢球与保持架磨损、发热严重，寿命缩短，故极限转速很低。为了防止钢球与滚道之间的滑动，工作时必须加有一定的轴向载荷。轴线必须与轴承座底面垂直，载荷必须与轴线重合，以保证钢球载荷均匀分配
	双向推力球轴承	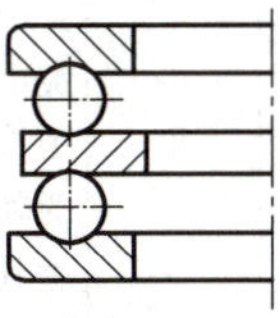	52000	1	低	能承受双向的轴向载荷	Ⅰ	
6	深沟球轴承	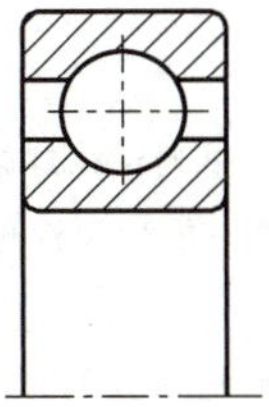	60000	1	高	少量	Ⅰ	主要承受径向载荷，也可同时承受小的轴向载荷。当量摩擦系数最小。在高转速且有轻量化要求的场合，可用来承受单向或双向的轴向载荷。工作中允许内、外圈轴线偏斜量≤8′～16′，大量生产，价格最低

（续）

类型代号	类型名称	结构简图	结构代号	基本额定动载荷比①	极限转速比②	轴向承载能力	轴向限位能力③	性能和特点
7	角接触球轴承	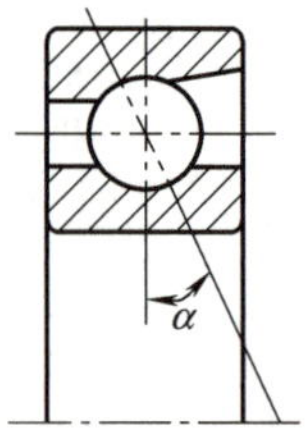	70000C $\alpha=15°$	1～1.4	高	一般	Ⅱ	可以同时承受径向载荷及轴向载荷，也可以单独承受轴向载荷。能在较高的转速下正常工作。由于一个轴承只能承受单向的轴向载荷，因此一般成对使用。承受轴向载荷的能力与接触角 α 有关。接触角大的，承载轴向载荷能力高
			70000AC $\alpha=25°$	1～1.3		较大		
			70000B $\alpha=40°$	1～1.2		很大		
N	外圈无挡边的圆柱滚子轴承	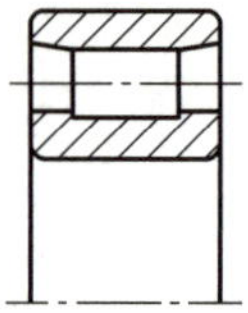	N0000	1.5～3	高	无	Ⅲ	有较大的径向承载能力。外圈（或内圈）可以分离，故不能承受轴向载荷。滚子由内圈（或外圈）的挡边轴向定位，工作时允许内、外圈有少量的轴向错动。内、外圈轴线的允许偏斜量很小（2′～4′）。此类轴承还可以不带外圈或内圈
	内圈无挡边的圆柱滚子轴承	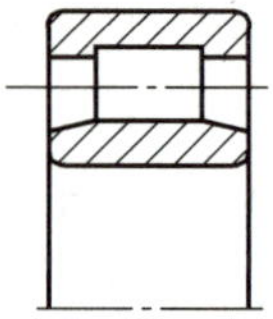	NU0000					
	内圈有单挡边的圆柱滚子轴承	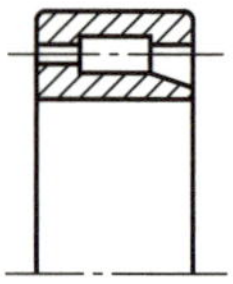	NJ0000			少量	Ⅱ	
NA	滚针轴承	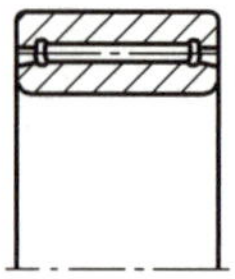	NA0000	—	低	无	Ⅲ	在同样的内径条件下，与其他类型轴承相比，其外径最小，内圈或外圈可以分离，工作时允许内、外圈有少量的轴承错动。有较大的径向承载能力。一般不带保持架，摩擦系数较大

① 基本额定动载荷比：指同一尺寸系列（直径及宽度）各种类型和结构型式的轴承的基本额定动载荷与单列深沟球轴承（推力轴承则为推力球轴承）的基本额定动载荷之比。

② 极限转速比：指同一尺寸系列普通级公差的各类轴承脂润滑时的极限转速与单列深沟球轴承脂润滑时极限转速之比。高、中、低的意义：高为单列深沟球轴承极限转速的 90%～100%；中为单列深沟球轴承极限转速的 60%～90%；低为单列深沟球轴承极限转速的 60%以下。

③ 轴向限位能力：Ⅰ为轴的双向位移限制在轴承的轴向游隙范围之内；Ⅱ为限制轴的单向轴向位移；Ⅲ为不限制轴的轴向位移。

6.2　滚动轴承的代号与选择

轴承类型选择

1. 滚动轴承的代号

在常用的各类滚动轴承中，每一种类型又可做成几种不同的结构、尺寸和公差等级，以便适应不同的技术要求。为了统一表征各类轴承的特点，便于组织生产和选用，GB/T 272—2017 规定了轴承代号的表示方法。

滚动轴承代号由基本代号、前置代号和后置代号构成，用字母和数字等表示。滚动轴承代号的构成见表 6-2。

表 6-2　滚动轴承代号的构成

前置代号	基本代号					后置代号								
	五	四	三	二	一									
轴承分部件代号	类型代号	尺寸系列代号		内径代号		内部结构代号	密封与防尘结构代号	保持架及其材料代号	轴承零件材料代号	公差等级代号	游隙代号	配置代号	振动及噪声代号	其他代号
		宽度（或高度）系列代号	直径系列代号											

注：基本代号下面的一至五表示代号自右向左的位置序数。

（1）基本代号　基本代号用来表明轴承的内径、直径系列、宽度（或高度）系列和类型。

1）轴承内径是指轴承内圈的直径，常用 d 表示。基本代号右起第一、二位数字为内径代号。对常用内径 $d=20\sim480$mm 的轴承，内径一般为 5 的倍数，这两位数字乘以 5 后的积表示轴承的内径，例如 04 表示 $d=20$mm，12 表示 $d=60$mm。内径代号还有一些例外的，例如对于内径为 10mm、12mm、15mm 和 17mm 的轴承，内径代号依次为 00、01、02 和 03。对于内径 $d\geqslant500$mm 和 $d<10$mm 以及一些特殊尺寸 22mm、28mm、32mm 的轴承，直接用内径尺寸毫米数表示，并与尺寸系列代号用“/”分开。

2）轴承的直径系列（即结构、内径相同的轴承，在外径和宽度方面变化的系列）用基本代号右起第三位数字表示。直径系列代号有 7、8、9、0、1、2、3、4 和 5，对应于相同内径轴承的外径尺寸依次递增，如图 6-4 所示。

3）轴承的宽度（或高度）系列（即结构、内径和直径系列都相同的轴承，在宽度方面变化的系列。对于推力轴承，是指高度系列）用基本代号右起第四位数字表示。宽度系列代号有 8、0、1、2、3、4、5 和 6，对应同一直径系列的轴承，其宽度依次递增。多数轴承在代号中不标出代号 0，但对于调心滚子轴承和圆锥滚子轴承，宽度系列代号 0 应标出。

直径系列代号和宽度（或高度）系列代号统称为尺寸系列代号。

4）轴承的类型用基本代号右起第五位数字（或字母）表示，其表示方法见表 6-1。

（2）前置代号　轴承的前置代号用于表示轴承的分部件，用字母表示。

L——可分离轴承的可分离内圈或外圈，如 LN 207。

R——不带可分离内圈或外圈的组件，如 RNU 207（NU 表示内圈无挡边的圆柱滚子轴承）。

K——滚子和保持架组件，如 K 81107。

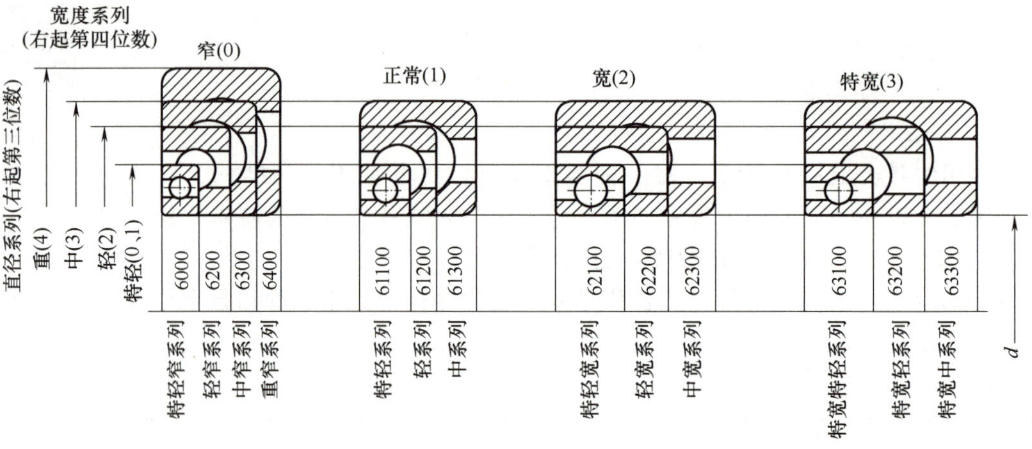

图 6-4　滚动轴承的直径系列和宽度系列

WS、GS——推力圆柱滚子轴承的轴圈、座圈，如 WS 81107、GS 81107。

实际应用中，标准滚动轴承的类型是很多的，其中有些轴承的代号也比较复杂。上面介绍的代号是轴承代号中最基本、最常用的部分。熟悉了这部分代号，就可以识别和查选常用的轴承。关于滚动轴承更详细的代号表示方法可查阅 GB/T 272—2017。

（3）后置代号　轴承的后置代号是用字母和数字表示轴承的结构、公差及材料的特殊要求等。后置代号的内容很多，下面介绍几个常用的代号。

1）内部结构代号是表示同一类型轴承的不同内部结构，用字母紧跟着基本代号表示。例如接触角为 15°、25°和 40°的角接触球轴承分别用 C、AC 和 B 表示其内部结构的不同。

2）轴承的公差等级代号有/PN、/P6、/P6X、/P5、/P4、/P2 等六个，分别表示标准规定的普通级、6 级、6X 级、5 级、4 级、2 级的公差等级（等级由低级到高级），普通级可以省略不写。公差等级中 6X 级仅适用于圆锥滚子轴承。

3）常用的轴承径向游隙系列有/C2、/CN、/C3、/C4、/C5 等五个代号，分别符合标准规定的游隙 2、N、3、4、5 组（游隙量由小到大），N 组可省略不注。

公差等级代号与游隙代号同时表示时，可取公差等级代号加上游隙组号组合表示，如/P63（公差等级 6 级，径向游隙 3 组）。

2. 滚动轴承类型的选择

选择滚动轴承的类型非常重要，如果选择不当，会使机器的性能要求得不到满足或缩短轴承寿命。在选择轴承类型时，一般要考虑所承受的载荷的大小、方向、性质，转速的高低以及对刚度、调心性能、结构尺寸、轴承的装拆和经济性等的要求。

（1）轴承的载荷　轴承所受载荷的大小、方向和性质，是选择轴承类型的主要依据。根据载荷的大小选择轴承类型时，由于滚子轴承中主要元件间是线接触，宜用于承受较大的载荷，承载后的变形也较小。而球轴承中则主要为点接触，宜用于承受较轻的或中等的载荷，故在载荷较小时，可优先选用球轴承。

根据载荷的方向选择轴承类型时，对于纯轴向载荷，一般选用轴向接触轴承。较小的纯轴向载荷可选用轴向接触球轴承；较大的纯轴向载荷可选用轴向接触滚子轴承。对于纯径向载荷，一般选用径向接触轴承，如深沟球轴承、圆柱滚子轴承或滚针轴承。当轴承在承受径向载荷的同时，还有不大的轴向载荷时，可选用深沟球轴承或接触角不大的角接触球轴承或圆锥滚子轴承；当轴向载荷较大时，可选用接触角较大的角接触球轴承或圆锥滚子轴承，或者选用径向接触轴承与轴向接触轴承组合在一起的结构，分别承担径向载荷和轴向载荷。

（2）轴承的转速　在一般转速下，转速的高低对类型的选择不产生明显影响，只有在转速较高时，才会有比较显著的影响。滚动轴承样本中列入了各种类型、不同尺寸轴承的极限转速 $n_{\lim}$ 值。这个转速是指载荷不大（当量动载荷 $P \leqslant 0.1C$，C 为基本额定动载荷），冷却条件正常，且为普通级公差轴承时的最大允许转速。但是，由于极限转速主要受工作温升的限制，因此不必认为样本中的极限转速是一个绝对不可超越的界限。从工作转速对轴承的要求看，可以确定以下几点：

1）与滚子轴承相比，球轴承有较高的极限转速，故在高速时应选用球轴承。

2）在内径相同的条件下，外径越小，滚动体就越小，运转时滚动体加在外圈滚道上的离心力也就越小，因而也就更适合于在更高的转速下工作。故在高速时，宜选用相同内径而外径较小的轴承。若用一个外径较小的轴承而承载能力达不到要求，则可再装一个相同的轴承，或者考虑采用宽系列的轴承。外径较大的轴承，宜用于低速重载的场合。

3）保持架的材料与结构对轴承转速影响极大。实体保持架比冲压保持架允许高一些的转速，青铜保持架允许更高的转速。

4）轴向接触轴承的极限转速均很低。当工作转速高时，若轴向载荷不十分大，则可以采用角接触球轴承承受纯轴向力。

5）若工作转速略超过样本规定的极限转速，则可以选用较高公差等级的轴承，或者选用较大游隙的轴承，采用循环润滑或油雾润滑，加强对循环油的冷却等措施来改善轴承的高速性能。若工作转速超过极限转速过多，则应选用特制的高速滚动轴承（参见 6.4 节）。

（3）轴承的调心性能　当轴承的中心线与轴承座孔的中心线不重合而有角度误差时，或因轴受力而弯曲或倾斜时，会造成轴承的内、外圈轴线发生偏斜。这时，应采用有一定调心性能的调心球轴承或调心滚子轴承。

圆柱滚子轴承和滚针轴承对轴承的偏斜敏感，这类轴承在偏斜状态下的承载能力可能低于球轴承。因此，在轴的刚度和轴承座孔支承刚度较低时，应尽量避免使用。

（4）轴承的安装和拆卸　便于装拆也是在选择轴承类型时应考虑的一个因素。在轴承座没有剖分面而必须沿轴向安装和拆卸轴承部件时，应优先选用内、外可分离的轴承（如 N0000、NA0000、30000 等）。当轴承在长轴上安装时，为了便于安装，可以选用其内圈孔为 1∶12 的圆锥孔（用以安装在紧定衬套上）的轴承。

此外，轴承类型的选择还应考虑轴承装置整体设计的要求，如轴承的配置使用要求、游动要求等。

6.3　滚动轴承的载荷分析与失效形式

1. 载荷分析

（1）载荷分布　以深沟球轴承为例，如图 6-5 所示，轴承承受径向载荷 $\boldsymbol{F}_r$ 时最多只有半圈内的滚动体承受载荷，而且各滚动体承受载荷的大小也不同，分别为 $\boldsymbol{F}_{\max}$、$\boldsymbol{F}_1$、$\boldsymbol{F}_2$、…、$\boldsymbol{F}_n$。各力与滚动轴承载荷作用线所成的角度分别为 φ、2φ、…、$n\varphi$（$n\varphi<90°$）。

由力平衡条件得

$$F_r = F_{max} + 2F_1\cos\varphi + 2F_2\cos2\varphi + \cdots + 2F_n\cos n\varphi \tag{6-1a}$$

假定只有滚动体变形，而内、外圈均不变形。在载荷 F_r 的作用下，内圈下沉量为 δ_{max}，此时滚动体径向变形量分别为

$$\delta_i = \delta_{max}\cos i\varphi, i = 1 \sim n \tag{6-1b}$$

根据赫兹公式，滚动体受力后的变形 δ 与作用力 F 之间有下列关系：

$$\delta = KF^{2/3}$$

式中，K 为与接触处的综合曲率半径以及材料的弹性模量等有关的系数。

$$\delta_{max} = KF_{max}^{2/3}, \quad \delta_i = KF_i^{2/3} \tag{6-1c}$$

由式（6-1c）可得

$$\frac{\delta_i}{\delta_{max}} = \left(\frac{F_i}{F_{max}}\right)^{2/3} \tag{6-1d}$$

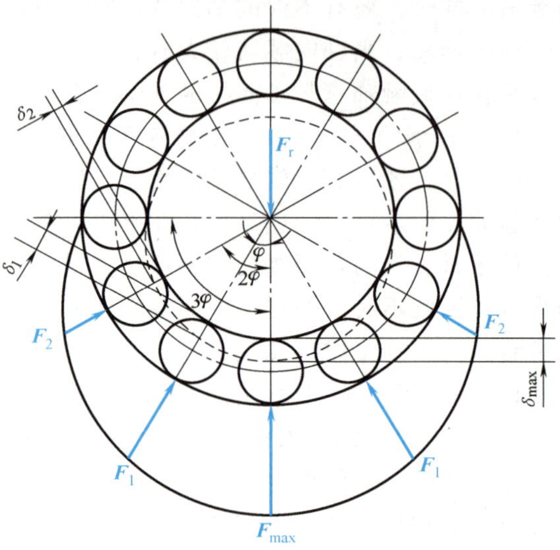

图 6-5　滚动轴承上的载荷分布

将式（6-1b）代入式（6-1d），得

$$F_i = F_{max}\cos^{3/2}(i\varphi) \tag{6-1e}$$

将式（6-1e）各值代入式（6-1a）得

$$F_r = F_{max}\left[1 + 2\sum_{i=1}^{n}\cos^{3/2}(i\varphi)\right]$$

或

$$F_{max} = \frac{F_r}{1 + 2\sum_{i=1}^{n}\cos^{3/2}(i\varphi)} = \frac{Z}{1 + 2\sum_{i=1}^{n}\cos^{3/2}(i\varphi)}\frac{F_r}{Z} = K_c\frac{F_r}{Z}$$

式中，K_c 为与滚动体数目有关的系数，$K_c = \dfrac{Z}{1 + 2\sum_{i=1}^{n}\cos^{3/2}(i\varphi)}$；$Z$ 为一列滚动体的数目。

如 Z=10、15、20，即 φ=36°、24°、18°，则 K_c=4.38、4.37、4.36，取平均值为 4.37。

对于球轴承

$$F_{max} = 4.37\frac{F_r}{Z}$$

考虑到游隙和内外圈变形对载荷的影响，上式可以写成

$$F_{max} = 5\frac{F_r}{Z} \tag{6-2a}$$

同理，对于滚子轴承

$$F_{max} = 4.6\frac{F_r}{Z} \tag{6-2b}$$

由上述分析可知：深沟球轴承受纯径向载荷时载荷分布是不够稳定的；而当有不大的轴向载荷作用时受力的滚动体将稍微超过半圈，这时载荷分布比较稳定，轴承寿命较长。

（2）角接触轴承的载荷计算　角接触轴承受径向载荷 $\boldsymbol{F}_r$ 时，会产生内部轴向力 $\boldsymbol{F}_S$。图 6-6 所示轴承下半圈第 i 个球受径向力 $\boldsymbol{F}_{ri}$。由于轴承外圈接触点法线与轴承中心平面有接触角 α，通过接触点法线对轴承内圈和轴的法向反力 $\boldsymbol{F}_i$ 将产生径向分力 $\boldsymbol{F}_{ri}$ 和轴向分力 $\boldsymbol{F}_{Si}$。各球的轴向分力之和即为轴承的内部轴向力 $\boldsymbol{F}_S$。按一半滚动体受力进行分析，得

$$F_S \approx 1.25F_r\tan\alpha \qquad (6\text{-}3)$$

式（6-3）可证明如下：第 i 个球的轴向分力为

$$F_{Si} \approx F_{ri}\tan\alpha$$

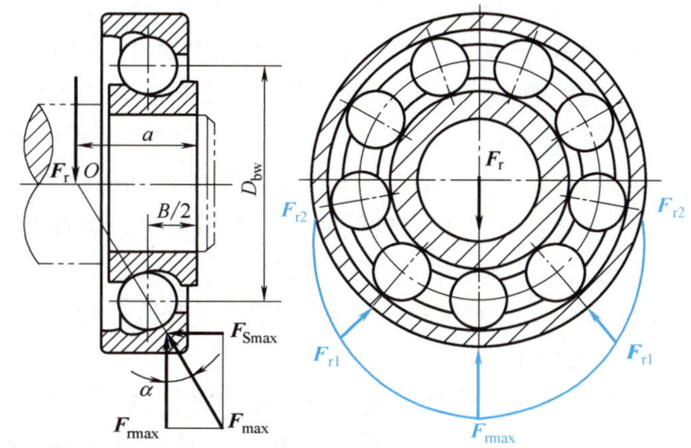

图 6-6　角接触球轴承中径向载荷所产生的轴向力

由前面分析可知　$F_{ri} = F_{rmax}\cos^{3/2}(i\varphi) = \dfrac{4.37}{Z}F_r\cos^{3/2}(i\varphi)$

由此得作用在各球上的轴向分力分别为

$$F_{Smax} \approx \frac{4.37}{Z}F_r\tan\alpha,\quad F_{Si} \approx \frac{4.37}{Z}F_r\cos^{3/2}(i\varphi)\tan\alpha$$

整个轴承上的内部轴向力为

$$F_S \approx \sum F_{Si} = \frac{4.37}{Z}F_r[1+2\cos^{3/2}\varphi+\cdots+2\cos^{3/2}(i\varphi)+\cdots+2\cos^{3/2}(n\varphi)]\tan\alpha$$

取 $Z=8\sim20$，$n\varphi\leqslant 90°$（只计一半球受力），得式（6-3）。

计算各种角接触轴承内部轴向力的公式可查表 6-3。

表 6-3　角接触轴承的内部轴向力 F_S

轴承类型	角接触球轴承（$F_S=eF_r$）			圆锥滚子轴承
	$\alpha=15°$	$\alpha=25°$	$\alpha=40°$	
F_S	eF_r	$0.68F_r$	$1.14F_r$	$F_r/(2Y)$

注：1. $\alpha=15°$型轴承 $e=0.38\sim0.56$，随 iF_a/C_{0r} 而变（可查表 6-7）。

2. 圆锥滚子轴承 $e=1/(2Y)$，Y 是 $F_a/F_r>e$ 时的轴向系数，查有关手册。

2. 失效形式及计算准则

滚动轴承的失效形式和计算准则

（1）滚动轴承的失效形式　滚动轴承内、外圈间有相对运动，滚动体既自转又围绕轴承中心公转，滚动体和套圈分别受到不同的脉动接触应力。根据工作情况，滚动轴承的主要失效形式如下：

1）点蚀。滚动轴承受径向载荷后各滚动体的受力大小不同，对于回转轴承，滚动体与动套圈间产生周期性非稳定脉动循环应力，固定套圈产生稳定脉动循环应力，工作若干时间后，各元件接触表面上都可能发生接触疲劳磨损，出现点蚀现象。有时由于安装不当，轴承局部受载较大，更促使点蚀早期发生。产生点蚀的轴承将引起噪声、振动、发热、不能正常工作，即轴承因疲劳点蚀而失效。

2）塑性变形。在过大的静载荷或冲击载荷作用下，轴承承载元件间的接触应力超过了元件材料的屈服极限，接触部位发生塑性变形，形成凹坑，使轴承性能下降、摩擦阻力矩增大。这种失效多发生在低速重载或做往复摆动的轴承中。

3）磨粒磨损。由于润滑不充分、密封不好或润滑油不清洁，以及工作环境多尘，一些金属屑或磨粒性物料进入了轴承的工作部位，轴承将会发生严重的磨损，导致轴承内、外圈与滚动体间隙增大、振动加剧及旋转精度降低而报废。

4）胶合。在高速重载条件下工作的轴承，因摩擦面发热而使温度急剧升高，导致轴承元件的回火，严重时将产生胶合失效。

5）套圈、保持架破裂。由于安装不良和受到冲击，套圈和保持架会发生破裂，从而使滚动轴承无法工作。

此外，还有电腐蚀、锈蚀等其他失效形式。

（2）滚动轴承的计算准则　在选定轴承类型后，确定轴承尺寸时，应针对主要失效形式进行必要的计算。对于一般转速（$n>10\text{r/min}$）的滚动轴承，其滚动体和套圈易发生疲劳点蚀，因此主要是进行疲劳寿命计算，必要时再做静强度校核。对于极慢转速（$n<10\text{r/min}$）或低速摆动的轴承，其主要失效形式是局部表面塑性变形，应按照静强度计算。对于高速轴承，发热以致胶合是其主要失效形式，因而除进行寿命计算外，还应校核极限转速。对于其他失效形式，可通过良好的润滑和密封、正确的操作与维护来解决。

此外，为了保证轴承的正常工作，发挥其工作能力，设计合理的轴承组合结构和选择合理的密封及润滑方法也是十分重要的。

6.4　滚动轴承的承载能力计算

滚动轴承的设计计算

1. 基本额定寿命

大量试验表明，滚动轴承的疲劳寿命是相当离散的。轴承中任一元件出现疲劳剥落扩展（点蚀）前运转的总转数或一定转速下的工作小时数称为轴承寿命（指的是两个套圈间的相对转数或相对转速）。

由于制造精度、材料的均质程度等的差异，即使是同样材料、同样尺寸以及同一批次生产出来的轴承，在完全相同的工况下运转，各轴承的寿命也不可能相等，寿命长短间相差可达几十倍。对于一个具体轴承很难预知其确切寿命，不能以同一批试验轴承中最长寿命或最短寿命作为标准，需要对一批轴承用数理统计方法，分析计算一定可靠度 R 或失效概率 η 下的轴承寿命，如图 6-7 所示。通常，将可靠度为 90%时的寿命作为标准寿命。国家标准规定：一批相同的轴承，在相同条件下运转，其中 10%的轴承发生点蚀破坏，而 90%的轴承不发生点蚀破坏时的总转数，以 L_{10} 表示（单位为 10^6r）

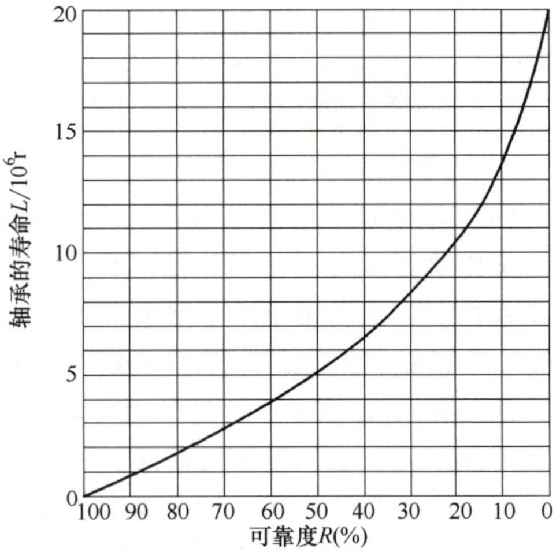

图 6-7　滚动轴承的寿命曲线

或在一定转速下工作的小时数，以 L_{10h} 表示（单位为 h）称为基本额定寿命。

2. 基本额定动载荷 C

把基本额定寿命 L_{10} 等于 10^6r 时轴承所能承受的载荷称为基本额定动载荷。这个基本额定动载荷，对于向心轴承，指的是纯径向载荷，称为径向基本额定动载荷，用 C_r 表示；对于推力轴承，指的是纯轴向载荷，称为轴向基本额定动载荷，用 C_a 表示；对角接触球轴承或圆锥滚子轴承，指的是使套圈间只产生径向位移时轴承所受载荷的径向分量。

滚动轴承基本额定动载荷 C_r 或 C_a 的计算公式见表 6-4。各轴承厂将根据轴承的结构、尺寸、精度和材料在产品目录中给出基本额定动载荷 C 的值。

表 6-4　滚动轴承基本额定动载荷 C_r 或 C_a 的计算公式

基本额定动载荷	轴承类型	参数特征		计算公式
径向基本额定动载荷	深沟球轴承 角接触球轴承	$D_w \leqslant 25.4$mm		$C_r = f_c(i\cos\alpha)^{0.7} Z^{2/3} D_w^{1.8}$
		$D_w > 25.4$mm		$C_r = 3.647 f_c(i\cos\alpha)^{0.7} Z^{2/3} D_w^{1.4}$
	圆柱滚子轴承 圆锥滚子轴承	—		$C_r = f_c(iL_{we}\cos\alpha)^{7/9} Z^{3/4} D_{we}^{29/27}$
轴向基本额定动载荷	推力球轴承	$D_w \leqslant 25.4$mm	$\alpha = 90°$	$C_a = f_c Z^{2/3} D_w^{1.8}$
			$\alpha \neq 90°$	$C_a = f_c(\cos\alpha)^{0.7} \tan\alpha Z^{2/3} D_w^{1.8}$
		$D_w > 25.4$mm	$\alpha = 90°$	$C_a = 3.647 f_c Z^{2/3} D_w^{1.4}$
			$\alpha \neq 90°$	$C_a = 3.647 f_c(\cos\alpha)^{0.7} \tan\alpha Z^{2/3} D_w^{1.4}$
	推力滚子轴承	$\alpha = 90°$		$C_a = f_c L_{we}^{7/9} Z^{3/4} D_{we}^{29/27}$
		$\alpha \neq 90°$		$C_a = f_c(L_{we}\cos\alpha)^{7/9} \tan\alpha Z^{3/4} D_{we}^{29/27}$

注：C_r 为径向基本额定动载荷（N）；C_a 为轴向基本额定动载荷（N）；D_w 为球直径（mm）；D_{we} 为滚子中部直径（mm）；L_{we} 为滚子长度（mm）；Z 为滚动体数（多列轴承指一列的滚动体数）；i 为滚动体列数；α 为轴承的公称接触角；f_c 为基本额定动载荷计算系数，与轴承的几何结构、尺寸、材料及制造精度有关，根据不同类型轴承在有关标准中给出。

3. 滚动轴承的寿命计算

对于基本额定动载荷为 C（C_r 或 C_a）的轴承，根据基本额定动载荷定义可知，当

轴承所受载荷 $P=C$ 时，其基本额定寿命为 10^6r。当轴承所受载荷 $P\neq C$ 时，根据大量试验结果，可以确定滚动轴承的载荷与寿命的关系方程为

$$P^{\varepsilon} L_{10} = C^{\varepsilon} \times 1 = 常数 \tag{6-4}$$

式中，L_{10} 为基本额定寿命（10^6r）；C 为基本额定动载荷（N）；ε 为寿命指数，对于球轴承 $\varepsilon=3$，滚子轴承 $\varepsilon=10/3$。

图 6-8 所示为在大量试验研究基础上得出的代号为 6207 的轴承的载荷-寿命曲线图。该曲线表示这类轴承的载荷 P 与基本额定寿命 L_{10} 之间的关系。曲线上相应于寿命 $L_{10}=1\times10^6$r 的载荷（25.5kN），即为 6207 轴承的基本额定动载荷 C。其他型号的轴承，也有与上述曲线的函数规律完全一样的载荷-寿命曲线，即满足上述滚动轴承的载荷与寿命关系方程。

由式（6-4）可得，滚动轴承的基本额定寿命 L_{10} 为

$$L_{10} = \left(\frac{C}{P}\right)^{\varepsilon} \tag{6-5}$$

式中，L_{10} 的单位为 10^6r。

在实际工程计算中，轴承寿命常用小时数表示，此时基本额定寿命 L_{10h} 为

$$L_{10h}=\frac{10^6}{60n}\left(\frac{C}{P}\right)^{\varepsilon} \tag{6-6}$$

式中，L_{10h} 的单位为 h；n 为轴承转速（r/min）。

通常取机器的中修或大修年限作为轴承的设计寿命。实际上，达到设计寿命时只有少数轴承需要更换，多数仍能正常工作。轴承预期寿命的荐用值见表 6-5。

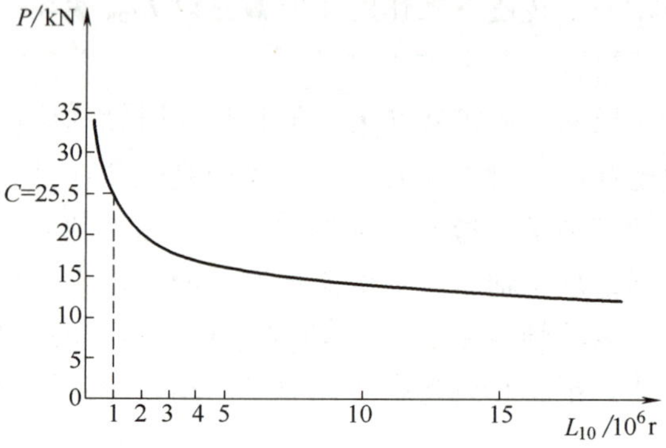

图 6-8　滚动轴承的载荷-寿命曲线图

表 6-5　轴承预期寿命的荐用值

机器种类		预期寿命/h
不经常使用的仪器设备		500
航空发动机		500~2000
间断使用的机器	中断使用不致引起严重后果的手动机械、农业机械等	4000~8000
	中断使用会引起严重后果，如升降机、输送机、吊车等	8000~10000
每天工作 8h 的机器	利用率不高的齿轮传动、电动机等	12000~20000
	利用率较高的通风设备、机床等	20000~30000
连续工作 24h 的机器	一般可靠性的空气压缩机、电动机、水泵等	50000~60000
	高可靠性的电站设备、给水排水装置等	>100000

若 L_{10} 或 L_{10h} 为预期寿命，则根据式（6-5）和式（6-6）可求得轴承所需承担的额定动载荷 C'，从轴承手册上选择合适的轴承，使其基本额定动载荷 $C \geq C'$，即能满足要求。

在一般常规轴承材料及运转条件下，上述计算公式能广泛使用。对特殊材料或特殊工作条件下（如高温等）运转，可靠度为（100%−η）的滚动轴承，其寿命计算公式为

$$L_{na}=a_1 a_{ISO} L_{10} \tag{6-7}$$

式中，a_1 为对可靠性的寿命修正系数，简称可靠性系数，见表 6-6；a_{ISO} 为系统方法的寿命修正系数。因轴承寿命的不同影响因素之间是相互关联的，故在系统方法中考虑了各相互关联因素的变化和相互作用对系统寿命的影响。其中寿命修正系数 a_{ISO} 的确定方法考虑了轴承钢的疲劳应力极限，并易于估算出润滑和污染对轴承寿命的影响。具体计算过程可参见《滚动轴承　额定动载荷和额定寿命》（GB/T 6391—2010）。

表 6-6　可靠性系数 a_1

额定寿命		L_{60}	L_{50}	L_{40}	L_{30}	L_{20}	L_{10}	L_5	L_4	L_3	L_2	L_1
可靠度 R(%)		40	50	60	70	80	90	95	96	97	98	99
a_1	球	7.01	5.45	4.14	2.00	1.96	1	0.64	0.55	0.47	0.37	0.25
	滚子	6.84	5.34	4.07	2.96	1.95						

4. 当量动载荷

实际上，轴承在许多应用场合，常常同时承受径向载荷 F_r 和轴向载荷 F_a。为了计算轴

承寿命，必须把实际载荷换算成一个假定载荷，在这个假定载荷作用下，轴承寿命与实际载荷作用下的寿命相同，该假定载荷称为当量动载荷（用字母 P 表示）。这个当量动载荷，对于以承受径向载荷为主的向心轴承，称为径向当量动载荷，具体用 P_r 表示；对于以承受轴向载荷为主的推力轴承，称为轴向当量动载荷，具体用 P_a 表示。

当量动载荷 P 的一般计算公式为

$$P=XF_r+YF_a \tag{6-8}$$

式中，X、Y 分别为径向系数和轴向系数，可由表 6-7 查取。

表 6-7　径向系数 X 和轴向系数 Y

轴承类型		$\frac{iF_a}{C_0}$	单列轴承				双列轴承				界限值 e
			$F_a/F_r\leq e$		$F_a/F_r>e$		$F_a/F_r\leq e$		$F_a/F_r>e$		
			X	Y	X	Y	X	Y	X	Y	
深沟球轴承		0.014				2.30				2.30	0.19
		0.028				1.99				1.99	0.22
		0.056				1.71				1.71	0.26
		0.084				1.55				1.55	0.28
		0.11	1	0	0.56	1.45	1	0	0.56	1.45	0.30
		0.17				1.31				1.31	0.34
		0.28				1.15				1.15	0.38
		0.42				1.04				1.04	0.42
		0.56				1.00				1.00	0.44
调心球轴承		—	1	0	0.4	0.4cotα	1	0.42cotα	0.65	0.65cotα	1.5tanα
调心滚子轴承		—	1	0	0.4	0.4cotα	1	0.45cotα	0.67	0.67cotα	1.5tanα
角接触球轴承	α=15°	0.015				1.47		1.65		2.39	0.38
		0.029				1.40		1.57		2.28	0.40
		0.058				1.30		1.46		2.11	0.43
		0.087				1.23		1.38		2.00	0.46
		0.12	1	0	0.44	1.19	1	1.34	0.72	1.93	0.47
		0.17				1.12		1.26		1.82	0.50
		0.29				1.02		1.14		1.66	0.55
		0.44				1.00		1.12		1.63	0.56
		0.58				1.00		1.12		1.63	0.56
	α=25°	—	1	0	0.41	0.87	1	0.92	0.67	1.41	0.68
	α=40°	—	1	0	0.35	0.57	1	0.55	0.57	0.93	1.14
圆锥滚子轴承		—	1	0	0.40	0.4cotα	1	0.45cotα	0.67	0.67cotα	1.5tanα

注：1. C_0 是轴承的额定静载荷；i 是滚动体的列数；α 是接触角。

2. 对于深沟球轴承及角接触球轴承，先根据算得的 iF_a/C_0 值查出对应的 e 值，然后查出对应的 X、Y 值。对于表中未列出的 iF_a/C_0 值，可按线性插值法求出对应的 e、X、Y 值。

3. 两套相同的角接触球轴承（或圆锥滚子轴承）安装在同一支点上“背靠背”或“面对面”配置作为一个整体（成对安装）运行时，轴承的当量动载荷按一套双列角接触球轴承（或圆锥滚子轴承）计算，并用双列轴承的 X、Y 值。

4. 调心轴承和圆锥滚子轴承中计算 e 和 Y 所需的接触角 α 由滚动轴承样本或机械设计手册中查得。

5. 两套或两套以上相同的角接触球轴承（或圆锥滚子轴承）安装在同一支点上，以“串联”配置作为一个整体（成对或组合安装）运转，制造和安装精度精确，能够保证载荷均匀分布，这一轴承组的基本额定动载荷等于轴承数的 0.7 次（圆锥滚子轴承按 7/9 次）幂乘以单列轴承的基本额定动载荷。计算当量动载荷时，用单列轴承的 X、Y 值。

6. 若因为某些技术上的原因，可以将轴承配置视为许多单列轴承，它们可以单独更换，相互无关系，则注 3、5 的规定均不适合。

表 6-7 中 e 为判断系数（即界限值）。单列向心轴承当 $F_a/F_r \leqslant e$ 时：$Y=0$，$P=F_r$，即轴向载荷对当量动载荷的影响可以不计。深沟球轴承和角接触球轴承的 e 值将随 F_a/C_0 的增加而增大（C_0 为轴承的额定静载荷），F_a/C_0 反映轴向载荷的相对大小，它通过接触角的变化而影响 e 值。

对于只能承受纯径向载荷 F_r 的轴承（如圆柱滚子轴承、滚针轴承），当量动载荷 $P=F_r$；对于只能承受纯轴向载荷 F_a 的轴承（如推力球轴承），当量动载荷 $P=F_a$。

考虑机械工作时的冲击、振动对轴承载荷的影响，应引入载荷系数 f_p（由表 6-8 选取）。此时，轴承的当量动载荷应为

$$P=f_p(XF_r+YF_a) \tag{6-9}$$

表 6-8　载荷系数 f_p

载荷性质	机械举例	载荷系数 f_p
平稳运转或轻微冲击	电动机、空调机、水泵等	1.0~1.2
轻度冲击的运转	机床、起重机、传动装置、风机、造纸机等	1.2~1.5
剧烈冲击、振动的运转	破碎机、轧钢机、振动筛、工程机械等	1.5~3.0

轴承在不稳定载荷作用下工作时，应该根据疲劳积累假说求出平均当量动载荷 P_m 和平均当量转速 n_m。若轴承每次工况下运转的时间为 t_1、t_2、…、t_n，当量动载荷依次为 P_1、P_2、P_3、…、P_n，相应的转速为 n_1、n_2、…、n_n，则平均当量动载荷为

$$P_m=\left(\frac{P_1^{\varepsilon}n_1t_1+P_2^{\varepsilon}n_2t_2+\cdots+P_n^{\varepsilon}n_nt_n}{N}\right)^{1/\varepsilon} \tag{6-10}$$

式中，$N=n_1t_1+n_2t_2+\cdots+n_nt_n$。

平均当量转速为

$$n_m=\frac{N}{t} \tag{6-11}$$

式中，t 为总工作时间（min）。

5. 角接触球轴承和圆锥滚子轴承的径向载荷 F_r 与轴向载荷 F_a 计算

角接触球轴承和圆锥滚子轴承承受径向载荷时，各滚动体的载荷矢量与轴中心线的交点 O 是轴承载荷作用中心，即支反力的作用点，如图 6-6 所示。载荷作用中心与轴承外侧端面的距离可由下式计算，也可直接由手册查得。

载荷分析、内部轴向力

$$a=\frac{B}{2}+\frac{D_{bw}}{2}\tan\alpha \tag{6-12}$$

式中，D_{bw} 为滚动体中心圆直径，$D_{bw}=(D+d)/2$，D 为轴承外径，d 为轴承内径；B 为轴承宽度。

接触角 α 及直径 D_{bw} 越大，载荷作用中心距离轴承宽度中点越远。为了简化计算，常假设载荷作用中心就在轴承宽度中点，但这对于跨距较小的轴，误差较大不宜随便简化。

角接触球轴承和圆锥滚子轴承在实际工程中通常成对使用，图 6-9 所示为两种不同的安装方式，轴承外圈宽边相对为反装，轴承外圈窄边相对为正装。

在计算当量动载荷 P 时，式（6-8）中径向载荷 $\boldsymbol{F}_r$ 是由外界作用到轴上的径向力 $\boldsymbol{F}_R$ 在

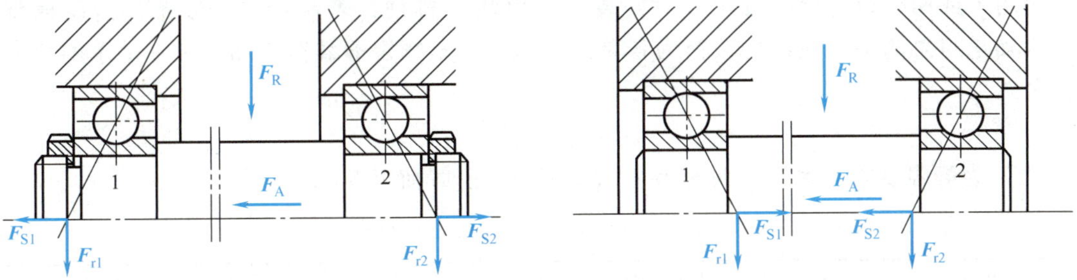

a) 反装(背靠背)　　　　b) 正装(面对面)

图 6-9　角接触球轴承轴向载荷的分析

各轴承上产生的径向载荷。根据力的径向平衡条件，当径向力 $\boldsymbol{F}_R$ 的大小及作用位置确定时，轴承的径向载荷 $\boldsymbol{F}_{r1}$、$\boldsymbol{F}_{r2}$ 就很容易确定。而轴承所受轴向载荷 $\boldsymbol{F}_a$ 需要根据整个轴上的轴向载荷之间的平衡关系得出。

根据轴的平衡关系，按图 6-9 所示两种情况分析轴承 1、2 所受的轴向力：

1）以角接触球轴承反装的情况为例，如图 6-9a 所示，如果 $F_{S1}+F_A>F_{S2}$，轴有向左移动的趋势，使轴承 2 “压紧”，轴承 1 “放松”，轴的右端将通过轴承 2 受一平衡反力 ΔF_{S2}，由此可求出轴承 2 的轴向力为

$$F_{a2}=F_{S2}+\Delta F_{S2}=F_{S1}+F_A \tag{6-13}$$

因轴承 1 只受内部轴向力，故

$$F_{a1}=F_{S1} \tag{6-14}$$

2）如果 $F_{S1}+F_A<F_{S2}$，轴有向右移动的趋势，使轴承 1 “压紧”，轴承 2 “放松”，轴的左端将通过轴承 1 受一平衡力 ΔF_{S1}，由此可求出轴承 1 的轴向力为

$$F_{a1}=F_{S1}+\Delta F_{S1}=F_{S2}-F_A \tag{6-15}$$

这时，轴承 2 只受内部轴向力为

$$F_{a2}=F_{S2} \tag{6-16}$$

计算角接触球轴承和圆锥滚子轴承轴向力的方法归纳如下：

1）判明轴上全部轴向力合力的指向（包括外载荷和轴承的内部轴向力），确定“压紧”端和“放松”端轴承。

2）“压紧”端，轴承的轴向力等于除本身的内部轴向力外其他轴向力的代数和。

3）“放松”端，轴承的轴向力等于它本身的内部轴向力。

6. 基本额定静载荷及当量静载荷

不转动或转速极低（$n\leqslant 10\text{r/min}$）或摆动的轴承，其失效形式为静载荷或冲击载荷引起的滚动体和内外圈滚道处产生的塑性变形（凹坑）。

为限制滚动轴承的永久变形量，定义轴承受力最大的滚动体与滚道接触处所产生的塑性变形量之和为滚动体直径的万分之一时的载荷量为基本额定静载荷，以 C_0 表示。对于向心轴承，基本额定静载荷是指使轴承套圈仅产生相对纯径向位移的载荷的径向分量，称为径向基本额定静载荷 C_{0r}；对于推力轴承，基本额定静载荷是指中心轴向载荷，称为轴向基本额定静载荷 C_{0a}。各类轴承的基本额定静载荷 C_0 值由制造厂根据轴承的参数和尺寸算出列于产品目录或有关手册中。

对两个或两个以上单列轴承成对安装或“串联”排列，若制造与安装条件能使载荷均匀，则轴承组总的基本额定静载荷为各单列轴承的基本额定静载荷之和。滚动轴承的静强度校核公式为

$$C_0 \geq S_0 P_0 \tag{6-17}$$

式中，S_0 为静强度安全系数，见表 6-9；P_0 为当量静载荷（N）。

表 6-9　滚动轴承静强度安全系数 S_0

轴承使用情况	使用要求、载荷性质和使用场合	S_0
旋转轴承	对旋转精度和平稳运转要求较高，或承受强大冲击载荷	1.2~2.5
	正常使用	0.8~1.2
	对旋转精度和平稳运转要求较低，没有冲击振动	0.5~0.8
不旋转或摆动轴承	水坝闸门装置	≥1
	附加动载荷较小的大型起重机吊钩	≥1
	附加动载荷很大的小型装卸起重机吊钩	≥1.6

若轴承的实际载荷情况与基本额定静载荷的假定情况不同，则要将实际载荷换算为一个假想载荷，这个假想载荷称为当量静载荷 P_0，其作用方向与基本额定静载荷相同。在该假想载荷作用下轴承中受载最大的滚动体与滚道接触处产生的永久变形量与实际载荷作用下的相同。

对于向心轴承，径向当量载荷为下列两式计算出的较大值。

$$\begin{cases} P_{0r} = X_0 F_r + Y_0 F_a \\ P_{0r} = F_r \end{cases} \tag{6-18}$$

式中，X_0、Y_0 分别为径向静载荷系数、轴向静载荷系数，见表 6-10。

表 6-10　向心轴承的径向静载荷系数 X_0 和轴向静载荷系数 Y_0

轴承类型		单列轴承		双列轴承	
		X_0	Y_0	X_0	Y_0
深沟球轴承		0.6	0.5	0.6	0.5
角接触球轴承	$\alpha=15°$ $\alpha=25°$ $\alpha=40°$	0.5	0.46 0.38 0.26	1	0.92 0.76 0.52
调心球轴承 $\alpha \neq 0°$		0.5	0.22cotα	1	0.44cotα
圆锥滚子轴承 $\alpha \neq 0°$		0.5	0.22cotα	1	0.44cotα

注：接触角 α 确定的 Y_0 值可在轴承目录中直接查出。

对于推力轴承，轴向静载荷为

$$\begin{cases} P_{0a} = 2.3F_r \tan\alpha + F_a & \alpha \neq 90° \\ P_{0a} = F_r & \alpha = 90° \end{cases} \tag{6-19}$$

7. 滚动轴承的极限转速

滚动轴承转速过高时，由于滚动体和保持架的惯性力以及极小的形状偏差，不仅导致运

转状态的恶化，而且造成摩擦面间温度升高和润滑剂的性能变化，从而引起滚动体回火或轴承元件的胶合失效。所以当转速过高时，还应校核滚动轴承极限转速，轴承的工作转速应小于其极限转速。

极限转速是指在一定载荷和润滑条件下，滚动轴承所能允许的最高转速。它与轴承的类型、尺寸、载荷大小及方向、润滑剂的种类及用量、润滑方式以及散热条件等因素有关。在轴承样本或手册中给出了各种型号轴承在脂润滑和油润滑条件下的极限转速 $n_{\lim}$ 值。这些数值只适用于：当量动载荷 $P \leqslant 0.1C$、润滑与冷却条件正常、向心轴承仅受径向载荷、推力轴承仅受轴向载荷条件下的 PN 级精度的轴承。

当轴承在 $P>0.1C$ 情况下工作时，因接触应力增大、润滑状态变差；而且向心轴承受轴向载荷时，将使轴承内受载荷的滚动体增加，增大了接触表面间的摩擦，也使润滑状态变差。因而，所允许的最高转速降低，其值可由下式计算求得：

$$n_{\max} \leqslant f_1 f_2 n_{\lim} \tag{6-20}$$

式中，f_1 为载荷系数，由图 6-10 查取；f_2 为载荷分布系数，由图 6-11 查取。

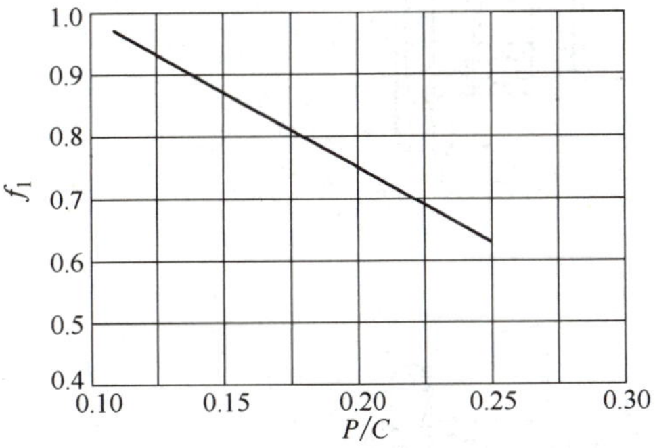

图 6-10　载荷系数 f_1

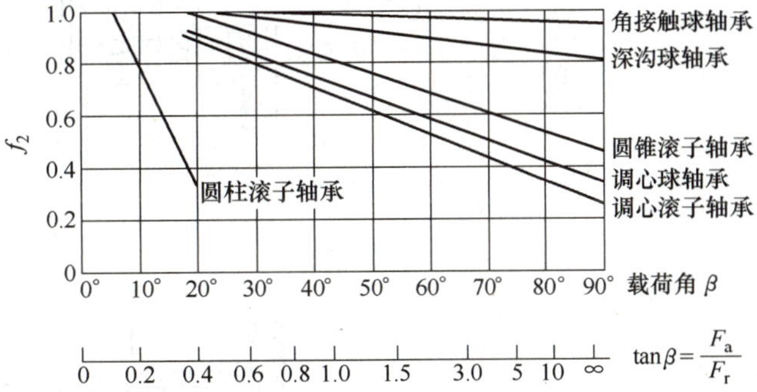

图 6-11　载荷分布系数 f_2

若极限转速不能满足要求，则需另选轴承或采取改进措施，如提高轴承精度，加大球轴承的游隙，采用青铜或夹布胶木保持架，采用喷油或油雾润滑等。综合采取以上各项措施，可使极限转速提高一倍以上。

在高速时，滚动体上的离心力将增大外圈滚道上的压力，从而影响极限转速。减小滚动体的离心力，可以从减小滚动体的质量和回转半径两方面采取措施。例如，选用滚动体直径小的轻系列轴承或空心滚动体的轴承、质量小的陶瓷球轴承等。

6.5　滚动轴承的装置与组合设计

滚动轴承组合设计

为保证轴承正常工作，除了正确选择轴承类型和确定型号外，还需要合理设计轴承的组合结构。轴的支承结构设计对于保证轴的运转精度，发挥轴承的工作能力起着重要作用。支承结构的设计，需要综合考虑轴承的配置、轴向位置的限定与调整、轴的热膨胀补偿、轴承游隙调整、轴承的紧固、润滑和密封等问题。

1. 滚动轴承轴系支承结构的型式

轴的径向位置一般由两个支承共同限定，而轴向位置可以有不同的限定方法。合理的轴承配置应考虑轴在机器中有正确的位置、防止轴向窜动以及轴受热膨胀后不致将轴承卡死等因素。常用的轴承支承型式有以下三种。

(1) 两端固定支承　指两个支承端各限制一个方向的轴向位移的支承方式。普通工作温度下的短轴（跨距 l<400mm），支点常采用两端单向固定的方式，每个轴承分别承受一个方向的轴向力。轴向力不太大时，可采用一对深沟球轴承，如图 6-12a 所示，为了允许轴工作时有少量热膨胀，安装时轴承外圈与机座孔间采用较松的配合，同时应留有 0.25~0.4mm 的轴向间隙（间隙很小，结构图上不必画出），间隙量常用垫片或调整螺钉调节。轴向力较大时，可选用一对角接触球轴承或一对圆锥滚子轴承，如图 6-12b 所示。这种支承结构可以在安装或检修时，通过调整某个轴承套圈的轴向位置，使轴承达到所要求的游隙预紧量。由于游隙可调，这种支承结构特别适用于旋转精度要求高的机械。

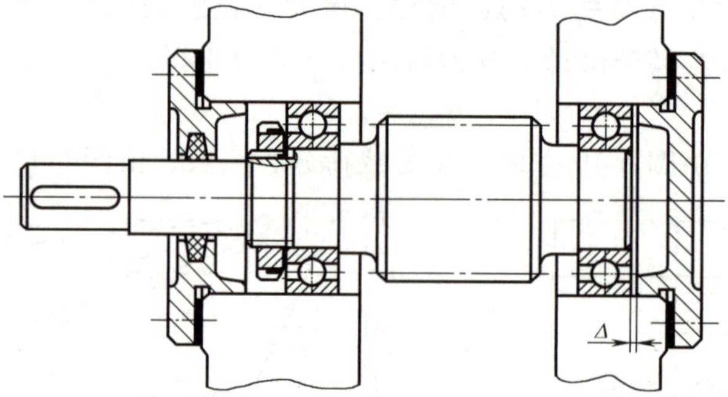

a)

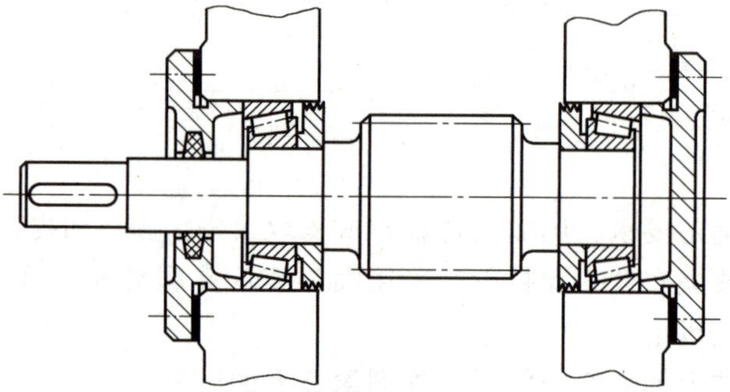

b)

图 6-12　两端固定支承

支承部件在工作中，轴的温度一般高于机座的温度，因此轴与轴承内圈的膨胀量（包括轴向伸长量和径向膨胀量）均大于外圈。这种变化对于面对面排列的支承结构，将使游隙减小，而对于背对背排列的圆锥滚子轴承支承结构，其游隙变化要根据两轴承锥尖的相对位置情况，做具体分析。

(2) 固定-游动支承（一端双向固定、一端游动）　固定端是使轴承与轴及机座孔的位置相对固定，以实现轴的轴向定位的一个支承端。在轴的另一支承端，轴承与轴或机座孔间可以相对移动，进而补偿轴因热变形及制造安装误差引起的长度变化，即为游动端，如图 6-13 所示。

显然，在这种支承中轴的轴向定位精度取决于固定端轴承轴向游隙的大小。因此，用一对角接触球轴承或圆锥滚子轴承组成的固定端的轴向定位精度，要比用一套深沟球轴承的定位精度高。

轴系结构的支承方式

固定端轴承的内、外圈，应分别与轴和机座孔做轴向固定和定位。

游动端对轴长度变化的补偿，最简单有效的方法是采用内圈无挡边或外圈无挡边的圆柱滚子轴承。当采用其他类型轴承时，可根据载荷形式和工作条件，分别使内圈与轴或外圈与机座孔成间隙配合，以满足轴向游动的需要。

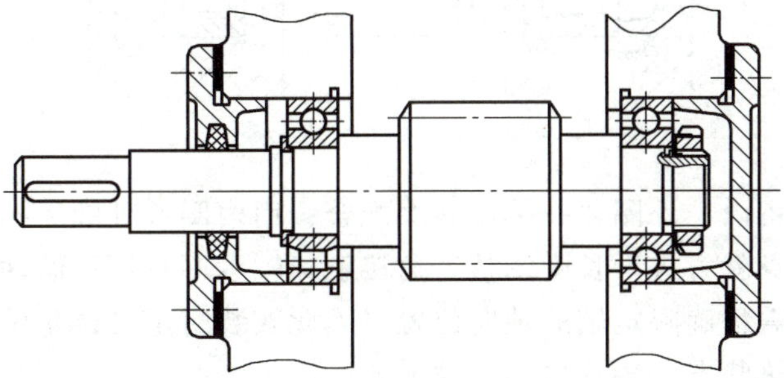

a)

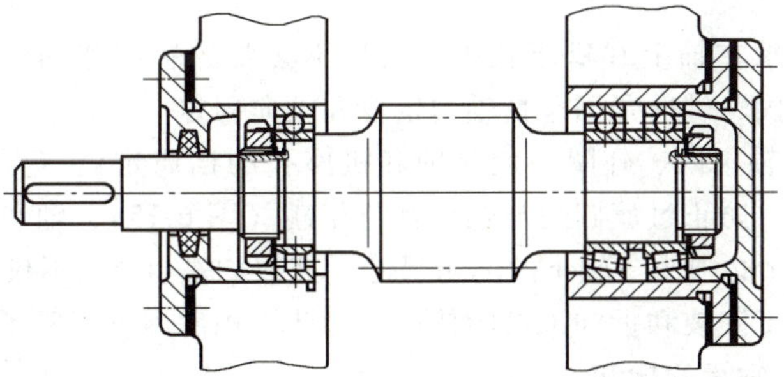

b)

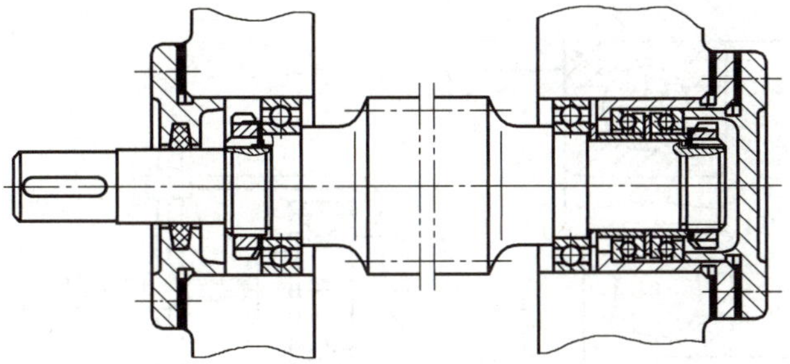

c)

图 6-13　固定-游动支承

固定-游动支承的运转精度高，对各种工作条件的适应性强。因此，在各种机床主轴、工作温度较高的蜗杆轴以及跨距较大的长轴支承中得到了广泛的应用。

（3）两端游动支承　要求能够左右双向游动的轴，可采用两端游动的轴系结构，如图 6-14 所示，如在人字齿轮传动（或双斜齿轮传动）的支承中。此时，若其中一根轴（多为大齿轮轴）的轴向位置已进行了双向固定，则另一轴（小齿轮轴）必须为双支点游动。否则，由于人字齿轮两侧轮齿不完全对称，会使轮齿受力不均匀，影响齿轮传动正常工作。

几乎所有不需要调整的轴承，均可做游动支承。例如，用深沟球轴承或调心滚子轴承构

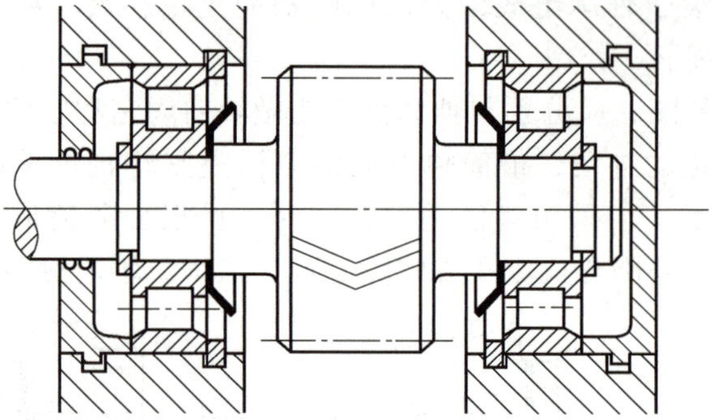

图 6-14　两端游动支承

成游动支承时，只需将内、外圈之一采用间隙配合；用内圈或外圈无挡边的圆柱滚子轴承做游动支承时，轴承本身就可进行长度调整。角接触球轴承不宜用作游动支承。

两端游动支承不需精确限定轴的轴向位置，因此安装时不必调整轴承的轴向游隙。工作中即使处于不利的发热状态，轴承也不会被卡死。

2. 轴向紧固

为了防止滚动轴承在轴上和机座孔内，发生不必要的轴向移动，轴承内圈或外圈应做轴向紧固，轴向紧固包括轴向定位和轴向固定。

轴承在轴向上的定位问题

（1）轴向定位　轴承内、外圈一般靠轴和机座孔的挡肩定位。为了保证轴承端面与挡肩接触，防止过渡圆角与轴承倒角相碰（图 6-15），轴和机座孔的单向最大圆角半径 r 必须小于轴承的倒角尺寸。挡肩的高度 h，不仅应保证与轴承端面的充分接触，而且要便于安装和拆卸工具的使用。为此，挡肩高度通常不大于内、外圈厚度的 3/4，挡肩过高不便于轴承的拆卸。

拆卸图片

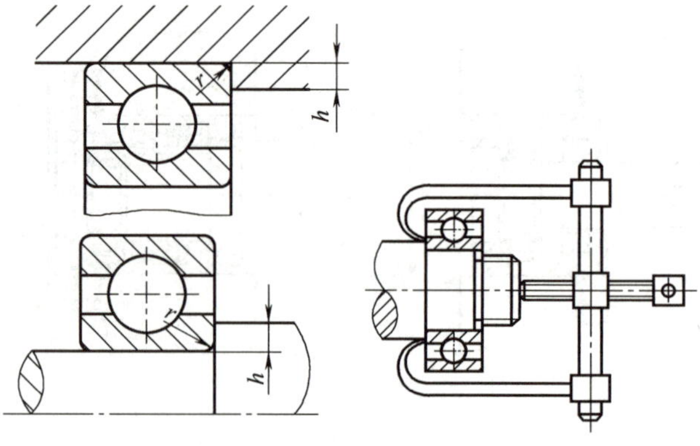

图 6-15　滚动轴承的安装尺寸要求和拆卸

（2）轴向固定　轴承的轴向固定是为了使轴承始终处于定位面所限定的位置上，它包括内圈在轴上的固定和外圈在机座孔内的固定。尽管轴承的内、外圈都要求准确的定位，但并不一定要同时做轴向固定。两端固定的支承结构中，每个支承端只受单向轴向载荷，故只需从一个方向加以轴向固定。固定-游动支承中，固定端承受双向轴向载荷，故需双向轴向固定。游动端应根据轴承类型和游动方式采用不同的固定结构。

轴向紧固装置种类很多，选用时应考虑轴向载荷的大小、转速的高低、轴承类型及其在轴上的安装位置和装拆条件等。载荷越大、转速越高，轴向紧固应越可靠。这时，内圈多采用锁紧螺母、止动垫圈，两者必须同时使用，止动垫圈起防松作用；外圈多采用端盖、螺纹环等。轴向载荷较小、转速较低时，内圈多采用轴用弹性挡圈、紧定套、套筒；外圈多采用孔用弹性挡圈、止动环等。锁紧螺母与止动垫圈、弹性挡圈、紧定套等已经标准化。

3. 轴承配合

轴承的配合

滚动轴承的周向固定和径向游隙的大小是通过轴承与轴及轴承座的配合达到的。滚动轴承是标准组件，与相关零件装配时，滚动轴承内圈与轴的配合采用基孔制，外圈与外壳孔的配合采用基轴制。与一般的圆柱面配合不同，由于轴承内、外径的上极限偏差均为零，故在配合种类相同的情况下，内圈与轴颈的配合较紧，外圈与外壳孔的配合较松。

滚动轴承的配合种类和公差等级应根据轴承的类型、精度、尺寸以及载荷的大小、方向和性质确定。

（1）配合种类的选择　相对于载荷方向旋转的套圈与轴或外壳孔，应选择过渡配合或过盈配合，过盈量的大小，以轴承在载荷下工作时其套圈在轴上或外壳孔内的配合表面上不产生“爬行”现象为原则；相对于载荷方向固定的套圈与轴或外壳孔，应选择过渡配合或间隙配合；相对于轴或外壳孔需要做轴向移动的套圈（游动圈）以及需要经常拆卸的套圈与轴或外壳孔，应选择较松的过渡配合或间隙配合；承受重载荷的轴承，通常应比承受轻载荷或正常载荷的轴承选用较紧的过盈配合，并且载荷越大，其过盈量应越大。

（2）公差等级的选择　与轴承配合的轴或外壳孔的公差等级与轴承精度有关。与 PN 级精度轴承配合的轴标准公差等级一般为 IT6，外壳孔标准公差等级为 IT7；对旋转精度和运转的平稳性有较高要求的场合（如电动机等），轴的标准公差等级应为 IT5，外壳孔标准公差等级应为 IT6。

（3）公差带的选择　轴和外壳孔的公差带根据当量径向载荷 P 的大小和性质选择。当量径向载荷 P 可分为“轻”“正常”和“重”三种情况，它们与轴承基本额定动载荷 C 之间的关系为

轻：$P \leqslant 0.07C$；正常：$0.07C < P \leqslant 0.15C$；重：$P > 0.15C$。

常采用 n6、m6、k5、k6、j5、js6 和 J6、J7、H7、G7 等公差带。

（4）配合面的形状和位置公差　轴颈和外壳孔表面的圆柱度公差、轴肩和外壳孔的轴向圆跳动以及轴颈和外壳孔配合表面的表面粗糙度均应限制在相应的数值内，如图 6-16 和图 6-17 所示。

此外，外壳结构原则上应采用整体式，尤其当外壳孔的标准公差等级为 IT6 时更应如此，剖分式外壳装拆方便，适用于间隙配合；对紧于 K7（包括 K7）的配合，不应采用剖分式结构。

4. 提高轴系刚度的措施

增加轴承系统的刚度对提高轴的旋转精度、减少振动噪声和保证轴承寿命都是十分有利的，以下几项措施可供设计时参考。

（1）选用合理的轴承类型　轴承是轴系组成中的一个重要零件，其刚度直接影响轴系的刚度。对轴承刚度要求较大的轴系，宜选用双列轴承（如双列深沟球轴承、双列角接触球轴承等）、滚子轴承（如圆柱滚子轴承、圆锥滚子轴承等）或四点接触球轴承，载荷特大

或有较大冲击力时可在同一支点上采用双列（或多列）滚子轴承。

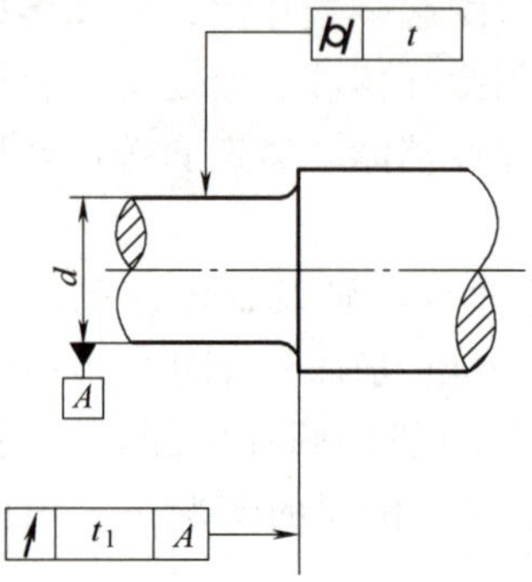

图 6-16　轴颈的形状和位置公差

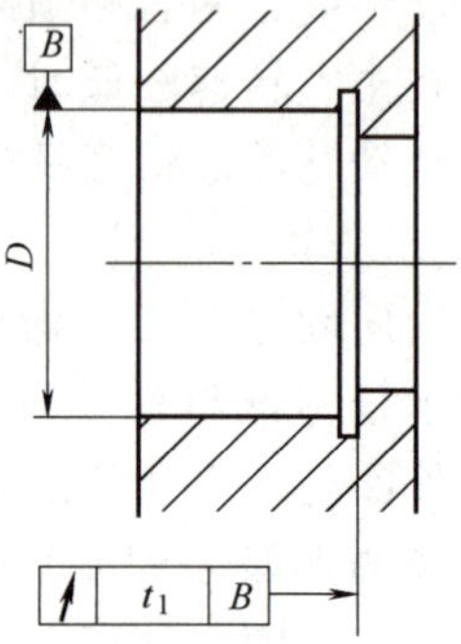

图 6-17　外壳孔的形状和位置公差

（2）合理安排轴承的组合方式　两个轴承用不同方式组合时刚性是不一样的。现将一对角接触轴承面对面（也称正安装或 X 型）或背对背安装（也称反安装或 O 型）的工作情况做比较分析。如图 6-18 所示，同样的轴承做不同排列，轴承组合的刚性将不同：当角接触轴承并列组合为一个支点时，反安装方案两轴承反力在轴上的作用点距离 B_2 较大，支承有较高的刚度。

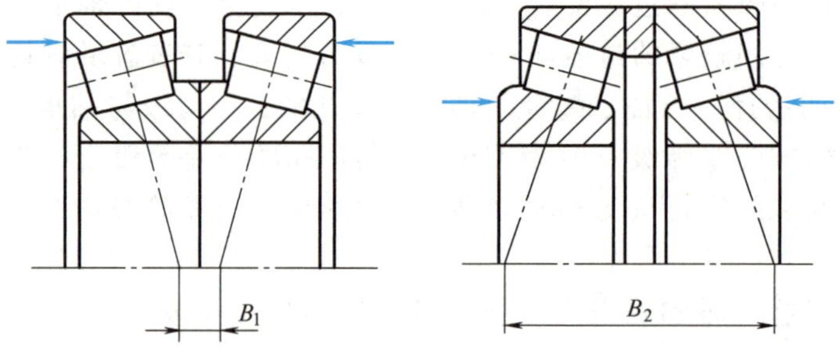

a) 正安装(X型)　　b) 反安装(O型)

图 6-18　角接触轴承组合为一支点时排列方案

分别处于两支点的一对角接触轴承应根据具体受载情况进行分析，见表 6-11。

表 6-11　角接触轴承不同安装型式对轴系刚性的影响

安装型式	工作零件(作用力)位置	
	悬臂端	两轴承间
正安装（X 型）	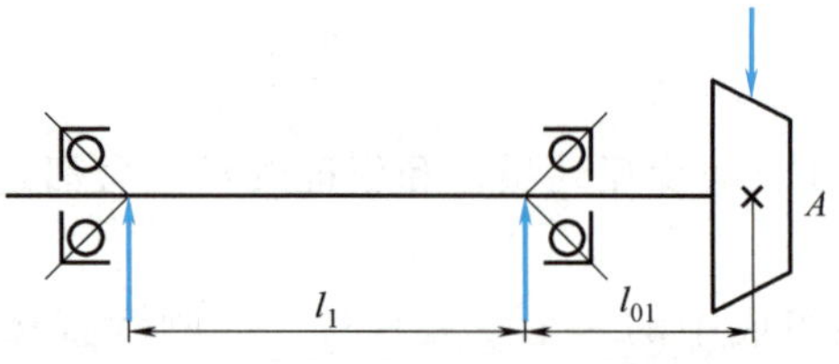	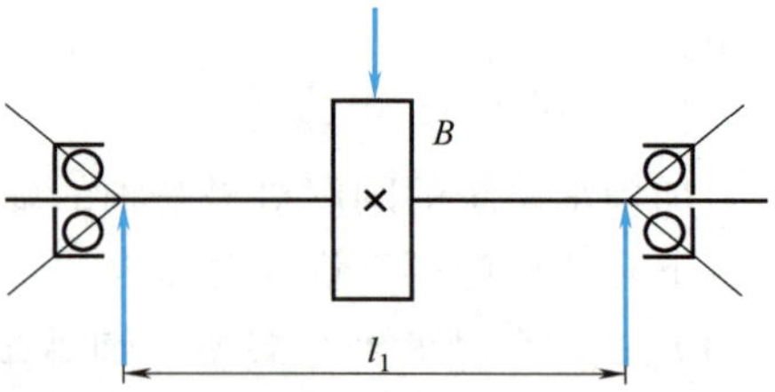

（续）

安装型式	工作零件（作用力）位置	
	悬臂端	两轴承间
反安装（O 型）	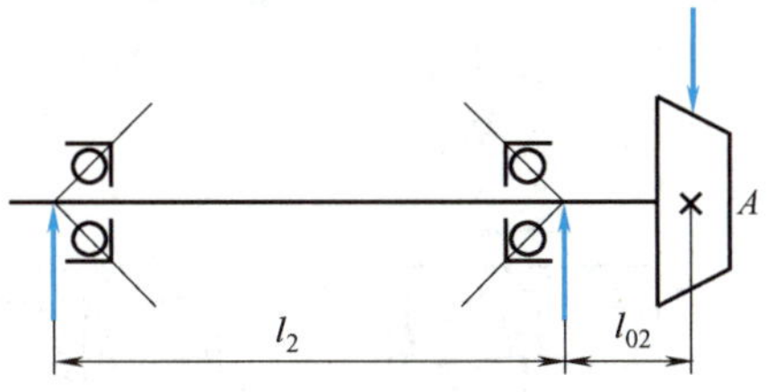	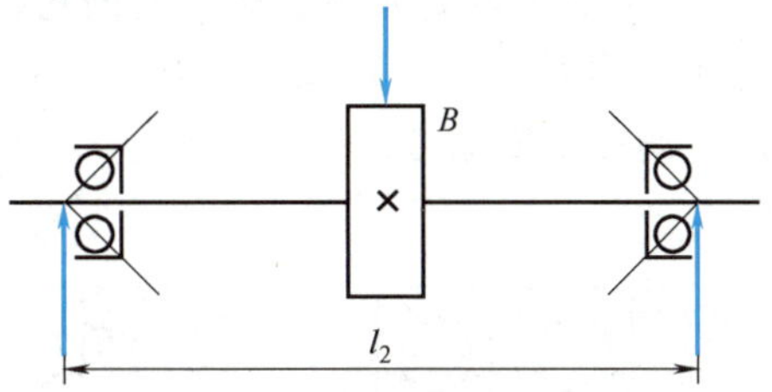
比较	$l_2>l_1$，$l_{02}<l_{01}$，工作端变形 $\delta_{A2}<\delta_{A1}$ 反安装（O 型）刚性好	$l_2>l_1$，B 点变形 $\delta_{B1}<\delta_{B2}$ 正安装（X 型）刚性好

当工作零件（作用力）位于悬臂端时，反安装的轴承跨距较好，悬臂长度较小，故悬臂端刚性较好。当轴受热伸长时轴承游隙增大，因此不会发生轴承卡死现象。例如采用预紧安装，当轴受热伸长时预紧量将减小。当工作零件位于两轴承之间时，正安装的刚性好。正安装的结构简单、装拆方便，但当轴受热伸长时轴承游隙减小，容易造成轴承卡死，因此要特别注意轴承游隙的调整。

（3）滚动轴承的预紧　轴承的预紧是指在安装时使轴承内部滚动体与套圈之间，保持一定的初始压力和弹性变形，以减小工作载荷下轴承的实际变形量，从而改善支承刚度、提高旋转精度的一种措施。

受载时球轴承的变形 δ 与外载荷 F 之间的关系曲线是非线性的，如图 6-19 所示。当轴承未预紧时，在轴向载荷 $\boldsymbol{F}_A$ 的作用下，轴承的轴向变形量为 δ，如图 6-19a 所示；当轴承受预紧力 $\boldsymbol{F}_0$ 且在同样大小的轴向载荷 $\boldsymbol{F}_A$ 作用下，轴承的轴向变形量为 δ'，显然 $\delta'<\delta$，说明轴承装置的刚度得到提高，如图 6-19b 所示。

角接触球轴承一般都成对预紧，如图 6-19c 所示。在预紧的情况下，工作载荷 $\boldsymbol{F}_A$ 使轴承Ⅰ增加变形 δ''；由于变形协调的关系，轴承Ⅱ必然减少等量变形 δ''。从图上看出，此时轴承Ⅰ所承担的载荷 $\boldsymbol{F}_{A1}$ 只是工作载荷 $\boldsymbol{F}_A$ 的一部分，与单个轴承预紧后受载相比，变形增量有所降低，更进一步提高了轴承刚度。

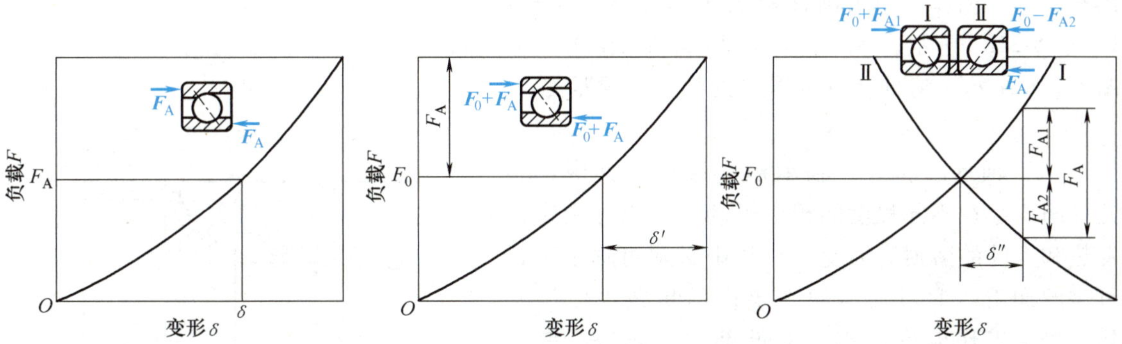

a) 未预紧受载荷 F_A　　b) 预紧后受载荷 F_A　　c) 成对预紧轴承

图 6-19　角接触球轴承的 F-δ 关系及预紧

预紧虽然有提高轴承的刚度和旋转精度等优点，但却增大了摩擦力矩，缩短了轴承的寿命。如何选择适当的预紧力是比较复杂的，目前还不能用理论方法来计算，通常都是根据经验进行设计，再经试验加以确定。预紧的装置和方法如下：

1）一个支点上采用成对安装的角接触轴承时，可在两个轴承内圈（图 6-20a、d）或外圈之间（图 6-20b、c）加间隔垫圈，用外力使外圈或内圈并紧（$\Delta=0$），即可得到一定的初变形。调整垫圈厚度，可以改变初变形的大小。这种装置预紧方便。

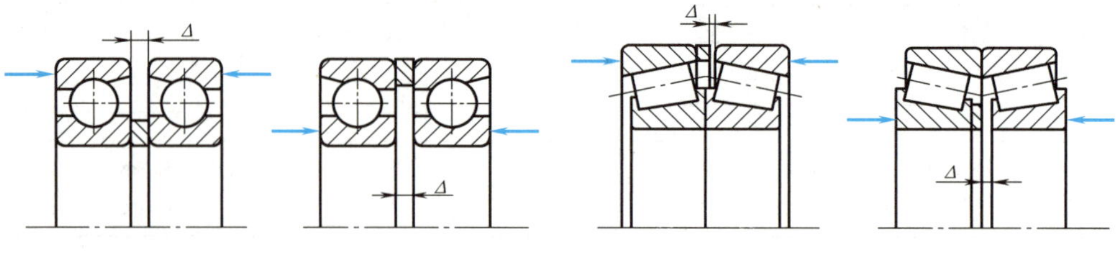

图 6-20　一个支点上采用成对安装角接触轴承的预紧

2）在两个轴承的内、外圈之间分别安装不同长度的套筒（图 6-21a、b）或控制轴承端盖上垫片的厚度（图 6-21c）。安装时，调整螺母或端盖使 $\Delta=0$，即产生一定的初变形。这种装置可以得到较大的轴承刚度。

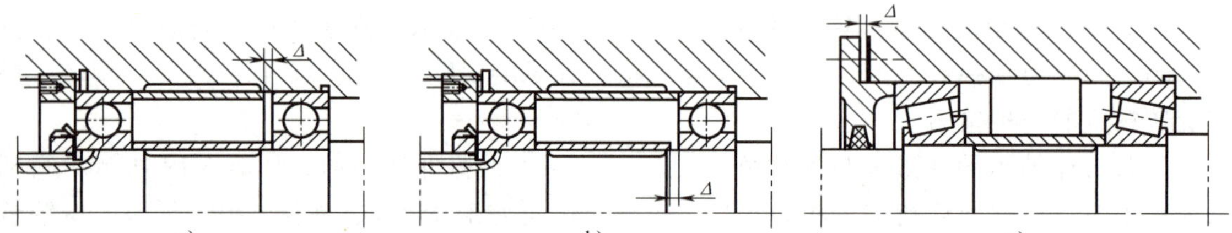

图 6-21　采用不同长度套筒的预紧

3）机械运转时，由于温度升高，各零件之间的尺寸关系会发生变化，预紧力的大小也就随之改变。对于一些重要和精密的主轴滚动轴承组合，为了保证在机器运转期间预紧力不变，可以采用弹簧预紧结构。例如，利用圆柱螺旋压缩弹簧的结构，如图 6-22a 所示；利用碟形弹簧的结构，如图 6-22b 所示。这种装置可以得到稳定的预紧力。

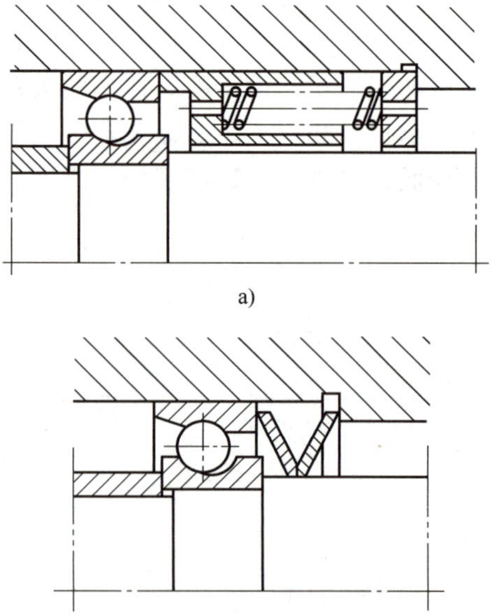

图 6-22　利用弹簧预紧

5. 轴承的润滑与密封

（1）轴承的润滑　轴承运转过程中其内部各元件间均存在不同程度的相对滑动，从而导致摩擦发热和元件的磨损。因此，工作中必须对轴承进行可靠的润滑。润滑轴承的主要作用是减少摩擦发热、避免工作温度过高、降低磨损、防锈、散热（油润滑）、密封（脂润滑）等。

选择润滑剂时应考虑的因素是轴承的工作温

度、工作载荷和工作转速。各种润滑剂都有其各自适于工作的温度范围，过高的工作温度会使润滑剂的黏度降低，润滑效果变差，以致完全失效。润滑油的黏度是随压力而变化的，当轴承受载荷增大时润滑区内润滑油的压力增加、黏度降低，从而导致油膜厚度减薄，甚至破裂。因此，轴承工作载荷越大，所选润滑油的黏度也应越大。轴承转速越高，内部摩擦发热量越大。为了控制轴承温升，通常对轴承的 dn 值（d 为轴承内径，n 为转速）加以限制。各类轴承在不同润滑剂和润滑方式下所允许的 dn 值见表 6-12。

表 6-12 各类轴承在不同润滑剂和润滑方式下所允许的 dn 值

（单位：mm · r/min）

<table>
<tr><th>轴承类型</th><th>脂润滑</th><th>油浴润滑</th><th>滴油润滑</th><th>循环油润滑</th><th>油雾润滑</th></tr>
<tr><td>深沟球轴承
调心球轴承
角接触球轴承</td><td>1.6×10^5</td><td rowspan="2">2.5×10^5</td><td rowspan="2">4×10^5</td><td rowspan="2">6×10^5</td><td rowspan="2">$>6\times10^5$</td></tr>
<tr><td>圆柱滚子轴承</td><td>1.2×10^5</td></tr>
<tr><td>圆锥滚子轴承</td><td>1×10^5</td><td>1.6×10^5</td><td>2.3×10^5</td><td>3×10^5</td><td rowspan="3">—</td></tr>
<tr><td>调心滚子轴承</td><td>0.8×10^5</td><td>1.2×10^5</td><td>—</td><td>2.5×10^5</td></tr>
<tr><td>推力球轴承</td><td>0.4×10^5</td><td>0.6×10^5</td><td>1.2×10^5</td><td>1.5×10^5</td></tr>
</table>

滚动轴承使用的润滑剂分为润滑脂和润滑油两种。

脂润滑的优点是：油膜强度高；油脂黏附性好，不易流失，使用时间长；能防止灰尘、水分和其他杂物进入轴承，密封装置的结构简单。其缺点是：转速较高时摩擦损失较大。润滑脂的不足或过多，都会导致轴承工作中温升增大，故润滑脂的填充量要适度，一般以不超过轴承空间的 1/3~1/2 为宜。

在高速或高温条件下工作的轴承，一般采用油润滑。油润滑的优点是：润滑可靠，摩擦系数小，具有良好的冷却和清洗作用，可用多种润滑方式以适应不同的工作条件。油润滑的缺点是：需要复杂的密封装置和供油设备。

油浴润滑时油面高度不应超过最下面滚动体的中心，否则搅油能量损失较大易引起轴承过热。减速器轴承常用浸油或飞溅润滑。转速较高时应采用滴油或油雾润滑。

（2）轴承的密封　为了阻止润滑剂泄出，防止灰尘、水分及其他杂物侵入，轴承必须进行必要的密封，以保持良好的润滑条件和工作环境，使轴承达到预期的工作寿命。轴承的密封装置，一般分为非接触式和接触式两类。

1）非接触式密封装置。这类密封装置工作时密封件不与轴或配合件直接接触，因此可用于高速运转轴承的密封。常用的非接触式密封装置有以下几种：

① 缝隙式密封。这种密封形式是在轴与透盖配合面间设有较长的环形间隙，如图 6-23 所示，间隙越小、轴向宽度越长，密封效果越好。一般径向间隙取 0.1~0.3mm。适用于环境比较干净的脂润滑条件。

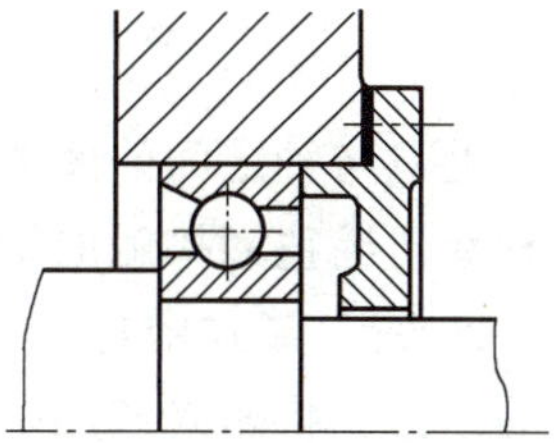

图 6-23 缝隙式密封

② 沟槽式（间隙）密封。这种密封形式是在轴承透盖孔上开设若干条并列环状沟槽，沟槽内填脂以提高密封效果，结构简单，如图 6-24 所示。

③ 挡圈式密封。挡圈与轴一起旋转，利用离心力甩去油和杂物，转速越高，密封效果越好，如图 6-25 所示。这种密封装置既可装在轴承内侧作为挡油装置，也可装在轴承外侧与沟槽式密封联合使用。

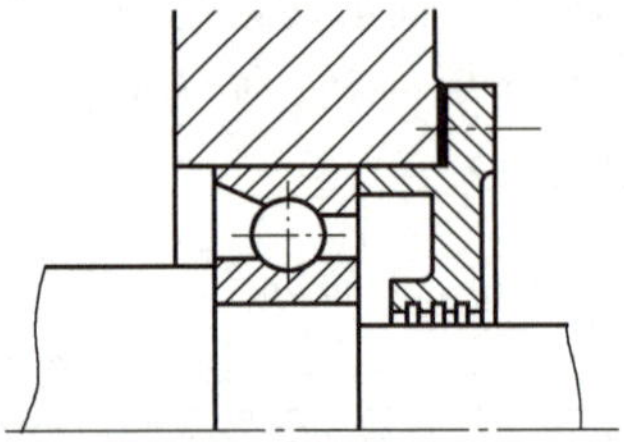

图 6-24　沟槽式密封

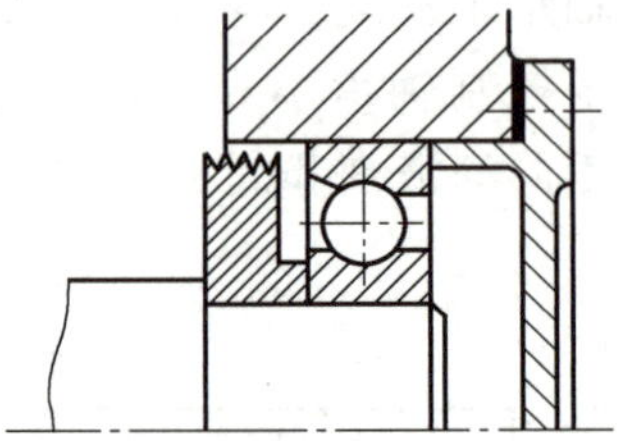

图 6-25　挡圈式密封

④ 甩油环式密封。甩油环靠离心力将油甩掉，再通过导油槽将油导回油箱，如图 6-26 所示。

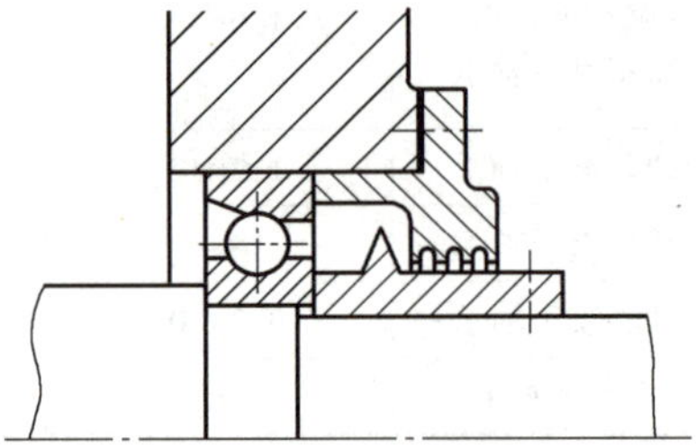

图 6-26　甩油环式密封

⑤ 迷宫式密封。图 6-27a、b 所示分别为轴向迷宫式和径向迷宫式密封。轴向迷宫曲路由套和端盖的轴向间隙构成，端盖应为剖分结构，径向尺寸紧凑。径向迷宫式密封中端盖不需剖分，装拆方便。迷宫式密封对油润滑、脂润滑都有效。

2）接触式密封装置。装置中的密封件与轴或其他配合件直接接触，故工作中产生摩擦、磨损并使温度升高。一般适用于中、低速运转条件下轴承的密封。为保证密封的寿命及减少轴的磨损，轴接触部分的硬度应在 40HRC 以上，表面粗糙度值 Ra 宜小于 0.8~1.6μm。常用的接触式密封装置有以下几种：

① 毡圈式密封。毡圈式密封有单毡圈式、双毡圈式和多毡圈式，图 6-28 所示为单毡圈式。主要用于脂润滑，对干净环境下工作的轴承进行密封。一般接触处的圆周速度不超过 4~5m/s，允许工作温度可达 90℃。如果轴的接触表面经过抛光，毛毡质量较好，圆周速度可达 7~8m/s。

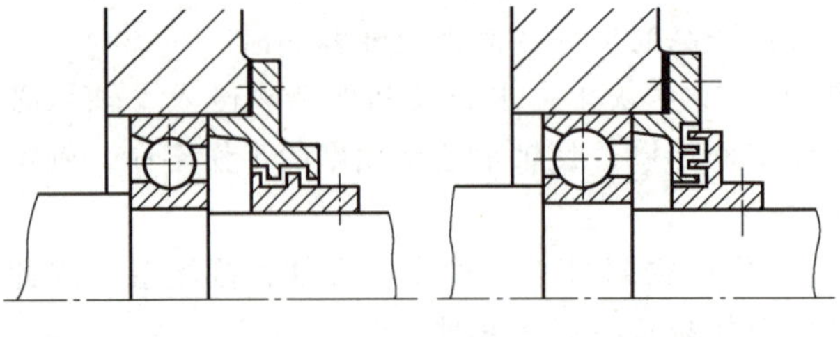

a)　　b)

图 6-27　迷宫式密封

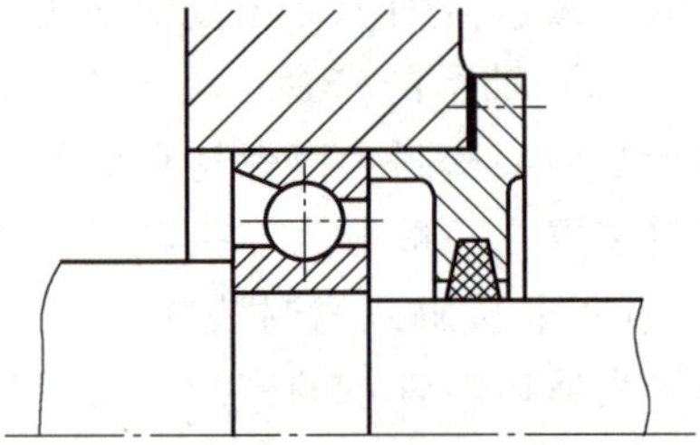

图 6-28　毡圈式密封

毛毡与轴之间的摩擦较大，长期使用易把轴表面磨出沟槽，为避免这种情况发生，可采用轴套与毛毡圈接触的结构。

② 密封圈式密封。密封圈用耐油橡胶制成，分为有骨架和无骨架两种。为了保持密封圈的压力，将密封圈用弹簧圈紧箍在轴上，使密封唇呈锐角状，如图 6-29 所示。若密封的主要目的是防止润滑油的外泄，则密封唇对着轴承安装（图 6-29a）；若密封的主要目的是

防止灰尘、杂物侵入，则密封唇应背向轴承安装（图 6-29b）；若要同时达到上述两种目的，则用两个密封圈反方向安装（图 6-29c）。这种密封结构简单、便于安装、密封可靠。接触处的圆周速度不超过 7m/s，温度不高于 100℃。

根据工作环境和对密封的不同要求，工程中往往综合运用几种不同的密封形式，以期达到更好的密封效果，如图 6-30 所示。

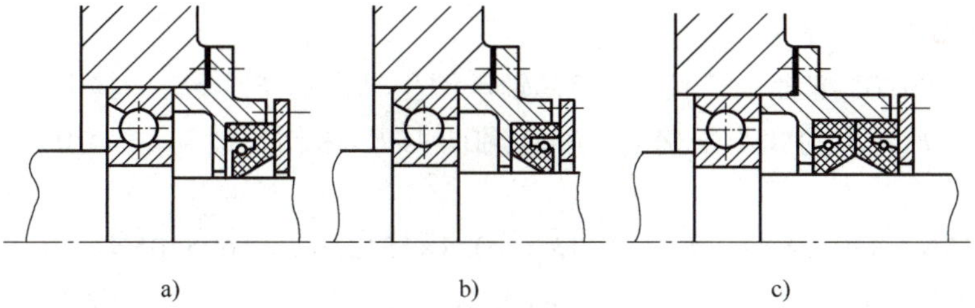

图 6-29 密封圈式密封

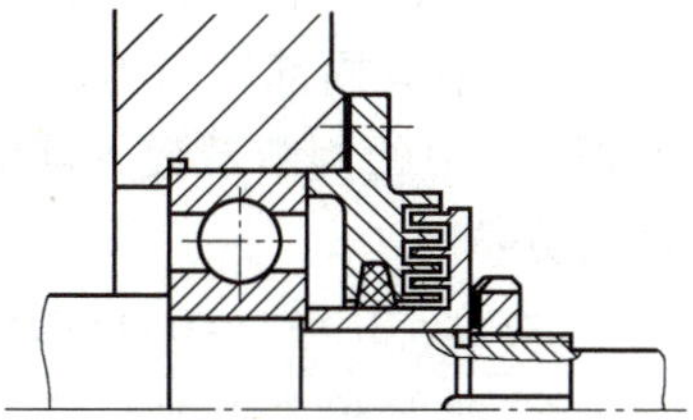
图 6-30 组合密封装置

6.6 工程案例

例 6-1 设根据工作条件决定在轴的两端正装两个角接触球轴承，如图 6-31 所示，已知轴上齿轮受切向力 $F_{te}=2200\text{N}$，径向力 $F_{re}=900\text{N}$，轴向力 $F_{ae}=400\text{N}$，齿轮分度圆直径 $d=314\text{mm}$，齿轮转速 $n=1440\text{r/min}$，运转中有中等冲击载荷，轴承预期寿命 $L'_{10h}=15000\text{h}$。设初选两个轴承型号均为 7207C，试验算轴承是否可达到预期寿命的要求。

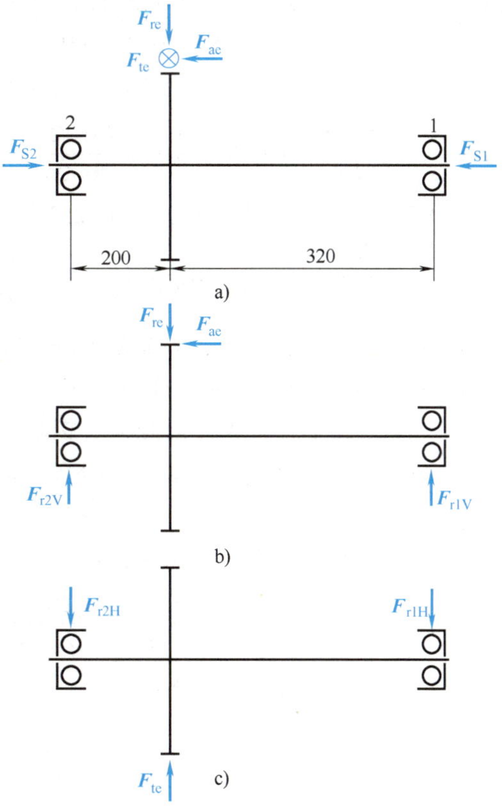

图 6-31 轴承受力分析图

解： 查滚动轴承样本可知，角接触球轴承 7207C 的基本额定动载荷 $C=30.5\text{kN}$，基本额定静载荷 $C_0=20\text{kN}$。

（1）计算两支承的径向载荷 F_{r1} 和 F_{r2}

将轴系部件所受的空间力系分解为铅垂面（图 6-31b）和水平面（图 6-31c）两个平面力系。其中，图 6-31c 中的 F_{te} 为通过附加转矩而平移到指向轴线；图 6-31a 中的 F_{ae} 也应通过附加弯矩而平移到作用于轴线上（上述转化在图中均未画出）。

由力分析可知：

$$F_{r1V}=\frac{F_{re}\times 200\text{mm}-F_{ae}\times\dfrac{d}{2}}{200\text{mm}+320\text{mm}}=\frac{900\times 200-400\times\dfrac{314}{2}}{520}\text{N}$$

$$=225.38\text{N}$$

$$F_{r2V}=F_{re}-F_{r1V}=(900-225.38)\text{N}=674.62\text{N}$$

$$F_{r1H}=\frac{200mm}{200mm+320mm}F_{te}+\frac{200}{520}\times2200N=846.15N$$

$$F_{r2H}=F_{te}-F_{r1H}=(2200-846.15)N=1353.85N$$

$$F_{r1}=\sqrt{F_{r1V}^2+F_{r1H}^2}=\sqrt{225.38^2+846.15^2}N=875.65N$$

$$F_{r2}=\sqrt{F_{r2V}^2+F_{r2H}^2}=\sqrt{674.62^2+1353.85^2}N=1512.62N$$

（2）计算两支承的轴向载荷 F_{a1} 和 F_{a2}

1）估算内部轴向力。对于7207C型轴承，按表6-3，轴承派生轴向力 $F_S=eF_r$。其中，e 为表6-7中的判断系数，其值由 F_a/C_0 的大小来确定。由于轴向力 F_a 未知，故初取 $e=0.4$，可估算：

$$F_{S1}=0.4F_{r1}=0.4\times875.65N=350.26N;\quad F_{S2}=0.4F_{r2}=0.4\times1512.62N=605.05N$$

2）估算单个轴承的轴向载荷。比较 $F_{S1}+F_{ae}$ 与 F_{S2} 的大小：$F_{S1}+F_{ae}=(350.26+400)N=750.26N>F_{S2}=605.05N$

由图6-31所示结构可知，轴承1放松，轴承2压紧，所以

$$F_{a1}=F_{S1}=350.26N,\quad F_{a2}=F_{S1}+F_{ae}=750.26N$$

3）确定单个轴承的轴向载荷。因 $\frac{F_{a1}}{C_0}=\frac{350.26}{20000}=0.0175$，$\frac{F_{a2}}{C_0}=\frac{750.26}{20000}=0.0375$，由表6-7进行插值计算，得 $e_1=0.384$，$e_2=0.409$。再计算：

$$F_{S1}=e_1F_{r1}=0.384\times875.65N=336.25N;\quad F_{S2}=e_2F_{r2}=0.409\times1512.62N=618.66N$$

$$F_{a1}=F_{S1}=336.25N;\quad F_{a2}=F_{S1}+F_{ae}=(336.25+400)N=736.25N$$

得到 $\frac{F_{a1}}{C_0}=\frac{336.25}{20000}=0.0168$，$\frac{F_{a2}}{C_0}=\frac{736.25}{20000}=0.0368$。两次计算得 F_a/C_0 值相差不大，因此确定 $e_1=0.384$，$e_2=0.409$，$F_{a1}=336.25N$，$F_{a2}=736.25N$。

（3）计算当量动载荷 P_1 和 P_2　因为 $\frac{F_{a1}}{F_{r1}}=\frac{336.25}{875.65}=0.384=e_1$；$\frac{F_{a2}}{F_{r2}}=\frac{736.25}{1512.62}=0.487>e_2$

由表6-7分别进行查表或插值计算，可得径向载荷系数和轴向系数。对轴承1：$X_1=1$，$Y_1=0$；对轴承2：$X_2=0.44$，$Y_2=1.37$。

因轴承运转中有中等冲击载荷，按表6-8，$f_p=1.2\sim1.5$，取 $f_p=1.5$。则

$P_1=f_p(X_1F_{r1}+Y_1F_{a1})=1.5\times(1\times875.65+0\times336.25)N=1313.48N$

$P_2=f_p(X_2F_{r2}+Y_2F_{a2})=1.5\times(0.44\times1512.62+1.37\times736.25)N=2511.32N$

（4）验算轴承寿命　因为 $P_1<P_2$，所以按轴承2的受力大小进行验算得

$$L_{10h}=\frac{10^6}{60n}\left(\frac{C}{P_2}\right)^{\varepsilon}=\frac{10^6}{60\times1440}\times\left(\frac{30500}{2511.32}\right)^3h=20733.83h>L'_{10h}$$

故所选轴承满足寿命要求。

课后习题

6-1　一6308轴承承受载荷 $P_1=4000N$，以转速 $n_1=500r/min$ 运转一半时间，承受 $P_2=2000N$，以转速 $n_2=1000r/min$ 运转其余一半时间，求该轴承寿命（以小时计）。

6-2　单级直齿圆柱齿轮减速器输出转速 $n=250\text{r/min}$，轴承受径向力 $F_r=8000\text{N}$，中等冲击 $f_p=1.5$，预期寿命 $L'_{10h}=24000\text{h}$，试选择轴承型号。

6-3　一传动装置中的高速轴 $n=1400\text{r/min}$，运转中有轻微冲击，轴承载荷系数 $f_p=1.3$。采用 6313 轴承，径向载荷 $F_r=5420\text{N}$，轴向载荷 $F_a=2500\text{N}$，预期使用寿命 $L'_{10h}=5000\text{h}$。试校核该轴承是否适用（$C=72600\text{N}$，$C_0=56700\text{N}$）。

6-4　轴上有两个圆锥滚子轴承，安装形式如图 6-32 所示。已知：$F_A=1000\text{N}$，$F_{r1}=2100\text{N}$，$F_{r2}=1200\text{N}$；当 $F_a/F_r>e$ 时轴向系数 $Y=1.5$，求轴承Ⅰ和Ⅱ所受轴向力 F_{a1} 和 F_{a2}。

6-5　如图 6-33 所示，将题 6-4 中的轴承反装，载荷 F_A、F_{r1}、F_{r2} 大小方向不变，求轴承Ⅰ和Ⅱ所受轴向力 F_{a1} 和 F_{a2}。

6-6　如图 6-34 所示，已知 $F_A=1000\text{N}$，$F_{r1}=2000\text{N}$，$F_{r2}=4000\text{N}$，判断系数 $e=0.3$，载荷系数 $f_p=1$。试求两个圆锥滚子轴承的当量动载荷。如果两轴承的型号相同，指出哪个轴承寿命较短（$F_a/F_r\leq e$ 时，$X=1$，$Y=0$；$F_a/F_r>e$ 时，$X=0.4$，$Y=2$）。

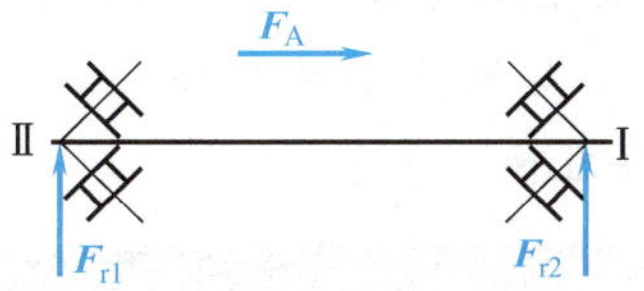

图 6-32　题 6-4 图

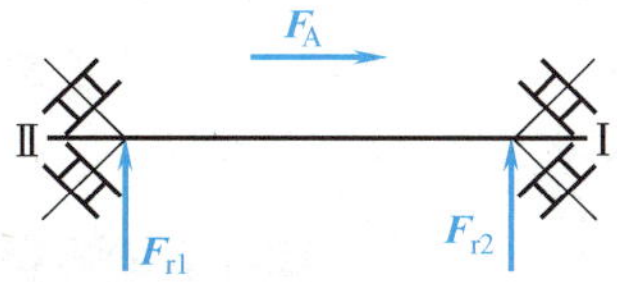

图 6-33　题 6-5 图

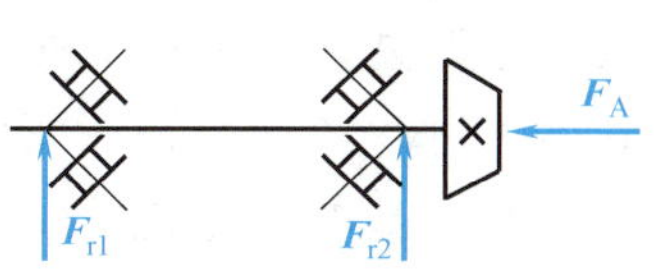

图 6-34　题 6-6 图

6-7　如图 6-35 所示，斜齿轮采用一对 7207AC 轴承支承，已知斜齿轮的圆周力 $F_t=3500\text{N}$，径向力 $F_r=1200\text{N}$，轴向力 $F_a=900\text{N}$，轴的转速 $n=1450\text{r/min}$，轴承的载荷系数 $f_p=1.2$，额定动载荷 $C=25400\text{N}$。试计算该对轴承的寿命（用小时计）。

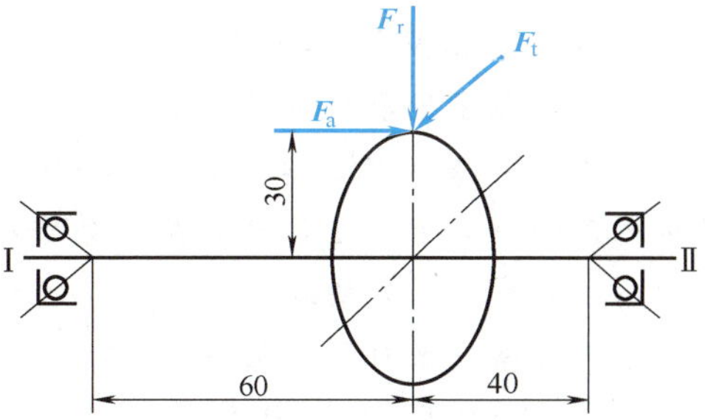

图 6-35　题 6-7 图

6-8　图 6-36 所示锥齿轮减速器的主动轴由一对 30208 型轴承支承，轴的转速 $n=960\text{r/min}$，齿轮受力 $F_T=1600\text{N}$，$F_R=541\text{N}$，$F_A=216\text{N}$；载荷系数 $f_p=1.2$，锥齿轮平均半径 $r_m=34\text{mm}$。试计算轴承正安装和反安装两种情况下的使用寿命（$C=34\text{kN}$，$C_0=31\text{kN}$，$e=0.38$，$F_a/F_r>e$ 时，$X=0.4$，$Y=1.6$）。

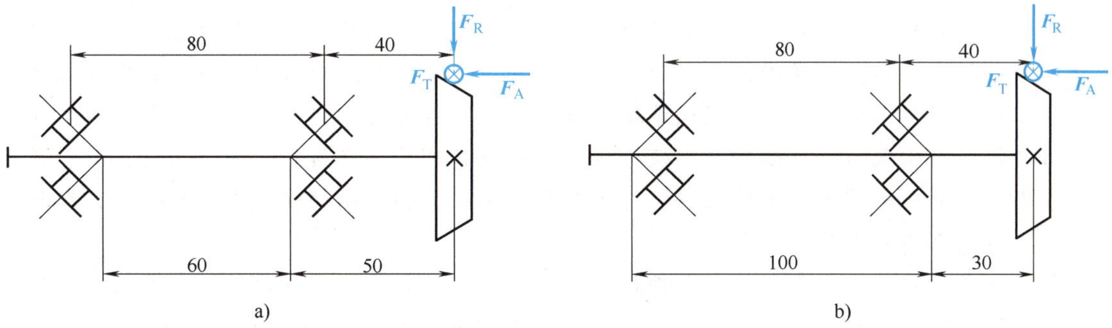

图 6-36　题 6-8 图

6-9　试根据图 6-37 所示的结构示意图，画出滚动轴承组合的结构图。

6-10　图 6-38 所示轴系组合部件结构图中有错误，试在错处画“○”，并做简要说明，在中心线以下画出正确结构图。

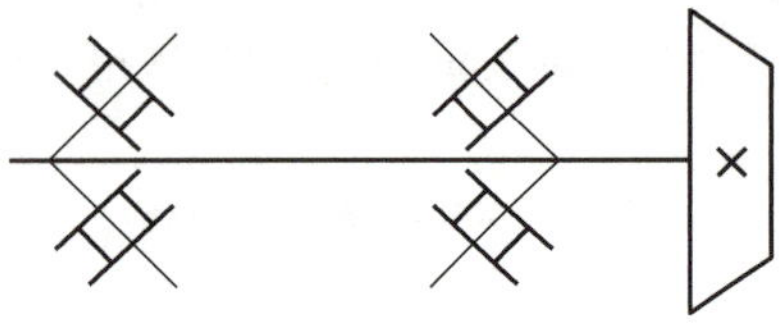

图 6-37 题 6-9 图

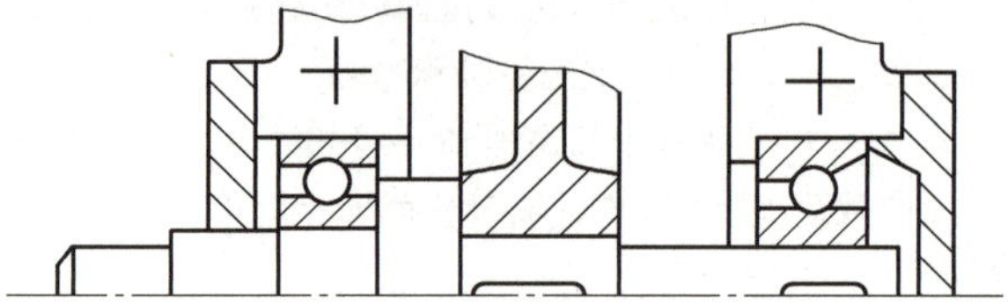

图 6-38 题 6-10 图

知识拓展

轴承的历史可以追溯到公元前3000年，埃及人和美索不达米亚人当时已经使用了陶瓷轴承。在我国，古代人民也已经发明了升降锤和钟表等装置，这些装置都需要使用轴承。图6-39所示为秦始皇陵出土的秦代战车，车轴头就是最原始的推力轴——车軎。

然而，由于古代制造工艺的限制，轴承的质量和效率都比较低下。到了近代，轴承才开始真正地经历了改进和发展。1794年，英国工程师John Wilkinson发明了滚珠轴承，此项发明实现了轴承从滑动到滚动的重大突破。1829年，美国工程师Isaac Babbitt发明了铸造白合金轴承，这种轴承在耐磨性和使用寿命方面有了很大的改进。该轴承的发明为轴承的后续发展打下了坚实的基础。

图 6-39 最原始的推力轴——车軎

20世纪60年代至80年代，机械制造业进入了高速发展的阶段。这一时期，轴承得到了广泛的应用和发展。同时，科技进步的推动也使轴承制造的工艺得到很大的提高，质量和精度都有了显著的提高。轴承的使用寿命是评价轴承性能的关键指标之一。它受到多种因素的影响，如轴承的质量、负载、转速、温度、润滑等。轴承的使用寿命通常可以通过轴承的疲劳失效来预估。针对不同应用领域和服务环境，轴承制造商可以根据用户需求提供不同的使用寿命等级。轴承的性能测试是保证轴承质量和性能的重要手段。常见的轴承性能测试项目包括静态承载力、极限转速、疲劳极限、摩擦扭矩等。在进行性能测试时，卡盘式试验机和万能试验机是常用的测试设备。为了更加精确地预估轴承的使用寿命和性能，现代轴承测试技术也在不断发展和创新。

随着社会的转型，绿色环保、人性化设计、智能信息化等已经成为轴承行业的重要发展方向。智能化将成为轴承发展的必然趋势，通过技术的创新，实现轴承从“被动”到“主动”的转变，智能化轴承可以根据使用环境动态调整轴承的支承力和摩擦力，以实现轴承的优化和持久效益。另外，随着各种创新技术的发展和进步，如先进的材料技术、润滑技术和智能传感技术，轴承行业将迎来更多的机会。未来的轴承将尝试使用新的材料和表面处理技术使轴承的摩擦系数降到很低，并减少磨损，以提高性能和效率。

第7章 滑动轴承

知识图谱

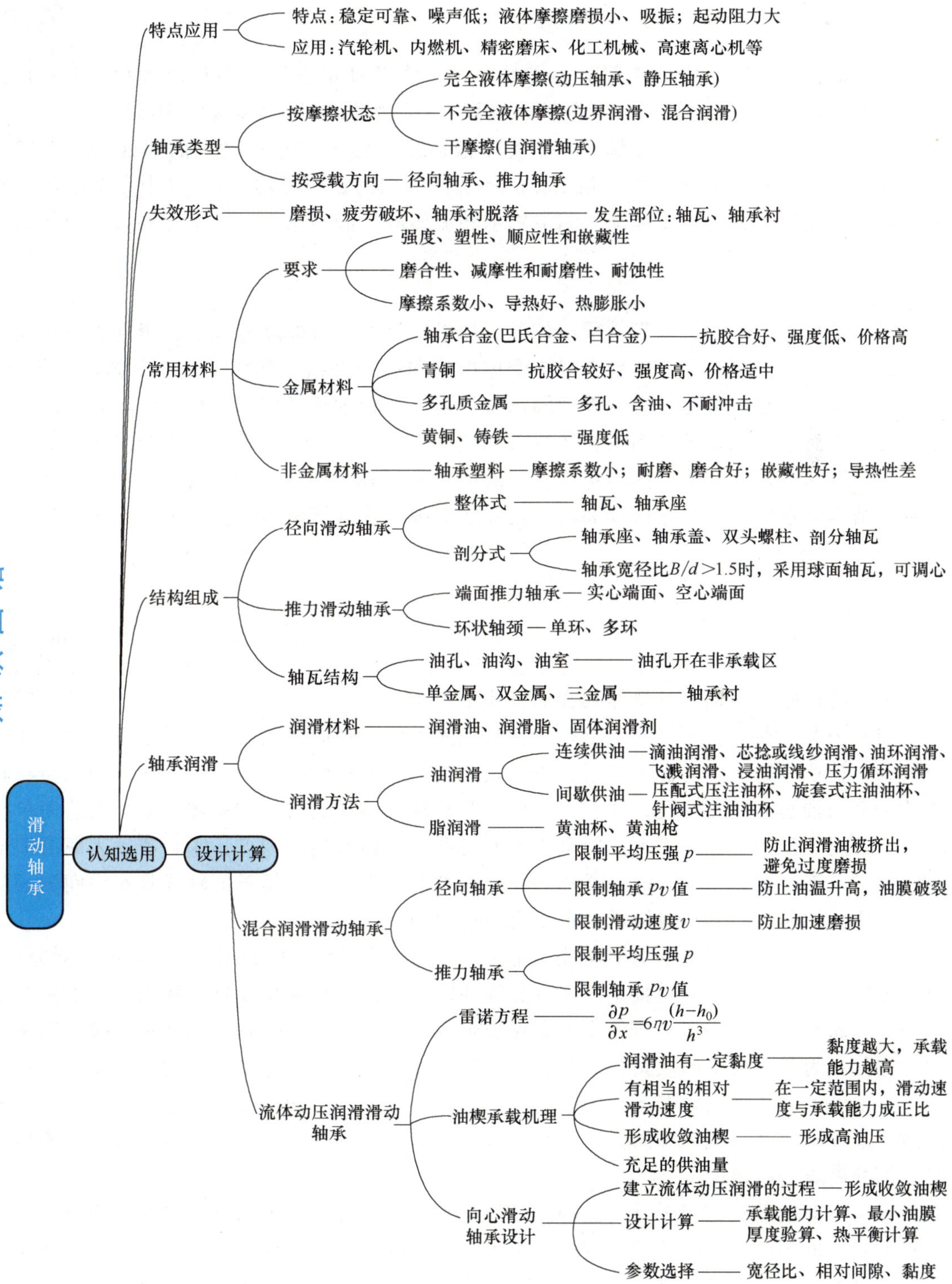

7.1 滑动轴承的分类与特点

滑动轴承分类及径向滑动轴承结构特点和应用

1. 分类

与滚动轴承一样，按承受载荷方向的不同，滑动轴承也可分为径向轴承（承受径向载荷）和推力轴承（承受轴向载荷）。按滑动表面间摩擦状态不同，滑动轴承可分为完全液体摩擦轴承、不完全液体摩擦轴承（指滑动表面间处于边界润滑或混合润滑状态）和干摩擦轴承（指工作时不加润滑剂的自润滑轴承）。其中完全液体摩擦轴承按油膜形成原理又分为流体动压润滑轴承和流体静压润滑轴承。本章主要讨论流体动压润滑轴承。

2. 特点与应用

滑动轴承工作平稳、可靠、噪声较低。如果能够保证液体摩擦润滑，滑动表面被润滑油分开而不发生直接接触，可以大大减小摩擦损失和表面磨损，油膜又具有一定的吸振能力。普通滑动轴承的起动摩擦阻力较滚动轴承大得多。滑动轴承适用于下列一些场合：①转速特别高时；②对轴支承要求精确时；③特重型轴承；④承受巨大冲击；⑤剖分式轴承。

滑动轴承设计包括下列内容：①轴承的型式和结构设计；②选择轴承和轴承衬的材料；③轴承结构参数的确定；④选择润滑方法和润滑剂；⑤计算轴承工作能力及热平衡计算。

7.2 滑动轴承结构型式与轴瓦

材料要求常用材料轴瓦结构

1. 径向滑动轴承的结构

常用的径向滑动轴承有整体式和剖分式两大类。

（1）整体式轴承　图 7-1 所示是一种常见的整体式径向滑动轴承。最常用的轴承座材料是铸铁。轴承座用螺栓与机座联接，顶部设有装油杯的螺纹孔。轴承孔内压入用减摩材料制成的轴套，轴套上开有油孔，并在内表面上开油沟以输送润滑油。整体式轴承构造简单，成本低，常用于低速、载荷不大的间歇工作的机器上，但有如下缺点：①当滑动表面磨损而间隙过大时，无法调整轴承间隙；②轴颈只能从端部装入，对于粗重的轴或具有中间轴颈的轴安装不便。如果采用剖分式轴承，可以克服这两项缺点。

（2）剖分式轴承　剖分式径向滑动轴承如图 7-2 所示，由轴承座、轴承盖、剖分轴瓦、双头螺柱等组成。轴承座与轴承盖用双头螺柱联接，剖分轴瓦装在轴承座内，轴承座与轴承盖的剖分面常做成阶梯形，以便定位和保证轴瓦内孔位置准确。轴瓦是轴承直接和轴颈相接触的零件。为节省贵金属或其他需要，常在轴瓦内表面上贴附一层轴承衬。不重要的轴承也可以不装轴瓦。在轴瓦内壁不负担载荷的表面上开设油沟，润滑油通过油孔和油沟流进轴承间隙。剖分面最好与载荷方向近于垂直。多数轴承的剖分面是水平的，当外载荷为倾斜方向时，剖分面应为倾斜的。

径向滑动轴承是应用十分广泛的一类滑动轴承。另外，当轴的刚性较差，或由于安装误差较大时，轴颈偏斜引起轴承两端边缘接触，导致轴承早期失效。这种情况在轴承宽度越大时，越严重。对于宽径比（轴承宽度 B 与轴颈直径 d 之比称为宽径比）$B/d>1.5$ 的轴承，可采用调心径向轴承（图 7-3），其特点是：轴瓦外表面做成球面形，与轴承盖及轴承座的球状内表面相配合。轴瓦可以自动调位以适应轴颈在轴弯曲时所产生的偏斜。

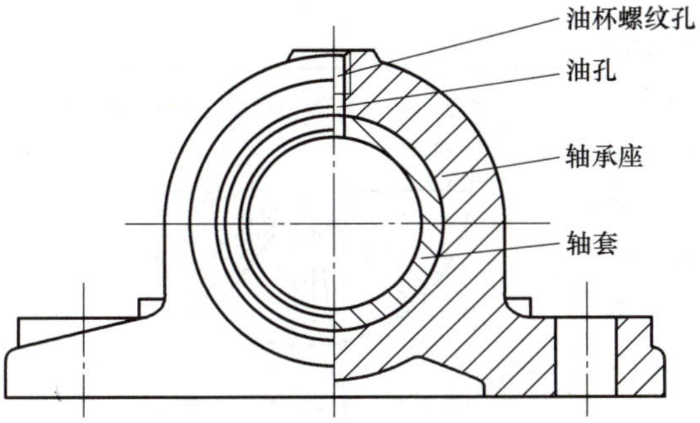

图 7-1　整体式径向滑动轴承

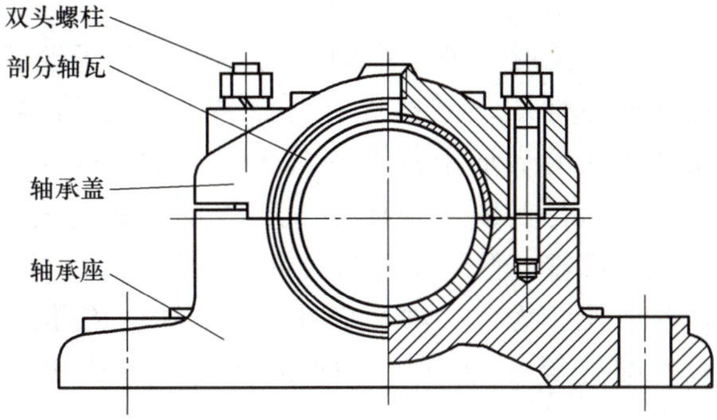

图 7-2　剖分式径向滑动轴承

2. 推力滑动轴承的结构

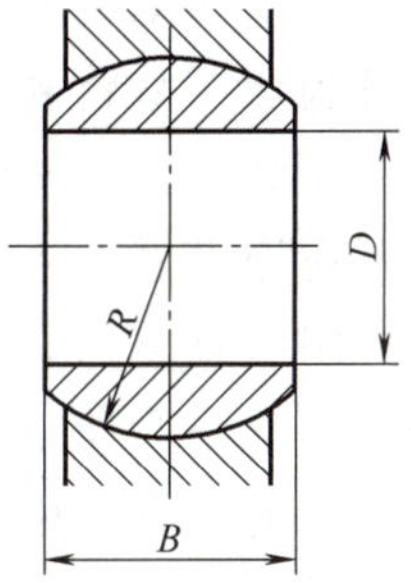

图 7-3　调心径向轴承

推力轴承主要用来承受轴向载荷，当与径向轴承组合使用时，可以承受复合载荷。推力滑动轴承一般由三部分组成，即推力轴颈、推力轴瓦和轴承座。在非液体摩擦滑动轴承中有时轴瓦和轴承座制成一体。图 7-4 所示为固定瓦推力轴承结构，其中图 7-4a 所示为实心端面推力轴承。这样的轴颈端面上半径大的地方速度大，磨损快，端面压力分布不均匀。实际应用中多采用图 7-4b 所示的空心端面推力轴承。由于结构需要，有时设计成如图 7-4c 所示的推力环式推力轴承。如果载荷很大，可采用图 7-4d 所示的多环推力轴承，多环推力轴承的轴承座必须是剖分的才能装配和拆卸。图 7-4 中表示的推力轴承尺寸可按以下经验公式计算并圆整：空心端面推力轴承 $d_0=(0.4\sim0.6)d_1$；推力环式推力轴承 $d=d_1+2S$，$d_0=1.1d_1$，推力环尺寸 $S=(0.1\sim0.3)d_1$，$S_1=(2\sim3)S$。

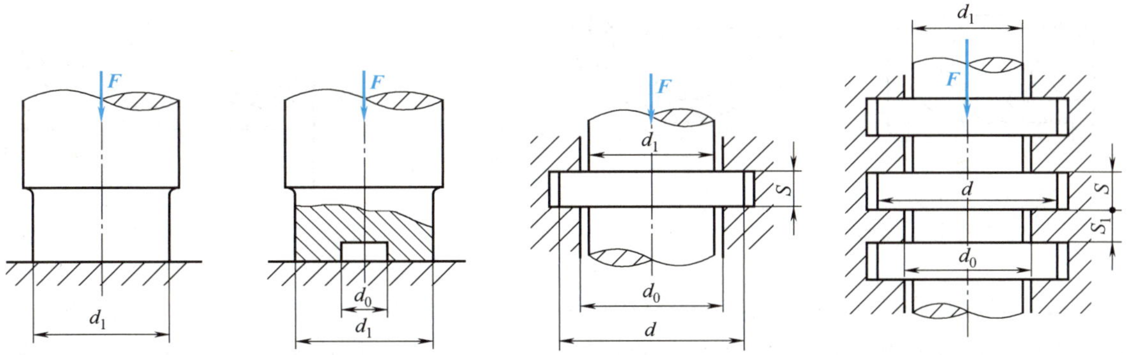

a) 实心端面推力轴承　b) 空心端面推力轴承　c) 推力环式推力轴承　d) 多环推力轴承

图 7-4　固定瓦推力轴承结构

轴颈尺寸 d 和 d_1 由强度计算或结构设计确定。多环推力轴承推力环数目不宜过多，一般为 2~5，否则载荷分布不均匀现象更为严重。

以上所述的是非液体摩擦轴承的结构。对于尺寸较大的平面推力轴承，为了改善轴承的性能，便于形成液体摩擦状态，可设计成多油楔形状结构，如图 7-5 所示。

3. 轴瓦的结构

轴瓦是滑动轴承中的重要零件，为了改善轴瓦表面的摩擦性质，节省贵重合金或者由于结构的需要，常在轴瓦的表面上浇注或轧制一层或两层减摩材料，称为轴承衬。轴瓦应具有一定的强度和刚度，在轴承中定位可靠，便于输送润滑剂，容易散热，并且拆装、调整方便。为此，轴瓦应在外形结构、定位、油槽开设和配合等方面采用不同的形式以适应不同的工作要求。

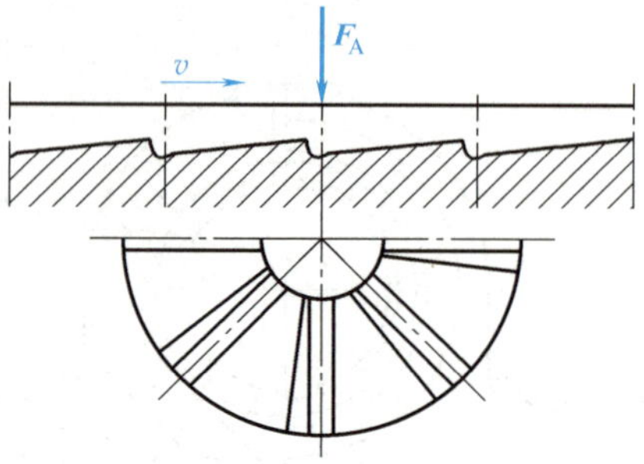

图 7-5　多油楔推力轴承

（1）轴瓦的形式和结构　常用的轴瓦有整体式和剖分式（也称为对开式，如图 7-6 所示）两种结构。轴瓦按材料及制作方法不同，可分为单一材料和多层材料轴瓦，强度足够的材料可以直接制作成单一材料轴瓦，如黄铜、灰铸铁。轴承衬强度不足，故采用多材料制作轴瓦。另外，轴瓦有厚壁轴瓦和薄壁轴瓦之分。厚壁轴瓦用铸造方法制造（图 7-7），内表面可附有轴承衬，常将轴承合金用离心铸造法浇注在铸铁、钢或青铜轴瓦的内表面上。为使轴承合金与轴瓦贴附得好，常在轴瓦内表面上制出各种形式的榫头、凹沟或螺纹。薄壁轴瓦由于能用双金属板连续轧制等新工艺进行大量生产，因此质量稳定，成本低，但轴瓦刚度小，装配时不再修刮轴瓦内圆表面，轴瓦受力后，其形状完全取决于轴承座的形状，因此轴瓦和轴承座均需要精密加工。薄壁轴瓦在汽车发动机、柴油机上得到广泛应用。

拓展视频
焦裕禄主持研制的双筒提升机

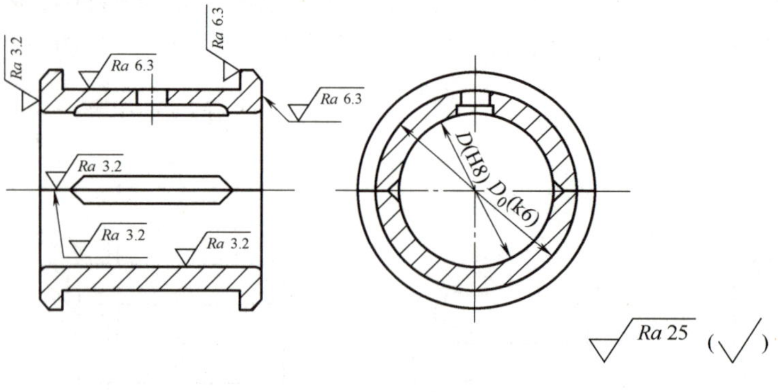

图 7-6　剖分式轴瓦

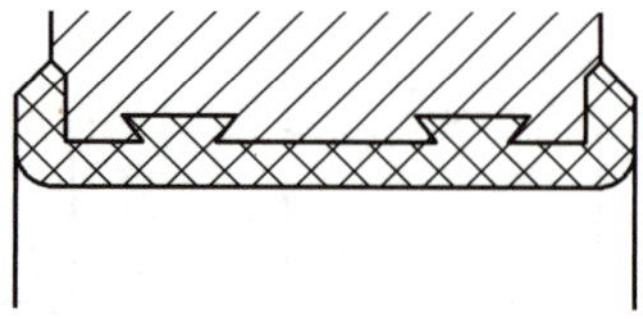
图 7-7　浇注轴承合金的轴瓦

（2）轴瓦的定位　轴瓦定位的目的是防止轴瓦与轴承座之间产生轴向和周向的相对移动。轴向定位可采用在两端做出凸缘，也可用紧定螺钉或销钉将其固定在轴承座上，或在轴瓦剖分面上冲出定位唇（凸耳）以供定位用。

（3）油孔、油沟和油室　油孔用来供应润滑油，油沟则用来输送和分布润滑油。图 7-8 所示为几种常见的油沟。轴向油沟也可以开在轴瓦剖分面上（图 7-6）。油沟的形状和位置影响轴承中油膜压力分布情况。润滑油应该自油膜压力最小的地方输入轴承。油沟不应该开在油膜承载区内，否则会降低油膜的承载能力，如图 7-9 所示。轴向油沟应较轴承宽度稍短，以免油从油沟端部大量流失。图 7-10 所示为普通油室结构，它可使润滑油沿轴向均匀分布，并起着储油和稳定供油的作用。

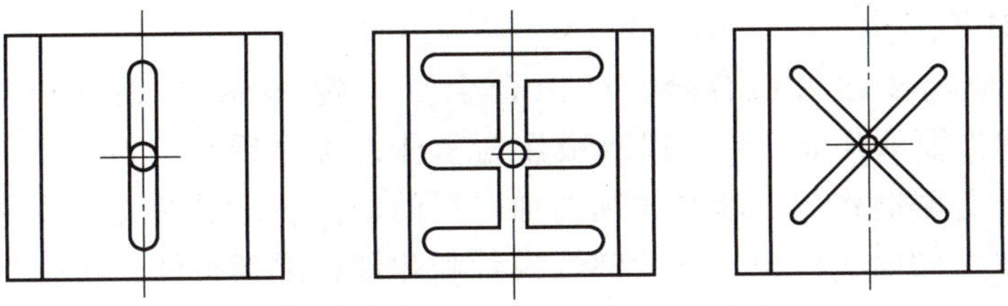

图 7-8　油沟（非承载区）

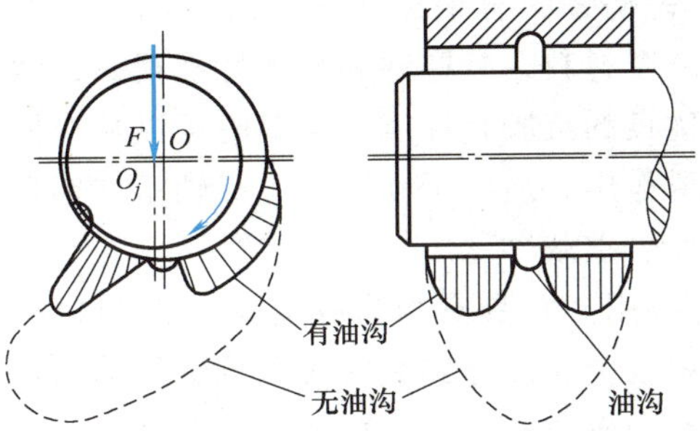

图 7-9　不正确的油沟布置会降低油膜承载能力

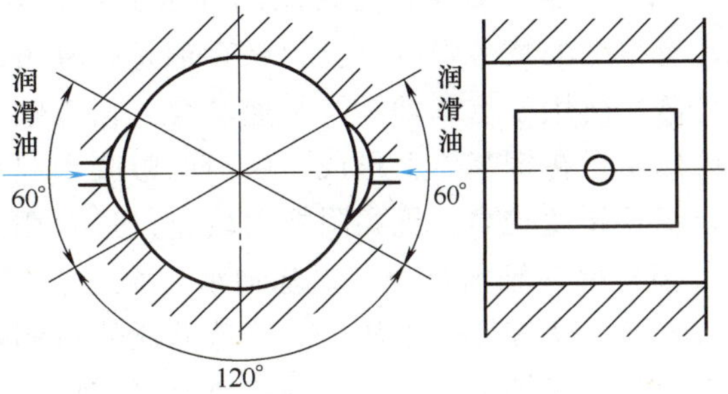

图 7-10　普通油室结构

7.3　滑动轴承失效形式与常用材料

1. 失效形式

轴瓦的主要失效形式是磨损，由于强度不足而出现的疲劳损坏和由于工艺原因而出现的轴承衬脱落等现象也时有发生。

2. 材料要求

轴瓦和轴承衬的材料统称为轴承材料。对轴瓦材料的主要要求是：①强度、塑性、顺应性和嵌藏性；②磨合性、减摩性和耐磨性、耐蚀性；③润滑性能和热学性质（传热性及热膨胀性）；④工艺性。

强度包括冲击强度、抗压强度和疲劳强度。顺应性是轴承材料补偿对中误差和顺应其他几何误差的能力。弹性模量低、塑性好的材料，顺应性就好。嵌藏性是轴承材料嵌藏污物和外来微粒，防止刮伤和磨损的能力。顺应性好的金属材料，一般嵌藏性也好。非金属材料则不然，如碳-石墨，弹性模量低，顺应性好，但质硬，嵌藏性不好。

磨合性是指材料消除表面不平度而使轴瓦表面和轴颈表面相互吻合的性质。减摩性是指材料具有较小的摩擦阻力的性质。耐磨性是指材料抵抗磨粒磨损和胶合磨损的性质。轴承材料的减摩性和耐磨性与轴颈材料和润滑剂有关，这里是指与钢轴颈相配并使用一般的润滑油。

3. 轴承材料

轴承材料可分为金属材料（如轴承合金、青铜、铝基轴承合金、锌基合金、减摩铸铁等）；粉末冶金材料（含油轴承）；非金属材料（如塑料、橡胶、硬木等）三大类。下面选择主要材料分述如下：

（1）轴承合金（又称为白合金、巴氏合金） 锡（Sn）、铅（Pb）、锑（Sb）、铜（Cu）的合金统称为轴承合金。它以锡或铅作为基体，悬浮锑锡（Sb-Sn）及铜锡（Cu-Sn）的硬晶粒。硬晶粒起耐磨作用，软基体则增加材料的塑性。硬晶粒受重载时可以嵌陷到软基体里，使载荷由更大的面积承担。它的弹性模量和弹性极限都很低，在所有轴承材料中，它的嵌藏性和顺应性最好，很容易和轴颈磨合。它与轴颈的抗胶合能力也较好。巴氏合金的强度较低，通常将它贴附在低碳钢、铸铁或青铜的轴瓦上使用。锡基合金的热膨胀性质比铅基合金好，所以前者更适合用于高速轴承，但价格较贵。

（2）青铜 青铜也是常用的轴承材料，其中以铸锡锌铅青铜最普遍，广泛用于一般轴承，有很好的疲劳强度。铸锡磷青铜是一种很好的减摩材料，减摩性和耐磨性都很好，强度也较高，适用于重载轴承及中速场合。铅青铜具有优良的抗胶合性能，高温时可以从摩擦表面析出铅，在铜基体上形成一层薄的敷膜，起到润滑作用，适合于高速、重载轴承。铝青铜的强度及硬度较高，抗黏附能力较差，适合用于低速、重载轴承。

（3）铝基轴承合金 铝基轴承合金已获得广泛应用。它具有相当好的耐蚀性和较高的疲劳强度，摩擦性能也较好。这些品质使得铝基轴承合金在部分领域取代了较贵的轴承合金和青铜。铝基轴承合金既可制成单金属零件（如轴套、轴承等），也可制成双金属零件，双金属轴瓦以铝基轴承合金为轴承衬，以钢做衬背。

（4）灰铸铁及耐磨铸铁 普通灰铸铁或加有镍、铬、钛等合金成分的耐磨灰铸铁，或者球墨铸铁都可以作为轴承材料。这类材料中的片状或球状石墨在材料表面上覆盖后，可以形成一层起润滑作用的石墨层，故具有一定的减摩性和耐磨性。此外，石墨能吸附氢化合物，有助于提高边界润滑性能，故采用灰铸铁做轴承材料时应加润滑油。由于铸铁性脆，磨合性能差，故只适合于轻载低速和不受冲击的场合使用。

（5）多孔质金属材料 多孔质金属材料是一种用不同金属粉末经压制、烧结而成的轴承材料，孔隙结构占总体积的10%~35%。使用前先把轴瓦在热油中浸渍数小时，使孔隙中充满润滑油，因而通常把这种材料制成的轴承称为含油轴承，它具有自润滑性。工作时，由于轴颈转动的抽吸作用及轴承发热时油的膨胀作用，油便进入摩擦表面间起润滑作用；不工作时，因毛细管作用，油便被吸回到轴承内部，故在相当长时间内，即使不加润滑油仍能很好地工作。若定期供油，则使用效果更佳。但由于其韧性较小，故宜用于平稳无冲击载荷及中低速情况。常用的有多孔铁和多孔质青铜。多孔铁常用来制造磨粉机轴套、机床油泵衬套、内燃机凸轮轴衬套等。多孔质青铜多用来制作电风扇、纺织机械及汽车发电机的轴承。

（6）非金属材料 非金属材料以塑料用得最多。轴承塑料（聚合物材料）种类很多，如酚醛树脂、尼龙、聚四氟乙烯等。在我国目前主要用的是以布为基体的和以木为基体的两种。塑料轴承可以用油润滑，也可用水润滑。塑料轴承的优点是：①摩擦系数小，功率损耗比金属轴承约小15%；②有足够的抗压强度和疲劳强度，可承受冲击载荷；③耐磨性和磨合性都好；④塑性好，可以嵌藏外来杂质，防止损伤轴颈。但它的导热性差（只有青铜的

1/500～1/200）、耐热性低（120～150℃时焦化）。如果采用水润滑，还会吸水膨胀。

常用金属轴瓦材料性能见表 7-1，常用非金属轴瓦材料性能见表 7-2。

表 7-1 常用金属轴瓦材料性能

<table>
<tr><th colspan="2" rowspan="2">轴瓦材料</th><th colspan="3">最大许用值</th><th rowspan="2">最高工作温度 t/℃</th><th rowspan="2">最小轴颈硬度 HBW</th><th colspan="4">性能比较②</th><th rowspan="2">备注</th></tr>
<tr><th>[p]/MPa</th><th>[v]/(m/s)</th><th>[pv]①/(MPa·m/s)</th><th>抗胶合性</th><th>顺应嵌藏性性</th><th>耐蚀性</th><th>疲劳强度</th></tr>
<tr><td rowspan="4">锡锑轴承合金</td><td rowspan="2">ZSnSb11Cu6</td><td colspan="3">平稳载荷</td><td rowspan="4">150</td><td rowspan="4">150</td><td rowspan="4">1</td><td rowspan="4">1</td><td rowspan="4">1</td><td rowspan="4">5</td><td rowspan="4">用于高速、重载下工作的重要轴承。变载荷下易于疲劳，价格贵</td></tr>
<tr><td>25</td><td>80</td><td>20</td></tr>
<tr><td rowspan="2">ZSnSb8Cu4</td><td colspan="3">冲击载荷</td></tr>
<tr><td>25</td><td>60</td><td>15</td></tr>
<tr><td rowspan="2">铅锑轴承合金</td><td>ZPbSb16Sn16Cu2</td><td>15</td><td>12</td><td>10</td><td rowspan="2">150</td><td rowspan="2">150</td><td rowspan="2">1</td><td rowspan="2">1</td><td rowspan="2">3</td><td rowspan="2">5</td><td rowspan="2">用于中速、中等载荷的轴承，不宜受显著的冲击载荷。可作为锡锑轴承合金的代用品</td></tr>
<tr><td>ZPbSb15Sn5Cu3Cd2</td><td>5</td><td>8</td><td>5</td></tr>
<tr><td rowspan="2">锡青铜</td><td>ZCuSn10P1</td><td>15</td><td>10</td><td>15</td><td rowspan="2">280</td><td rowspan="2">300～400</td><td rowspan="2">3</td><td rowspan="2">5</td><td rowspan="2">1</td><td rowspan="2">1</td><td>用于中速、重载及受变载荷的轴承</td></tr>
<tr><td>ZCuSn5Pb5Zn5</td><td>5</td><td>3</td><td>10</td><td>用于中速、中等载荷轴承</td></tr>
<tr><td>铅青铜</td><td>ZCuPb30</td><td>21～28</td><td>12</td><td>30</td><td>250～280</td><td>300</td><td>3</td><td>4</td><td>4</td><td>2</td><td>用于高速、重载轴承，能受变载荷及冲击载荷</td></tr>
<tr><td>铝青铜</td><td>ZCuAl14Fe3</td><td>15</td><td>4</td><td>12</td><td>280</td><td>300</td><td>5</td><td>5</td><td>5</td><td>2</td><td>最宜用于润滑充分的低速、重载轴承</td></tr>
<tr><td rowspan="2">黄铜</td><td>ZCuZn16Si4</td><td>12</td><td>2</td><td>10</td><td rowspan="2">200</td><td rowspan="2">200</td><td rowspan="2">5</td><td rowspan="2">5</td><td rowspan="2">1</td><td rowspan="2">1</td><td rowspan="2">用于低速、中等载荷轴承</td></tr>
<tr><td>ZCuZn38Mo2Pb2</td><td>10</td><td>1</td><td>10</td></tr>
<tr><td>铝基轴承合金</td><td>2%铝锡合金</td><td>28～35</td><td>14</td><td>—</td><td>140</td><td>300</td><td>4</td><td>3</td><td>1</td><td>2</td><td>用于高速、中载，是较新的轴承材料，强度高、耐腐蚀、表面性能好。可用于增压强化柴油机轴承</td></tr>
<tr><td>三元电镀合金</td><td>（铝-硅-镉镀层）</td><td>14～35</td><td>—</td><td>—</td><td>170</td><td>200～300</td><td>1</td><td>2</td><td>2</td><td>2</td><td>以低碳钢为瓦背，铜、青铜、铝或银为中间层，上镀轴承合金组成，疲劳强度高、嵌藏性好</td></tr>
<tr><td>灰铸铁</td><td>HT150、HT200、HT250</td><td>0.1～6</td><td>0.75～3</td><td>0.3～4.5</td><td>150</td><td>200～250</td><td>4</td><td>5</td><td>1</td><td>1</td><td>用于低速、轻载的不重要轴承，价格低廉</td></tr>
</table>

① [pv] 值为混合摩擦润滑下的许用值。

② 性能比较：1——最佳；5——最差。

表 7-2 常用非金属轴瓦材料性能

轴瓦材料	最大许用值			最高工作温度 t/℃	备注
	[p]/MPa	[v]/(m/s)	[pv]①/(MPa · m/s)		
酚醛树脂	40	12	0.5	110	抗胶合性好，强度高，能耐水、酸、碱，导热性差。重载时需要用水或油充分润滑，易膨胀，间隙应大些
聚四氟乙烯	3.5	0.25	0.035	280	摩擦系数低，自润滑性好，耐腐蚀
碳-石墨	4	12	0.5	420	有自润滑性，耐化学腐蚀，常用于要求清洁工作的机器中
橡胶	0.35	5	0.53	65	橡胶隔振、降低噪声、减小动载、补偿误差。导热性差，需加强冷却。常用于水、泥浆等工业设备中。温度高易老化
木材	14	10	0.5	88	有自润滑性。耐酸、油及其他强化学药品。用于要求清洁工作的轴承

① [pv] 值为混合摩擦润滑下的许用值。

7.4 轴承润滑

轴承润滑的目的主要是减小摩擦功耗，降低磨损率，同时还可起冷却、防尘、防锈以及吸振等作用。

1. 润滑材料

常用的润滑材料是润滑油和润滑脂。此外，还有使用固体（如石墨、二硫化钼）或气体（如空气）作为润滑剂的。润滑油中以矿物油用得最多。

（1）润滑油　润滑油的主要物理及化学性能指标是黏度、黏度指数、油性、闪点、凝点、酸值、残碳量等。对于动压润滑轴承，黏度是最重要的指标，也是选择轴承用油的主要依据。

选择轴承用润滑油的黏度时，应考虑轴承压力、滑动速度、摩擦表面状况、润滑方式等条件。一般原则如下：

1）在压力大或冲击、变载等工作条件下，应选用黏度较高的润滑油。

2）滑动速度高时，容易形成油膜，为了减小摩擦功耗，应采用黏度较低的润滑油。

3）加工粗糙或未经磨合的表面，应选用黏度较高的润滑油。

4）循环润滑、芯捻润滑或油垫润滑时应选用黏度较低的润滑油；飞溅润滑时应选用高品质、能防止与空气接触而氧化变质或因激烈搅拌而乳化的润滑油。

5）低温工作的轴承应选用凝点低的润滑油。

润滑油黏度的选择可由经验或试验确定。在同一机器和相同工作条件下，对不同润滑油进行试验，功耗小而温升又较低的润滑油，其黏度较为相宜。

（2）润滑脂　轴颈速度小于 1～2m/s 的滑动轴承可以采用脂润滑。润滑脂是用矿物油与各种不同稠化剂（钙、钠、铝等金属皂）混合制成的。它的稠度大，不易流失，承载力也较大，但物理和化学性质不如润滑油稳定，摩擦功耗大，不宜在温度变化大或高速下使用。润滑脂的主要物理性能指标是稠度（针入度）和滴点。

工业上应用最广的润滑脂是钙基润滑脂（钙脂），在100℃附近，开始丧失稠度，因此只能在55~75℃以下使用。钠基润滑脂（钠脂）滴点高，一般为110~180℃，比钙脂耐热，但怕水。锂基润滑脂有一定的抗水性和较好的稳定性，适用于-20~120℃。

2. 润滑方法

向轴承供给润滑油或润滑脂的方法很重要，尤其是油润滑，轴承的润滑状态与润滑油的供给方法有关。润滑脂是半固体状的油膏，供给方法与润滑油不同。

（1）油润滑　润滑油供给可以是间歇的，也可以是连续的，连续供油比较可靠。用油壶注油或提起针阀通过油杯（图7-11）注油，只能达到间歇润滑的作用。连续供油主要有下列六种方法。

1）滴油润滑。针阀式注油油杯（图7-11c）也可用于连续润滑。当手柄卧倒时，针阀受弹簧推压向下而堵住底部油孔。手柄转90°变为直立状态时，针阀上提，下端油孔敞开，润滑油流进轴承，通过调节油孔开口大小来调节流量。

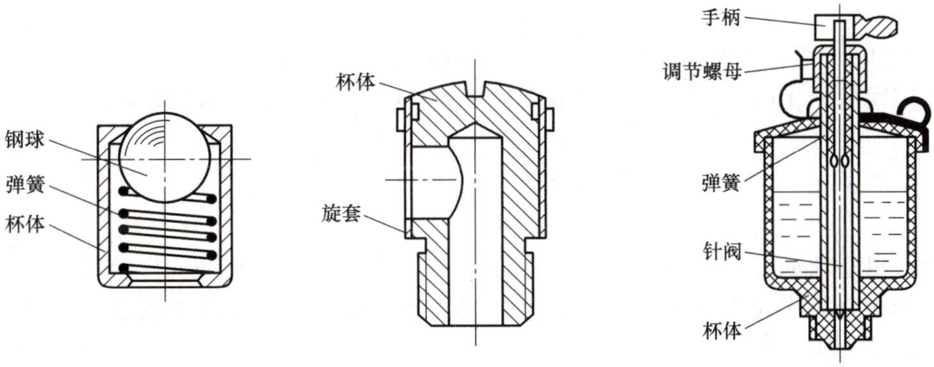

a) 压配式压注油杯　b) 旋套式注油油杯　c) 针阀式注油油杯

图7-11　间歇供油用油杯

2）芯捻或线纱润滑。用毛线或棉线做成芯捻（图7-12a）或用线纱做成线团浸在油槽内，利用毛细管作用把油引到滑动表面上。这两种方法不易调节供油量。

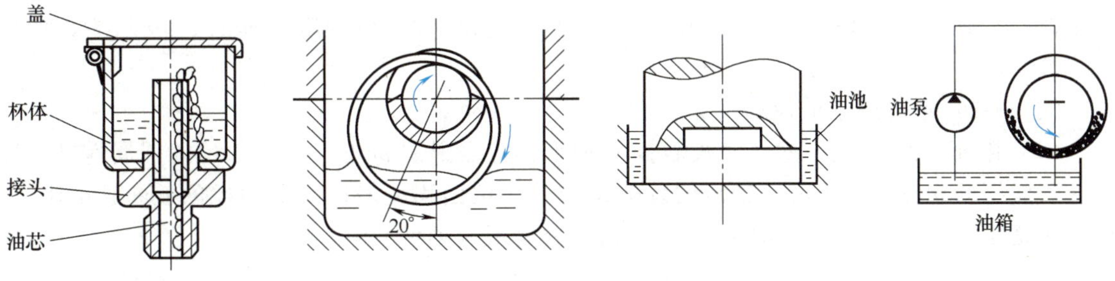

a) 芯捻或线纱润滑　b) 油环润滑　c) 浸油润滑　d) 压力循环润滑

图7-12　连续供油方法

3）油环润滑。轴颈上套有油环（图7-12b），油环下垂浸到油池里，轴颈回转时把油带到轴颈上去。这种装置只能用于水平且连续运转的轴颈。供油量与轴的转速、油环的剖面形状和尺寸、润滑油黏度等有关。适用的转速范围为60~100r/min$<n<$1500~2000r/min。速度

过低，油环不能把油带起；速度过高，油环上的油会被甩掉。

4）飞溅润滑。以齿轮减速器为例，利用浸入油中的齿轮转动时，由润滑油飞溅成的油沫沿箱壁和油沟流入轴承。

5）浸油润滑。部分轴承直接浸在油中以润滑轴承，如图 7-12c 所示。

6）压力循环润滑。压力循环润滑（图 7-12d）可以供应充足的油量来润滑和冷却轴承。在重载、振动或交变载荷的工作条件下，能取得良好的润滑效果。

（2）脂润滑　润滑脂只能间歇供应。润滑杯（黄油杯，如图 7-13 所示）是应用最广的脂润滑装置。润滑脂储存在杯体里，杯盖用螺纹与杯体联接，旋拧杯盖可将润滑脂压送到轴承孔内。或用黄油枪向轴承补充润滑脂。脂润滑也可集中供应。

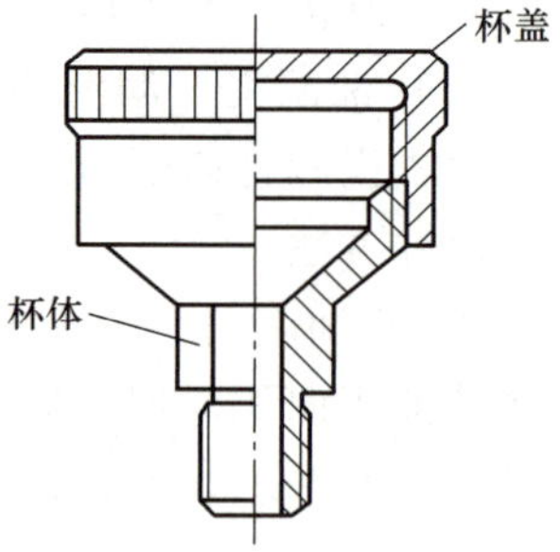

图 7-13　黄油杯

滑动轴承的润滑方式可根据系数 k 选定

$$k=\sqrt{pv^3} \tag{7-1}$$

式中，p 为平均压强（MPa），见式（7-2）；v 为轴颈的线速度（m/s）。

当 $k \leqslant 2$ 时，用润滑脂或油杯润滑；$k=2 \sim 16$ 时，用针阀式注油油杯润滑；$k=16 \sim 32$ 时，用油环或飞溅润滑；$k>32$ 时，用压力循环润滑。

7.5　混合润滑滑动轴承设计计算

滑动轴承的失效形式和设计准则

在设计滑动轴承时，常用简单的条件性计算来确定轴承的尺寸。但液体动力润滑轴承只能用它作为初步计算，混合润滑和固体润滑轴承则常用它作为主要的计算方法。

1. 径向轴承

混合润滑轴承的计算准则有以下三种：

（1）限制轴承平均压强 p　为了避免过度磨损，应限制轴承的单位面积压力 p（MPa）：

$$p=\frac{F}{dB} \leqslant [p] \tag{7-2}$$

式中，F 为轴承径向载荷（N）；d 和 B 分别为轴颈直径和有效宽度（mm）；$[p]$ 为许用压强（MPa）。

式（7-2）也可用于求轴承尺寸。

（2）限制轴承 pv 值　对于速度较高的轴承，常需限制 pv 值。v 是轴颈的圆周速度，即工作表面间的相对滑动速度。轴承的发热量与其单位面积上表征摩擦功耗的 μpv 成正比，μ 可认为是常数，故限制 pv（MPa · m/s）值也就是限制轴承的温升，即

$$pv \approx \frac{Fn}{20000B} \leqslant [pv] \tag{7-3}$$

（3）限制滑动速度 v　当压强较小时，即使 p 与 pv 都在许用范围内，也可能由于滑动速度过高而加速磨损，因而要求

$$v=\frac{\pi dn}{60 \times 1000} \leqslant [v] \tag{7-4}$$

轴承材料的 [p]、[pv] 和 [v] 值见表 7-1、表 7-2。常用机械中径向轴承的 [p]、[pv] 见表 7-3。

表 7-3 常用机械中径向轴承的 [p]、[pv]（供参考）

机械名称	轴承	[p]/MPa	[pv]/(MPa · m/s)
汽车、飞机发动机	主轴承	6[①]~12[②]	200
	曲柄销轴承	10[②]~35[②]	400
	活塞销轴承	15[②]~40[②]	—
汽轮机	主轴承	1[③]~2[②]	40
机床	主轴承	0.5~5	1~5
轧钢机	主轴承	20~40	50~80
齿轮减速器	轴承	0.5~2	5~10

① 飞溅润滑。

② 压力循环润滑。

③ 滴油或油环润滑。

2. 推力轴承

常见的推力轴承止推面的形状如图 7-4 所示。实际应用中多采用空心轴颈和环状轴颈，其中混合摩擦润滑的推力轴承，应验算压强 p 和 pv 值：

$$p=\frac{F}{\frac{\pi}{4}(d^2-d_0^2)z}\leqslant[p] \tag{7-5}$$

$$pv=\frac{Fn}{30000(d-d_0)z}\leqslant[pv] \tag{7-6}$$

式中，F 为轴向载荷（N）；v 为推力轴颈平均直径处的圆周速度（m/s）；n 为轴转速（r/min）；d_0、d 分别为轴颈内、外径（mm）；z 为轴环数。

对于多环轴承，各环受力不均匀，[p] 和 [pv] 值（见表 7-1）应降低 50%。

液体动力润滑轴承在起动和停车时处于混合摩擦润滑状态，所以设计时也需要进行上述计算。

7.6 流体动压润滑滑动轴承设计计算

雷诺方程、油楔承载机理

1. 流体动压润滑的基本方程和油楔承载机理

用润滑油把摩擦表面完全分隔开时的摩擦称为液体摩擦。因为两个表面并不直接接触，所以这种摩擦的性质取决于使用的润滑油黏度，而与两个摩擦表面的材料无关。

获得液体摩擦主要有两种方法：①在滑动表面间用足以平衡外载荷的压力输入润滑油，人为地使两个表面分离，即用油压把轴颈顶起，用这种方法来实现液体摩擦的轴承称为流体静压轴承；②利用轴颈本身回转时的泵油作用，把油带入摩擦面间，建立压力油膜而把摩擦面分开，用这种方法来实现液体摩擦的轴承称为流体动压轴承。流体静压轴承需要附加的设备，应用不如流体动压轴承普遍。

(1) 雷诺润滑方程式　两刚体被润滑油隔开（图 7-14），移动件以速度 v 沿 x 轴方向滑动，另一刚体静止不动。一维雷诺方程式的推导是建立在以下假设的基础上：①忽略压力对润滑油黏度的影响；②润滑油沿 z 轴没有流动；③润滑油是层流流动；④油与工作表面吸附牢固，表面油分子随工作表面一同运动或静止；⑤不计油的惯性力和重力的影响；⑥润滑油不可压缩等。

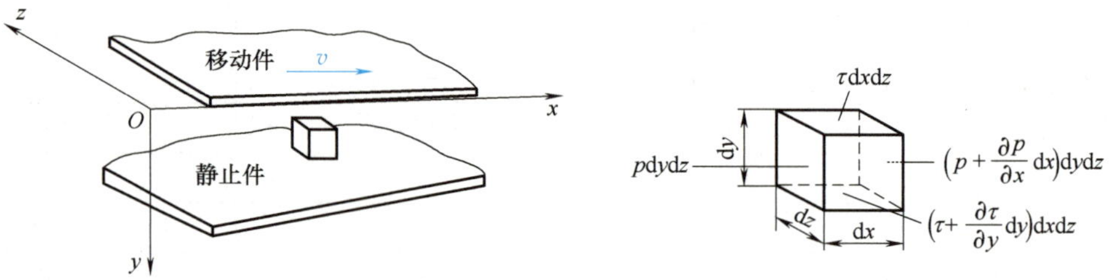

图 7-14　动压分析

取微单元体进行分析，p 及 $\left(p+\dfrac{\partial p}{\partial x}\mathrm{d}x\right)$ 是作用在微单元体左右两侧的压应力，τ 及 $\left(\tau+\dfrac{\partial \tau}{\partial y}\mathrm{d}y\right)$ 是作用在微单元体上下两面的切应力。根据 x 轴力系的平衡得

$$p\mathrm{d}y\mathrm{d}z-\left(p+\frac{\partial p}{\partial x}\mathrm{d}x\right)\mathrm{d}y\mathrm{d}z+\tau\mathrm{d}x\mathrm{d}z-\left(\tau+\frac{\partial \tau}{\partial y}\mathrm{d}y\right)\mathrm{d}x\mathrm{d}z=0$$

整理后得

$$\frac{\partial p}{\partial x}=-\frac{\partial \tau}{\partial y}$$

将 $\tau=\dfrac{F}{A}=-\eta\dfrac{\partial u}{\partial y}$ 代入上式得

$$\frac{\partial p}{\partial x}=\eta\frac{\partial^2 u}{\partial y^2}$$

对上式积分得

$$u=\frac{1}{2\eta}\frac{\partial p}{\partial x}y^2+C_1y+C_2$$

由图 7-14 可知，当 $y=0$ 时，$u=v$（随移动件移动）；$y=h$ 时，$u=0$（随静止件不动）。利用这两个边界条件可解出

$$u=\frac{v}{h}(h-y)+\frac{1}{2\eta}\frac{\partial p}{\partial x}(y-h)y$$

两任意剖面沿 x 轴的单位宽度流量为

$$q_x=\int_0^h u\mathrm{d}y=\frac{v}{2}h-\frac{1}{12\eta}\frac{\partial p}{\partial x}h^3 \tag{7-7a}$$

设油压最大处的间隙为 h_0 $\left(即\dfrac{\partial p}{\partial x}=0 时，h=h_0\right)$，在这一剖面上

$$q_x=\frac{vh_0}{2} \tag{7-7b}$$

连续流动时，流量不变。故式（7-7a）等于式（7-7b），由此得

$$\frac{\partial p}{\partial x}=6\eta v\frac{(h-h_0)}{h^3} \tag{7-7c}$$

式（7-7c）为一维雷诺动力润滑方程式。

由式（7-7c）可以看出，油压的变化与润滑油的黏度、表面滑动速度和油膜厚度的变化有关。

（2）油楔承载机理 利用式（7-7c），可求出油膜中各点的油膜压力 p（简称油压）。全部油膜压力之和为油膜承载能力。在正常工作情况下，油膜承载力应与外载荷 F 相平衡。

由式（7-7c）可以看出，油膜承载力的建立必须满足以下条件：

1）润滑油要有一定的黏度，黏度越大，承载能力也越高。

2）要有相当的相对滑动速度，在一定范围内，油膜承载力与滑动速度成正比关系。

3）有足够充分的供油量。

4）相对滑动面之间必须形成收敛形间隙（通称油楔）。由图 7-15a 可以看出，在油膜厚度为 h_0 处的左侧 $h>h_0$，根据式（7-7c）可知$\frac{\partial p}{\partial x}>0$，即油压随 x 的增加而增大；在 h_0 剖面的右侧 $h<h_0$，根据式（7-7c）可知$\frac{\partial p}{\partial x}<0$，即油压随 x 的增加而减小。这表示油膜必须呈收敛形油楔，才能使油楔内各处的油压都大于入口和出口的压力，产生正压力以支承外载。

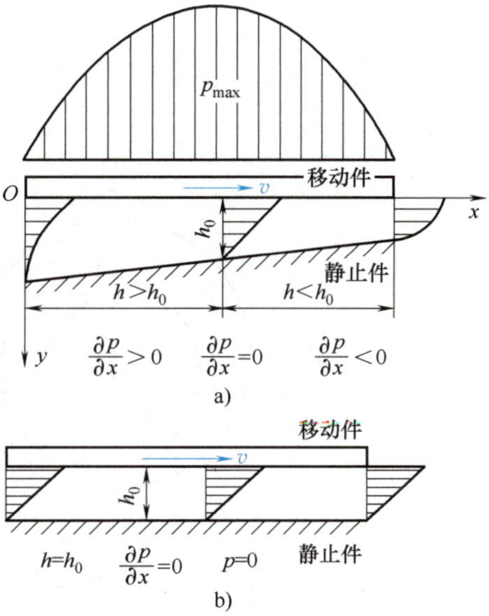

图 7-15 油楔承载机理

若两滑动表面平行，如图 7-15b 所示，则任何剖面的油膜厚度 $h=h_0$，也即$\frac{\partial p}{\partial x}=0$。这表示平行油膜油压总是等于入口和出口处的压力，因此不能产生高于外面压力的油压以支承外载。

若两滑动表面呈扩散楔形，移动件带着润滑油从小口走向大口，油压必将低于出口和入口处的压力，不仅不能产生油压支承外载，而且会产生使两表面相吸的力。

2. 流体动压向心滑动轴承的设计计算

（1）径向滑动轴承建立流体动压润滑的过程 如图 7-16a 所示，受径向载荷 F 的轴颈静止，轴颈下方与轴瓦接触，轴颈与轴瓦两表面间形成了楔形间隙（具有油楔）。当轴颈开始转动时，速度很低，轴瓦对轴颈的摩擦力迫使轴颈沿孔壁向左偏移，如图 7-16b 所示。随着轴颈转速的升高，带入轴承左边楔形间隙内的油量逐渐增多，楔形油膜随之产生的压力将轴颈托起向右推移，直至承受同样大小外载荷 F 的平衡位置，如图 7-16c 所示。这时，轴承处于轴颈稳定运转下（轴颈中心 O_1 位置不变）流体动压润滑状态。

当轴承其他条件不变，轴颈转速继续升高（或外载荷降低）时，轴颈中心将逐渐移向轴承中心，偏心距 e 不断减小，相应的最小油膜厚度 h_{min} 也随之不断增大。当转速趋向无穷大时，理论上，轴颈中心 O_1 将与轴承中心 O 重合，偏心距 e 将趋于零。轴颈中心 O_1 向轴承中心 O 移动的轨迹近似为半圆形。

（2）设计计算

1）承载能力计算。如图 7-17 所示，R 及 r 分别为轴承孔和轴颈的半径，其差为轴承半径间隙 $\delta=R-r$。

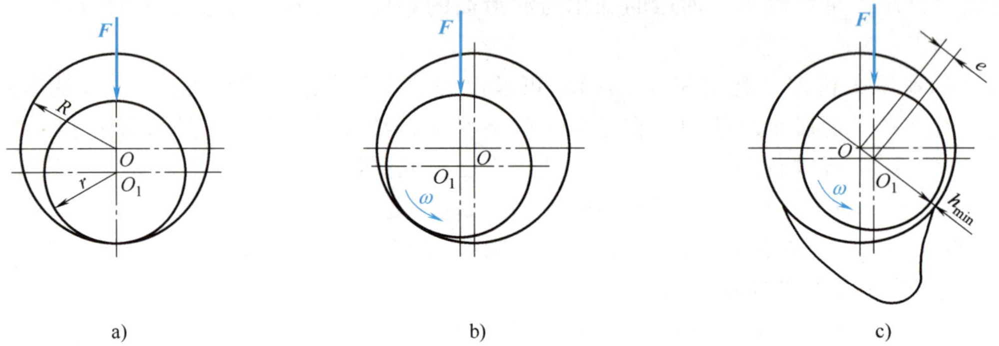

图 7-16 动压径向滑动轴承的工作过程

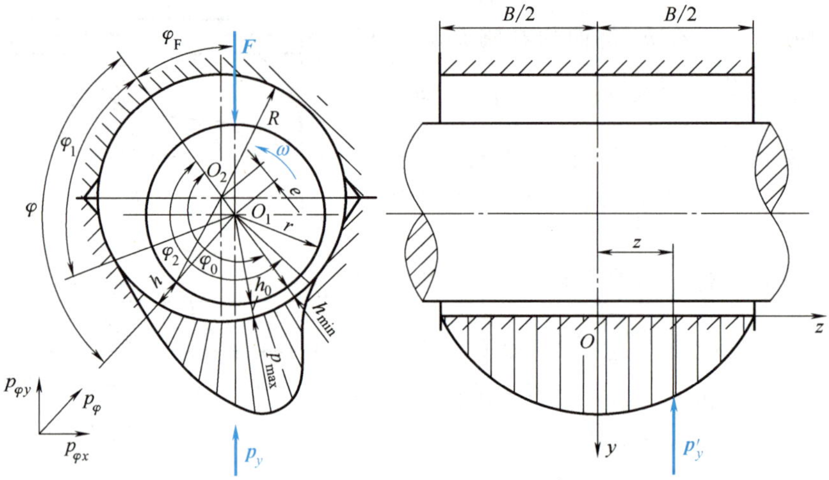

图 7-17 动压径向滑动轴承几何关系及油压分布

令 $\psi=\delta/r$ 称为轴承相对间隙，O_1O_2 的距离称为偏心距 e。令 $\chi=e/\delta$ 称为偏心率，则最小油膜厚度为

$$h_{\min}=\delta-e=\delta(1-\chi)=r\psi(1-\chi) \tag{7-8}$$

当轴承结构尺寸一定时，偏心率 χ 越大，偏心距 e 越大，即最小油膜厚度 $h_{\min}$ 越小。χ 的大小反映了轴承的承载能力。

以连心线 O_1O_2 为极轴，轴颈中心 O_1 为极点，建立极坐标系。φ_F 为载荷作用角，φ_1、φ_2 分别为油膜压力的起始角和终止角；φ、φ_0 分别为任意位置处的油膜厚度 h 和最大 $p_{\max}$ 处的油膜厚度 h_0 的极角。用 $\mathrm{d}x\approx r\mathrm{d}\varphi$，$v=r\omega$，$h\approx\delta(1+\chi\cos\varphi)$，$h_0\approx\delta(1+\chi\cos\varphi_0)$ 代入式(7-7c) 转化为极坐标形式的雷诺方程：

$$\mathrm{d}p=6\eta\frac{\omega}{\psi^2}\frac{\chi(\cos\varphi-\cos\varphi_0)}{(1+\chi\cos\varphi)^3}\mathrm{d}\varphi \tag{7-9}$$

将式 (7-9) 进行第一次积分，求得任意角 φ 处的油膜压力，即

$$p_\varphi=\int_{\varphi_1}^{\varphi}\mathrm{d}p \tag{7-10}$$

压力 p_φ 在外载荷方向上的分力为

$$p_{\varphi y}=p_\varphi\cos[180°-(\varphi_F+\varphi)] \tag{7-11}$$

接着对作用在微弧上的压力 $p_{\varphi y}r\mathrm{d}\varphi$ 进行积分，求得轴承单位宽度上在外载荷方向上的总油膜压力，即

$$p_y=\int_{\varphi_1}^{\varphi_2}p_{\varphi y}r\mathrm{d}\varphi \tag{7-12}$$

对于有限宽轴承，因有油端泄漏的影响，压力沿轴承宽度的变化呈抛物线分布。引入修正系数 C'（其值取决于 B/d 及 χ），在距轴承宽度中间剖面为 z 处的压力为

$$p'_y=p_yC'\left[1-\left(\frac{2z}{B}\right)^2\right] \tag{7-13}$$

再对 p'_y 积分，则有限宽轴承油膜的总承载能力（承受的外载荷）为

$$F=\int_{-B/2}^{+B/2}p'_y\mathrm{d}z \tag{7-14}$$

即得

$$F=\frac{2\eta vB}{\psi^2}C_p \tag{7-15}$$

式中，F 为外载荷（N）；η 为润滑油动力黏度（Pa·s）；v 为轴颈圆周速度（m/s）；B 为轴承宽度（m）；ψ 为轴承相对间隙；C_p 为承载量系数（是量纲为 1 的数），当轴承的包角 α（$\alpha=120°$、180°或 360°）给定时，$C_p\propto(\chi,B/d)$，见表 7-4。

表 7-4 有限宽轴承的承载量系数 C_p（包角 180°）

B/d	χ													
	0.3	0.4	0.5	0.6	0.65	0.7	0.75	0.8	0.85	0.9	0.925	0.95	0.975	0.99
	承载量系数 C_p													
0.3	0.0522	0.0826	0.128	0.203	0.259	0.347	0.475	0.699	1.122	2.074	3.352	5.73	15.15	50.52
0.4	0.0893	0.141	0.216	0.339	0.431	0.573	0.776	1.079	1.775	3.195	5.055	8.393	21.00	65.26
0.5	0.133	0.209	0.317	0.493	0.622	0.819	1.098	1.572	2.428	4.261	6.615	10.706	25.62	75.86
0.6	0.182	0.283	0.427	0.655	0.819	1.070	1.418	2.001	3.036	5.214	7.956	12.64	29.17	83.21
0.7	0.234	0.361	0.538	0.816	1.014	1.312	1.720	2.399	3.580	6.029	9.072	14.14	31.88	88.90
0.8	0.287	0.439	0.647	0.972	1.199	1.538	1.965	2.754	4.053	6.721	9.992	15.37	33.99	92.89
0.9	0.339	0.515	0.754	1.118	1.371	1.745	2.248	3.067	4.459	7.294	10.753	16.37	35.66	96.35
1.0	0.391	0.589	0.853	1.253	1.528	1.929	2.469	3.372	4.808	7.772	11.38	17.18	37.00	98.95
1.1	0.440	0.658	0.947	1.377	1.669	2.097	2.664	3.580	5.106	8.186	11.91	17.86	38.12	101.15
1.2	0.487	0.723	1.033	1.489	1.796	2.247	2.838	3.787	5.364	8.533	12.35	18.43	39.04	102.90
1.3	0.529	0.784	1.111	1.590	1.912	2.379	2.990	3.968	5.586	8.831	12.73	18.91	39.81	104.42
1.5	0.610	0.891	1.248	1.763	2.099	2.600	3.242	4.266	5.947	9.304	13.34	19.68	41.07	106.84
2.0	0.763	1.091	1.483	2.070	2.446	2.981	3.671	4.778	6.545	10.091	14.34	20.97	43.11	110.79

2）最小油膜厚度 h_{min} 验算。当轴承的结构参数及载荷、速度等工况条件已定时，便可利用式（7-8）求得理想光滑表面下轴承稳定运转时的最小油膜厚度。但实际表面是粗糙的，

并且还有加工、安装误差及变形等因素影响，为了确保液体摩擦状态下工作可靠，必须满足

$$h_{min} \geqslant (2 \sim 3)(Ra_1 + Ra_2) \tag{7-16}$$

式中，Ra_1、Ra_2 分别为轴颈和轴瓦表面粗糙度平均值（μm），其值见表 7-5。

表 7-5　表面粗糙度 *Ra*

加工方法	精车或精镗、中等磨光、刮（每平方厘米内有 1.3～3 个点）		铰、精磨、刮（每平方厘米内有 5 个点）		钻石刀头镗、研磨		研磨、抛光、超精加工等		
表面粗糙度 Ra/μm	3.2	1.6	0.8	0.4	0.2	0.1	0.05	0.025	0.012
表面粗糙度平均值/μm	10	6.3	3.2	1.6	0.8	0.4	0.2	0.1	0.05

3）热平衡计算。液体摩擦滑动轴承工作中，液体内摩擦功耗所产生的热量，将使油温升高，油的黏度降低，造成轴承承载能力下降而转为非液体摩擦状态。为此，必须控制油温升 Δt 在允许范围内，即满足单位时间内轴承中液体摩擦所产生的热量，与油端泄带走的热量和轴承散发的热量相平衡。热平衡条件为

$$fFv = c\rho Q\Delta t + \alpha_s A\Delta t \tag{7-17}$$

式中，F 为轴承的外载荷（N）；v 为轴颈圆周速度（m/s）；c 为润滑油的比热容，矿物油为 1675～2090J/(kg·K)；ρ 为润滑油的密度，矿物油为 850～900kg/m^3；Q 为轴承耗油量（m^3/s）；A 为轴承散热面积（m^2），$A=\pi dB$；Δt 为润滑油的温升（℃），$\Delta t = t_o - t_i$，t_i、t_o 分别为油的入口温度和出口温度；α_s 为轴承的散热系数，轻型轴承或环境温度高难以散热，$\alpha_s = 50\text{W/(m}^2\cdot\text{K)}$，中型轴承或一般通风条件，$\alpha_s = 80\text{W/(m}^2\cdot\text{K)}$，重型轴承及冷却、通风条件良好，$\alpha_s = 140\text{W/(m}^2\cdot\text{K)}$；$f$ 为摩擦系数，$f = \dfrac{\pi}{\psi}\dfrac{\eta\omega}{p} + 0.55\psi\zeta$，$\zeta$ 为随轴承宽径比而变化的系数，$B/d<1$ 时，$\zeta = (d/B)^{1.5}$，$B/d \geqslant 1$ 时，$\zeta = 1$，ω 为轴颈角速度（rad/s），η 为油的动力黏度（Pa·s），p 为轴承压力（Pa），ψ 为轴承相对间隙。

由式（7-17）可得，热平衡时润滑油温度差（温升）（单位为℃）为

$$\Delta t = t_o - t_i = \frac{\dfrac{f}{\psi}p}{c\rho\dfrac{Q}{\psi vBd} + \dfrac{\pi\alpha_s}{\psi v}} \tag{7-18}$$

式中，$\dfrac{Q}{\psi vBd}$ 为轴承耗油量系数（是量纲为 1 的数），可由表 7-6 查取。

式（7-18）求出的是润滑油的平均温差。在轴承工作时，润滑油从流进至流出轴承，温度是逐渐升高的，轴承内各处的油温、油的黏度皆不相同。故在计算轴承的承载能力时，可采用润滑油平均温度时的黏度。平均温度为

$$t_m = t_i + \frac{\Delta t}{2} \tag{7-19}$$

平均温度 t_m 不应超过 75℃。设计时，常初选平均温度 t_m，按式（7-18）求出温升 Δt 并核算入口温度 t_i（控制在 35～45℃）。若 t_i>35～45℃，则表示易于建立热平衡，轴承的承载

能力尚有裕量；若 $t_i<35\sim45℃$，则表示不易实现热平衡。这时需采取加大间隙等措施，重新计算，直至 t_i 符合为止。

上述方法适用于一般用途的流体动压润滑径向轴承的热平衡计算。

表 7-6　轴承耗油量系数 $Q/(\psi vBd)$（包角 180°）

B/d	χ												
	0.3	0.4	0.5	0.6	0.65	0.7	0.75	0.8	0.85	0.9	0.925	0.95	0.975
	$Q/(\psi vBd)$												
0.5	0.109	0.134	0.166	0.194	0.206	0.217	0.222	0.224	0.218	0.208	0.194	0.178	0.145
0.6	0.105	0.129	0.156	0.182	0.192	0.200	0.203	0.203	0.198	0.184	0.170	0.153	0.123
0.7	0.100	0.122	0.147	0.169	0.178	0.185	0.186	0.185	0.176	0.163	0.150	0.134	0.107
0.8	0.095	0.115	0.138	0.158	0.165	0.170	0.172	0.168	0.158	0.146	0.133	0.118	0.099
0.9	0.090	0.107	0.129	0.146	0.153	0.157	0.156	0.153	0.143	0.131	0.119	0.106	0.084
1.0	0.085	0.102	0.121	0.136	0.141	0.145	0.143	0.138	0.130	0.119	0.108	0.096	0.075
1.1	0.081	0.096	0.113	0.127	0.131	0.139	0.132	0.128	0.119	0.109	0.098	0.087	0.068
1.2	0.076	0.091	0.106	0.118	0.122	0.124	0.122	0.129	0.110	0.100	0.090	0.080	0.063
1.3	0.072	0.086	0.100	0.111	0.114	0.117	0.114	0.110	0.102	0.092	0.084	0.074	0.058
1.5	0.065	0.076	0.088	0.098	0.101	0.101	0.090	0.096	0.088	0.080	0.072	0.064	0.050

（3）主要参数选择

1）宽径比 B/d。宽径比影响轴承的承载能力、温升和耗油量。宽径比小，油易端泄，承载能力小，耗油量大，温升小，但有利于提高运转稳定性。一般轴承常取 $B/d=0.3\sim1.5$。其选择原则为温升高的高速重载轴承，B/d 宜取小值；有支承刚性要求的低速重载轴承，B/d 宜取大值；对刚度要求不高的高速轻载轴承，B/d 可取小值。例如，汽轮机、鼓风机的主轴承 $B/d=0.3\sim1.0$；轧钢机 $B/d=0.6\sim0.9$；发动机、电动机、离心泵、齿轮减速器 $B/d=0.6\sim1.5$；机床、拖拉机 $B/d=0.8\sim1.2$；铁路车辆 $B/d=1.4\sim2.0$。

2）相对间隙 ψ。相对间隙对轴承的承载能力、旋转精度和温升有很大影响，其主要根据载荷和速度选取，一般情况下，ψ 值越小，轴承承载能力越大，轴承旋转精度及平稳性越高。但摩擦系数随之增大，温升增高，油的黏度下降，承载能力可能反而下降。通常高速、轻载或旋转精度要求不高时，ψ 值取大些；低速、重载或旋转精度要求高时，ψ 值取小些。此外，ψ 的取值还与轴承和轴材料的热变形、表面加工精度、轴承的结构有关。设计时，ψ 可按以下检验公式取值，即

$$\psi\approx\frac{(n/60)^{4/9}}{10^{31/9}} \tag{7-20}$$

式中，n 为轴颈转速（r/min）。

有关机械常用的 ψ 值：汽轮机、电动机、齿轮减速器 $\psi=0.001\sim0.002$；鼓风机、离心泵 $\psi=0.001\sim0.003$；轧钢机、铁路车辆 $\psi=0.0002\sim0.0015$；机床、内燃机 $\psi=0.0002\sim0.00125$。

值得注意的是，设计时应根据 ψ 值（或直径间隙 $\Delta=\psi d$）来选择轴承的配合，如 H7/

e8、H7/d8、H7/c8、H9/f9 等。并且最大相对间隙 ψ_{max}（或最大直径间隙 Δ_{max}）应满足承载能力及工作可靠性要求，最小相对间隙 ψ_{min}（或最小直径间隙 Δ_{min}）应满足散热要求。

3）黏度 η。黏度影响轴承的承载能力、温升和耗油量。黏度大，轴承的承载能力可提高，但摩擦阻力大，流量小，温升增高。而温升高又会使黏度、承载能力下降。其选择原则为低速、重载选用黏度大的润滑油；高速、轻载选用黏度小的润滑油。对一般轴承，可先按式（7-21）估算平均油温时润滑油的动力黏度 η（Pa·s），即

$$\eta \approx \frac{(n/60)^{-1/3}}{10^{7/6}} \tag{7-21}$$

式中，n 为轴颈转速（r/min）。

上述液体摩擦动压径向滑动轴承，是建立在一个油楔产生液体动压油膜基础上的，故称为单油楔轴承。这类轴承在轻载、高速，或有微小外力干扰下运转时，易出现失稳现象。有关多个油楔产生动压油膜的多油楔轴承，可参阅有关设计资料。

7.7 工程案例

例 7-1 拟设计一齿轮减速器液体动压径向滑动轴承。已知轴颈直径 $d=100\text{mm}$，轴颈转速 $n=1000\text{r/min}$，所受径向载荷 $F=35000\text{N}$，且载荷竖直向下，工作情况稳定，要求轴装拆方便。

解：（1）确定轴承结构型式　为满足装拆、调整方便，选用对开式滑动轴承结构。

（2）选择轴瓦材料　根据推荐宽径比范围，取 $B/d=1$，则轴承宽度为

$$B=(B/d)\times d=1\times100\text{mm}=100\text{mm}$$

计算轴承 p、v 和 pv 值：

$$p=\frac{F}{dB}=\frac{35000}{100\times100}\text{MPa}=3.5\text{MPa}$$

$$v=\frac{\pi dn}{60\times1000}=\frac{\pi\times100\times1000}{60\times1000}\text{m/s}=5.24\text{m/s}$$

$$pv=3.5\times5.24\text{MPa}\cdot\text{m/s}=18.34\text{MPa}\cdot\text{m/s}$$

按 $p\leqslant[p]$、$v\leqslant[v]$、$pv\leqslant[pv]$，由表 7-1 选取 ZSnSb11Cu6 作为轴瓦材料。

（3）选取相对间隙 ψ　由式（7-20）得

$$\psi\approx\frac{(n/60)^{4/9}}{10^{31/9}}=\frac{(1000/60)^{4/9}}{10^{31/9}}\approx0.001255$$

取 ψ 为 0.00125。

（4）初取润滑油黏度 η　选定平均油温 t_m，取 $t_m=50℃$。计算平均油温下的动力黏度 η_{50}，由式（7-21）得

$$\eta'=[(n/60)^{1/3}\times10^{7/6}]^{-1}=[(1000/60)^{1/3}\times10^{7/6}]^{-1}\text{Pa}\cdot\text{s}=0.0267\text{Pa}\cdot\text{s}$$

取润滑油密度 $\rho=900\text{kg/m}^3$，得

$$\nu'=\frac{\eta'}{\rho}=\frac{0.0267}{900}\text{m}^2/\text{s}\approx30\times10^{-6}\text{m}^2/\text{s}$$

选用全损耗系统用油 L-AN46。查得油 L-AN46 在 $t_m=50℃$ 时的运动黏度 $\nu_{50}\approx30\times10^{-6}\text{m}^2/\text{s}$。

$$\eta_{50}=\rho\nu_{50}=900\times30\times10^{-6}\text{Pa}\cdot\text{s}=0.027\text{Pa}\cdot\text{s}$$

（5）承载能力计算

1）计算承载量系数 C_p。由式（7-15）得

$$C_p=\frac{F\psi^2}{2\eta vB}=\frac{35000\times(0.00125)^2}{2\times0.027\times5.24\times0.1}=1.93$$

2）确定偏心率χ，根据 C_p 及 B/d 值查表 7-4，并插值计算，得$\chi=0.7$。

3）计算最小油膜厚度 h_{min}。由式（7-8）得

$$h_{min}=\frac{d}{2}\psi(1-\chi)=\frac{100}{2}\times0.00125\times(1-0.7)\text{mm}=18.75\mu\text{m}$$

（6）最小油膜厚度 h_{min} 验算

1）确定轴颈及轴瓦表面粗糙度 Ra。由表 7-5 选取轴颈表面粗糙度 Ra 为 0.4μm（精磨），$Ra_1=1.6\mu\text{m}$；轴瓦表面粗糙度 Ra 为 0.8μm（铰），$Ra_2=3.2\mu\text{m}$。

2）计算最小油膜厚度安全值。由式（7-16）得，$2(Ra_1+Ra_2)=2\times(1.6+3.2)\mu\text{m}=9.6\mu\text{m}$。因 $h_{min}>9.6\mu\text{m}$，故工作可靠。

（7）热平衡计算

1）计算摩擦系数 f。因 $B/d=1$，取随宽径比变化的系数 $\zeta=1$，则

$$f=\frac{\pi}{\psi}\frac{\eta\omega}{p}+0.55\psi\zeta=\frac{\pi}{\psi}\frac{\eta\pi n}{30p}+0.55\psi\zeta$$

$$=\frac{\pi\times0.027\times\pi\times1000}{0.00125\times30\times3.5\times10^6}+0.55\times0.00125\times1=0.00272$$

2）查出耗油量系数$\dfrac{Q}{\psi vBd}$。根据 B/d 及χ，查表 7-6，得$\dfrac{Q}{\psi vBd}=0.145$。

3）计算耗油量 Q。

$$Q=0.145\psi vBd=0.145\times0.00125\times5.24\times0.1\times0.1\text{m}^3/\text{s}=9.5\times10^{-6}\text{m}^3/\text{s}$$

4）计算润滑油温升 Δt。按润滑油密度 $\rho=900\text{kg/m}^3$，取比热容 $c=1800\text{J/(kg}\cdot\text{K)}$，散热系数 $\alpha_s=80\text{W/(m}^2\cdot\text{K)}$，由式（7-18）得

$$\Delta t=\frac{\dfrac{f}{\psi}p}{c\rho\dfrac{Q}{\psi vBd}+\dfrac{\pi\alpha_s}{\psi v}}=\frac{\dfrac{0.00272}{0.00125}\times3.5\times10^6}{1800\times900\times0.145+\dfrac{\pi\times80}{0.00125\times5.24}}℃=27.87℃$$

5）计算润滑油入口温度 t_i。由式（7-19）得，$t_i=t_m-\dfrac{\Delta t}{2}=\left(50-\dfrac{27.87}{2}\right)℃=36.065℃$。在 35~45℃范围内，合适。

（8）选择轴承配合　半径间隙为

$$\delta=\psi r=0.00125\times\frac{100}{2}\text{mm}=0.0625\text{mm}$$

选定配合为 $\phi100\text{H7/d8}$，查得轴瓦 $\phi100^{+0.035}_{0}\text{mm}$，轴颈 $\phi100^{-0.120}_{-0.174}\text{mm}$。

$$\delta_{max}=\frac{[0.035-(-0.174)]}{2}\text{mm}=0.1045\text{mm},\quad \delta_{min}=\frac{0-(-0.120)}{2}\text{mm}=0.06\text{mm}$$

则最大、最小相对间隙分别为

$$\psi_{max}=\frac{\delta_{max}}{r}=\frac{0.1045}{50}\text{mm}=0.00209\text{mm},\quad \psi_{min}=\frac{\delta_{min}}{r}=\frac{0.06}{50}\text{mm}=0.0012\text{mm}$$

因 ψ 在 ψ_{max} 与 ψ_{min} 之间，故所选配合合适。

（9）验算轴承的承载能力、工作可靠性及润滑油的温升

1）按 ψ_{max} 验算 h_{min}。$C_p=\dfrac{F\psi_{max}^2}{2\eta vB}=\dfrac{35000\times(0.00209)^2}{2\times0.027\times5.24\times0.1}=5.403$

根据 $C_p=5.403$ 及 $B/d=1$，由表 7-4 查得 $\chi=0.86$。

$$h_{min}=\frac{d}{2}\psi_{max}(1-\chi)=\frac{100}{2}\times0.00209\times(1-0.86)\ \mu\text{m}=14.63\mu\text{m}>9.6\mu\text{m}，可行。$$

2）按 ψ_{min} 验算 Δt。$C_p=\dfrac{F\psi_{min}^2}{2\eta vB}=\dfrac{35000\times(0.0012)^2}{2\times0.027\times5.24\times0.1}=1.781$

根据 $C_p=1.781$ 及 $B/d=1$，由表 7-4 查得 $\chi=0.682$；由表 7-6 查得 $\dfrac{Q}{\psi_{min}vBd}=0.144$。

$$f=\frac{\pi}{\psi_{min}}\frac{\eta\pi n}{30p}+0.55\psi_{min}\zeta=\frac{\pi\times0.027\times\pi\times1000}{0.0012\times30\times3.5\times10^6}+0.55\times0.0012\times1=0.002775$$

$$\Delta t=\frac{\dfrac{f}{\psi_{min}}p}{c\rho\dfrac{Q}{\psi_{min}vBd}+\dfrac{\pi\alpha_s}{\psi_{min}v}}=\frac{\dfrac{0.002775}{0.0012}\times3.5\times10^6}{1800\times900\times0.144+\dfrac{\pi\times80}{0.0012\times5.24}}℃=29.62℃$$

$$t_i=t_m-\frac{\Delta t}{2}=\left(50-\frac{29.62}{2}\right)℃=35.19℃$$

基本在 35~45℃ 范围内，合适。

若以上验算不符合要求范围，则应重新选择有关参数，再进行计算及验算。

课后习题

7-1　试推导一维雷诺方程式，并根据一维雷诺方程说明形成液体动力润滑的必要条件。

7-2　判断图 7-18 中板间流体是否有可能建立流体动压润滑。

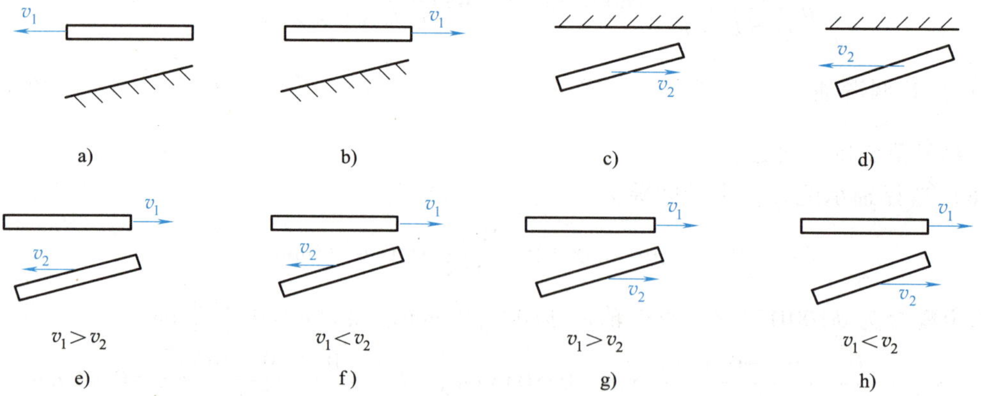

图 7-18　流体动压润滑判断

7-3 画出图 7-19 所示楔形油膜中压力沿 x 轴的分布规律曲线和 A、B、C 三点沿 y 轴的油膜速度分布规律曲线（B 点为压力极值点）。

7-4 校核蜗杆轴的非液体润滑向心轴承，已知蜗杆转速 $n=60\text{r/min}$，轴颈直径 $d=80\text{mm}$，轴承宽度 $B=80\text{mm}$，轴承载荷 $P=0.07\text{MN}$，轴瓦材料为 ZCuSn10P1，轴承材料为 45 钢（$[p]=15\text{MPa}$，$[v]=10\text{m/s}$，$[pv]=15\text{MPa}\cdot\text{m/s}$）。

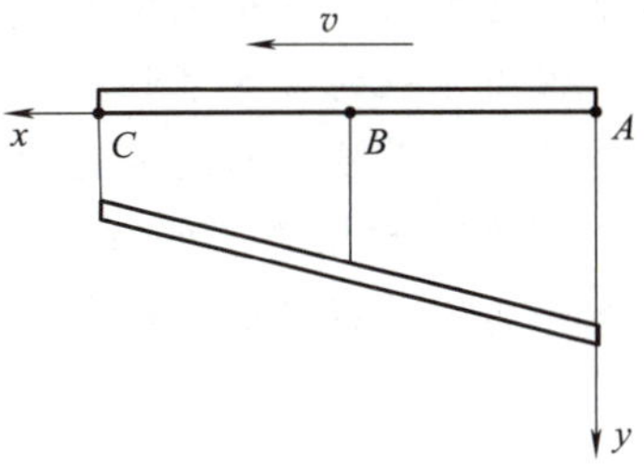

图 7-19 楔形油模

知识拓展

雷诺方程是流体力学中最为重要的方程之一，在许多科学领域中都有着广泛的应用。19 世纪初，欧洲的蒸汽机和水力机械的制造对于流体力学的研究提出了一系列的挑战。此后 20 多年，西欧的物理学界相继推出了现代流体动力学的研究方法和基本理论，为后续雷诺方程的发展奠定了坚实的基础。最早的雷诺方程模型由英国物理学家 George Gabriel Stokes 在 19 世纪 50 年代提出。Stokes 是一位多产的研究者，在光学、热学、流体力学等领域做出了广泛而突出的贡献。他在研究流体力学问题时，发现将流体分为无穷小的流体单元，研究单元之间的相互作用，是一种行之有效的方法。于是，他提出了著名的 Navier-Stokes 方程，该方程描述了不可压缩流体的运动。然而，这个方程的复杂性和难以求解的程度，在实际应用的过程中存在着很大的局限性。经过长期的实验和理论研究，法国物理学家 Paul Langevin 发现，在流体中，由于摩擦作用，流线会逐渐变得乱序，从而达到一种混沌的状态。他发展了一种新的方程组，描述了由于摩擦作用引起的非线性效应。这个方程组就是我们今天所知的 Navier-Stokes 方程的混沌形式。然而，这个方程的复杂性相对 Navier-Stokes 方程更高，其求解难度也更大。

19 世纪 70 年代，英国物理学家雷诺（Osborne Reynolds，图 7-20）对流体的运动状态进行了研究，并提出了所谓的“雷诺数”。他发现当流体中的惯性力和黏性力之间存在某种比例时，流体运动的稳定性会发生变化。这个比例就是所谓的雷诺数。雷诺还在固定的管子内进行了实验，发现管子中的流体会从稳定的层流向一定的搅拌流变化，甚至产生大量的混沌状态。这些实验结果启发了雷诺，他提出了一种新的方程，求解得到的结果不能确定。即使在约定的边界条件和初值条件下，求解精度也不高。但是，这个方程却是处理流体混沌问题的重要工具。这个方程就是我们今天所称的“雷诺方程”。

图 7-20 雷诺（Osborne Reynolds）

20 世纪初，德国物理学家 Hermann von Helmholtz 对雷诺方程进行了进一步的改进和推广。他引入了能量守恒和动量守恒的概念，使得雷诺方程在更广泛的科学领域中具有可行性。由此，雷诺方程在流体力学中的重要性在逐渐凸显。20 世纪 80 年代以来，随着计算机技术和数值计算方法的发展，人们开始在真实的流体运动问题中广泛地使用雷诺方程。越来越多的应用领域使得雷诺方程成为关键的求解工具，它被用于航空工业、汽车制造业、液化天然气、石油开采、海洋工程和水土保持等诸多领域中。

雷诺方程的发展过程是流体力学发展史中的重要一章。它源于对流体力学基本理论的研究，随着科学技术的发展逐步得到了推广和应用。在过去的一个世纪里，每一次对雷诺方程的“探险”都拓宽了我们对流体运动的认识，它也使得流体力学应用的范围更加广泛，同时也为其他学科领域的研究打下了基础。

第8章　键、花键、无键联接和销联接

知识图谱

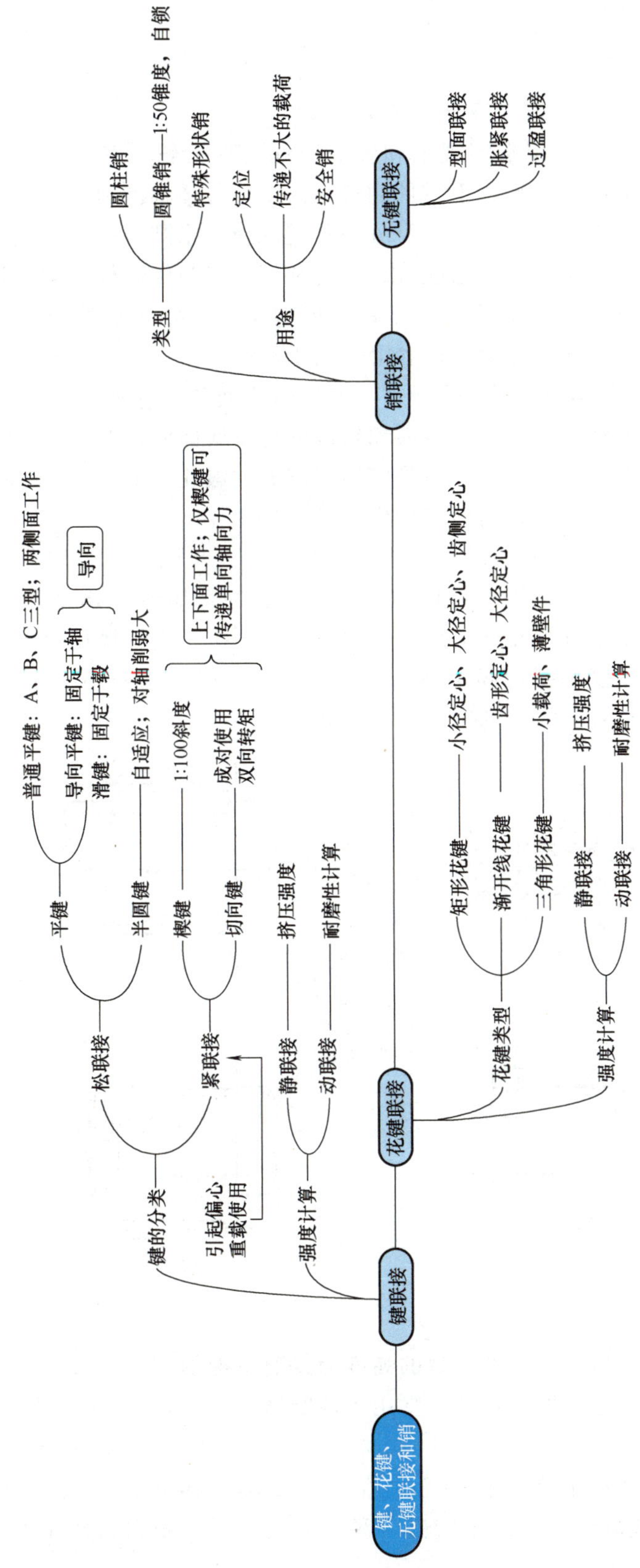

8.1 键联接

链联接的分类及选择

1. 键联接的功能、分类、结构型式及应用

键是一种标准零件，主要用来实现轴和轴上零件（如齿轮、带轮）的周向固定以传递转矩，有的还能实现轴上零件的轴向固定以传递轴向力，有的则能构成轴向联接以使零件在轴上滑动。按键的截面形状可分为平键联接、半圆键联接、楔键联接和切向键联接，其中平键和半圆键与轮毂构成松联接，楔键和切向键与轮毂构成紧联接。

（1）平键联接　平键按用途分为普通平键、薄型平键、导向平键和滑键四种。其中普通平键和薄型平键用于静联接，导向平键和滑键用于动联接。

图 8-1a 所示为普通平键联接的结构型式。键的两侧面是工作面，工作时，靠键与键槽侧面的挤压和剪切来传递转矩。键的上表面和轮毂的键槽底面间留有间隙。平键联接具有结构简单、装拆方便、对中性较好等优点，是应用广泛的轴毂联接形式。这种键联接不能承受轴向力，对轴上的零件不能起到轴向固定的作用。

普通平键按构造分，有圆头（A 型）、方头（B 型）及单圆头（C 型）共三种。圆头平键的轴上键槽用指状铣刀加工，键在键槽中轴向固定良好，如图 8-1b 所示。缺点是键的圆头部分不能充分利用，轴上键槽端部的应力集中较大。方头平键轴槽用盘形铣刀铣出，轴槽端部应力集中小，但需用紧定螺钉固定在轴上的键槽中，以防止松动，如图 8-1c 所示。单圆头平键则常用于轴端与毂类零件的联接，如图 8-1d 所示。

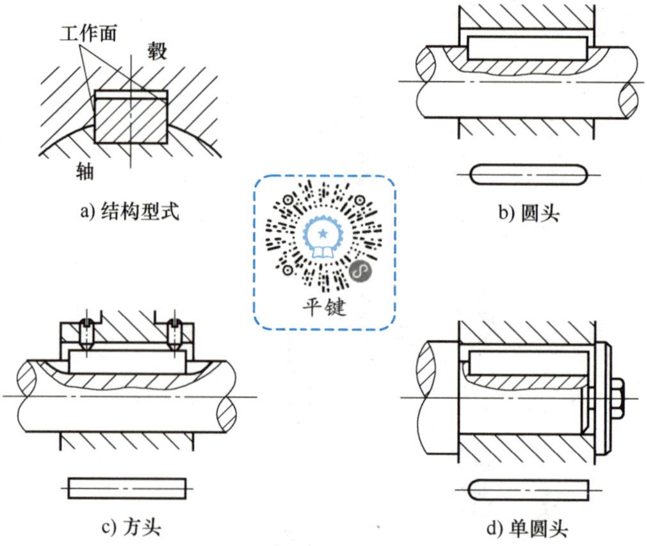

图 8-1　普通平键联接

薄型平键与普通平键的主要区别是键的高度为普通平键的 60%～70%，也分圆头、方头和单圆头三种，但传递转矩的能力较低，常用于薄壁结构、空心轴及一些径向尺寸受限制的场合。

当被联接的毂类零件在工作过程中必须在轴上做轴向移动时（如变速箱中的滑移齿轮），需采用导向平键或滑键。导向平键是一种较长的平键，用螺钉固定在轴上的键槽中，

如图 8-2a 所示。为了便于拆卸，键上制有起键螺孔，以便拧入螺钉使键退出键槽。轴上的传动零件则可沿键做轴向滑移。当零件需滑移的距离较大时，因所需导向平键的长度过大，制造困难，故宜采用滑键，如图 8-2b 所示。滑键固定在轮毂上，跟随轮毂在轴上的键槽中做轴向滑移。这样，只需在轴上铣出较长的键槽，而键可做得较短。

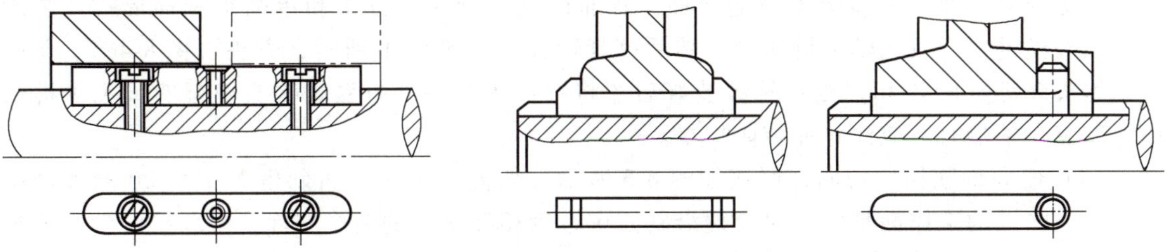

a) 导向平键联接　　b) 滑键联接（键槽已截短）

图 8-2　导向平键联接和滑键联接（下方为键的示意图）

（2）半圆键联接　半圆键联接如图 8-3 所示。轴上键槽用尺寸与半圆键相同的盘形铣刀铣出，因而键在槽中能绕其几何中心摆动以适应毂上键槽的斜度。半圆键工作面是两侧面，键的底平面与毂槽底面间有间隙。其优点是工艺性较好，装配方便，尤其适用于锥形轴端与轮毂的联接。缺点是轴上键槽较深，对轴的强度削弱较大，一般只用于轻载静联接中。

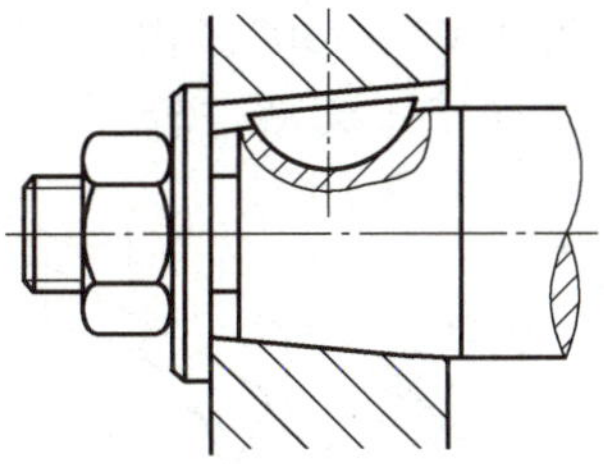

图 8-3　半圆键联接

导向键与半圆键

（3）楔键联接　楔键联接的结构型式如图 8-4 所示。键的上、下两面是工作面，键的上表面和与它相配合的轮毂键槽底面均具有 1∶100 的斜度。装配后，键楔紧在轴毂之间。工作时，靠键的楔紧作用来传递转矩，还可以承受单向的轴向力，对轮毂起到单向的轴向固定

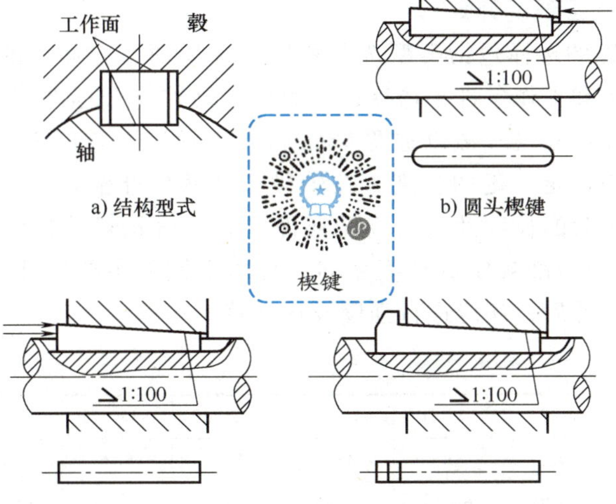

a) 结构型式　b) 圆头楔键

楔键

c) 方头楔键　d) 钩头楔键

图 8-4　楔键联接

作用。楔键的侧面与键槽侧面间有很小的间隙，当转矩过载而导致轴与轮毂发生相对转动时，键的侧面能像平键那样工作，但这一特点只有在单向且无冲击的载荷条件下才能利用。楔键联接的缺点是键楔紧后，轴和轮毂的配合会产生偏心和偏斜，因此主要用于毂类零件的定心精度要求不高、载荷平稳和低转速的场合。

楔键分为普通楔键和钩头楔键两种，普通楔键有圆头、方头和单圆头三种形式。装配时，圆头楔键要先放入轴上键槽中，然后打紧轮毂，如图 8-4b 所示；方头（图 8-4c）、单圆头和钩头楔键（图 8-4d）则在轮毂装好后才将键放入键槽并打紧。钩头楔键的钩头供拆卸用，安装在轴端时，应注意加装防护罩。

（4）切向键联接　切向键联接如图 8-5 所示。切向键是由一对斜度为 1∶100 的楔键组成的。切向键的工作面是由一对楔键沿斜面拼合后相互平行的两个窄面，被联接的轴和轮毂上都制有相应的键槽。装配时，把一对楔键分别从轮毂两端打入，拼合而成的切向键就沿轴的切线方向楔紧在轴与轮毂之间。工作时，靠工作面上的挤压力和轴与轮毂间的摩擦力来传递转矩。用一个切向键时，只能传递单向转矩；当要传递双向转矩时，必须用两个切向键，两者间的夹角为 120°~130°。由于切向键的键槽对轴的削弱较大，因此常用于直径大于 100mm 的轴上，如用于大型带轮、大型飞轮、矿山用大型绞车的卷筒及齿轮等与轴的联接。

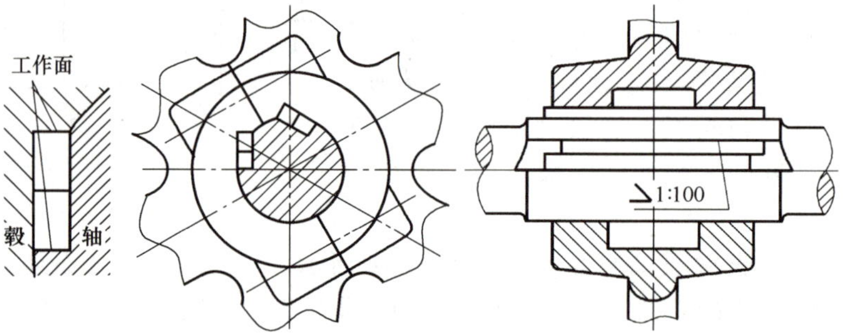

切向键

图 8-5　切向键联接

2. 键的选择和键联接强度计算

（1）键的选择　键的选择包括类型选择和尺寸选择两个方面。键的类型应根据键联接的结构特点、使用要求和工作条件来选择；键的尺寸则按符合标准规格和强度要求来取定。键的主要尺寸为其截面尺寸（一般以键宽 $b\times$键高 h 表示）与长度 L。键的截面尺寸 $b\times h$ 可按轴的直径 d 从标准中选定。键的长度 L 按轴段长度从标准中查得，但键长应略短于轴长度；而导向平键则按轮毂的长度及其滑动距离而定。一般轮毂的长度可取为 $L'\approx(1.5\sim2)d$。所选定的键长应符合标准规定的长度系列。普通平键的主要尺寸见表 8-1。重要的键联接在选出键的类型和尺寸后，还应进行强度校核计算。

表 8-1　普通平键的主要尺寸（摘自 GB/T 1095—2003）　（单位：mm）

轴的直径 d①	6~8	>8~10	>10~12	>12~17	>17~22	>22~30	>30~38	>38~44
键宽 $b\times$键高 h	2×2	3×3	4×4	5×5	6×6	8×7	10×8	12×8
键长度范围 L	6~20	6~36	8~45	10~56	14~70	18~90	22~110	28~140
轴的直径 d①	>44~50	>50~58	>58~65	>65~75	>75~85	>85~95	>95~110	>110~130
键宽 $b\times$键高 h	14×9	16×10	18×11	20×12	22×14	25×14	28×16	32×18

（续）

键长度范围 L	36~160	45~180	50~200	56~220	63~250	70~280	80~320	90~360
键的长度系列	6,8,10,12,14,16,18,20,22,25,28,32,36,40,45,50,56,63,70,80,90,100,110,125,140,160,180,200,220,250,280,320,360,…							

① GB/T 1095—2003 中没有给出相应的轴径尺寸。此行数据取自 GB/T 1095—1979，供选键时参考。

（2）平键联接的强度计算　平键联接传递转矩时，联接中各零件的受力情况如图 8-6 所示。对于采用常见的材料组合和按标准选取尺寸的普通平键联接（静联接），其主要失效形式是工作面被压溃。除非有严重过载，一般不会出现键的剪断（图 8-6 中沿 a—a 面剪断）。因此，通常只按工作面上的挤压应力进行强度校核计算。对于导向平键联接和滑键联接（动联接），其主要失效形式是工作面的过度磨损。因此，通常按工作面上的压力进行条件性的强度校核计算。

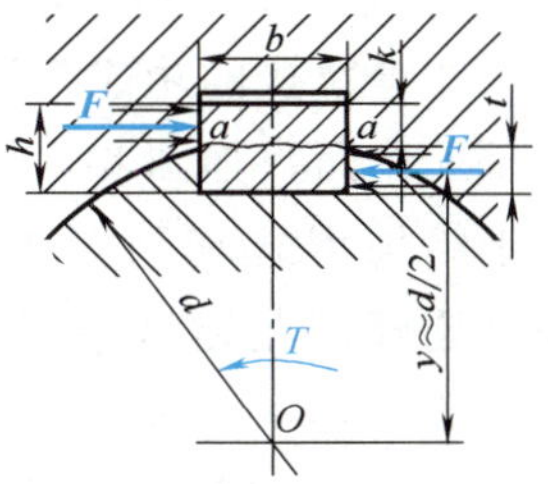

图 8-6　平键联接受力情况

假定载荷在键的工作面上均匀分布，普通平键联接的强度条件为

$$\sigma_{\mathrm{p}}=\frac{2T}{kld}=\frac{4T}{hld}\leqslant[\sigma_{\mathrm{p}}] \tag{8-1}$$

导向平键联接和滑键联接的强度条件为

$$p=\frac{2T}{kld}=\frac{4T}{hld}\leqslant[p] \tag{8-2}$$

式中，T 为传递的转矩（N·mm）；k 为键与轮毂键槽的接触高度（mm），$k\approx0.5h$，此处 h 为键的高度（mm）；l 为键的工作长度（mm）。圆头平键 $l=L-b$，单圆头平键 $l=L-0.5b$，方头平键 $l=L$。这里 L 为键的公称长度（mm），b 为键的宽度（mm）；d 为轴的直径（mm）；$[\sigma_{\mathrm{p}}]$ 为键、轴、轮毂三者中最弱材料的许用挤压应力（MPa），见表 8-2；$[p]$ 为键、轴、轮毂三者中最弱材料的许用压强（MPa），见表 8-2。

（3）键的材料、键联接的许用挤压应力和许用压强　根据标准规定，键的材料采用抗拉强度不小于 600MPa 的钢，通常采用中碳键用精拔钢，如 45 钢。键联接的许用挤压应力和许用压强见表 8-2。

表 8-2　键联接的许用挤压应力和许用压强　　（单位：MPa）

许用挤压应力和许用压强	联接工作方式	键或毂、轴的材料	载荷性质		
			静载荷	轻微冲击	冲击
$[\sigma_{\mathrm{p}}]$	静联接	钢	120~150	100~120	60~90
		铸铁	70~80	50~60	30~45
$[p]$	动联接	钢	50	40	30

注：若与键有相对滑动的被联接件表面经过淬火，则动联接的许用压强 $[p]$ 可提高 2~3 倍。

在进行强度校核后，如果强度不够，可采用双键。这时应考虑键的合理布置。两个平键最好布置在沿周向相隔 180°；两个半圆键应布置在轴的同一条母线上；两个楔键则应布置在沿周向相隔 90°~120°。考虑两键上载荷分配的不均匀性，在强度校核中只按 1.5 个键计算。如果轮毂允许适当加长，也可相应地增加键的长度，以提高单键联接的承载能力。但由于传递转矩时键上载荷沿其长度分布不均，故键的长度不宜过大。当键的长度大于 $2.25d$ 时，其多出的长度实际上可认为并不承受载荷，故一般采用的键长不宜超过（$1.6\sim1.8$）d。

8.2 花键联接

花键联接、销联接的分类及特点

1. 花键联接的类型、特点和应用

花键联接的功能与键联接相同，结构上由外花键和内花键组成，齿的侧面是工作面，如图 8-7 所示。显然，花键联接是平键联接在数目上的拓展。但由于结构型式和制造工艺的不同，与平键联接比较，花键联接在强度、工艺和使用方面有下述一些优点：①因为在轴上与毂孔上直接而匀称地制出较多的齿与槽，故联接受力较为均匀；②因槽较浅，齿根处应力集中较小，轴与毂的强度削弱较少；③齿数较多，总接触面积较大，因而可承受较大的载荷；④轴上零件与轴的对中性好（这对高速及精密机器很重要）；⑤导向性较好（这对动联接很重要）；⑥可用磨削的方法提高加工精度及联接质量。其缺点是齿根仍有应力集中；有时需用专门设备加工；成本较高。因此，花键联接适用于定心精度要求高、载荷大或经常滑移的联接。花键联接已标准化，其齿数、尺寸、配合等均应按标准选取。

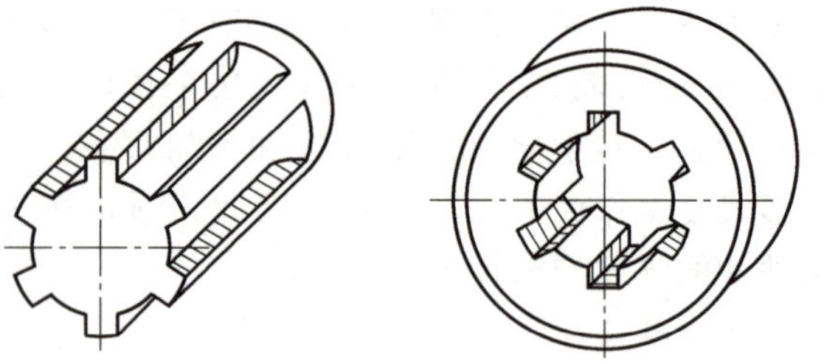

图 8-7　花键

花键联接可用于静联接或动联接。按齿形不同分为三种：矩形花键、渐开线花键和三角形花键。

（1）矩形花键　矩形花键联接应用广泛。按齿高的不同，矩形花键的齿形尺寸在国家标准中规定了两个系列，即轻系列和中系列。轻系列的承载能力较差，多用于静联接或轻载联接；中系列用于中等载荷的联接。

矩形花键联接按定心方式分为三种：大径定心、小径定心和齿侧定心，如图 8-8 所示。其中，按大径和小径定心精度高。当毂孔表面硬度不高（<40HRC）、可用拉刀加工，外花键可用普通磨床磨削时，大径定心较为经济；当毂孔表面硬度较高（>40HRC），宜用小径定心，此时内外花键的键齿小径都要磨削，加工复杂，成本较高；当载荷较大或频繁正反转而定心要求不高时，可采用齿侧定心。齿侧定心时各键齿承载均匀。

（2）渐开线花键　渐开线花键的齿廓可以用制造齿轮的方法来加工，工艺性较好，制造精度也较高。花键齿的根部较厚，应力集中小，易于定心，强度高。当传递的转矩较大且轴径也大时，宜采用渐开线花键联接。缺点是加工内花键的渐开线花键拉刀成本较高。渐开线花键联接的定心方式有两种：齿形定心和大径定心，如图 8-9 所示。对于齿形定心的花键联接，当齿受载时，齿上的径向力能起到自动定心作用，有利于各齿均匀承载。大径定心需要专用滚刀和插刀切齿，常用于径向载荷较大的动联接。

（3）三角形花键　如图 8-10 所示，三角形花键联接的内花键齿形为三角形，外花键齿形为渐开线。三角形花键联接只有齿侧定心。因键齿细小，多用于载荷较轻、直径较小的静联接，特别适用于薄壁零件的轴毂联接，也可作为锥形轴联接的辅助联接。

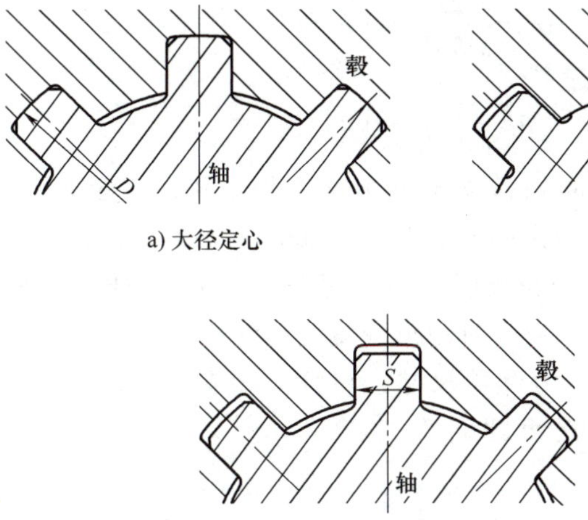

a) 大径定心　b) 小径定心

c) 齿侧定心

图 8-8　矩形花键联接

矩形花键

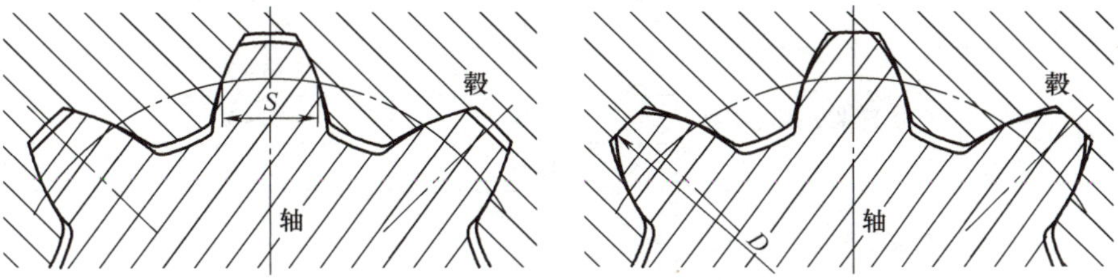

a) 齿形定心　b) 大径定心

图 8-9　渐开线花键联接

2. 花键联接强度计算

花键联接的强度计算与键联接相似，首先根据联接的结构特点、使用要求和工作条件选定花键类型和尺寸，然后进行必要的强度校核计算。花键联接受力情况如图 8-11 所示。其主要失效形式是工作面被压溃（静联接）或工作面过度磨损（动联接）。因此，静联接通常按工作面上的挤压应力进行强度计算，动联接则按工作面上的压力进行条件性的强度计算。

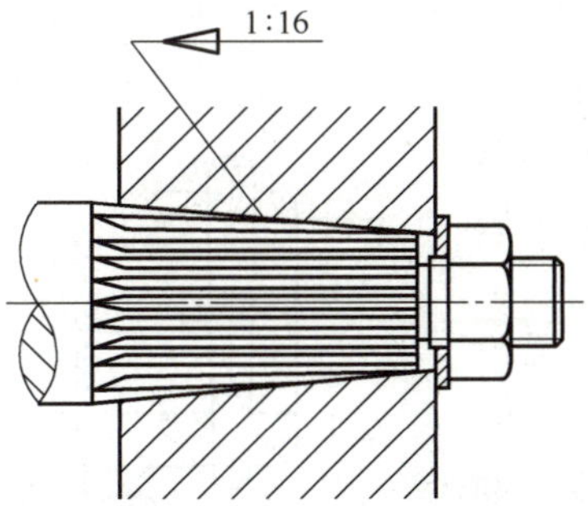

图 8-10　三角形花键联接

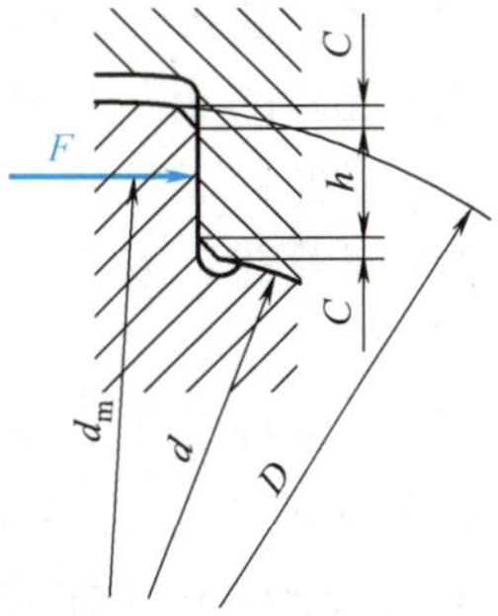

图 8-11　花键联接受力情况

计算时，假定载荷在键的工作面上均匀分布，每个齿工作面上压力的合力作用在平均直径处，即传递的转矩 $T=zFd_m/2$，并引入系数 k 来考虑实际载荷在各花键齿上分配不均的影响，则花键联接的强度条件为

静联接
$$\sigma_p=\frac{2T}{kzhld_m}\leqslant[\sigma_p] \tag{8-3}$$

动联接
$$p=\frac{2T}{kzhld_m}\leqslant[p] \tag{8-4}$$

式中，T 为花键传递的转矩（N·mm）；k 为载荷分配不均系数，一般取 $k=0.7\sim0.8$，齿数多时取偏小值；z 为花键的齿数；l 为齿的工作长度（mm）；h 为齿侧面的工作高度（mm）；d_m 为花键平均直径（mm）；$[\sigma_p]$ 为花键联接的许用挤压应力（MPa），见表 8-3；$[p]$ 为花键联接的许用压强（MPa），见表 8-3。对矩形花键，$h=(D-d)/2-2C$，$d_m=(D+d)/2$，D 为外花键大径，d 为内花键小径，C 为倒角尺寸；对渐开线花键，$\alpha=30°$、$h=m$，$\alpha=45°$、$h=0.8m$，m 为模数；$d_m=d_i$，d_i 为分度圆直径。

表 8-3 花键联接的许用挤压应力和许用压强 （单位：MPa）

许用挤压应力和许用压强	联接工作方式	使用和制造情况	齿面未经热处理	齿面经热处理
$[\sigma_p]$	静联接	不良	35~50	40~70
		中等	60~100	100~140
		良好	80~120	120~200
$[p]$	空载下移动的动联接	不良	15~20	20~35
		中等	20~30	30~60
		良好	25~40	40~70
	在载荷作用下移动的动联接	不良	—	3~10
		中等	—	5~15
		良好	—	10~20

注：1. 使用和制造情况不良是指受变载荷、有双向冲击、振动频率高和振幅大、润滑不良（对动联接）、材料硬度不高或精度不高等。
2. 同一情况下，$[\sigma_p]$ 或 $[p]$ 的较小值用于工作时间长和较重要的场合。
3. 花键材料的抗拉强度极限不低于 600MPa。

8.3 销联接

销联接一般只传递少量载荷，按用途可分为定位销、联接销和安全销，如图 8-12 所示。定位销用来固定零件之间的相对位置，是组合加工和装配时的重要辅助零件；联接销用于联接轴和毂或其他零件，传递少量载荷；安全销可作为安全装置中的过载剪断元件。

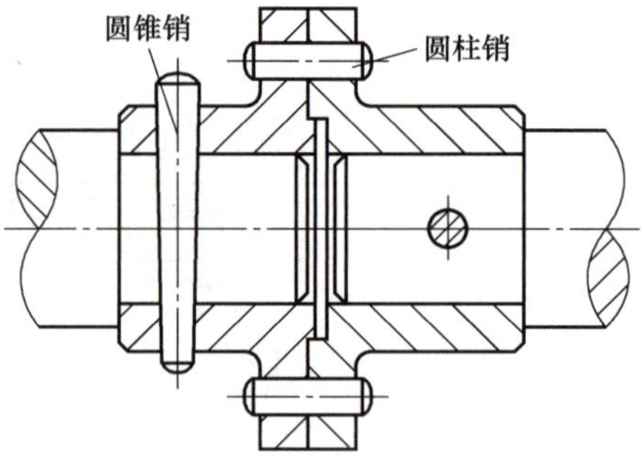

图 8-12 联接销和安全销

根据形状分，销有多种类型，如圆柱销、圆锥销、槽销、销轴和开口销等。上述销均为标准件，一般用强度极限高于 500~600MPa 的钢制造，如 35、45 钢等。其中开口销除外，通常采用低碳钢制造。

圆柱销利用微量过盈配合固定在铰光的销孔中，若多次装拆会降低其定位精度和可靠性。圆柱销的直径偏差有 h8 和 m6 两种，以满足不同的使用要求。

圆锥销具有 1∶50 的锥度，在受横向力时可以自锁。它装拆方便、定位精度高，可多次装拆而不影响定位精度。端部带螺纹的圆锥销可用于盲孔或拆卸困难的场合，开尾圆锥销适用于有冲击、振动的场合，如图 8-13 所示。

槽销上有碾压或模锻出的三条纵向沟槽，如图 8-14 所示，将槽销打入销孔后，由于材料的弹性使销挤紧在销孔中，不易松脱，因而能承受振动和变载荷。安装槽销的孔不需要铰制，加工方便，可多次装拆。

销轴用于两零件的铰接处，构成铰链联接。销轴通常用开口销锁定，工作可靠，拆卸方便，如图 8-15 所示。开口销装配时将尾部分开，以防脱出。开口销除与销轴配用外，还常用于螺纹联接的防松装置中。

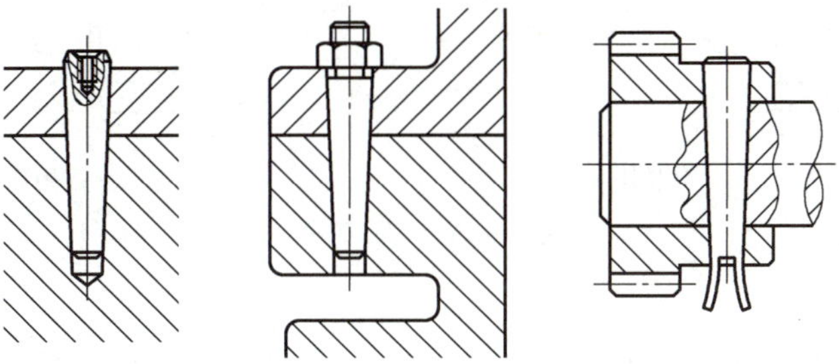

螺尾与开尾锥销

图 8-13　带螺纹的圆锥销和开尾圆锥销

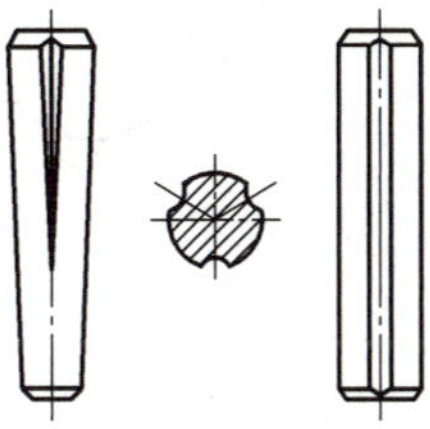

图 8-14　槽销

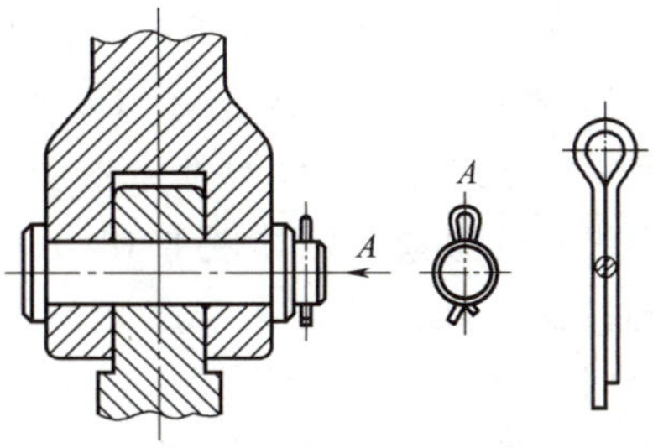

图 8-15　销轴联接和开口销

定位销通常不受载荷或只受很小的载荷，故不做强度校核计算，其直径可按结构确定，数目一般不少于两个。销装入被联接件内的长度，为销直径的 1～2 倍。联接销的类型可根据工作要求选定，其尺寸可根据联接的结构特点按经验或规范确定，必要时再按剪切和挤压强度条件进行校核计算。安全销在机器过载时应被剪断，因此销的直径应按过载时被剪断的条件确定。

8.4　无键联接

当轴与毂的联接不用键或花键时，统称为无键联接。常用的无键联接有型面联接、胀紧联接、过盈联接。

1. 型面联接

把安装轮毂的轴段做成表面光滑的非圆形截面柱体或非圆形截面锥体，并在轮毂上制成相应的孔，这种轴与毂孔相配合而构成的联接，称为型面联接，如图 8-16 所示。型面联接装拆方便，能保证良好的对中性；联接面上没有键槽及尖角，从而减少了应力集中，故可传递较大的转矩。

型面联接常用的型面曲线有摆线和等距曲线两种。型面联接用等距曲线如图 8-17 所示，因与其轮廓曲线相切的两平行线 T 间的距离 D 为一常数，故此轮廓曲线称为等距曲线。与摆线相比，其加工与测量均较简单。此外，型面联接也有采用方形、正六边形及带切口的圆形等截面形状的。

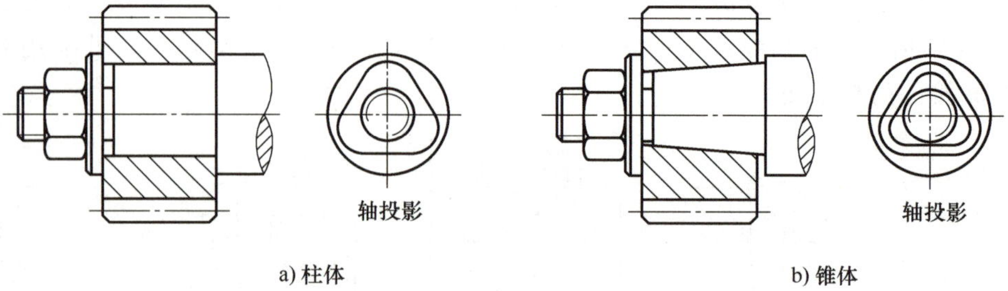

图 8-16　型面联接

2. 胀紧联接

胀紧联接是在毂孔与轴之间装入胀紧联接套（简称胀套），可装一组或几组，在轴向力作用下，同时胀紧轴与毂而构成的一种静联接，如图 8-18 所示。根据胀套结构型式的不同，GB/T 28701—2012 规定了 19 种型号（ZJ1 ~ ZJ19 型），下面简要介绍采用 ZJ1 型胀套的胀紧联接。

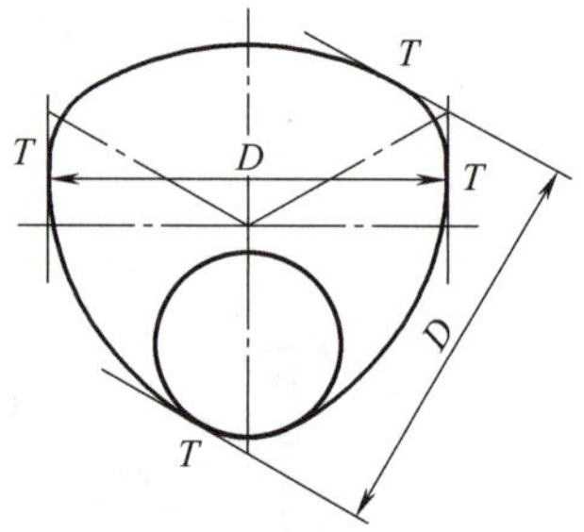

图 8-17　型面联接用等距曲线

采用 ZJ1 型胀套的胀紧联接如图 8-18 所示，在毂孔和轴的对应光滑圆柱面之间，加装一个胀套或两个胀套。当拧紧螺母或螺钉时，在轴向力的作用下，内、外套筒互相楔紧。内套筒缩小而箍紧轴，外套筒胀大而撑紧毂，使接触面间产生压紧力。工作时，利用此压紧力所引起的摩擦力来传递转矩或（和）轴向力。

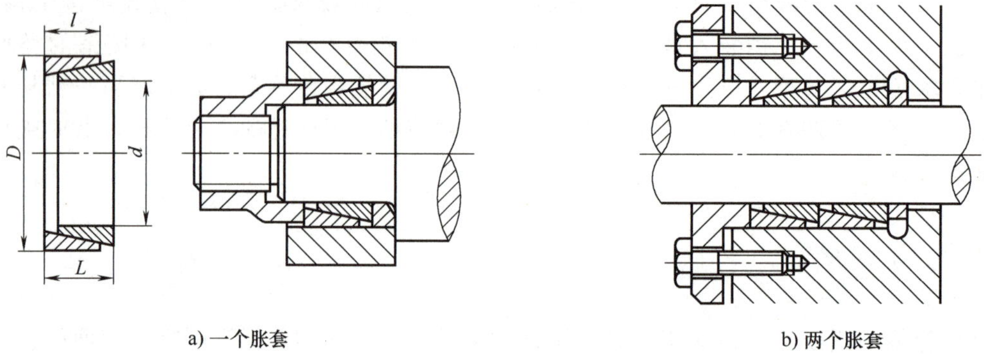

图 8-18　采用 ZJ1 型胀套的胀紧联接

各型胀套已标准化，选用时只需根据设计的轴和轮毂尺寸以及传递载荷的大小，查阅手册选择合适的型号和尺寸，使传递的载荷在许用范围内。当一个胀套满足不了要求时，可将两个以上的胀套串联使用，这时单个胀套传递载荷的能力将随胀套数目的增加而降低，故胀套不宜过多。

胀紧联接的定心性好，装拆方便，引起的应力集中较小，承载能力强，并且有密封和安全保护作用，但配合面的精度要求较高。由于要在轴和毂孔间安装胀套，应用有时受到结构尺寸的限制。

3. 过盈联接

过盈联接是利用材料的弹性，通过一定装配方法使轴与毂孔配合面间产生过盈，从而产生径向压力，工作时依靠径向压力产生的摩擦力传递转矩和轴向力。过盈联接具有结构简单、对中性好、承载能力大、耐冲击性好的优点；其缺点是对配合面的加工精度要求高、装拆困难。常用于受冲击载荷的轴毂联接。过盈联接可分为圆柱面过盈联接和圆锥面过盈联接两种。

圆柱面过盈联接，可采用压入法或温差法装配。压入法常因擦伤配合表面而减小过盈量，降低联接的紧固性，适用于过盈量不大的场合；温差法通过加热增大毂孔或冷却缩小轴径的办法使轴与孔间产生间隙，从而避免擦伤配合表面，保证联接质量，适用于大过盈量的联接。

圆锥面过盈联接，当过盈量不大时，可用螺母压紧轮毂产生轴向移动，从而产生径向过盈，如图 8-19a 所示。锥度通常为 1∶10~1∶30。

对于大型零件的过盈配合、需要多次装拆的过盈配合，为避免擦伤配合表面，以保证联接的紧固性，常用液压法完成装拆，如图 8-19b 所示。即在配合面间注入高压油，使毂孔扩大、轴径缩小，由高压油膜分隔开两配合表面，再使两零件做相对轴向移动完成装拆。采用这种方法装拆时，为产生高压油膜，对配合形状有一定要求，圆锥面过盈配合装配、拆卸均可，圆柱面过盈配合仅适合拆卸。

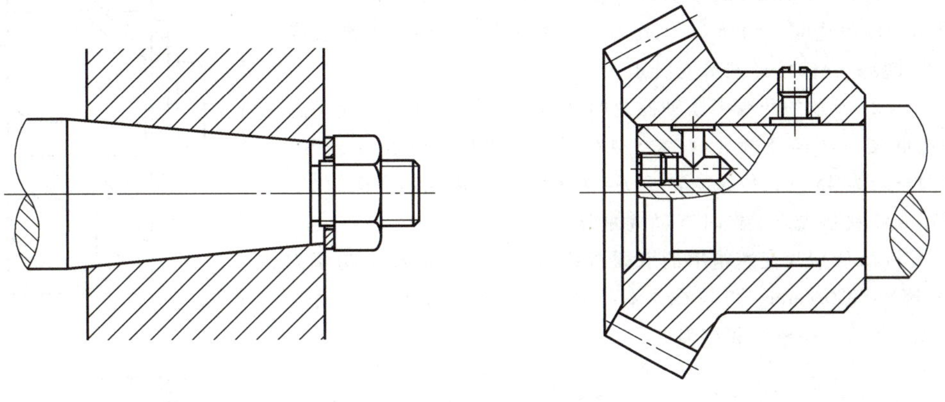

a) 圆锥面过盈联接　　b) 液压法装拆

图 8-19　过盈联接

8.5　工程案例

例 8-1　已知减速器中某直齿圆柱齿轮安装在轴的两个支承点间，齿轮和轴的材料都是锻钢，用键构成静联接。齿轮的精度为 7 级，装齿轮处的轴径 $d=70\text{mm}$，齿轮轮毂宽度为 100mm，需传递的转矩 $T=2200\text{N}\cdot\text{m}$，载荷有轻微冲击。试设计此键联接。

解：（1）选择键联接的类型和尺寸

1）类型选择。一般 8 级以上精度的齿轮有定心精度要求，应选用平键联接。又由于齿轮不在轴端，故选用圆头普通平键（A 型平键）。

2）参数确定。依据轴的直径 $d=70\text{mm}$，从表 8-1 中查得键的截面尺寸为键宽 $b=20\text{mm}$，键高 $h=12\text{mm}$。由轮毂宽度并参考键的长度系列，取键长 $L=90\text{mm}$（比轮毂宽度略小些）。

（2）校核键联接的强度　键、轴和轮毂的材料都是钢，由表 8-2 查得许用挤压应力 $[\sigma_p]=100\sim120\text{MPa}$，取其平均值，$[\sigma_p]=110\text{MPa}$。键的工作长度 $l=L-b=90\text{mm}-20\text{mm}=70\text{mm}$。由式（8-1）得

$$\sigma_p=\frac{4T}{hld}=\frac{4\times2200\times1000}{12\times70\times70}\text{MPa}=149.7\text{MPa}>[\sigma_p]=110\text{MPa}$$

可见联接的挤压强度不够。考虑相差较大，因此改用双键，相隔 180°布置。双键的工作长度 $l=1.5\times70\text{mm}=105\text{mm}$。由式（8-1）可得

$$\sigma_p=\frac{4T}{hld}=\frac{4\times2200\times1000}{12\times105\times70}\text{MPa}=99.8\text{MPa}\leqslant[\sigma_p]=110\text{MPa}$$

设计结论：选用 GB/T 1096 键 20×12×90（一般 A 型键可不标出“A”，对于 B 型或 C 型键，需将“键”标为“键 B”或“键 C”）。

课后习题

8-1　为什么采用两个平键时，一般布置在沿周向相隔 180°的位置；采用两个楔键时，相隔 90°~120°；而采用两个半圆键时，却布置在轴的同一条母线上？

8-2　在一直径 $d=60\text{mm}$ 的轴端，安装一 45 钢制直齿圆柱齿轮，如图 8-20 所示，轮毂宽度 $L=1.5d$，工作时有轻微冲击。试确定平键联接的尺寸，并计算其允许传递的最大转矩。

8-3　图 8-21 所示的凸缘半联轴器及圆柱齿轮，分别用键与减速器的低速轴相联接。试选择两处键的类型及尺寸，并校核其联接强度。已知：轴的材料为 45 钢，传递的转矩 $T=1000\text{N}\cdot\text{m}$。齿轮用锻钢制成，半联轴器用灰铸铁制成，工作时有轻微冲击。

8-4　图 8-22 所示为变速箱中的双联滑移齿轮，传递的额定功率 $P=4\text{kW}$，转速 $n=250\text{r/min}$。齿轮在空载下移动，工作情况良好。试选择花键类型和尺寸，并校核联接强度。

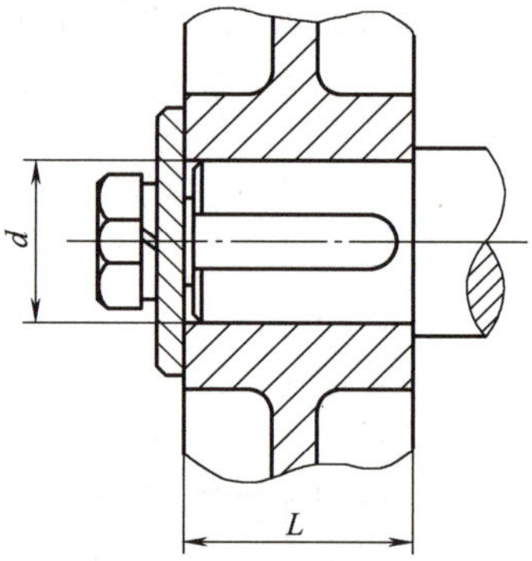

图 8-20　平键联接设计

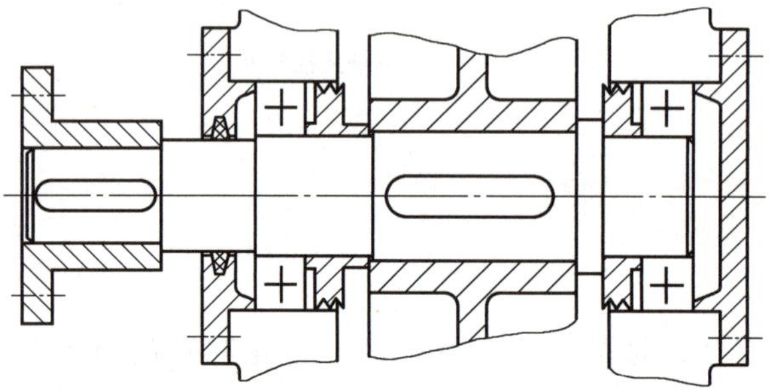
图 8-21　键联接设计

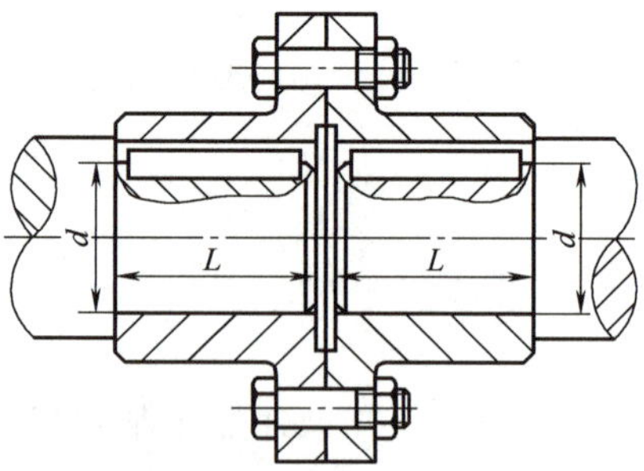

图 8-22　花键联接设计

知识拓展

关于榫卯的起源有很多传说。最流行的一种是，春秋时期鲁班想考验一下他的儿子，看看他够不够聪明，就用六根木条制作了一种玩具。这种木制玩具利用木材本身的凹凸，十分巧妙地咬合在一起，只有搞清了咬合顺序，才能把它拆开。后人称这种玩具为鲁班锁，认为它是榫卯的鼻祖。

事实上，榫卯的诞生比鲁班锁要早很多。早在6000多年前的新石器时代，河姆渡人就已经将榫卯这种“高科技”应用于盖房建屋了。20世纪70年代，余姚的河姆渡遗址第一期发现的干栏建筑遗迹（图8-23）中，发掘出了数千件木构件，凿卯带榫的构件至少有几十件。这是迄今为止考古发现最早的榫卯。尽管这一时期金属工具尚未出现，使用石器加工木料并非易事，但考古学家还是辨认出了双层凸榫、凸形方榫、圆榫、燕尾榫、企口榫等榫卯形式的雏形。这些都基本符合受力情况的要求，说明中华先民的建造技术已经达到相当高的水平。在河姆渡遗址中发现的榫卯形式是中华民族对世界建筑史的重要贡献，也说明榫卯是比汉字更早的华夏智慧。

榫卯结构是以木材、砖瓦为主要建筑材料，以木构架结构为主要的结构方式，由立柱、横梁、顺檩等主要构件建造而成，各个构件之间的结点以榫卯相吻合，构成富有弹性的框架。凸出部分称为榫（或称为榫头），凹进部分称为卯（或称为榫眼、榫槽）。榫卯的特点是在物件上不使用钉子，利用卯榫加固物件。榫卯是极为精巧的发明，这种构件连接方式，使得我国传统的木结构成为超越了当代建筑排架、框架或者钢架的特殊柔性结构体，不但可以承受较大的载荷，而且允许产生一定的变形，在地震载荷下通过变形抵消一定的地震能量，减小结构的地震响应。它在方寸之间展现了力与美的结合，是我国古代匠人的智慧结晶。然而如何让榫卯结构在现代机械设计中再次焕发生机是我们每个机械人需要思考的问题。

图8-23　河姆渡干栏建筑中的榫卯遗址

第9章　螺纹联接

知识图谱

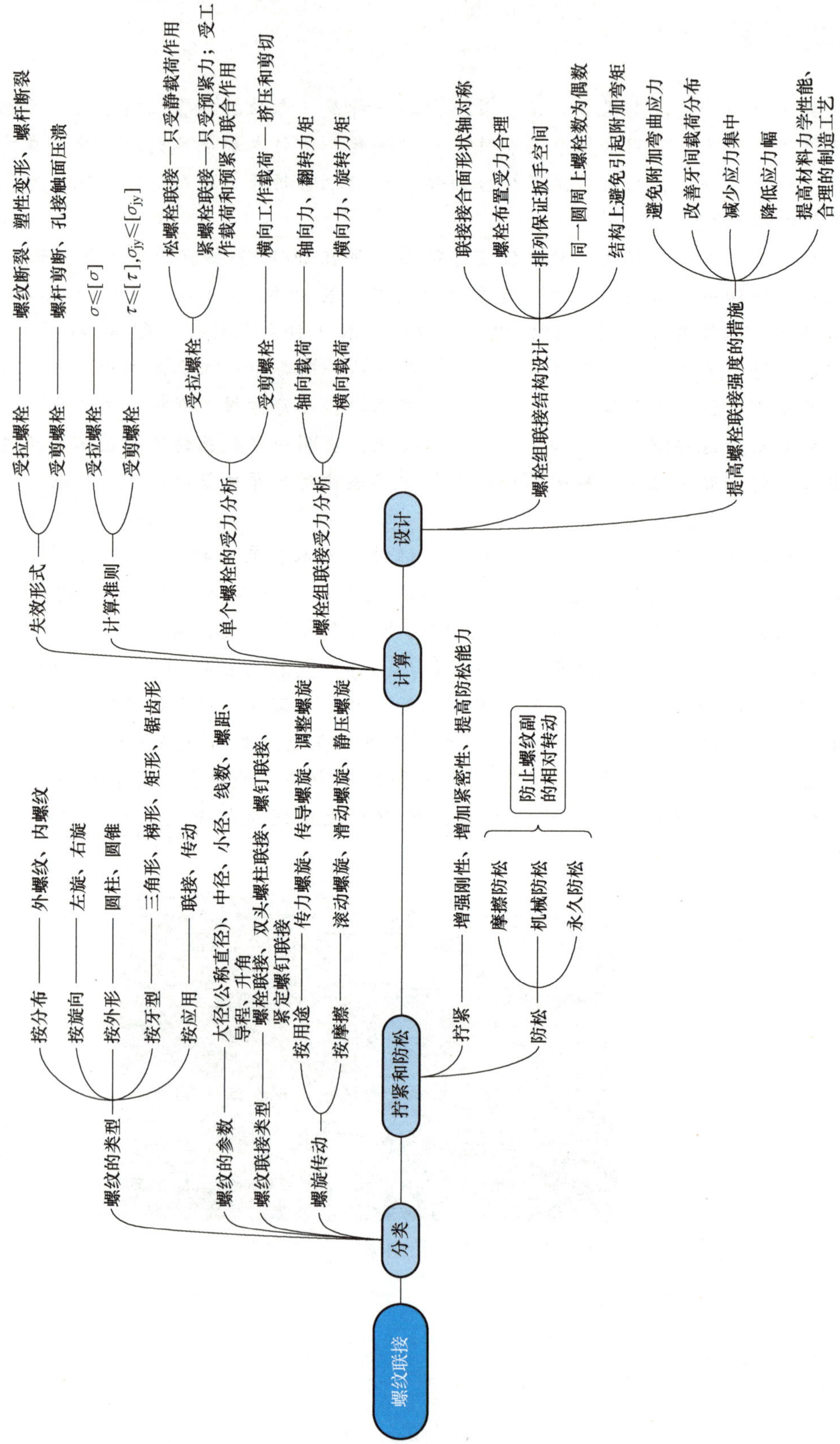

9.1 螺纹联接的分类与特点

螺纹联接的主要类型

9.1.1 螺纹的类型和应用

根据分布的部位，螺纹可分为外螺纹和内螺纹。在圆柱或圆锥外表面上形成的螺纹称为外螺纹，在圆柱孔或圆锥孔内壁上形成的螺纹称为内螺纹，内、外螺纹配合组成的运动副称为螺旋副。根据螺旋线绕行方向，螺纹可分为左旋螺纹和右旋螺纹，常用的是右旋螺纹。根据螺纹母体形状可分为圆锥螺纹和圆柱螺纹，圆锥螺纹主要用于管联接，圆柱螺纹用于一般联接和传动。螺纹又有米制和寸制（螺距以每英寸牙数表示）之分，我国除管螺纹采用寸制螺纹外，其余都采用米制螺纹。根据牙型螺纹又分为普通螺纹、管螺纹、梯形螺纹、矩形螺纹和锯齿形螺纹等。前两种螺纹主要用于联接，后三种螺纹主要用于传动，其中除矩形螺纹外，其余都已标准化。标准螺纹的公称尺寸可查阅有关标准，如 GB/T 193—2003《普通螺纹　直径与螺距系列》。

9.1.2 螺纹的主要几何参数

现以圆柱普通外螺纹为例介绍螺纹的主要几何参数，如图 9-1 所示。

（1）大径 d　螺纹的最大直径，即与螺纹牙顶相切的假想圆柱的直径，在标准中被定为公称直径。

（2）小径 d_1　螺纹的最小直径，即与螺纹牙底相切的假想圆柱的直径，在强度计算中常作为螺杆危险截面的计算直径。

（3）中径 d_2　通过螺纹轴向截面内牙型上的沟槽和凸起宽度相等处的假想圆柱的直径。中径用于确定螺纹几何参数和配合性。

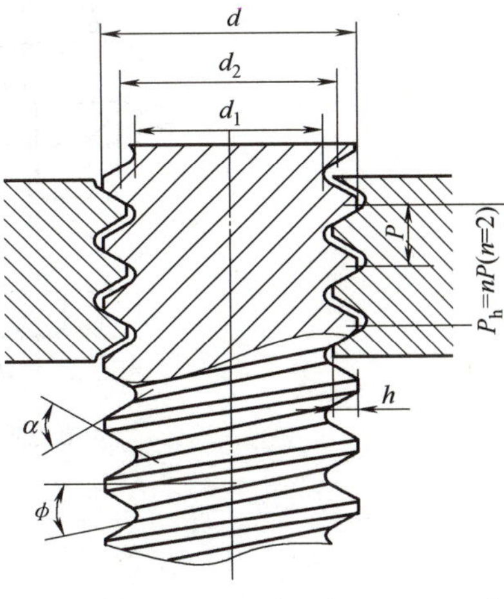

图 9-1　螺纹的主要几何参数

（4）螺旋线数 n　即螺纹的螺旋线数目。沿一根螺旋线形成的螺纹称为单线螺纹；沿两根以上的等距螺旋线形成的螺纹称为多线螺纹。常用的联接螺纹要求具有自锁性，多为单线螺纹；传动螺纹要求传动效率高，多为双线或三线螺纹。为了便于制造，一般用线数 $n \leq 4$。

（5）螺距 P　螺纹相邻两牙在中径线上对应两点间的轴向距离。

（6）导程 P_h　同一条螺旋线上的相邻两牙在中径线上对应两点间的轴向距离。单线螺纹 $P_h = P$；多线螺纹 $P_h = nP$。

（7）螺纹升角 ψ　在中径圆柱上螺旋线的切线与垂直于螺纹轴线的平面间的夹角，即

$$\psi = \arctan \frac{P_h}{\pi d_2} = \arctan \frac{nP}{\pi d_2} \tag{9-1}$$

（8）牙型角 α　螺纹轴向截面内，螺纹牙型两侧边的夹角。螺纹牙型的侧边与螺纹轴线的垂直平面的夹角称为牙侧角，对称牙型的牙侧角 $\beta = \alpha/2$。

（9）接触高度 h　内、外螺纹旋合后的接触面的径向高度。

各种管螺纹的主要几何参数可查阅有关标准，其尺寸代号都不是螺纹大径，而近似等于管的内径。

9.1.3　螺纹联接的基本类型

1. 螺栓联接

螺栓联接分为普通螺栓联接和铰制孔用螺栓联接两种。普通螺栓联接最常见，如图 9-2a 所示，在被联接件上开有通孔，插入螺栓后在螺栓的另一端拧上螺母。这种联接的结构特点是被联接件上的通孔和螺栓杆间留有间隙，通孔的加工精度要求低，结构简单，装拆方便，使用时不受被联接件材料的限制，因此应用极广。图 9-2b 所示为铰制孔用螺栓联接。孔和螺栓杆多采用基孔制过渡配合（H7/m6、H7/n6）。这种联接能精确固定被联接件的相对位置，并能承受较大横向载荷，但孔的加工精度要求较高。图 9-2 中，螺纹预留长度 l_1：静载荷，$l_1 \geqslant (0.3\sim0.5)d$；变载荷，$l_1 \geqslant 0.75d$；冲击载荷或弯曲载荷，$l_1 \geqslant d$；铰制孔用螺栓联接 l_1 尽可能小。螺纹伸出长度 $a=(0.2\sim0.3)d$，螺栓轴线到被联接件边缘的距离 $e=d+(3\sim6)\mathrm{mm}$，普通螺栓通孔直径 $d_0 \approx 1.1d$。

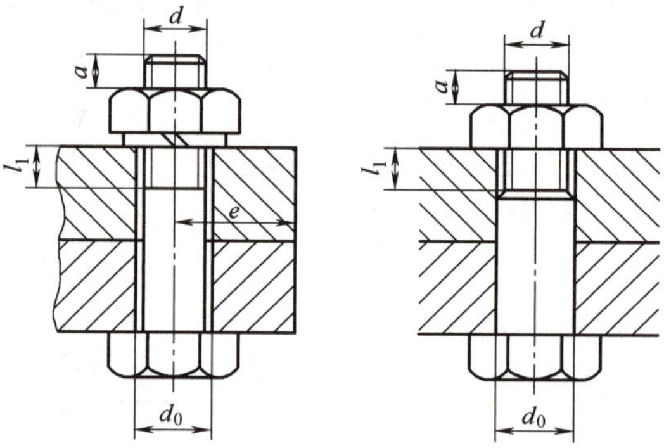

a) 普通螺栓联接　　b) 铰制孔用螺栓联接

图 9-2　螺栓联接

2. 双头螺柱联接

双头螺柱联接如图 9-3a 所示，这种联接适用于结构上不能采用螺栓联接的场合。例如，被联接件之一太厚不宜制成通孔，材料比较软（如用铝镁合金制造的壳体），且需要经常拆装时往往采用双头螺柱联接。显然，拆卸这种联接时，不用拆下螺柱，避免了被联接件螺纹孔磨损失效。但应注意螺柱必须拧紧，以保证在松开螺母时，双头螺柱在螺孔中不得转动。其中，拧入深度 H，当带螺纹孔件材料为钢或青铜时，$H \approx d$；为铸铁时，$H=(1.25\sim1.5)d$；为铝合金时，$H=(1.5\sim2.5)d$。

3. 螺钉联接

螺钉联接如图 9-3b 所示，这种联接的特点是将螺钉直接拧入被联接件的螺纹孔中，无需螺母，此结构比双头螺柱联接简单、紧凑。其用途和双头螺柱联接相似，但经常拆装易使螺纹磨损，可能导致被联接件报废，故多用于受力不大或不需要经常拆装的场合。

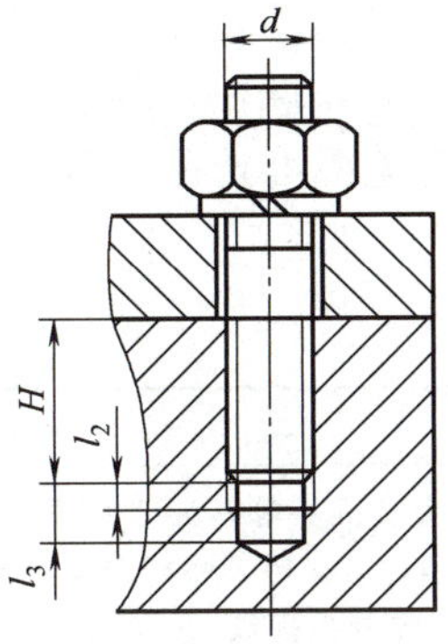

a) 双头螺柱联接

双头螺柱

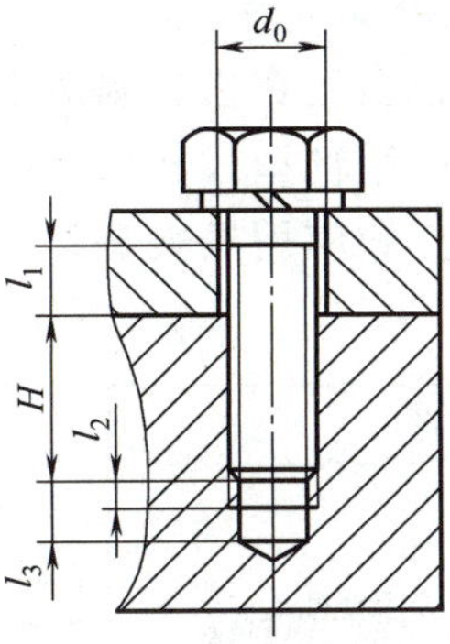

b) 螺钉联接

螺钉

图 9-3　双头螺柱和螺钉联接

4. 紧定螺钉联接

如图 9-4 所示，紧定螺钉联接是利用拧入零件螺纹孔中的螺钉末端顶住另一零件的表面或顶入相应的凹坑中，以固定两个零件的相对位置，并传递不大的力或转矩。

螺钉除作为联接和紧定用外，还可用于调整零件位置，如机器、仪器的调节螺钉等。除上述四种基本螺纹联接形式外，还有一些特殊结构的联接。例如，专门用于将机座或机架固定在地基上的地脚螺栓联接，如图 9-5 所示；装在机器或大型零部件的顶盖或外壳上便于起吊用的吊环螺钉联接，如图 9-6 所示；用于工装设备中的 T 形槽螺栓联接，如图 9-7 所示。

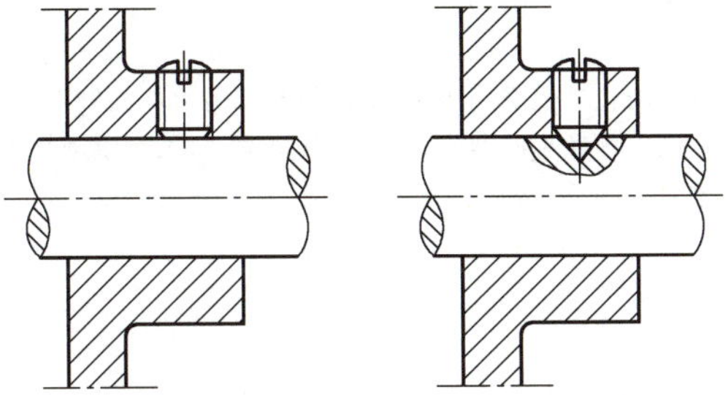

a) 顶在表面　　b) 顶入凹坑

图 9-4　紧定螺钉联接

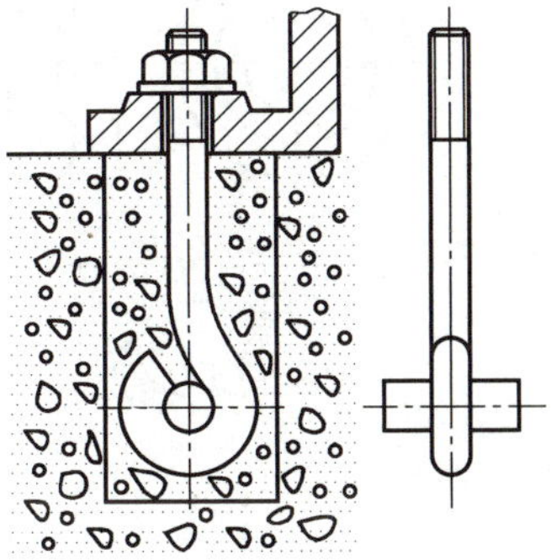

图 9-5　地脚螺栓联接

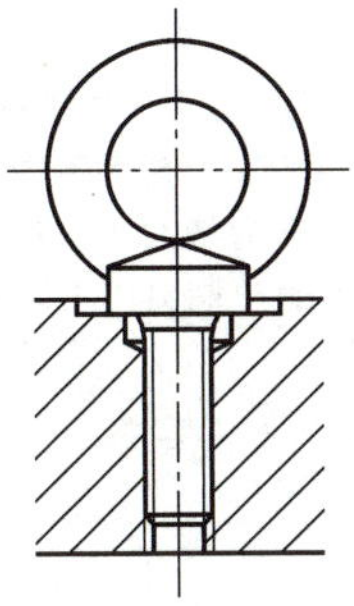

图 9-6　吊环螺钉联接

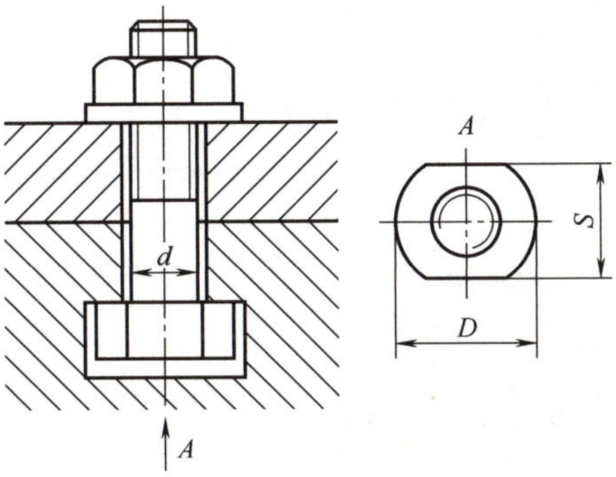

图 9-7　T 形槽螺栓联接

5. 其他常用标准螺纹联接件

螺纹联接件的类型很多。在机械制造中常见的螺纹联接件有螺栓、双头螺柱、螺钉、螺母和垫圈等。这类零件的结构型式和尺寸都已标准化，设计时可根据有关标准选用。常用标准螺纹联接件的结构特点和应用见表 9-1。

表 9-1　常用标准螺纹联接件的结构特点和应用

类型	图例	结构及应用
自攻螺钉	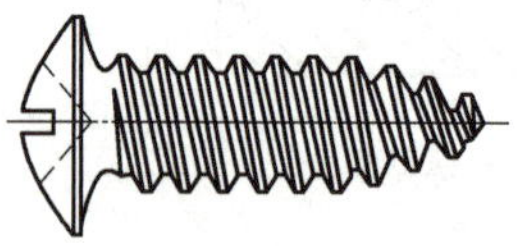	自攻螺钉头部形状有圆头、平头、半沉头及沉头等。头部的槽有一字、十字等形状。末端形状有锥形和平端两种。多用于联接金属薄板、轻合金或塑料零件。在被联接件上可不预先制出螺纹，在联接时利用螺钉直接攻出螺纹。螺钉材料通常采用渗碳钢，热处理后表面硬度不低于 45HRC。自攻螺钉的螺纹与普通螺纹相比，在相同的大径时，自攻螺纹的螺距大而小径则稍小，已标准化
六角螺母	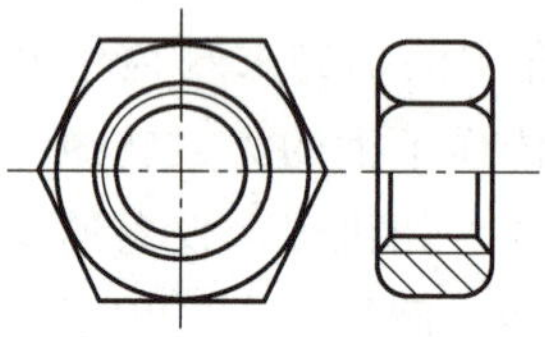	根据螺母厚度不同，分为标准螺母、高螺母和薄螺母三种。高螺母一般用于经常拆卸的联接中。薄螺母常用于受剪切力的螺栓或空间尺寸受限制的场合。螺母制造精度和螺栓相同，分为 A、B、C 三级，分别与相同级别的螺栓配用
圆螺母	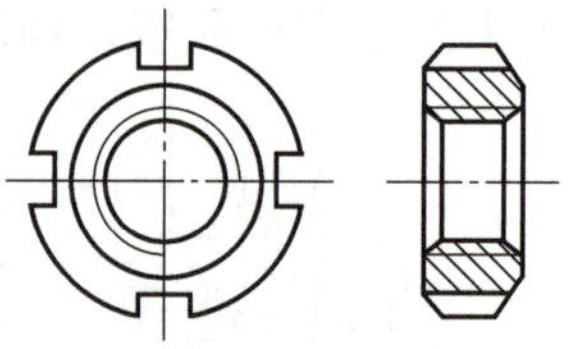 螺母	圆螺母常与止动垫圈配用，装配时将垫圈内舌插入轴上的槽，而将垫圈的外舌嵌入圆螺母的槽内，螺母即被锁紧，常用于滚动轴承的轴向固定
垫圈	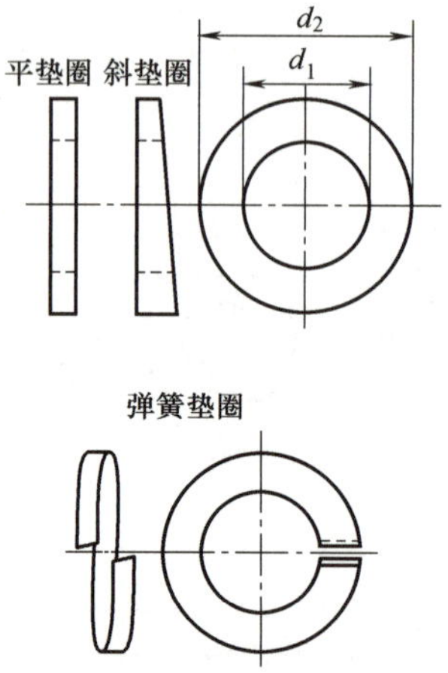	垫圈是螺纹联接中不可缺少的附件，常放置于螺母和被联接件之间，起保护支承表面等作用。平垫圈按加工精度不同，分为 A 级和 C 级两种。用于同一螺纹直径的垫圈又分为特大、大、普通和小四种规格。特大垫圈主要在铁木结构上使用。斜垫圈只用于倾斜的支承面上。弹簧垫圈用于防松

根据 GB/T 3103.1—2002 的规定，螺纹联接件分为 A、B、C 三个精度等级。A 级精度的公差小，精度最高，用于要求配合精确、防止振动等重要零件的联接；B 级精度多用于受载荷较大且经常装拆、调整或承受变载荷的联接；C 级精度多用于一般的螺纹联接，常用的标准螺纹联接件（螺栓、螺钉）通常选用 C 级精度。

9.2　螺纹联接的拧紧和防松

螺纹联接的拧紧和防松

9.2.1　螺纹联接的拧紧

绝大多数螺纹联接在装配时都必须拧紧，使联接在承受工作载荷之前，预先受到力的作用。这个预加作用力称为预紧力。拧紧的目的在于增强联接的可靠性和紧密性，以防止受载后被联接件间出现缝隙或发生相对滑移。经验证明，适当选用较大的预紧力对提高螺纹联接的可靠性以及联接件的疲劳强度都是有利的，特别对于像气缸盖、管路凸缘、齿轮箱、轴承盖等紧密性要求较高的螺纹联接，预紧更为重要。但过大的预紧力会导致联接件在装配或偶然过载时被拉断。因此，为了保证联接所需要的预紧力，又不使螺纹联接件过载，对重要的螺纹联接，在装配时要控制预紧力。

通常规定，拧紧后螺纹联接件在预紧力作用下产生的预紧应力不得超过其材料屈服强度 R_{eL} 的 80%。对于一般联接用的钢制螺栓联接的预紧力 F'，推荐按下列关系确定：

$$\left.\begin{array}{ll}\text{碳素钢螺栓} & F'\leqslant(0.6\sim0.7)R_{eL}A_1\\ \text{合金钢螺栓} & F'\leqslant(0.5\sim0.6)R_{eL}A_1\end{array}\right\}\qquad(9\text{-}2)$$

式中，R_{eL} 为螺栓材料的屈服强度（MPa）；A_1 为螺栓危险截面的面积（mm^2），$A_1\approx\pi d_1^{\ 2}/4$。

预紧力的具体数值应根据载荷性质、联接刚度等工作条件确定。对于重要的或有特殊要求的螺栓联接，预紧力的数值应在装配图上作为技术要求注明，以便在装配时加以保证。受变载荷的螺栓联接的预紧力应比受静载荷的大些。

螺纹紧固件在拧紧与防松过程中控制预紧力非常重要。控制预紧力的方法很多，通常是借助测力矩扳手（图 9-8）或定力矩扳手（图 9-9），利用控制拧紧力矩的方法来控制预紧力的大小。另外，由于摩擦系数不稳定，施加在扳手上的力难以准确控制，有时可能拧得过紧而使螺栓断裂或螺纹破坏。因此，对于要求预紧的螺栓联接，螺栓不宜小于 M6~M16。

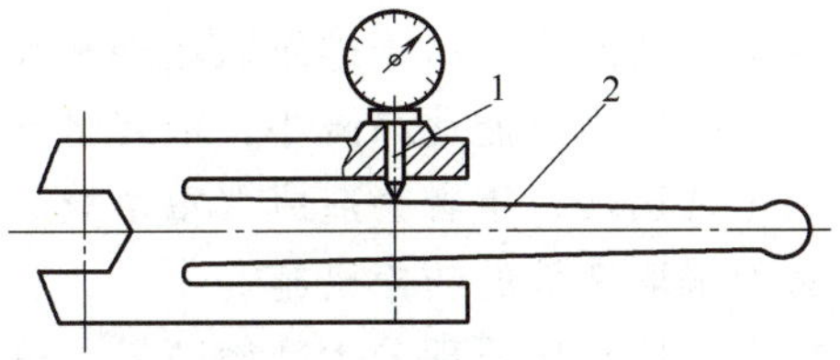

图 9-8　测力矩扳手

1—指示刻度　2—弹性元件

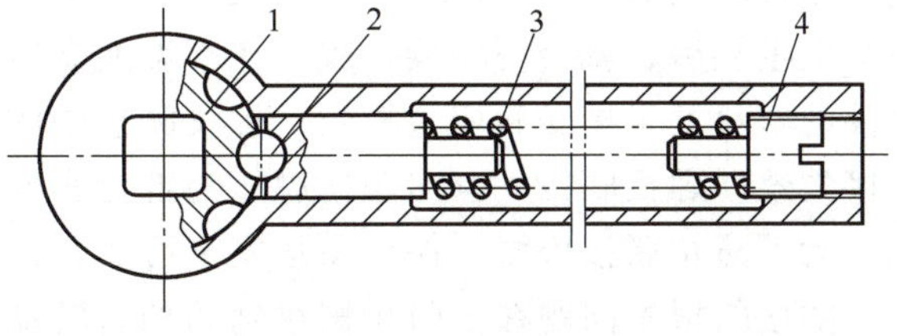

图 9-9　定力矩扳手

1—扳手卡盘　2—圆柱销　3—弹簧　4—调节螺钉

利用控制拧紧力矩的方法来控制预紧力时，找出拧紧力矩与预紧力的关系非常重要。螺纹副拧紧时的受力情况如图 9-10 所示，拧紧螺母时，在拧紧力矩 T（$T=FL$）的作用下，螺栓与被联接件间产生预紧力 F'。同时，需要克服螺纹力矩 T_1（螺纹副间的摩擦力矩）和螺母承压面力矩 T_2。因此，拧紧力矩 T 等于螺纹力矩 T_1 和螺母承压面力矩 T_2 之和，即

$$T=T_1+T_2 \tag{9-3}$$

螺纹力矩

$$T_1=F'\tan(\psi+\varphi_v)\frac{d_2}{2} \tag{9-4}$$

螺母承压面力矩

$$T_2=\frac{1}{3}\mu F'\frac{D_1^3-d_0^3}{D_1^2-d_0^2} \tag{9-5}$$

式中，F'为预紧力；d_2 为螺纹中径；ψ 为螺纹中径升角；φ_v 为当量摩擦角；μ 为螺母与被联接件承压面间的摩擦系数；D_1 为螺母底座环面外圆直径；d_0 为螺母底座环面内圆直径。

则拧紧力矩为

$$T=\frac{1}{2}\left[\tan(\psi+\varphi_v)\frac{d_2}{d}+\frac{2}{3}\frac{\mu}{d}\frac{D_1^3-d_0^3}{D_1^2-d_0^2}\right]F'd\approx 0.2F'd \tag{9-6}$$

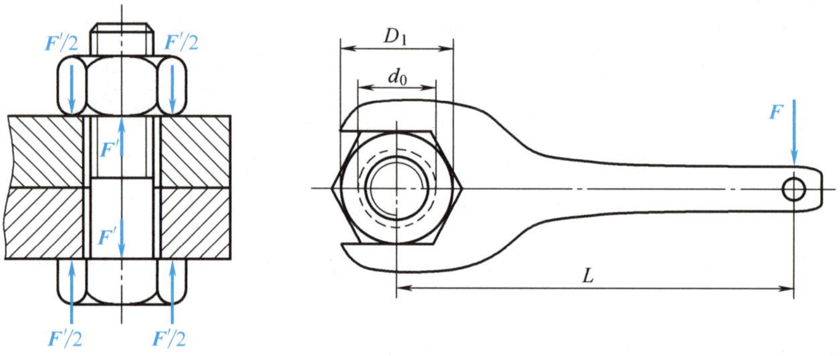

图 9-10　螺纹副拧紧时的受力情况

9.2.2　螺纹联接的防松

螺纹联接件一般采用单线普通螺纹，螺纹升角（$\psi=1°42'\sim3°2'$）小于螺纹副当量摩擦角（$\varphi_v=6.5°\sim10.5°$），因此在静载荷和工作温度变化不大时，联接螺纹能满足自锁条件（$\psi<\varphi_v$）。此外，拧紧以后螺母和螺栓头部等支承面上的摩擦力也有防松作用，所以螺纹联接不会自动松脱。但在冲击、振动或变载荷的作用下，螺纹副间的摩擦力可能减小，这种现象多次重复后，就会使联接松脱。在高温或温度变化较大的情况下，由于螺纹联接件和被联接件的材料发生蠕变和应力松弛，螺纹联接中的预紧力和摩擦力可能逐渐减小，最终将导致联接失效。螺纹联接一旦出现松脱，轻者会影响机器的正常运转，重者会造成严重事故。因此，为了防止联接松脱，保证联接安全可靠，设计时必须采取有效的防松措施。

防松的根本问题在于防止螺纹副的相对转动。防松方法按工作原理分为摩擦防松、机械防松和永久防松（破坏螺纹副关系防松）。摩擦防松预紧过程简单、可反复拆装，但没有机械防松可靠。对于重要的联接，特别是在机器内部不易检查的联接，应采用机械防松。机械防松较为可靠，但安装过程比较繁琐。永久防松最为可靠，但因螺纹副被破坏，多用于很少

拆卸或不拆卸的联接。螺纹联接常用的防松方法见表 9-2。

表 9-2 螺纹联接常用的防松方法

防松方法		结构型式	特点及应用
摩擦防松	对顶螺母	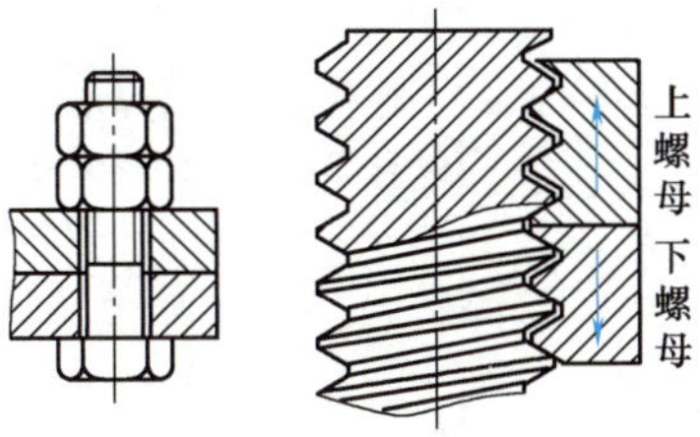	两螺母对顶拧紧后，使旋合螺纹间始终受到附加的压力和摩擦力的作用。工作载荷有变动时，该摩擦力仍然存在。旋合螺纹间的接触情况如图所示。下螺母螺纹牙受力较小，其高度可相对较小，但为了防止装错，两螺母宜取相同高度。此结构简单，适用于平稳、低速和重载的固定装置上
	尼龙螺母	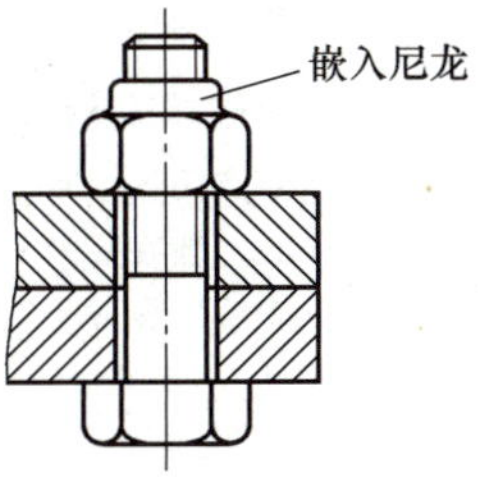	螺母上端装有尼龙圈，圈内无螺纹，螺母预紧后与螺栓挤压形成螺纹，尼龙圈可提供径向力加大螺纹间的摩擦力。此螺母被广泛应用于轻载室温环境
	自锁螺母	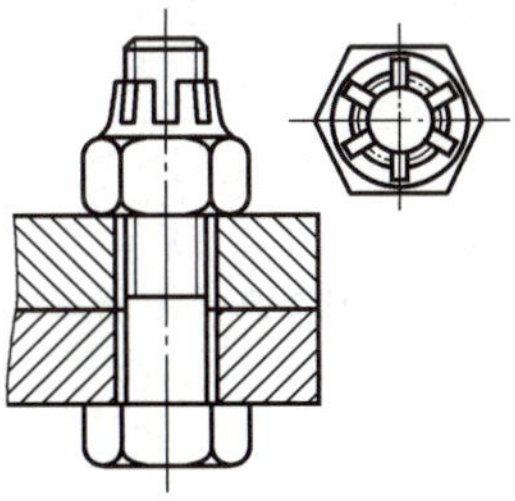	螺母一端制成圆柱加开豁形状，通过径向挤压形成少量塑性收口变形。当螺母拧紧后，收口胀开，利用收口的径向挤压力增大螺纹间的摩擦力。此结构简单，防松可靠，可多次装拆而不降低防松性能
机械防松	槽形螺母与开口销	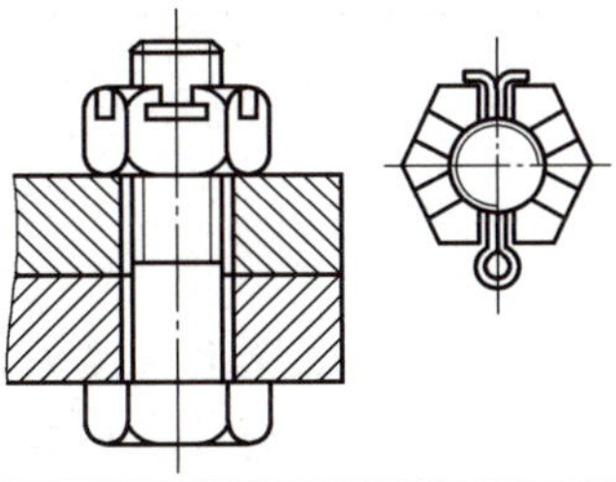	六角槽形螺母拧紧后，将开口销穿入螺栓尾部小孔和螺母的槽内，并将开口销尾部掰开与螺母侧面贴紧。也可用普通螺母代替六角槽形螺母，但需拧紧螺母后再配钻销孔。适用于有较大冲击、振动的高速机械中运动部件的联接
	止动垫圈	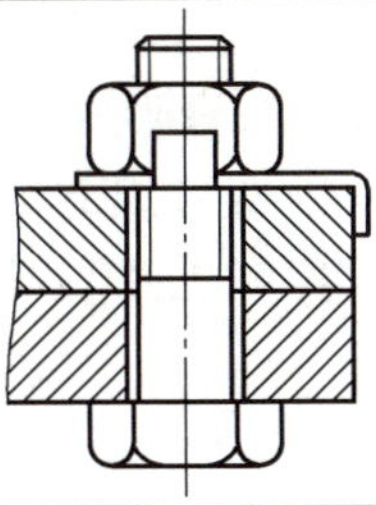	螺母拧紧后，将单耳或双耳止动垫圈分别向螺母和被联接件的侧面折弯贴紧，即可将螺母锁住。若两个螺栓需要双联锁紧时，可采用双联止动垫圈，使两个螺母相互制动。此结构简单，使用方便，防松可靠
	串联钢丝	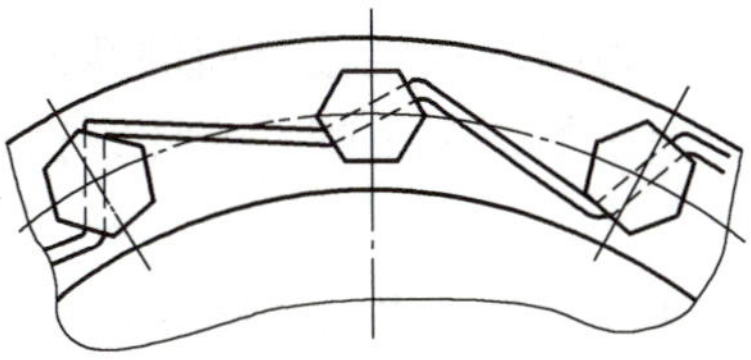	用低碳钢丝穿入各螺钉头部的孔内，将各螺钉串联起来，使其相互制动。使用时必须注意钢丝的穿入方向。适用于螺栓组联接，防松可靠，但装拆不便

（续）

<table>
<tr><th colspan="2">防松方法</th><th>结构型式</th><th>特点及应用</th></tr>
<tr><td rowspan="3">永久防松</td><td>焊接</td><td>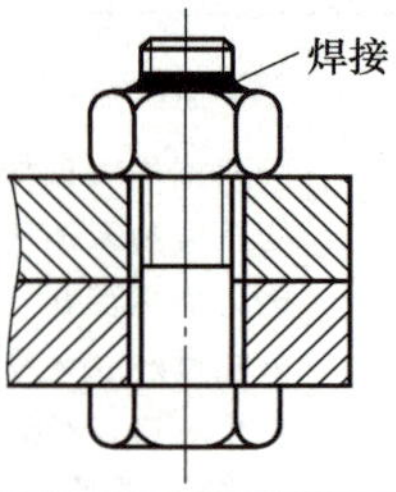
</td><td>将螺栓与螺母焊接在一起，防松效果非常稳定，拆除只能切断螺栓或螺母</td></tr>
<tr><td>冲点</td><td>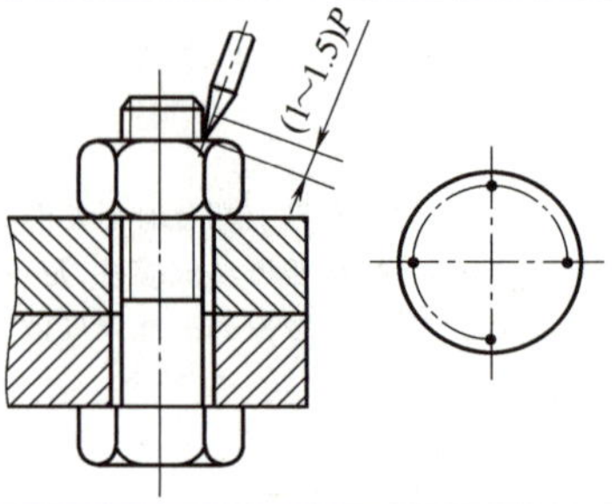
</td><td>用冲头在螺栓杆末端与螺母的旋合缝处打冲，利用冲点防松。冲点可以在端面，也可以在侧面，冲点中心一般在螺纹的小径处。这种防松方法可靠，但拆卸后联接件不能再使用</td></tr>
<tr><td>黏接</td><td>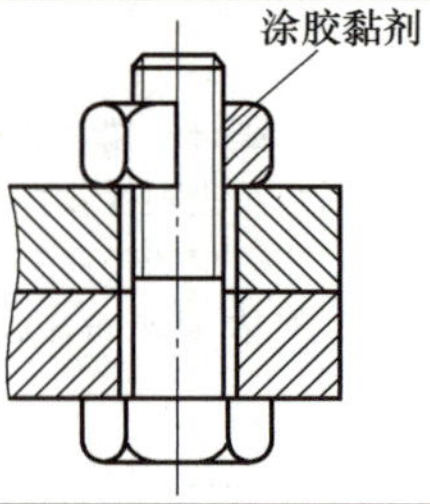
</td><td>在旋合螺纹间涂以专用液体胶黏剂，拧紧螺母后，胶黏剂硬化、固着，防止螺纹副的相对运动</td></tr>
</table>

9.3 螺栓组联接的结构设计与受力分析

大多数机器的螺纹联接件都是成组使用的，其中以螺栓组联接最具有典型性，因此下面以螺栓组联接为例，介绍它的设计和计算问题。其基本结论对双头螺柱组、螺钉组联接也同样适用。

设计螺栓组联接时，首先需要选定螺栓的数目及布置形式，然后确定螺栓联接的结构尺寸。在确定螺栓尺寸时，对于不重要的螺栓联接可以参考现有的机械设备，用类比法确定，不再进行强度校核。但对于重要的联接，应根据联接的工作载荷，分析各螺栓的受力状况，找出受力最大的螺栓进行强度校核。

9.3.1 螺栓组联接的结构设计

螺栓组联接结构设计的主要目的在于合理地确定联接接合面的几何形状和螺栓的布置形式，力求各螺栓和联接接合面间受力均匀、便于加工和装配。为此，设计时应综合考虑以下五方面的问题：

1）联接接合面的几何形状通常设计成轴对称的简单几何形状，如圆形、环形、矩形、框形、三角形等。这样不但便于加工制造，而且便于对称布置螺栓，使螺栓组的对称中心和联接接合面的形心重合，从而保证联接接合面受力比较均匀。

2）螺栓的布置应使各螺栓的受力合理。对于铰制孔用螺栓联接，不要在平行于工作载荷的方向上成排地布置 8 个以上的螺栓，以免载荷分布过于不均。当螺栓联接承受弯矩或转矩时，应使螺栓的位置适当靠近联接接合面的边缘，以减小螺栓的受力，如图 9-11 所示。如果同时承受轴向载荷和较大的横向载荷，应采用销、套筒、键等抗剪零件来承受横向载荷，以减小螺栓的预紧力及其结构尺寸。

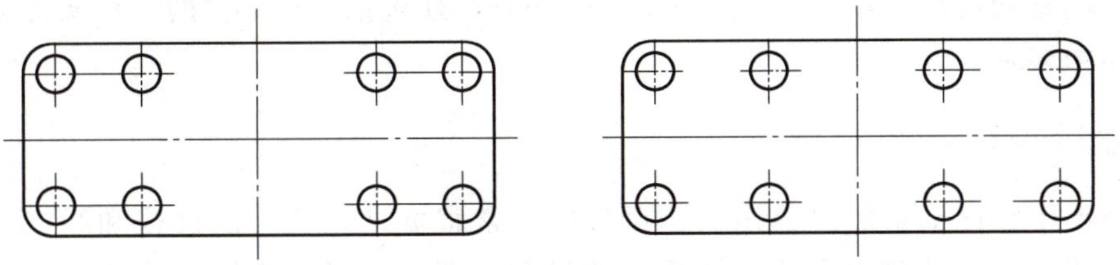

a) 合理　　b) 不合理

图 9-11　接合面受弯矩或转矩时螺栓的布置

3）螺栓的排列应有合理的间距、边距。布置螺栓时，各螺栓轴线间以及螺栓轴线和机体壁间的最小距离，应根据扳手所需活动空间的大小来决定。图 9-12 中扳手空间的尺寸可查阅有关标准。对于压力容器等紧密性要求较高的重要联接，螺栓的间距 t_0 不得大于表 9-3 中所推荐的数值。

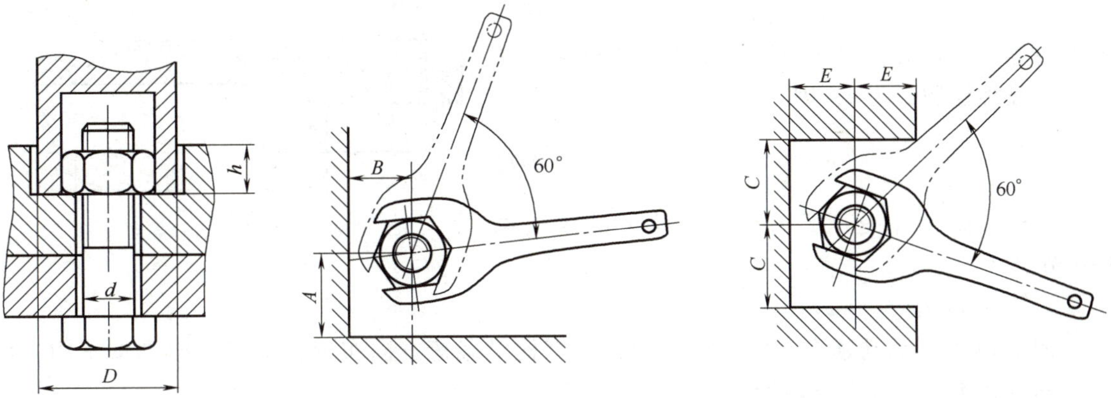

图 9-12　扳手空间尺寸

表 9-3　螺栓间距 t_0

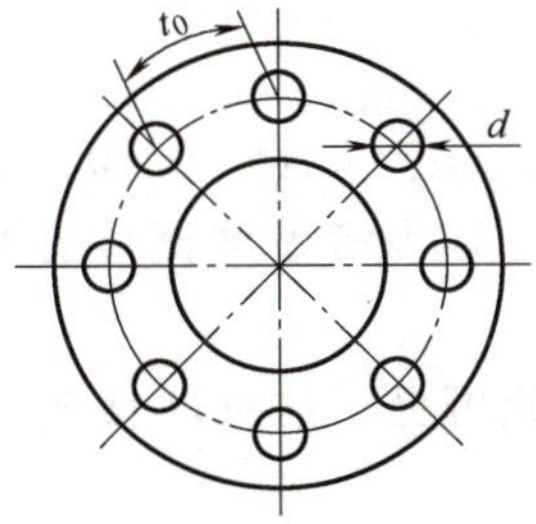

工作压力/MPa					
≤1.6	1.6~4	4~10	10~16	16~20	20~30
t_0/mm					
7d	5.5d	4.5d	4d	3.5d	3d

注：表中 d 为螺纹公称直径。

4）分布在同一圆周上的螺栓数目，应取 4、6、8 等偶数，以方便在圆周上钻孔时的分度和划线。同一螺栓组中螺栓的材料、直径和长度均应相同。

5）避免螺栓承受附加的弯曲载荷。除要在结构上设法保证载荷不偏心外，还应在工艺上保证被联接件、螺母和螺栓头部的支承面平整，并与螺栓轴线相垂直。在铸、锻件等的粗糙表面上安装螺栓时，应制成凸台或沉头座。当支承面为倾斜表面时，应采用斜垫圈，特殊情况下，也可采用球面垫圈等。具体内容在 9.5 节介绍。

螺栓组的结构设计，除综合考虑以上各问题外，还包括根据联接的工作条件合理地选择螺栓组的防松装置。

9.3.2 螺栓组联接的受力分析

螺栓组联接的受力分析

多数情况下螺栓都是成组使用的，设计时，常根据被联接件的结构和联接的载荷来确定联接的传力方式、螺栓的数目和布置。为了减少所用螺栓的规格和提高联接的结构工艺性，通常都采用相同的螺栓材料、直径和长度。

螺栓组联接受力分析的任务是求出联接中各螺栓受力的大小，特别是其中受力最大的螺栓及其载荷。分析时，通常做以下假设：①被联接件为刚体；②各螺栓的拉伸刚度或剪切刚度（即各螺栓的材料、直径和长度）及预紧力都相同；③螺栓的应变没有超过弹性范围。下面介绍四种典型螺栓组受力分析的方法。

1. 受轴向力 F_z 的螺栓组联接

图 9-13 所示为受轴向力的螺栓组联接，其载荷通过螺栓组形心，因此各螺栓分担的工作载荷 F 相等。设螺栓数目为 z，则

$$F=\frac{F_z}{z} \tag{9-7}$$

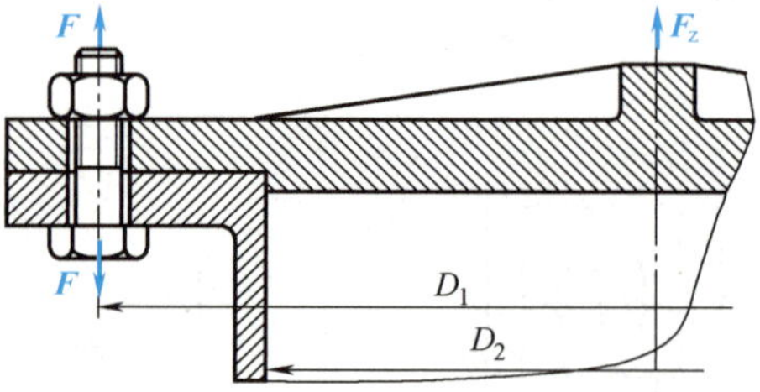

图 9-13　受轴向力的螺栓组联接

此外，螺栓还受预紧力，其总拉力的求法见 9.4 节。

2. 受横向力 F_R 的螺栓组联接

图 9-14 所示为受横向力的螺栓组联接，螺栓沿载荷方向布置，采用螺栓类型不同，载荷传递方式不同，有以下两种：

（1）受拉螺栓联接　如图 9-14a 所示，螺栓只受预紧力 F'，靠接合面间的摩擦来传递载荷。假设各螺栓联接接合面的摩擦力相等并集中在中心处，则根据板的平衡条件得

$$\mu_s F'mz=k_f F_R \text{ 或 } F'=\frac{k_f F_R}{\mu_s mz} \tag{9-8}$$

式中，μ_s 为接合面摩擦系数，对于钢铁零件，当接合面干燥时，$\mu_s=0.15\sim0.20$，当接合面沾有油时，$\mu_s=0.10\sim0.15$；m 为接合面数目；z 为螺栓数目；k_f 为考虑摩擦传力的可靠系数，$k_f=1.1\sim1.5$。

若 $z=1$、$m=1$，并取 $\mu_s=0.15$、$k_f=1.2$，则 $F'=8F_R$。由此可见，这种联接的主要缺点是所需的预紧力很大，为横向载荷的很多倍。

（2）受剪螺栓联接　如图 9-14b 所示，靠螺栓受剪和螺栓与被联接件相互挤压时的变形来传递载荷。拧紧的螺栓联接中有预紧力和摩擦力，但一般忽略不计。假设各螺栓所受的工

作载荷均为 F_S（实际上由于板是弹性体，两端螺栓所受剪力比中间螺栓大，所以沿载荷方向布置的螺栓数目不宜超过 6 个，以免受力不均），则根据板的静力平衡条件得

$$zF_S = F_R \text{ 或 } F_S = \frac{F_R}{z} \tag{9-9}$$

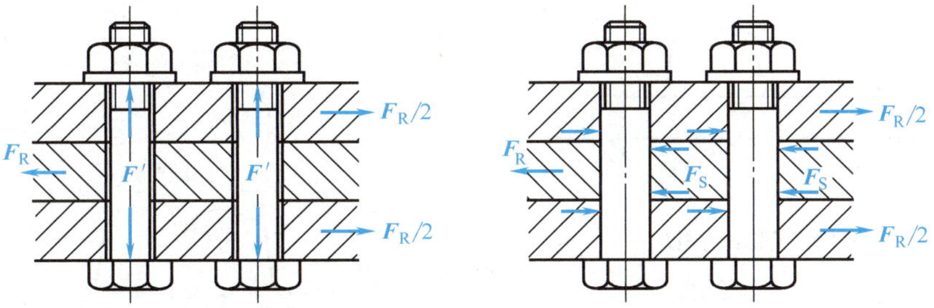

a) 受拉螺栓联接　　b) 受剪螺栓联接

图 9-14　受横向力的螺栓组联接

3. 受旋转力矩 T 的螺栓组联接

受旋转力矩的螺栓组联接如图 9-15 所示。假设在 T 作用下，底板有绕通过螺栓组形心的轴线 OO（简称旋转中心）旋转的趋势，则每个螺栓联接都受有横向力，根据螺栓类型的不同，载荷传递方式也有两种：

（1）受拉螺栓联接　如图 9-15b 所示，假设各螺栓联接接合面的摩擦力相等并集中在螺栓中心处，与螺栓中心至底板旋转中心 O 的连线垂直，则根据底板的静力平衡条件得

$$\mu_s F' r_1 + \mu_s F' r_2 + \cdots + \mu_s F' r_z = k_f T \text{ 或 } F' = \frac{k_f T}{\mu_s (r_1 + r_2 + \cdots + r_z)} \tag{9-10}$$

式中，F'为螺栓需要的预紧力；μ_s 和 k_f 同式（9-8）；r_1，r_2，…，r_z 为各螺栓中心至底板旋转中心的距离，下角标代表螺栓序号。

（2）受剪螺栓联接　如图 9-15c 所示，各螺栓的工作载荷 F_s，与其中心至底板旋转中心的连线垂直。忽略联接中的预紧力和摩擦力，则根据底板的静力平衡条件得

$$F_{s1} r_1 + F_{s2} r_2 + \cdots + F_{sz} r_z = T$$

根据螺栓的变形协调条件，各螺栓的剪切变形量与其中心至底板旋转中心的距离成正比，于是

$$\frac{F_{s1}}{r_1} = \frac{F_{s2}}{r_2} = \cdots = \frac{F_{sz}}{r_z}$$

F_{s1}、F_{s2}、…、F_{sz} 即可通过联立解上述两式求出。显然，距底板的旋转中心最远的 1、4、5、8 四个螺栓受力最大

$$F_{s1} = F_{s4} = F_{s5} = F_{s8} = \frac{T r_1}{r_1^2 + r_2^2 + \cdots + r_8^2} \tag{9-11}$$

4. 受翻转力矩 M 的螺栓组联接

图 9-16 所示为受翻转力矩的螺栓组联接，采用受拉螺栓。拧紧后，螺栓受预紧力。假

设被联接件是弹性体，但其接合面始终保持为一平面（与本节开始的假设不同），且在 M 作用下底板有绕螺栓组形心的轴线 OO 翻转的趋势，则轴线左边螺栓受到工作载荷 F，右边螺栓相当于受了拉力，其预紧力将减小。就底板而言，则是左半边螺栓的紧固力增大，而右半边基座的反抗压力以同样大小增大。

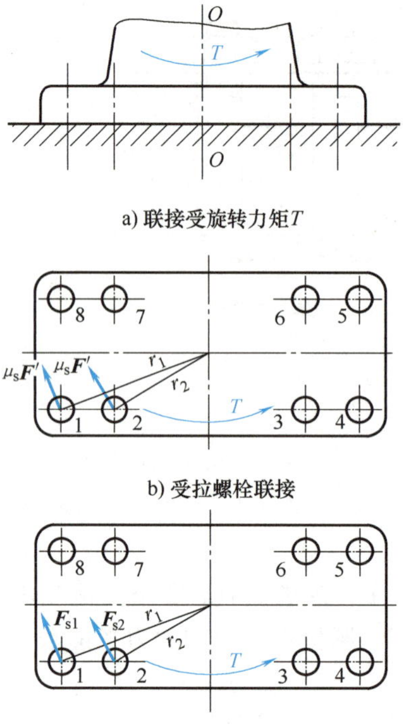

a) 联接受旋转力矩T

b) 受拉螺栓联接

c) 受剪螺栓联接

图 9-15　受旋转力矩的螺栓组联接

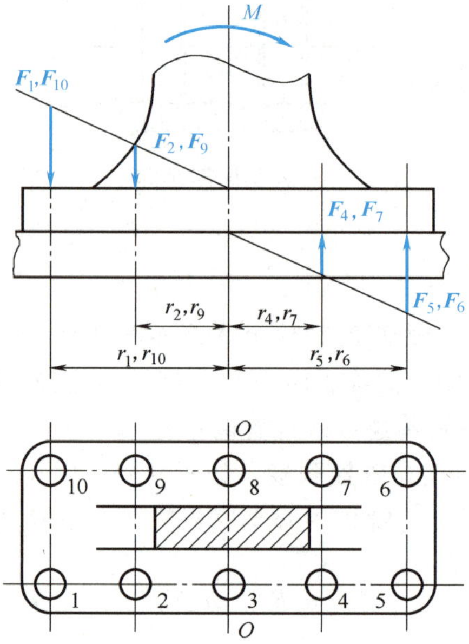

图 9-16　受翻转力矩的螺栓组联接

根据底板的静力平衡条件得

$$F_1 r_1 + F_2 r_2 + \cdots + F_z r_z = M$$

根据螺栓的变形协调条件，各螺栓的拉伸变形量与其中心至底板翻转轴线的距离成正比。因为螺栓拉伸刚度相同，所以左边螺栓的工作载荷和右边基座在螺栓处受到的压力也与这个距离成正比，得

$$\frac{F_1}{r_1} = \frac{F_2}{r_2} = \cdots = \frac{F_z}{r_z}$$

F_1、F_2、…、F_z 即可通过联立解上述两式求出。显然，距底板翻转轴线最远处的 1、10 两个左边螺栓受力最大

$$F_1 = F_{10} = \frac{M r_1}{r_1^2 + r_2^2 + \cdots + r_{10}^2} \tag{9-12}$$

在以上四种典型的螺栓组联接受力分析中，螺栓的受力是在假设条件下，根据静力平衡和变形协调条件求出的。其他形式的螺栓组联接的受力分析方法基本相同，只是有些联接有时还需要满足其他要求而影响螺栓的受力。例如，图 9-16 所示的联接有紧密性要求时，螺栓的预紧力可能由保证紧密性的条件决定。

9.4 螺栓联接的强度计算

螺纹连接的强度计算

9.4.1 螺栓联接的失效形式和计算准则

这里主要讨论单个螺栓联接的计算，同时也适用于双头螺柱和螺钉联接。

螺栓联接可用来传递轴向或横向载荷，根据联接的预紧情况和所受载荷方向不同，螺栓联接的工作情况可归纳为表 9-4 所列的四种情况。

表 9-4 螺栓联接的工作情况

情况	1	2	3	4
螺栓和孔	有间隙	有间隙	有间隙	基孔制过渡配合
应用情况	应用较少	应用较多	应用较多	应用较多
受载方向	轴向外载荷	横向外载荷	轴向外载荷	横向外载荷
预紧力	不受预紧力	受预紧力	受预紧力	不受预紧力
预紧情况	松联接	紧联接	紧联接	理论上是松联接 实际上少量预紧
工作时 螺栓受载	受轴向静载荷 F	受轴向载荷 F 传递横向摩擦力 F_R	受轴向静载荷 F 或变载荷	受横向静载荷或变载荷
螺栓杆变形	螺栓杆受拉	螺栓杆受拉	螺栓杆受拉	螺栓杆受剪切和挤压
图例	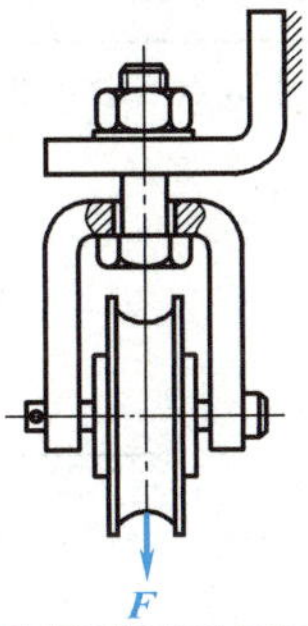	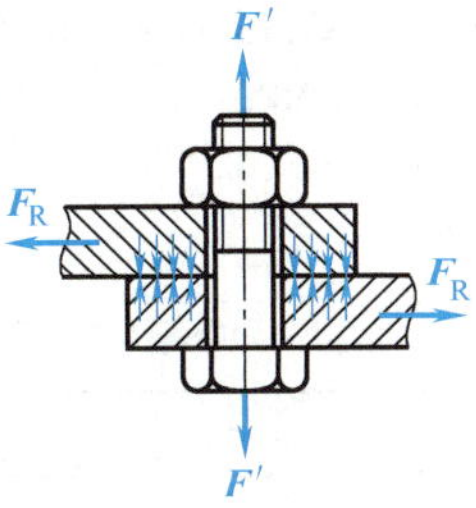	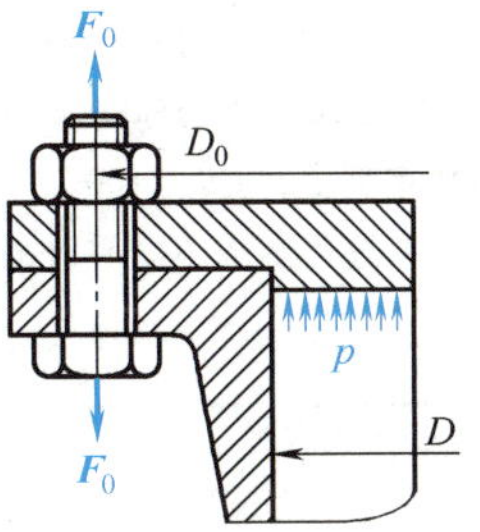	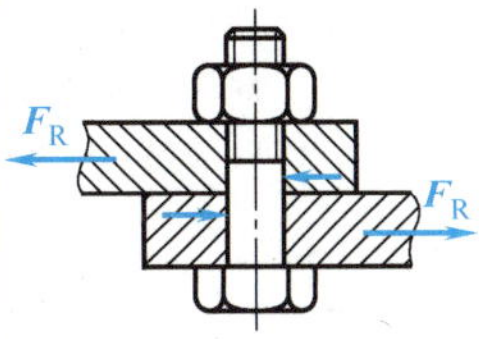

（1）受拉螺栓 由表 9-4 可知，在螺栓和孔间留有间隙的情况（第 1、2、3 种情况）下，不论联接的预紧情况和所受载荷的方向如何，螺栓总是受到静或变轴向载荷的作用，因此，螺栓失效形式主要是螺栓螺纹部分断裂或塑性变形以及栓杆疲劳断裂。如果螺纹的制造精度很低或联接经常拆装，也会发生螺纹牙的损坏。实践表明，螺栓受轴向变载荷时各部分损坏的百分比大致如图 9-17 所示。螺栓断裂多发生在螺母支承面的第一、二圈旋合螺纹的牙根处，因其应力集中的影响较大。由此可知，螺栓的螺纹牙根部截面是危险截面，故应以保证螺纹牙根部截面的抗拉强度作为计算准则。一般应使螺纹牙根部截面的拉应力 σ 小于或等于螺栓联接的许用拉应力 $[\sigma]$，即 $\sigma \leqslant [\sigma]$。

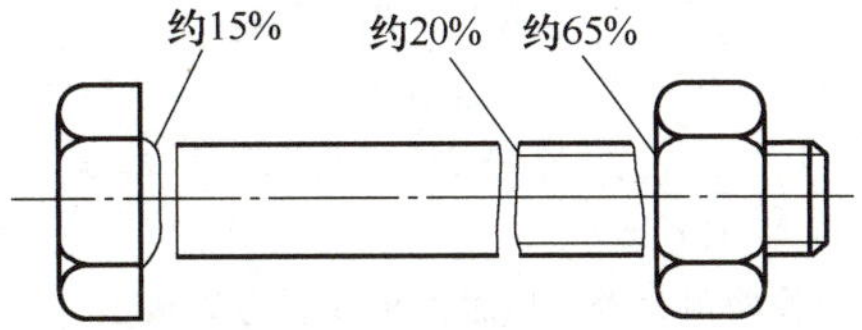

图 9-17 螺栓损坏统计

（2）受剪螺栓　对于受横向载荷的铰制孔用螺栓联接（表 9-4 中的第 4 种情况），其失效形式主要是：螺栓杆剪断；螺栓杆或被联接件孔接触表面挤压破坏。故应以保证螺栓危险截面的抗剪强度以及螺栓杆或被联接件孔接触表面的抗挤压强度作为计算准则。一般分别使螺栓杆截面的切应力 τ 小于或等于螺栓的许用切应力 $[\tau]$，即 $\tau \leqslant [\tau]$；螺栓杆或被联接件孔接触表面的挤压应力 σ_{jy} 小于或等于螺栓杆或被联接件材料的许用挤压应力 $[\sigma_{jy}]$，即 $\sigma_{jy} \leqslant [\sigma_{jy}]$。

螺栓联接的其他部分，螺母、垫圈等的尺寸，一般都可以从标准中选定，这是因为制定标准时，考虑了螺栓、螺母、垫圈等其他部分的等强度。

9.4.2　螺纹紧固件的材料和螺栓联接的许用应力

国家标准规定螺纹紧固件按力学性能分级。螺栓、双头螺柱、螺钉和螺母的性能等级和推荐材料见表 9-5。受拉螺栓（普通螺栓）联接的许用应力见表 9-6。受剪螺栓（铰制孔用螺栓）联接的许用应力见表 9-7。

表 9-5　螺栓、双头螺柱、螺钉和螺母的性能等级和推荐材料

螺栓、螺钉、双头螺柱	性能等级	3.6	4.6	4.8	5.6	5.8	6.8	8.8	9.8	10.9	12.9
	推荐材料	10 Q215	15 Q235	15 Q215	25 35	15 Q235	45	35	35 45	40Cr 15MnVB	30CrMnSi 15MnVB
相配合螺母	性能等级	4 或 5	4 或 5	4 或 5	5	5	6	8 或 9	9	10	12
	推荐材料	10 Q215	10 Q215	10 Q215	10 Q215	10 Q215	15 Q235	35	35	40Cr 15MnVB	30CrMnSi 15MnVB

注：1. 螺栓、双头螺柱和螺钉的性能等级用数字表示，小数点前数字为 $R_m/100$，小数点后数字为 $10\times(R_{eL}/R_m)$，此处 R_m 为公称抗拉强度，R_{eL} 为公称屈服强度，单位为 MPa。
2. 螺母性能等级用数字表示，为 $R_m/100$。
3. 同一材料通过工艺措施可制成不同等级的螺栓。

表 9-6　受拉螺栓（普通螺栓）联接的许用应力

<table>
<tr><th>静载荷</th><th>变载荷</th></tr>
<tr>
<td>
许用拉应力　$[\sigma]=\dfrac{R_{eL}}{[S_s]}$
（1）紧螺栓联接
1）不控制预紧力。安全系数用以下经验公式确定：
$[S_s]=\dfrac{2200k_m}{900-(70000-F_0)^2\times10^{-7}}$
式中，k_m 为材料系数，普通钢 $k_m=1$，合金钢 $k_n=1.25$；F_0 为螺栓总拉力，如果 $F_0>70000\text{N}$，取 $F_0=70000\text{N}$
2）控制预紧力。用测力矩或定力矩扳手，取 $[S_s]=1.6\sim2$；用测量螺栓伸长，取 $[S_s]=1.3\sim1.5$
（2）松螺栓联接　未经淬火的钢 $[S_s]=1.2$；经淬火的钢 $[S_s]=1.6$
</td>
<td>
许用应力幅　$[\sigma_a]=\dfrac{\sigma_{alim}}{[S_a]}$
极限应力幅　$\sigma_{alim}=\dfrac{\varepsilon k_m k_u}{k_\sigma}\sigma_{-1}$
式中，ε 为尺寸系数，ε 取值如下：
<table>
<tr><td>d/mm</td><td><12</td><td>16</td><td>20</td><td>24</td><td>30</td></tr>
<tr><td>ε</td><td>1</td><td>0.87</td><td>0.80</td><td>0.74</td><td>0.69</td></tr>
<tr><td>d/mm</td><td>36</td><td>42</td><td>48</td><td>56</td><td>64</td></tr>
<tr><td>ε</td><td>0.64</td><td>0.60</td><td>0.57</td><td>0.54</td><td>0.53</td></tr>
</table>
k_σ 为螺纹应力集中系数，k_σ 取值如下：
<table>
<tr><td>R_m/MPa</td><td>400</td><td>600</td><td>800</td><td>1000</td></tr>
<tr><td>k_σ</td><td>3</td><td>3.9</td><td>4.8</td><td>5.2</td></tr>
</table>
k_m 为螺纹制造工艺系数，车制 $k_m=1$，辗制 $k_m=1.25$；k_u 为螺纹牙受力不均系数，受压螺母 $k_u=1$；部分受拉或全部受拉的螺母（悬置螺母）$k_u=1.5\sim1.6$；$[S_a]$ 为安全系数，一般取 $[S_a]=2.5\sim4$
</td>
</tr>
</table>

表 9-7　受剪螺栓（铰制孔用螺栓）联接的许用应力

静载荷	变载荷
许用切应力　$[\tau]=\frac{R_{eL}}{[S_s]}$，　$[S_s]=2.5$ 许用挤压应力： ① 钢　$[\sigma_p]=\frac{R_{eL}}{[S_p]}$，　$[S_p]=1\sim1.25$ ② 铸铁　$[\sigma_p]=\frac{R_m}{[S_p]}$，　$[S_p]=1.25$	许用切应力　$[\tau]=\frac{R_{eL}}{[S_s]}$，　$[S_s]=3.5\sim5$ 许用挤压应力： ① 钢　$[\sigma_p]=\frac{R_{eL}}{[S_p]}$，　$[S_p]=1.6\sim2$ ② 铸铁　$[\sigma_p]=\frac{R_m}{[S_p]}$，　$[S_p]=2$ ③ 混凝土　$[\sigma_p]=10\text{MPa}$

9.4.3　受拉螺栓联接

在螺栓强度计算中，螺栓螺纹部分危险截面的面积要用计算直径 d_c 计算，其值可根据螺栓拉断截面状况归纳出的经验公式确定：

辗制螺纹
$$d_c=\frac{1}{2}\left(d_1+d_2-\frac{H}{6}\right) \tag{9-13a}$$

车制螺纹
$$d_c\approx d_1 \tag{9-13b}$$

式中，d_1、d_2 分别为螺纹小径和中径；H 为螺纹牙型的理论高度。d_1、d_2、H 值见相关机械设计手册。

为计算方便，通常取 $d_c\approx d_1$。

1. 受拉松螺栓联接

这种联接只能受静载荷。螺栓只有在工作时才受拉力 F，例如表 9-4 所列情况 1，其螺纹部分的强度条件为

$$\frac{4F}{\pi d_1^2}\leqslant[\sigma] \tag{9-14}$$

或

$$d_1\geqslant\sqrt{\frac{4F}{\pi[\sigma]}} \tag{9-15}$$

式中，$[\sigma]$ 为螺栓材料的许用应力（MPa），见表 9-6；F 为工作拉力（N）。

2. 受拉紧螺栓联接

这种联接能承受变载荷。

（1）只受预紧力的紧螺栓联接　即表 9-4 所列情况 2，被联接件承受横向工作载荷 F_R 时，联接靠预紧力 F'在接合面上所产生的摩擦力平衡外载荷，即在联接承受工作载荷时螺栓仅受预紧力 F'。此外，螺栓还承受拧紧螺母时在螺纹副中产生的螺纹力矩 T_1，因此螺杆处于拉伸与扭转的复合应力状态下。危险截面上的应力为

拉应力
$$\sigma=\frac{4F'}{\pi d_1^2}$$

扭剪应力
$$\tau_T=\frac{4F'}{\pi d_1^2}\tan(\psi+\varphi_v)\frac{2d_2}{d_1}$$

对于常用的 $d=10\sim68\text{mm}$ 钢制普通螺栓（单头三角形螺纹），取 d_2、d_1 和 ψ 的平均值代入扭剪应力公式，并取 $\varphi_v=\arctan0.17$，得 $\tau_T\approx0.5\sigma$。

由于螺栓通常由塑性材料制成，可根据第四强度理论计算螺纹部分强度，得螺栓预紧状态下的当量应力 $\sigma_{ca}=\sqrt{\sigma^2+3\tau_T^2}\approx1.3\sigma$。

则螺纹部分的强度条件为

$$\frac{4\times1.3F'}{\pi d_1^2}\leqslant[\sigma] \tag{9-16}$$

或

$$d_1\geqslant\sqrt{\frac{4\times1.3F'}{\pi[\sigma]}} \tag{9-17}$$

式中，$[\sigma]$ 为螺栓材料的许用应力（MPa），见表 9-6；F'为预紧力（N）。

（2）受预紧力和工作载荷的紧螺栓联接　即表 9-4 所列情况 3。其受力分析如图 9-18 所示，这种联接拧紧后，螺栓受预紧力 F'，工作时还受工作载荷 F 的作用。螺栓和被联接件都是弹性体，联接中各零件受力关系属于静不定问题。现以工作载荷作用在螺栓头部和螺母承压面的情况为例分析如下。

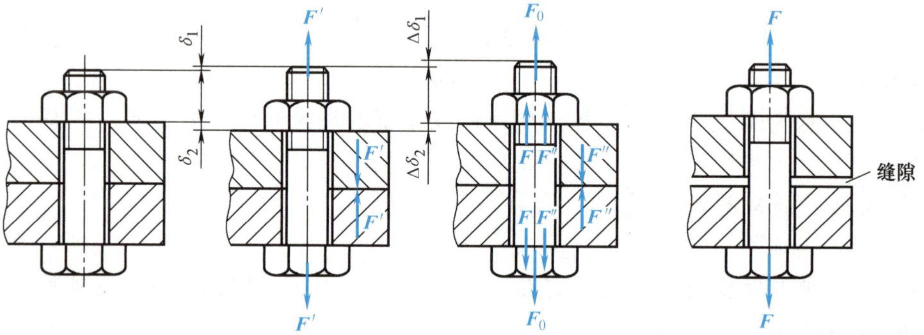

图 9-18　螺栓和被联接件的受力与变形

一般情况下，螺栓的总拉力 F_0 并不等于 F'与 F 之和。当应变在弹性范围之内时，各零件的受力可根据静力平衡和变形协调条件求出。

由图 9-18b 可知，根据静力平衡条件，螺栓所受拉力应与被联接件所受压力大小相等，均为 F'。以 c_1 和 c_2 分别表示螺栓和被联接件的刚度，则螺栓的伸长量 δ_1 和被联接件的缩短量 δ_2 分别为：$\delta_1=\dfrac{F'}{c_1}$，$\delta_2=\dfrac{F'}{c_2}$。图 9-19a 所示为此两者的受力和变形关系图，将两关系图合并得图 9-19b。

图 9-18c 和图 9-19c 所示是螺栓受工作载荷时的情况。这时，螺栓总拉力为 F_0，拉力增量为 F_0-F'，伸长增量为 $\Delta\delta_1$；被联接件随之放松，其压力减小为剩余预紧力 F''，压力减量为 $F'-F''$，缩短减量为 $\Delta\delta_2$。根据螺栓的静力平衡条件得

$$F_0=F+F'' \tag{9-18}$$

即螺栓总拉力为工作载荷与被联接件给它的剩余预紧力之和。

根据螺栓与被联接件变形协调条件有 $\Delta\delta_1=\Delta\delta_2$，以 $\Delta\delta_1=\dfrac{F_0-F'}{c_1}=\dfrac{F+F''-F'}{c_1}$和 $\Delta\delta_2=\dfrac{F'-F''}{c_2}$

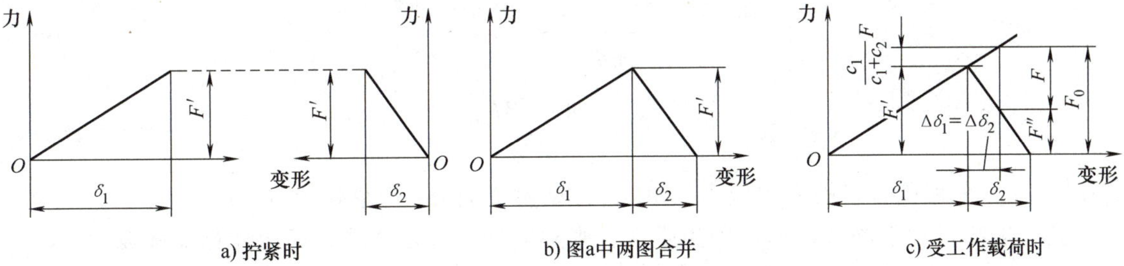

图 9-19 螺栓和被联接件的力与变形的关系

代入得

$$F''=F'-\frac{c_2}{c_1+c_2}F \tag{9-19}$$

$$F'=F''+\frac{c_2}{c_1+c_2}F \tag{9-20}$$

$$F_0=F'+\frac{c_1}{c_1+c_2}F \tag{9-21}$$

式（9-21）是螺栓总拉力的另一表达式，即螺栓总拉力等于预紧力加上部分工作载荷。F_0 值与螺栓相对刚度系数$\frac{c_1}{c_1+c_2}$有关。当 $c_2 \gg c_1$ 时，$F_0 \approx F'$；当 $c_2 \ll c_1$ 时，$F_0 \approx F'+F$。

相对刚度系数的大小与螺栓和被联接件的材料、结构、尺寸以及工作载荷的作用位置、垫片等因素有关，可通过计算或试验求出。被联接件为钢铁零件时，一般可根据垫片的材料不同采用下列数据：金属（包括不加垫片）相对刚度系数为 0.2~0.3；皮革相对刚度系数为 0.7；铜皮石棉相对刚度系数为 0.8；橡胶相对刚度系数为 0.9。

图 9-18d 为螺栓工作载荷过大时，联接出现缝隙的情况，这是不允许的。显然 F''应大于零，以保证联接的刚性或紧密性。下列数据可供选择 F''时参考：F 无变化时，$F''=(0.2\sim0.6)F$；F 有变化时，$F''=(0.6\sim1.0)F$；压力容器的紧密联接，$F''=(1.5\sim1.8)F$（应保证密封面的剩余预紧压力大于压力容器的工作压力）。

设计时，通常在求出 F 后，即可根据联接的工作要求选择 F''，然后由式（9-18）求 F_0 以计算螺栓的强度。至于为保证 F''所需的 F'，则可由式（9-20）求出。当 F 和 F'已知时，可用式（9-21）求出 F_0，用式（9-19）求 F''以检查其是否达到需要值。

考虑螺栓在总拉力 F_0 的作用下可能补充拧紧，则螺纹力矩为 $F_0\tan(\psi+\varphi_v)\frac{d_2}{2}$，相应的螺栓危险截面上的应力为

拉应力
$$\sigma=\frac{4F_0}{\pi d_1^2}$$

扭剪应力
$$\tau_T=\frac{4F_0}{\pi d_1^2}\tan(\psi+\varphi_v)\frac{2d_2}{d_1}$$

因此为安全起见，可按这一情况推导出螺纹部分的强度条件。参照式（9-16）和式（9-17）的推导，得此强度条件为

$$\frac{4\times1.3F_0}{\pi d_1^2}\leqslant[\sigma] \tag{9-22}$$

或

$$d_1\geqslant\sqrt{\frac{4\times1.3F_0}{\pi[\sigma]}} \tag{9-23}$$

式中，$[\sigma]$ 为螺栓材料的许用应力（MPa），见表 9-6；F_0 为总拉力（N）。

式（9-22）用于静载计算。若为变载，则除应计算静强度外，还应计算变载强度。

已知影响变载荷零件疲劳强度的主要因素是应力幅，由图 9-20 可知，当工作载荷在 0 与 F 之间变化时，螺栓的拉力在 F' 与 F_0 之间变化，螺栓的拉力变幅为

$$\frac{F_0-F'}{2}=\frac{1}{2}\frac{c_1}{c_1+c_2}F$$

故应力幅应满足的条件为

$$\sigma_a=\frac{c_1}{c_1+c_2}\frac{2F}{\pi d_1^2}\leqslant[\sigma_a] \tag{9-24}$$

式中，$[\sigma_a]$ 为螺栓的许用应力幅，见表 9-6。

当螺栓联接承受变载荷时，最小应力值 σ_{min} 为常数，故也可以计算其安全系数。

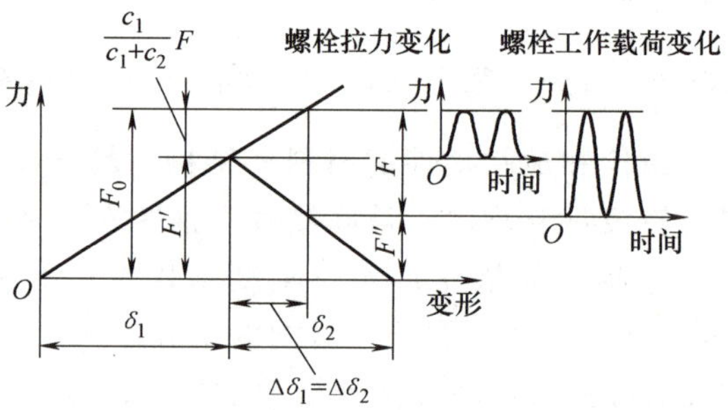

图 9-20　工作变化时，螺栓中拉力的变化

9.4.4　受剪螺栓联接

在计算表 9-4 所列情况 4 时，这种联接的预紧力和摩擦力可忽略不计。

设螺栓所受的剪力为 F_s，则剪切强度条件为

$$\frac{4F_s}{\pi d^2 m}\leqslant[\tau] \tag{9-25}$$

式中，d 为螺栓抗剪面直径（mm）；m 为螺栓抗剪面数目；$[\tau]$为螺栓许用切应力（MPa），见表 9-7。

杆孔表面的挤压应力分布如图 9-21a、b 所示，它和表面加工、杆孔配合、零件变形等有关，很难精确确定。计算时常假设挤压应力为均布，如图 9-21c 所示，故挤压强度条件为

$$F_s\leqslant dh[\sigma_p] \tag{9-26}$$

式中，h 为计算对象的受压高度（mm）；$[\sigma_p]$ 为许用挤压应力（MPa），见表 9-7。

考虑到各零件的材料和受压高度可能不同，应就联接中所有受压件分别计算，或先判断其中较弱者为计算对象。

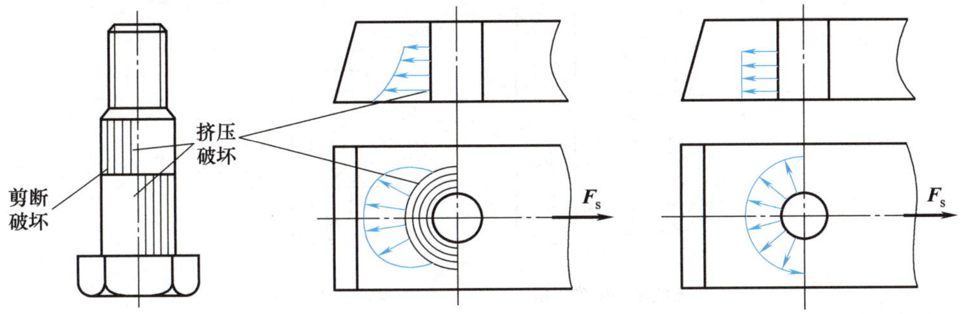

a) 螺栓被挤压　b) 挤压应力分布　c) 假设挤压应力为均布

图 9-21　受剪螺栓联接的应力分布

对于传递横向载荷的受拉螺栓联接，由于靠摩擦传递力，在冲击、振动或变载荷下不够可靠，而且所需螺栓直径也较大。为了避免上述缺点，除使用受剪螺栓外，还常用各种抗剪元件来承担横向载荷，如图 9-22 所示。抗剪元件的强度计算与受剪螺栓联接相同。

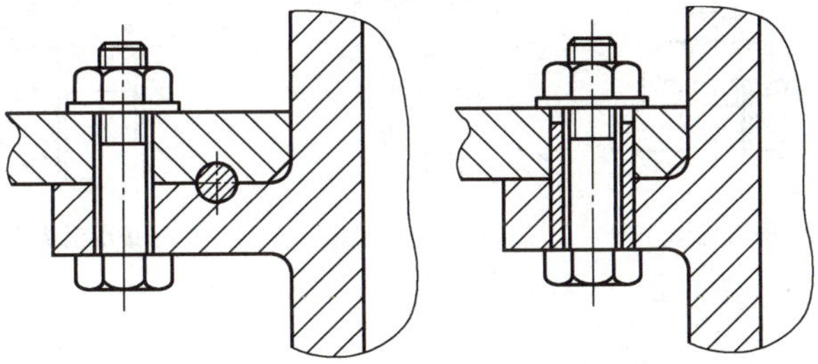

a) 用销　b) 用衬套

图 9-22　用抗剪元件承担横向载荷

9.5　提高螺栓联接强度的措施

提高螺纹联接强度的原理及措施

要提高螺栓联接的强度，主要在于提高螺栓的强度，特别是疲劳强度。但影响螺栓强度的因素很多，如结构、材料、载荷和应力特性，以及制造和装配质量等。因此具体的措施很多，这些措施都是从降低负担和提高能力，或同时从这两方面入手提出的。下面介绍一些提高螺栓强度的常见措施。

1. 避免附加应力

这里主要指弯曲应力。螺纹牙根部对弯曲很敏感，弯曲应力常对螺栓断裂起关键作用。使螺栓受弯曲应力的原因如图 9-23 所示。钩头螺栓引起的弯曲应力很大$\left(\sigma_b=\dfrac{32Fe}{\pi d_1^3}=\dfrac{4F}{\pi d_1^2}\dfrac{8e}{d_1}\right.$，若 $e=d_1$，则 $\left.\sigma_b=8\sigma\right)$，应尽量少用。此外，被联接件、螺栓头部、螺母等的承压面倾斜，螺纹孔不正，都会引起弯曲应力。

几种减小或避免弯曲应力的结构措施如图 9-24 所示。在工艺上要求螺纹孔轴线与被联接件各承压面垂直。

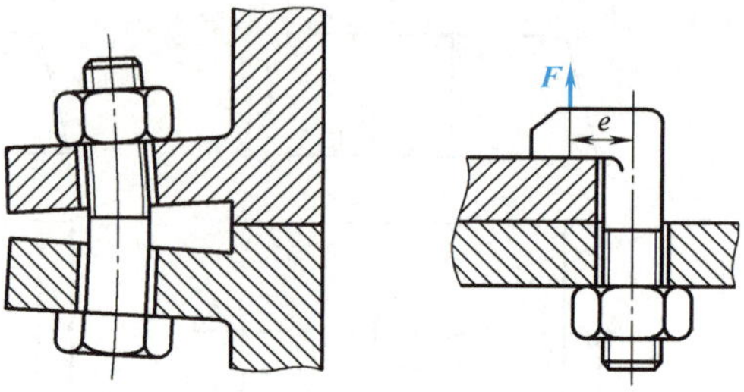

a) 被联接件刚度不够　　b) 螺栓受偏心载荷

图 9-23　使螺栓受弯曲应力的原因

由螺纹力矩引起的切应力是另一种附加应力，它虽属于静应力，但在某些场合也应考虑，可用各种方法使螺栓杆在拧紧时不受螺纹力矩。

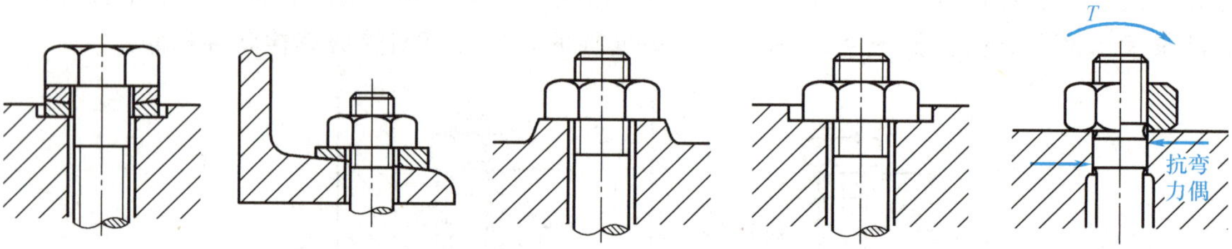

a) 采用球面垫圈　　b) 采用斜垫圈　　c) 采用凸台座　　d) 采用沉头座　　e) 采用环腰

图 9-24　几种减小或避免弯曲应力的结构措施

2. 控制预紧力

理论和实践证明，螺栓和被联接件的刚度不变，只恰当地增大预紧力，也能提高螺栓的疲劳强度，这就是螺栓预紧应力有时高达（0.7~0.8）R_{eL} 的原因。为此，准确控制预紧力并保持其不减退是很重要的。由于零件接触面处的压陷作用，联接装配后的初期一段时间内，螺栓的预紧力有所减退。同样，当压陷作用引起被联接件压缩变形减小时，若螺栓刚度较小，其预紧力的减退量相应也降低。从减轻压陷来看，采用带有承压凸缘的螺栓头部要比采用垫圈效果好些。

3. 减少应力集中

螺纹的牙根和收尾、螺栓头部与螺栓杆交接处都有应力集中，是产生断裂的危险部位；特别是在旋合螺纹的牙根处，由于螺栓杆拉伸，螺纹受弯剪，而且受力不均，情况更为严重。适当加大牙根圆角半径以减轻应力集中，可提高螺栓疲劳强度；在螺纹收尾处用退刀槽、在螺母承压面以内的螺栓杆预留螺纹等，都有良好效果。

4. 减小应力幅

当螺栓的最大应力一定时，应力幅越小，疲劳寿命越长。在工作载荷和剩余预紧力不变的情况下，减小螺栓的刚度或增大被联接件的刚度都能达到减小应力幅的效果，如图 9-25 所示，但预紧力则应增大。当螺栓刚度为被联接件刚度的一半时，螺栓拉力变化幅仅为工作载荷变化幅的 1/3。

减小螺栓刚度的措施有：适当增大螺栓的长度；部分减小螺栓杆直径或做成中空的结构即柔性螺栓。在螺母下面安装弹性元件（图 9-26），也能起到柔性螺栓的效果。柔性螺栓受

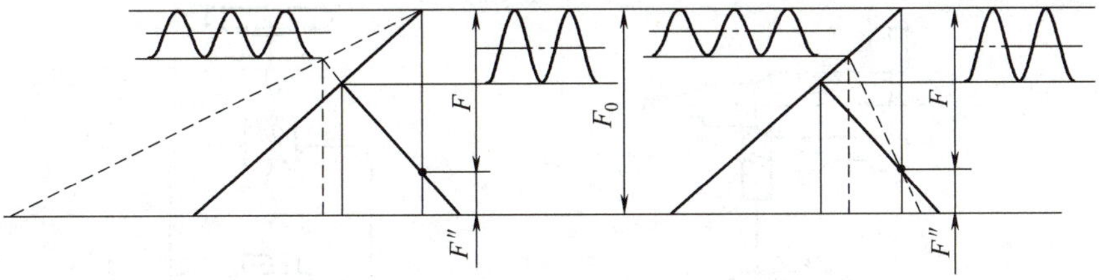

a) 减小螺栓的刚度　　b) 增大被联接件的刚度

图 9-25　减小螺栓应力幅的原理

力时变形量大，吸收能量作用强，也适用于承受冲击和振动。为了增大被联接系统的刚度，不宜用刚度小的垫片，图 9-27 所示的密封联接以用密封圈为佳。

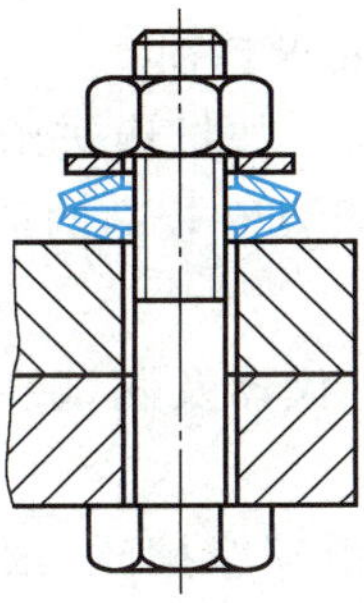

图 9-26　螺母下面安装弹性元件

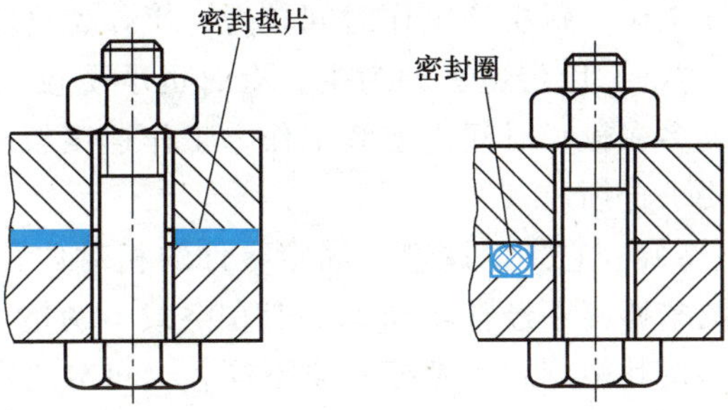

图 9-27　两种密封方案的比较

5. 材料的力学性能和制造工艺

高强度钢螺栓对应力集中敏感，但由于可用更大的预紧力拧紧和具有更高的极限强度，结果还是有利的。

采用辗压螺纹制造螺栓时，其螺纹是通过材料的塑性变形而形成的，首先金属纤维不像车削时那样被切断；其次，因冷作硬化而使螺纹根部留有残余压应力，故螺纹的强度比车削的高。

碳氮共渗、渗氮、喷丸处理都能提高螺栓疲劳强度。

9.6　螺旋传动

9.6.1　螺旋传动的类型

螺旋传动是利用螺杆和螺母组成的螺旋副来实现传动要求的。它主要用于将回转运动转变为直线运动，同时传递运动和动力。

根据螺杆和螺母的相对运动关系，螺旋传动的常用运动形式主要有以下两种：①螺杆转动，螺母移动，多用于机床的进给机构中，如图 9-28a 所示；②螺母固定，螺杆转动并移动，多用于螺旋起重器（千斤顶）或螺旋压力机中，如图 9-28b 所示。

螺旋传动按其用途不同，可分为以下三种类型：

1）传力螺旋。以传递动力为主，要求以较小的转矩产生较大的轴向推力，用以克服工

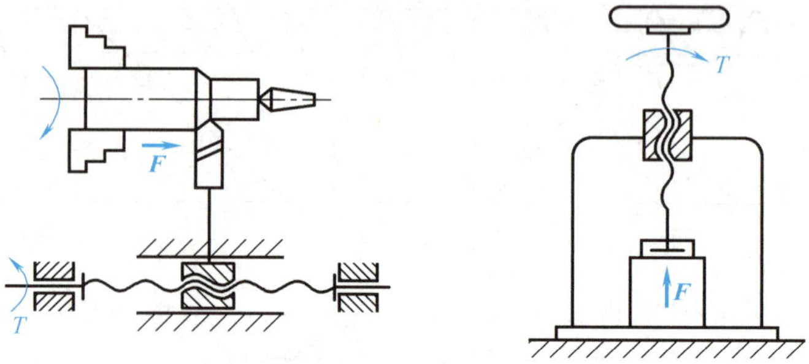

a) 机床的进给丝杠　　b) 螺旋压力机

图 9-28　螺旋传动的运动形式

作阻力，如各种起重或加压装置的螺旋。这种传力螺旋的主要特点是能承受很大的轴向力，一般为间歇性工作，每次的工作时间较短，工作速度不高，通常要求自锁。

2）传导螺旋。以传递运动为主，有时也承受较大的轴向载荷，如机床进给机构的螺旋等。传导螺旋多在较长时间内连续工作，工作速度较高，因此要求具有较高的传动精度和效率，一般不要求自锁。

3）调整螺旋。它用以调整、固定零件的相对位置，如机床、仪器及测试装置中微调机构的螺旋。调整螺旋不经常转动，一般在空载下调整。

螺旋传动按其螺旋副的摩擦性质不同，又可分为滑动螺旋（滑动摩擦）、滚动螺旋（滚动摩擦）和静压螺旋（流体摩擦）。滑动螺旋结构简单，便于制造，易于自锁，但其主要缺点是摩擦阻力大、传动效率低（一般为 30%～40%）、磨损快、传动精度低等。相反，滚动螺旋和静压螺旋的摩擦阻力小，传动效率高（一般为 90%以上），但结构复杂，特别是静压螺旋还需要供油系统。因此，只有在要求高精度、高效率的重要传动中才宜采用，如数控机床、精密机床、测试装置或自动控制系统中的螺旋传动等。

9.6.2　滑动螺旋传动设计

1. 滑动螺旋的材料

螺杆材料要有足够的强度和耐磨性，以及良好的加工性。对于高精度的螺旋传动，其螺杆材料还应有良好的热处理后尺寸稳定性。

螺母材料除要有足够的强度外，还要求在与螺杆材料配合时摩擦系数小、耐磨及较好的抗胶合性。

滑动螺旋副常用材料见表 9-8。

表 9-8　滑动螺旋副常用材料

名称	工作条件	常用材料	热处理	适用精度
螺杆	低速轻载的一般传动	45、50、Y40Mn	不需要热处理	8 级及以下
	中等精度的一般传动	45	正火或调质	
		40Cr、40WMn	调质或淬火+低温回火	
		65Mn	表面淬火+低温回火	
	重要传动	T10、T12、T10A、T12A	整体淬火+低温回火	7 级及以上

（续）

名称	工作条件	常用材料	热处理	适用精度
螺杆	重要传动	20CrMnTi	渗碳+高频淬火	7 级及以上
	精密传动	38CrMoAl	渗氮	
		CrWMn、9Mn2V	淬火+低温回火	
螺母	轻载、低速、手动	耐磨铸铁、灰铸铁	—	7 级及以下
	轻载中、高速	ZCuSn10Pb1	—	5、6 级
	重载低速	ZCuAl10Fe3	—	5、6、7 级
	调整螺旋	35、球磨铸铁	—	7 级及以下

2. 滑动螺旋的失效形式和计算准则

螺旋传动工作时，螺杆通常受螺纹力矩和轴向载荷的联合作用，使螺杆截面内产生扭转切应力和拉（或压）应力，且螺旋副内部还存在较大的滑动摩擦。其主要失效形式有螺纹牙的磨损、螺纹牙破坏及螺杆的疲劳；当螺杆为受压的细长杆时，还可能发生过度变形和失稳。

滑动螺旋传动用梯形、矩形或锯齿形螺纹，其螺杆的直径和螺母的高度常由耐磨性要求决定。传力较大时，应验算有螺纹部分的螺杆或其他危险部位以及螺母或螺杆螺纹牙强度。要求自锁时，应验算螺纹副的自锁条件。要求运动精确时，应验算螺杆的刚度，其直径常由刚度要求决定。对于长径比很大的受压螺杆，应验算其稳定性，其直径也常由稳定性要求决定；当水平安放时，还应注意其弯曲变形量。对于高速长螺杆，应验算其临界转速。

3. 滑动螺旋的设计计算

（1）耐磨性计算　磨损多发生在螺母上，把螺纹牙展直后相当于一根悬臂梁，如图 9-29 所示，图中 d 为螺母螺纹大径。耐磨性的计算在于限制螺纹副的压强。设轴向力为 F，相旋合螺纹圈数 $z=H/P$，此处 H 是螺母旋合高度，P 为螺距，则验算公式为

$$p=\frac{F}{A}=\frac{F}{\pi d_2 hz}=\frac{FP}{\pi d_2 hH}\leqslant[p] \tag{9-27}$$

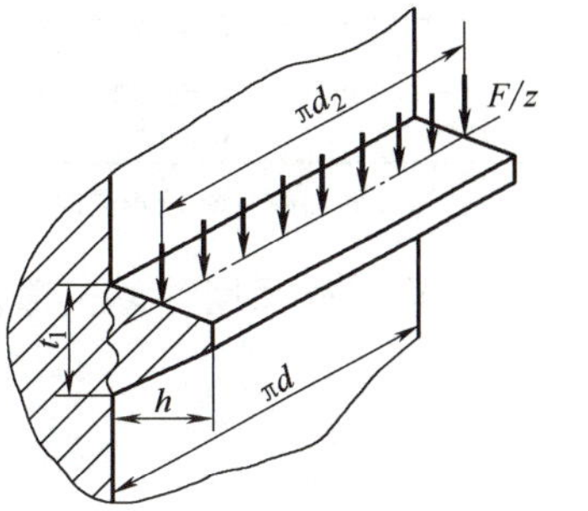

图 9-29　展直后的一圈螺纹牙

式中，d_2 为螺纹中径；h 为螺纹工作高度，梯形和矩形螺纹 $h=0.5P$，锯齿形螺纹 $h=0.75P$；$[p]$ 为许用压强，见表 9-9。

表 9-9　滑动螺旋传动的许用压强 $[p]$

螺纹副材料	滑动速度/(m/min)	许用压强/MPa	螺纹副材料	滑动速度/(m/min)	许用压强/MPa
钢对青铜	低速	18~25	钢对灰铸铁	<2.4	13~18
	<3.0	11~18		6~12	4~7
	6~12	7~10	钢对钢	低速	7.5~13
	>15	1~2	淬火钢对青铜	6~12	10~13
钢对耐磨铸铁	6~12	6~8			

注：取系数 $\phi=H/d_2$，当 $\phi<2.5$ 或人力驱动时，$[p]$ 可提高约 20%；当螺母为两半式时，$[p]$ 应降低 15%~20%。

为导出计算公式，可引用系数 $\phi=H/d_2$ 以消去 H，得

$$d_2 \geqslant \sqrt{\frac{FP}{\pi\phi h[p]}} \tag{9-28}$$

当螺母为整体式并且磨损后间隙不能调整时，宜取 $\phi=1.2\sim2.5$；当螺母为两半式并且间隙能够调整，或螺母兼作支承而受力较大时，可取 $\phi=2.5\sim3.5$；当传动精度较高，要求寿命较长时，允许取 $\phi=4$。

由于旋合各圈螺纹牙受力不均，z 不宜取大于 10。

(2) 螺纹牙强度计算　螺纹牙的剪切和弯曲破坏多发生在螺母。如图 9-29 所示，螺纹牙的抗剪和抗弯强度条件分别为

$$\frac{F}{\pi d t_1 z} \leqslant [\tau] \tag{9-29}$$

$$\frac{3Fh}{\pi d t_1^2 z} \leqslant [\sigma_b] \tag{9-30}$$

式中，d 为螺母螺纹大径（mm）；t_1 为螺纹牙底宽度（mm）（梯形螺纹 $t_1=0.634P$，矩形螺纹 $t_1=0.5P$，锯齿形螺纹 $t_1=0.736P$）；$[\tau]$ 和 $[\sigma_b]$ 分别为螺纹牙的许用切应力和许用弯曲应力（MPa），见表 9-10。

表 9-10　螺杆和螺母的许用应力　（单位：MPa）

材料	螺杆	螺母			
	钢	青铜	耐磨铸铁	灰铸铁	钢
$[\sigma]$	$R_{eL}/(3\sim5)$				
$[\sigma_b]$		40~60	50~60	45~55	$(1\sim1.2)[\sigma]$
$[\tau]$		30~40	40	40	$0.6[\sigma]$

注：当螺母和螺杆材料相同时，按螺杆计算，d 改用 d_1。

(3) 螺杆强度计算　螺杆受有压力（或拉力）F 和转矩 T，根据第四强度理论，其强度条件为

$$\sqrt{\left(\frac{4F}{\pi d_1^2}\right)^2+3\left(\frac{T}{0.2d_1^3}\right)^2} \leqslant [\sigma] \tag{9-31}$$

钢螺杆的许用压（拉）应力 $[\sigma]$ 见表 9-10。

(4) 螺纹副自锁条件　自锁条件为 $\varphi<\rho_v$，当量摩擦系数见表 9-11。

表 9-11　螺旋传动螺纹副的当量摩擦系数（定期润滑）

螺纹副材料	钢对青铜	钢对耐磨铸铁	钢对灰铸铁	钢对钢	淬火钢对青铜
当量摩擦系数 ρ_v	0.08~0.10	0.10~0.12	0.12~0.15	0.11~0.17	0.06~0.08

注：大值用于起动时。

(5) 螺杆稳定性计算　螺杆受压时的稳定性验算公式为

$$\frac{F_{cr}}{F} \geqslant 2.5\sim4, \quad F_{cr}=\frac{\pi^2 EI}{(\beta l)^2} \tag{9-32}$$

式中，F_{cr} 为螺杆的稳定临界载荷（N）；E 为螺杆材料的弹性模量（MPa）；I 为螺杆危险截

面轴惯性矩（mm^4），$I=\frac{\pi d_1^4}{64}$；β 为长度系数，与两端支座形式有关：两端铰支，或一端固定、一端游动时为 1；一端固定、一端自由，或一端铰支、一端移动时为 2；两端固定时为 1/2；l 为螺杆的最大工作长度（mm）。

9.6.3　滚动螺旋传动简介

滚动螺旋传动是指将螺杆和螺母的螺纹制成滚道，在滚道中布置适量的滚动体，螺杆或螺母转动时，滚动体沿滚道滚动，使螺杆或螺母之间的摩擦成为滚动摩擦，摩擦阻力小，传动效率高达 90%以上；磨损小，寿命长，传动和定位精度高；可将旋转运动转变为直线运动，也可将直线运动转变为旋转运动，在同样载荷条件下，所需驱动转矩较滑动螺旋降低 65%~75%；在航空、汽车、机床等制造业中应用较广。但滚动螺旋传动结构复杂，制造困难，成本较高；滚动螺旋传动不能自锁，对有自锁要求的场合，必须采用制动装置；另外，承载、刚性和抗震性尚低于滑动螺旋。

滚动螺旋的滚动体多为球体，其循环方式如图 9-30 所示。外循环式，在螺母的外圆柱面上制有螺旋形回球槽或外接弯管，与螺母的螺纹滚道相切，形成滚珠通道，称为外循环。内循环式，螺母上开有侧向孔，孔内装有反向器，将相邻螺纹滚道联接起来，滚珠从螺纹滚道进入反向器再进入相邻螺纹滚道。这种循环方式每一圈螺纹有一个反向器，滚珠在本圈内循环运动，称为内循环。

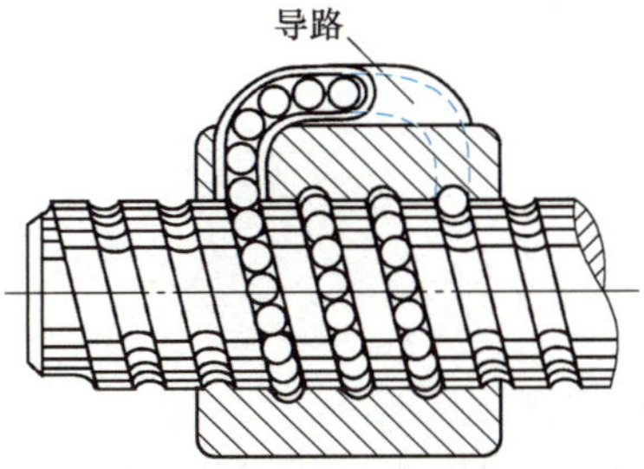

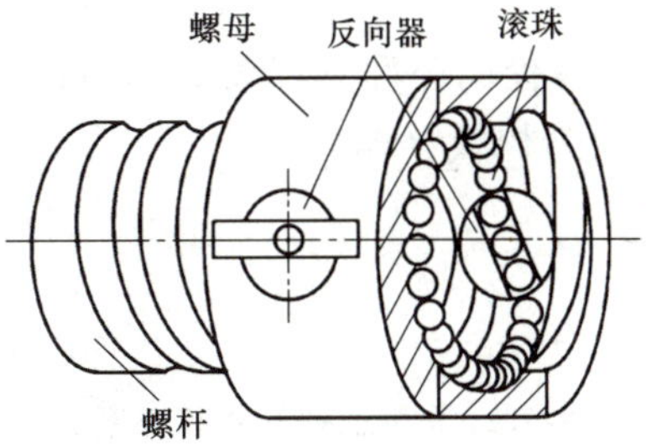

图 9-30　滚动螺旋传动循环方式

很多情况下，滚动螺旋传动能按要求找到成套生产的标准件，其设计计算，可查阅有关设计手册或滚动螺旋生产公司的样本。

9.7　工程案例

例 9-1　已知一机器底座用 10 个螺栓与地基联接，如图 9-16 所示，螺栓之间的相对距离为 100mm，所受的工作载荷为 $M=5000\text{N}\cdot\text{m}$。试设计此螺栓组联接的螺栓直径。

解： 取整个螺栓组的螺栓为同一直径，每个螺栓所加的预紧力也相同。

（1）螺栓组的受力分析　由于螺栓组只受一翻转力矩 M，所以由图看出，左边的两个螺栓 1、10 受力最大，其工作载荷为

$$F=F_1=F_{10}=\frac{Mr_1}{r_1^2+r_2^2+\cdots+r_{10}^2}=\frac{5000\times10^3\times200}{4\times(200^2+100^2)}\text{N}=5000\text{N}$$

（2）求剩余预紧力　因为工作载荷 M 无变化，则剩余预紧力 $F''=(0.2\sim0.6)F$，取 $F''=0.5F=2500\text{N}$。

螺栓总拉力　$F_0=F+F''=5000\text{N}+2500\text{N}=7500\text{N}$

螺栓的预紧力　$F'=F''+\dfrac{c_2}{c_1+c_2}F$

式中，$\dfrac{c_2}{c_1+c_2}=1-\dfrac{c_1}{c_1+c_2}$；$\dfrac{c_1}{c_1+c_2}$为相对刚度系数；因无垫片，取$\dfrac{c_1}{c_1+c_2}=0.2$，则有$\dfrac{c_2}{c_1+c_2}=0.8$。

所以螺栓的预紧力 $F'=F''+0.8F=2500\text{N}+0.8\times5000\text{N}=6500\text{N}$。

（3）螺栓的静强度计算　螺栓危险截面直径的强度计算公式为

$$d_1\geqslant\sqrt{\frac{4\times1.3F_0}{\pi[\sigma]}}$$

式中，$[\sigma]$ 为螺栓的许用应力，$[\sigma]=\dfrac{R_{eL}}{[S_s]}$；$R_{eL}$ 为材料屈服强度，由表 9-5 取螺栓性能等级为 4.6，有 $R_{eL}=240\text{MPa}$；$[S_s]$ 为安全系数，由表 9-6 用扭矩扳手控制预紧力，取 $[S_s]=2$，得 $[\sigma]=240\text{MPa}/2=120\text{MPa}$。最后代入上式得

$$d_1\geqslant\sqrt{\frac{4\times1.3\times7500}{\pi\times120}}\text{mm}=10.171\text{mm}$$

查手册，取螺栓的公称直径为 $d=12\text{mm}$。

（4）底座压力校核（略）

课后习题

9-1　试比较图 9-31a、b 所示螺栓布置方案，哪种较合理？为什么？

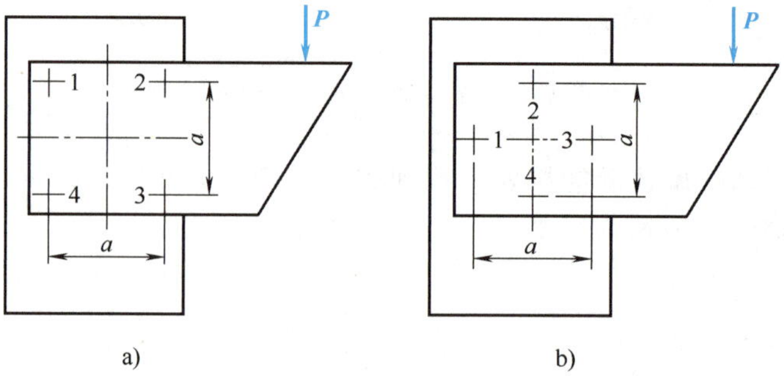

图 9-31　螺栓布置方案

9-2　如图 9-32 所示，一方形盖板用 4 个螺栓与箱体联接，盖板中心 O 点的吊环受拉力 $Q_z=10\text{kN}$。

1）设工作载荷有变化，取剩余预紧力为工作拉力的 0.6，求各螺栓的总拉力。

2）如因制造误差，吊环由 O 点移至 O'点，$\overline{OO'}=5\sqrt{2}\,\text{mm}$，求受力最大螺栓总拉力。

9-3　如图 9-33 所示，一托架用两个受拉螺栓联接，经测得，螺栓的受力变形如图所示。试求力 P 的

大小，画出螺栓 2 的受力变形图，并验证托架是否会发生滑动（摩擦系数 $\mu=0.2$）。

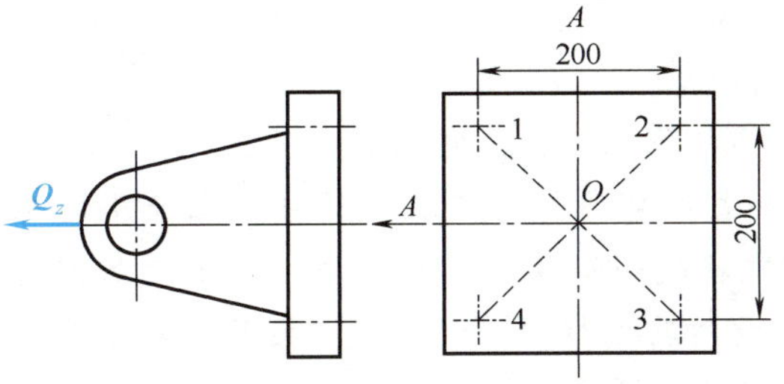

图 9-32　吊环螺栓联接

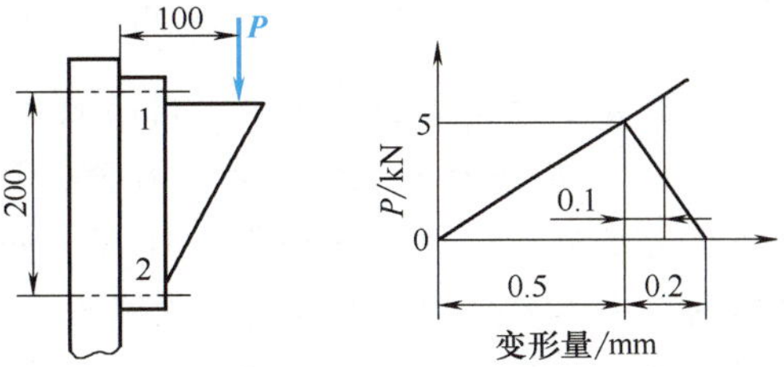

图 9-33　受拉螺栓联接

9-4　如图 9-34 所示，一托架用 4 个螺栓固定在钢柱上，已知静载荷 $F=3$kN，$L=150$mm，接合面摩擦系数 $\mu_s=0.2$mm，试设计此螺栓联接。

9-5　上题中凸缘联轴器若采用 M16 的受拉螺栓联接，以摩擦力来传递转矩，螺栓材料为 45 钢，接触面摩擦系数 $\mu=0.15$，安装时不控制预紧力，试确定螺栓的个数。

9-6　图 9-35 是由两块边板和一块承重板焊成的龙门起重机导轨托架。两块边板各用 4 个螺栓与立柱相联接，托架所承受的最大载荷为 20kN，载荷有较大的变动。试问此螺栓联接采用普通螺栓联接还是铰制孔用螺栓联接为宜？为什么？

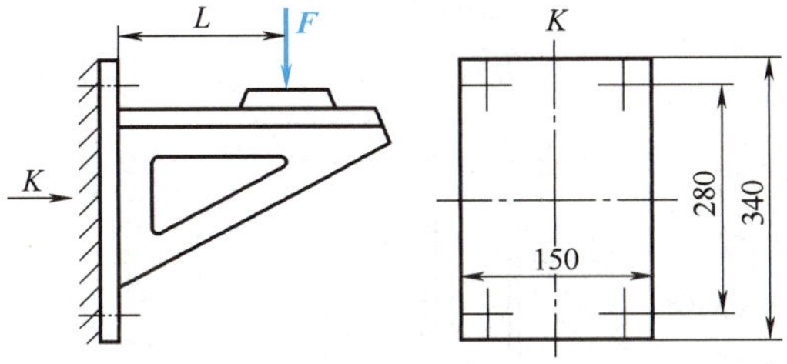

图 9-34　题 9-4 图

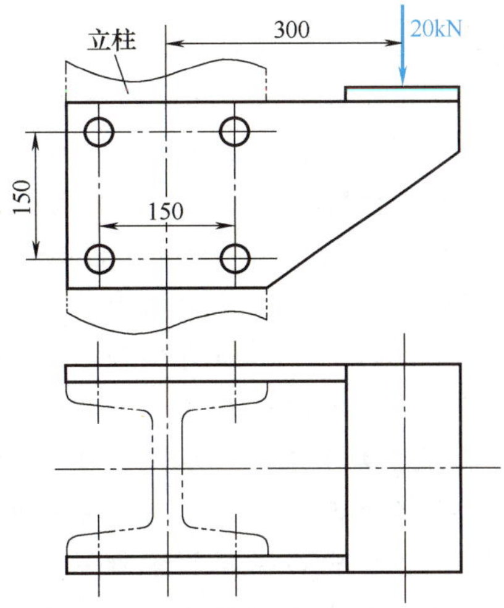

图 9-35　题 9-6 图

9-7　已知一个托架的边板用 6 个螺栓与相邻的机架相联接。托架受一与边板螺栓组的垂直对称轴线相平行、距离为 250mm、大小为 60kN 的载荷作用。现有图 9-36 所示的两种螺栓布置形式，设采用铰制孔用螺栓联接，试问哪一种布置形式所用的螺栓直径较小？为什么？

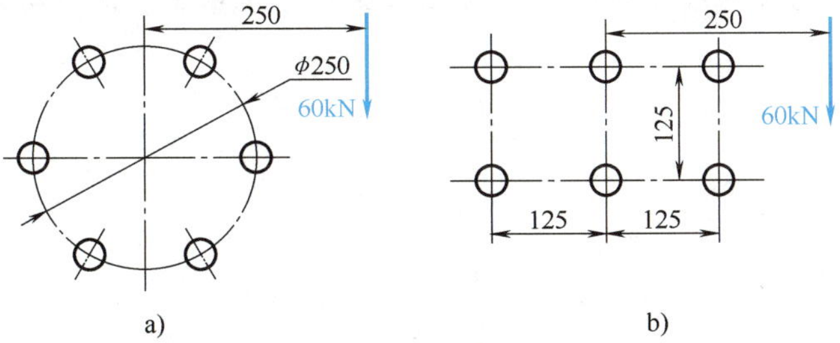

图 9-36　题 9-7 图

知识拓展

螺纹紧固件是工业上不得不用而且没有替代品的基本零件，它的需求量巨大，如一节列车就需要3000多个螺纹紧固件。目前，轨道车辆关键部位如悬架及制动系统上使用的螺纹紧固件大多依靠进口，如日本的Hard Lock螺母就在我国高铁上广泛使用。其主要原因是进口容易、成本低，国内较少有企业或科研院所特意对其进行研究。因此，提升需求量巨大的基础零部件性能，打破国外技术垄断，实现国产化至关重要。

应用在轨道车辆悬架上的螺纹紧固件常年承受着高强度冲击与振动，必须经过频繁的维护才能避免事故的发生。容易导致事故发生的原因主要有疲劳失效和松动失效两种，因此同时提升螺纹紧固件的耐疲劳及防松动性能至关重要。此外在车辆其他部位的大多螺纹紧固件都伴随车辆整个生命周期被使用并没有发生失效；在这种情况下如果可以换用特殊螺纹紧固件，在保持相同使用寿命的前提下实现轻量化同样值得关注。

目前，提升螺纹紧固件的耐疲劳性能主要通过选用新型材料、加工工艺及后期处理来实现；少数通过结构优化提升耐疲劳性能，因为普通螺纹牙型可以提供良好的防松性能，而改变后可能会因螺纹接触面积变化降低防松性能。在提升紧固件防松性能方面，大多设计采用变换螺母结构或增加垫圈的方式，最典型的例子就是Hard Lock螺母及Nord Lock垫圈，它们以不同的方式提供了优秀的防松性能，但同时存在一些问题。当变换螺母结构后，螺栓除承受预紧力外还承受螺母带来的附加外力，这将严重地影响紧固件的耐疲劳性能。对于通过增加垫圈进行防松的方式，当座面磨损及螺纹变形造成预紧力减小时，其防松性能也随之消失。从而可以发现仅凭一种工艺同时提升耐疲劳及防松性能的实例较少。

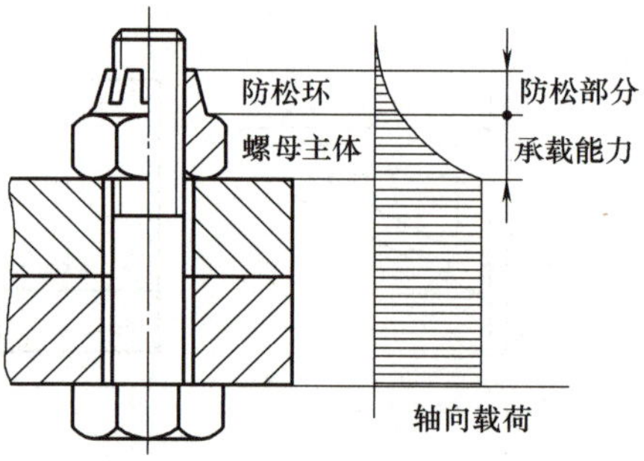

图9-37　特殊螺母

下面介绍一种通过结构优化同时提升耐疲劳及防松动性能的实例。如图9-37所示特殊螺母，它具有如下特点：①该螺母由上、下两部分组成，下部分为螺母主体部分用于承载，上部分为防松环用于防松，两部分连成一体；②防松环与螺栓产生过盈配合，预紧时能够径向抱紧螺栓；③螺母主体部分的螺距稍微大于螺栓的螺距；④螺母主体部分的螺纹谷底半径约是标准半径的1.6倍。该紧固件的耐疲劳防松原理如下：防松环提供的径向力可加大螺纹面摩擦力，从而实现防松；防松环的弹性比较大，基本不参与承载，不易使螺栓承载部分产生应力集中，所以不会降低耐疲劳性能。

第10章　联轴器与离合器

知识图谱

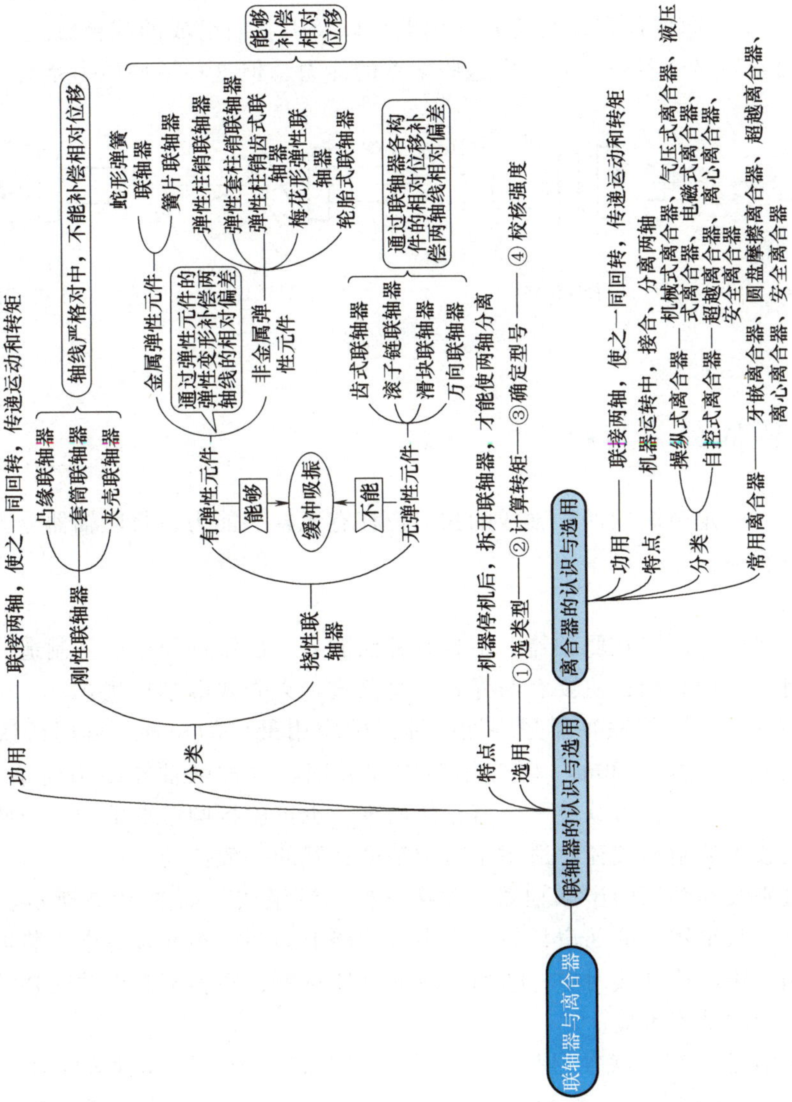

10.1 概述

联轴器和
离合器

联轴器和离合器是机械传动中常用的部件，主要用来联接两轴使之一同回转，以传递运动和转矩。联轴器只有在机器停机后拆开时才能把两轴分离。离合器在机器工作时就能使两轴分离和接合，以便进行变速、换向等操作。

由于制造、安装、受载后变形、温度变化等原因，被联接的两轴往往不能严格对中，存在一定程度的 x、y 方向位移和偏斜角 α 等偏差，以及由它们组成的综合偏差，如图 10-1 所示。因此，联轴器和离合器需要有适应这些偏差的能力，但这种适应能力是有限的。

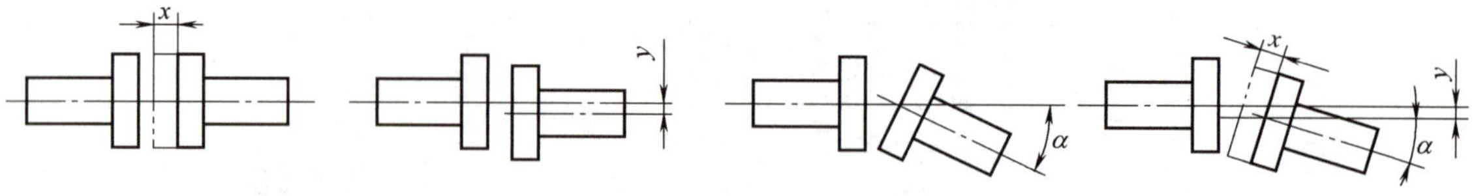

a) 轴向位移　b) 径向位移　c) 角偏斜　d) 综合偏差

图 10-1　联轴器两轴线相对偏差

10.2 联轴器的分类与特性

根据联轴器对一定范围内两轴轴线的相对位移有无补偿能力，将联轴器分为两类：刚性联轴器和挠性联轴器。

1. 刚性联轴器

刚性联轴器或称为固定式联轴器，不具有补偿能力，但结构简单、易制造、成本低、不需维护，故仍有其应用范围，主要有凸缘式、套筒式、夹壳式等结构型式。

（1）凸缘联轴器　凸缘联轴器是刚性联轴器中应用最广的一种，可用铸铁或碳素钢制造，重载时或圆周速度大于 30m/s 时应用铸钢或锻钢。这种联轴器结构简单，工作可靠，传递转矩大，装拆较方便，可联接不同直径的两轴，也可联接圆锥形轴伸。当两轴对中精度较低时，将引起较大的附加载荷，适用于对中精度良好的一般传动。

它由两个分别装在轴端的半联轴器、联接螺栓和键组成，如图 10-2 所示。对中方式有三种：①用一个半联轴器上的凸肩与另一个半联轴器上的凹槽相配合对中，装拆时需沿轴向移动；②用铰制孔用螺栓联接对中；③用一对剖分环对中，装拆不需沿轴向移动，但对中精度较低，而且增加联轴器重量。

（2）套筒联轴器　套筒联轴器是利用一个公用套筒以销、键或过盈配合等联接方式与两轴相联接，如图 10-3 所示。这种联轴器结构简单、制造容易、成本低、径向尺寸小，但拆卸不便，只用于小功率传动中联接直径相同的圆柱形轴伸。

（3）夹壳联轴器　夹壳联轴器由轴向剖分的两个半联轴器和夹壳以及联接它们的螺栓组成，装拆方便，如图 10-4 所示。中、小尺寸的夹壳联轴器主要通过拧紧螺栓产生的夹紧力使夹壳与轴联接，故高速转动时产生的离心力会降低联接效果，而且夹壳外形复杂不易平衡，因此仅适用于低速下传递平稳载荷。

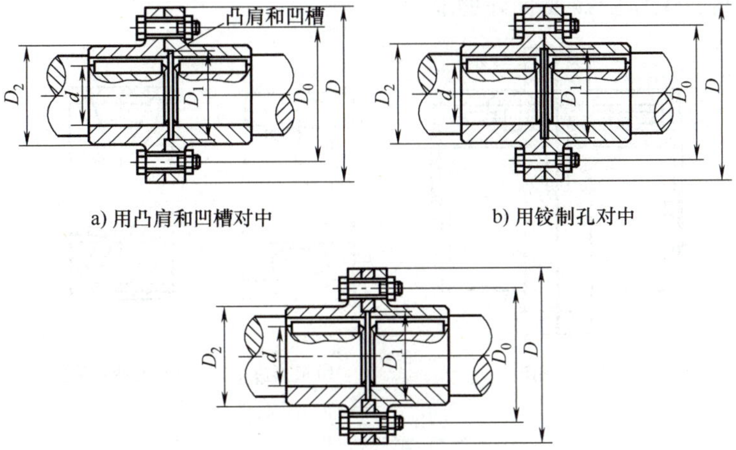

a) 用凸肩和凹槽对中　　b) 用铰制孔对中

c) 用剖分环对中

图 10-2　凸缘联轴器

凸缘联轴器

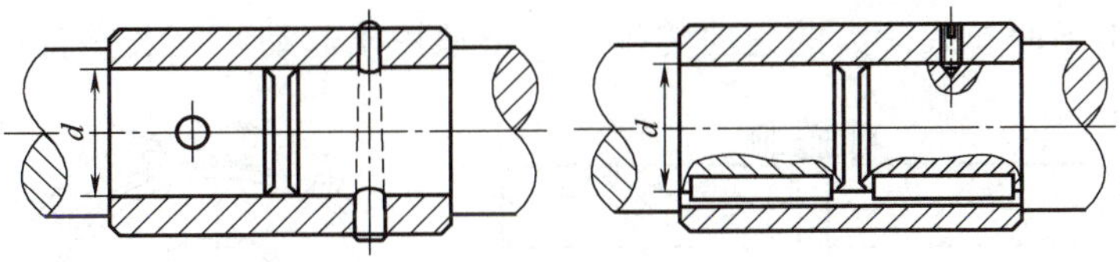

图 10-3　套筒联轴器

套筒联轴器

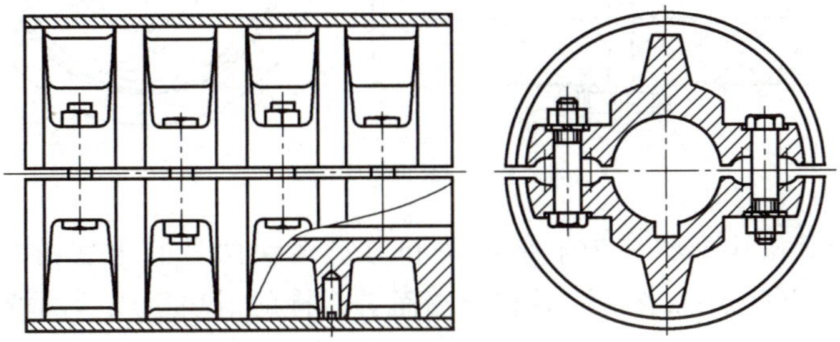

图 10-4　夹壳联轴器

夹壳联轴器

2. 挠性联轴器

（1）无弹性元件挠性联轴器　这类联轴器也称为可移式刚性联轴器，主要是利用自身具有相对可动的元件或间隙，即元件间的活动度，来补偿两轴相对位移。由于可动元件间存在相对运动而发生摩擦、引起磨损，因此需重视润滑。常用的有齿式联轴器、滚子链联轴器、滑块联轴器、万向联轴器等。

1）齿式联轴器。齿式联轴器利用齿数相同的内、外齿轮啮合传递转矩，具有良好的补偿两轴综合位移的能力。如图 10-5 所示，通常齿式联轴器由两个外齿轮轴套和两个具有凸缘的内齿圈组成。轮齿形状有直齿和鼓形齿，其中鼓形齿不仅更利于增大补偿两轴综合位移的能力，而且当两轴有相对角位移时还可避免轮齿发生边缘接触，改善啮合面上压力分布的均匀性。为提高误差补偿能力，通常啮合齿间留有较大的齿侧间隙，并将齿顶修成球面。齿式联轴器工作可靠，承载能力大，适用于重载或高速运动下工作的水平传动轴的联接。但它制造困难，成本高，工作中需要良好的润滑。

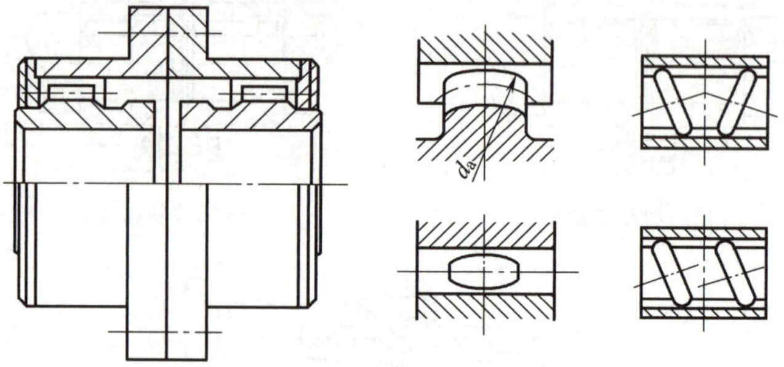

a) 结构图　　b) 鼓形齿　　c) 补偿两轴偏斜

图 10-5　齿式联轴器

齿式联轴器

2）滚子链联轴器。如图 10-6 所示，滚子链联轴器利用一公用双排滚子链条同时与两个齿数相同的并列链轮啮合以实现两半联轴器联接。其特点为结构简单，重量轻；因采用标准件使制造容易，装拆方便，可用于一般传动；具有一定的补偿能力和缓冲性能。由于反转时有空行程，不宜用于冲击载荷大的逆向传动，也不适用于起动频繁及垂直传动轴的联接。

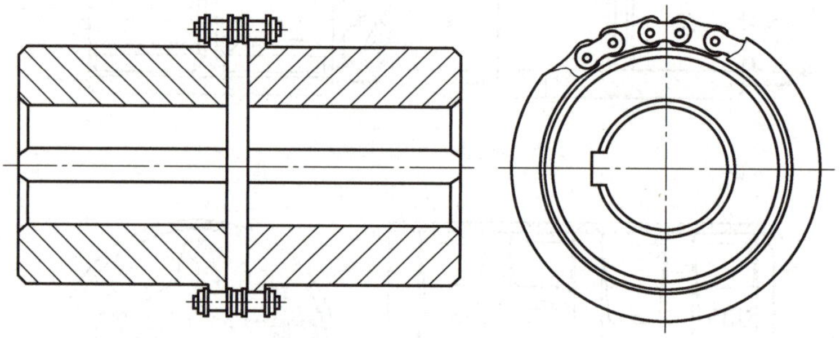

滚子链联轴器

图 10-6　滚子链联轴器

3）滑块联轴器。滑块形状分为十字滑块和方形滑块两种。十字滑块联轴器如图 10-7a 所示，由两端面上开有凹槽的半联轴器和两端面有凸榫的滑块组成。两榫互相垂直，并分别嵌在左右半联轴器的凹槽中而构成动联接。工作时允许两轴径向位移大，但对角位移较敏感，传动效率低，因受滑块偏心产生的离心力限制不宜用于高速场合。方形滑块联轴器如图 10-7b 所示，中间滑块通常用夹布胶木制造，也可用加入石墨或二硫化钼的尼龙制造，结构简单，具有自润滑和缓冲吸振的能力，适用于传动转矩小的场合。

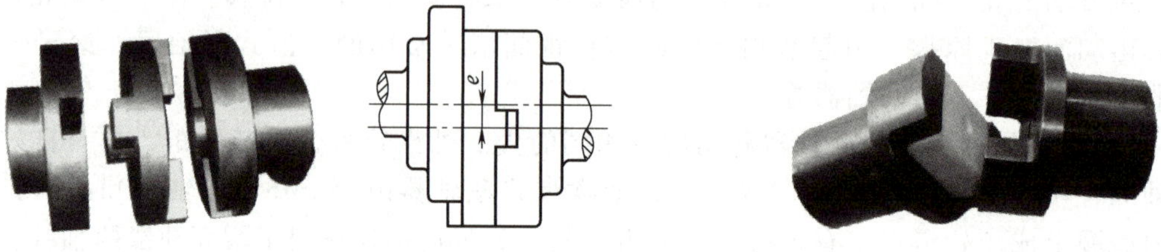

a) 十字滑块联轴器　　b) 方形滑块联轴器

图 10-7　滑块联轴器

4）万向联轴器。万向联轴器的结构型式很多，如十字轴式万向联轴器、球笼式万向联轴器等。这类联轴器主要用于两轴有较大偏斜角（最大可达 35°~45°）或在工作中有较大角位移的情况，在汽车、拖拉机、轧钢机和机床中应用广泛。图 10-8 所示为机床中常用的十字轴式万向联轴器，它是由两个叉形零件、一个十字形零件，用销轴呈正交状联接起来的。这种万向联轴器的运动学参见机械原理。它的主要缺点是：当两轴不在同一轴线上时，即使主动轴以恒定的角速度 ω_1 回转，从动轴的角速度 ω_2 也将在一定范围内做周期性的变化，即 $\omega_1\cos\alpha \leqslant \omega_2 \leqslant \omega_1/\cos\alpha$。因而在传动中将引起附加的动载荷，联接于从动轴上的零件的转动惯量越大，动载荷也越大。

为消除上述缺点，常将这种万向联轴器成对使用，即双万向联轴器。传递小转矩的双万向联轴器如图 10-9 所示。在安装双万向联轴器时，应使两个叉子位于同一平面内，并且应使主、从动轴与中间轴所成的夹角 α 相等，这样才能使主动轴和从动轴的角速度随时相等，减小产生的附加动载荷。应当指出，中间轴本身的转速仍然是不均匀的，但由于其惯性很小，所以由它产生的动载荷不致引起显著危害。

为解决主动轴和从动轴的同步问题，汽车中常用球笼式万向联轴器。

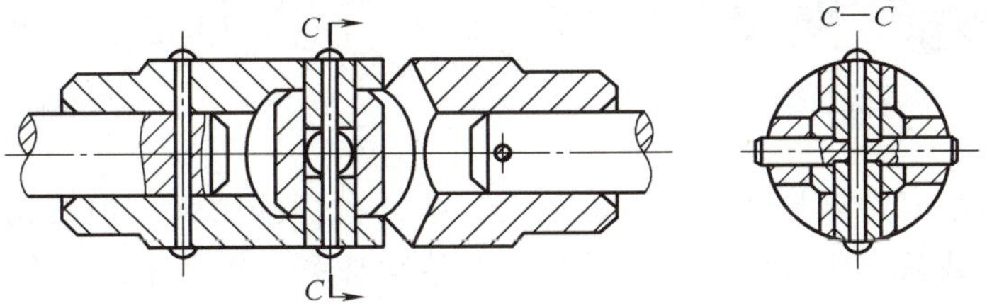

万向联轴器

图 10-8　机床中常用的十字轴式万向联轴器

（2）有弹性元件挠性联轴器　这类联轴器由于含有能产生较大弹性变形的元件，除有补偿性能外，还具有缓冲和减振作用。弹性元件储存能量越多则缓冲能力越强，弹性元件的弹性滞后性能越好，则减振作用越大。由于受弹性元件强度限制，这种联轴器传递转矩的能力一般不及无弹性元件挠性联轴器。弹性元件根据材质不同分为金属弹性元件和非金属弹性元件。

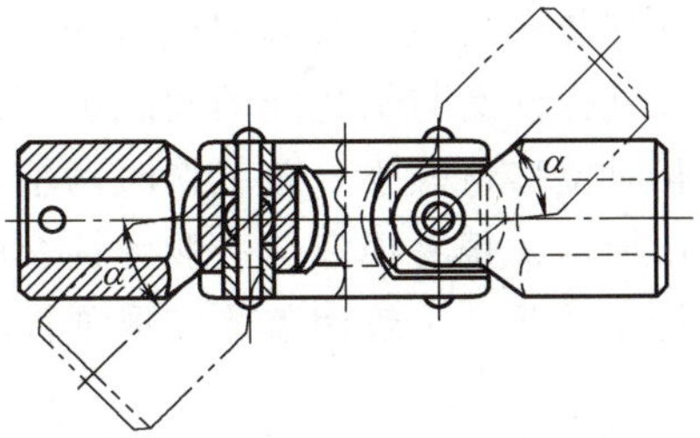

图 10-9　传递小转矩的双万向联轴器

金属弹性元件的主要特点是强度较高、传递转矩能力较大、使用寿命长且性能稳定。常用的有蛇形弹簧联轴器、簧片联轴器。

非金属弹性元件主要是橡胶、尼龙和聚氨酯等工程塑料，其优点是制造方便，易获得各种结构形状且具有较高的阻尼性能。常用的联轴器有弹性套柱销联轴器、弹性柱销联轴器、弹性柱销齿式联轴器、梅花形弹性联轴器、轮胎式联轴器。

1）蛇形弹簧联轴器。如图 10-10 所示，在两个半联轴器的凸缘上加工出特定形状的齿，齿槽之间嵌有弯曲的弹簧片，工作时通过弹簧片将转矩从一个半联轴器传至另一个半联轴器。外部的封闭罩壳可以防止弹簧脱落并能储存润滑油，以便润滑齿与弹簧片的接触部分。

蛇形弹簧联轴器工作可靠，缓冲吸振能力强，径向尺寸小，但弹簧制造工艺性差，加工困难，主要用于有严重冲击载荷的重型机械。

2）簧片联轴器。如图 10-11 所示，由若干沿径向呈辐射状分布的簧片组构成，簧片组固定在轴毂上，另一端为自由端，嵌在外轮的楔形槽中。随着载荷的增加，作用在弹簧上的力作用点将逐渐内移，使弹簧的有效长度越来越短，弹簧刚度越来越大，此时是一种变刚度的挠性联轴器。但当力的作用不足以改变弹簧长度，即弹簧的悬臂长度不变时，联轴器又具有定刚度的性质。簧片间的摩擦和油在缝隙间的流动都有阻尼作用。

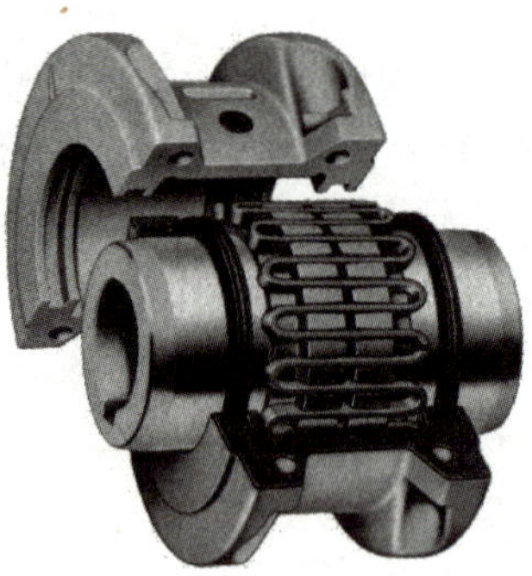

图 10-10　蛇形弹簧联轴器

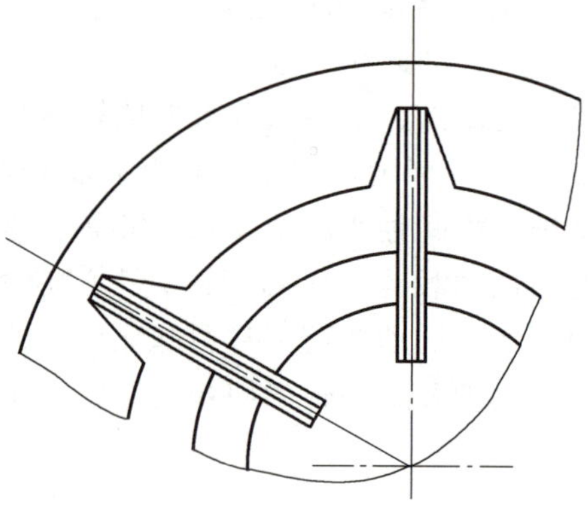

图 10-11　簧片联轴器

簧片联轴器的主要特点是弹性大、阻尼大、缓冲减振能力强，但结构复杂、制造困难、成本高，主要用于载荷变化大或存在扭转振动的传动轴系，如高速大功率内燃机。

3）弹性套柱销联轴器。如图 10-12 所示，与凸缘联轴器相似，用套有弹性套的柱销代替联接螺栓。柱销的一端以圆锥面和螺母与半联轴器凸缘上的锥形销孔固定配合，另一端带有弹性套装在另一半联轴器凸缘上的柱销孔中。由于弹性套工作时受挤压发生的变形量不大，并且弹性套与销孔间的间隙也不宜太大，因此这种联轴器的缓冲和减振性能不高，补偿两轴相对位移量较小。若工作时两轴相对位移过大，则联轴器的运转性能将趋恶化，弹性套的磨损加剧，很易损坏。一般弹性套的外表带有梯形槽以增加弹性变形量，为适应角位移较大的传动需要，可改用整体鼓形弹性套。

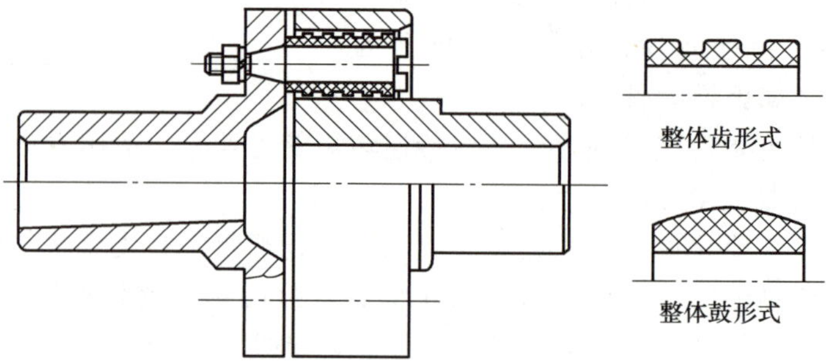

弹性套柱销联轴器

图 10-12　弹性套柱销联轴器

弹性套柱销联轴器的特点是结构简单、安装方便、更换零件容易，广泛用于启动频繁、传递转矩不大、转速较高、冲击载荷不大的场合，如电动机驱动的各种中、小功率传动轴系。

4）弹性柱销联轴器。如图 10-13 所示，弹性柱销联轴器是将若干用非金属材料制成的柱销置于两个半联轴器凸缘上的孔中，实现两个半联轴器联接的联轴器。由于柱销与孔为间隙配合，并且柱销有弹性，因而具有补偿两轴相对位移和缓冲的性能，如图 10-13 上部所示。为了改善柱销与孔的接触条件和补偿性能，柱销的一端可制成鼓形，如图 10-13 下部所示。这种联轴器结构简单、制造容易、装拆方便、不需润滑，柱销较耐磨但弹性差。它可补偿一定的轴向位移、少量的径向位移和角位移，主要用于载荷较平稳、起动频繁、轴向窜动量较大、对缓冲要求不高的传动轴系。

5）弹性柱销齿式联轴器。如图 10-14 所示，它是将若干用非金属材料制成的柱销置于两个半联轴器与外套内表面的对合孔中，实现半联轴器的联接。这种联轴器的结构原理与刚性的齿式联轴器相似，除主、从动轴直接与联轴器联接外，还可采用带有中间轴的两个联轴器与主、从动轴联接，以适应距离较远两轴的联接，并增加两轴的相对径向位移。

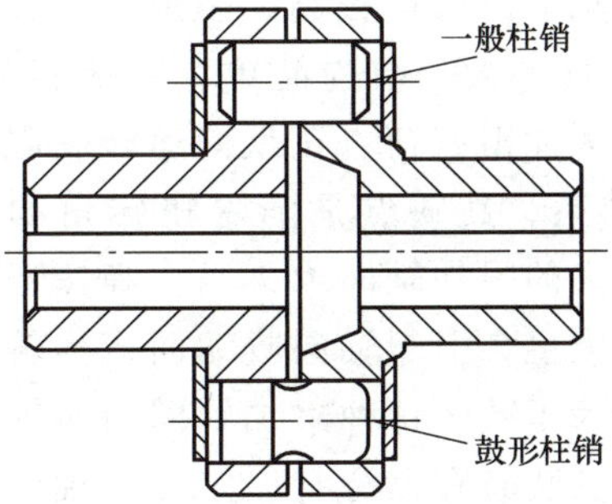

弹性柱销
联轴器

图 10-13　弹性柱销联轴器

弹性柱销齿式联轴器结构简单、制造容易、不需润滑、维护方便，传递转矩范围大，可代替部分齿式联轴器，适用于正反转多变、起动频繁的传动轴系。

6）梅花形弹性联轴器。如图 10-15 所示，梅花形弹性联轴器是将梅花形弹性元件置于两个半联轴器凸爪之间，以实现两个半联轴器的弹性联接。它的特点是结构简单、零件数少、制造容易，主要零件可用模铸成形。弹性元件寿命长、耐冲击、工作可靠，可用于各种中、小功率的传动轴系。安装时需沿轴向移动两个半联轴器，故不宜用于大型设备上的两轴联接。

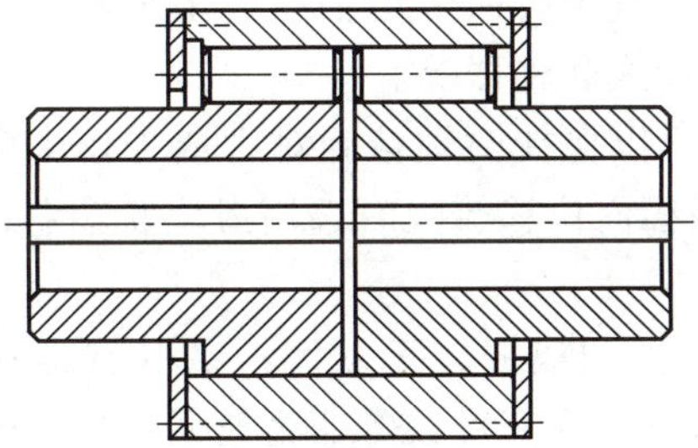

弹性柱销齿式
联轴器

图 10-14　弹性柱销齿式联轴器

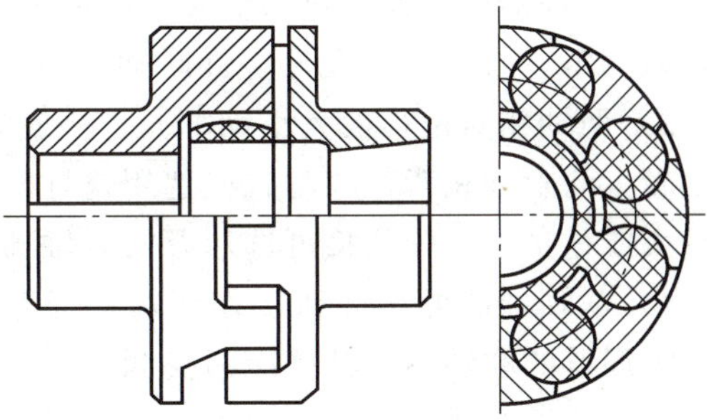

梅花形弹性
联轴器

图 10-15　梅花形弹性联轴器

7）轮胎式联轴器

如图 10-16 所示，它是利用轮胎状橡胶元件联接两个半联轴器以实现两轴联接。橡胶元件的材料有两种：橡胶和橡胶织物复合材料。橡胶的弹性大，补偿性能和缓冲减振效果好；橡胶织物复合材料的承载能力大。

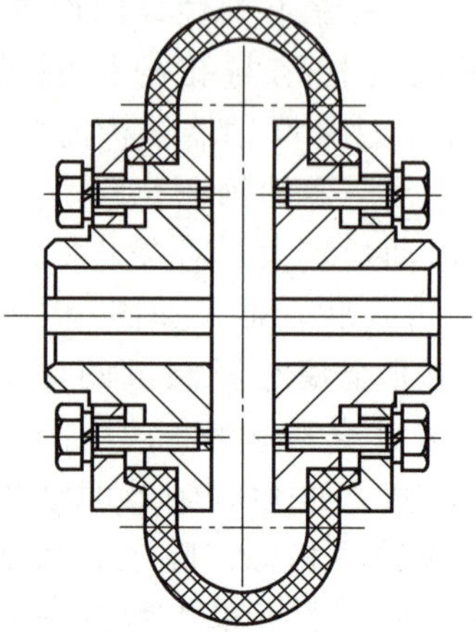
图 10-16　轮胎式联轴器

轮胎式联轴器的柔度很高、阻尼大，补偿两轴的相对位移量大，结构简单、装配容易，主要用于有较大冲击载荷、正反向运转、起动频繁的传动轴系。其缺点是随着扭转角的增加，会产生很大的附加轴向力，且在高速运转时，因外径扩大也会引起轴向收缩而产生较大的轴向拉力。为了减轻这种附加轴向力对轴承寿命的影响，安装时宜保持有一定量的轴向预压缩变形。

10.3　联轴器的选择与计算

联轴器类型很多，常用的已经标准化或规格化，设计时按有关手册选择。

1. 选择类型

根据使用要求和工作条件，参考以下五点进行选择。

1）需传递的转矩大小和性质以及对缓冲、减振方面的要求。对大功率的重载传动，可选用齿式联轴器；对有严重冲击载荷或要求消除轴系扭转振动的传动，可选用簧片联轴器等具有较高弹性的联轴器。

2）联轴器的工作转速高低和引起的离心力大小。对于高速传动轴应选用平衡精度高的膜片联轴器（金属弹性元件挠性联轴器中的一种）、齿式联轴器等。

3）两轴相对位移的大小和方向。当安装调整后难以保持两轴精确对中或工作中两轴将产生较大的附加相对位移时，应选用挠性联轴器；当径向位移较大时选用滑块联轴器；角位移较大或相交的两轴联接可选用万向联轴器等。

4）联轴器的可靠性和工作环境。通常由金属元件制成的、无须润滑的联轴器比较可靠；需润滑的联轴器，其性能易受润滑完善程度的影响。含有橡胶等非金属元件的联轴器对温度、腐蚀性介质、光等比较敏感，而且容易老化。

5）联轴器的制造、安装、维护和成本。在满足使用性能的前提下，应选用装拆方便、维护简单、成本低的联轴器。如夹壳联轴器可在不移动两轴的情况下进行装拆，用于低速、刚度大的传动轴。一般的非金属弹性元件挠性联轴器（如弹性套柱销联轴器等）由于具有良好的综合性能，适用于一般的中小功率传动。

2. 选择型号

选定联轴器类型后，应按计算转矩、轴伸直径及转速选择所需型号和尺寸。联轴器的许用转矩、许用转速应分别大于计算转矩、实际转速，轴孔长度、结构尺寸应分别与两被联接轴相配。

由于联轴器的传动轴系载荷变化性质不同，以及联轴器本身的结构特点和性能不同，联轴器的计算转矩（或实际传递的转矩）T_c 不等于传动轴系理论上需传递的转矩 T，通常以工作情况系数 K 表示两者的比值，或

$$T_c = KT < [T] \tag{10-1}$$

式中，$[T]$ 为所选联轴器的许用转矩（N · mm）。

联轴器的工作情况系数，除与联轴器所联轴系使用的动力机和工作机类型有关外，还与联轴器本身的结构有关。对于某一种联轴器，当缺少直接适用的工作情况系数时，可按表 10-1 确定。

表 10-1　工作情况系数 K

工作机		K			
		动力机			
分类	工作情况及举例	电动机、汽轮机	多缸内燃机	双缸内燃机	单缸内燃机
Ⅰ	转矩变化小，如发电机、小型通风机、小型离心泵	1.3	1.5	1.8	2.2
Ⅱ	转矩变化小，如透平压缩机、木工机床、运输机	1.5	1.7	2.0	2.4
Ⅲ	转矩变化中等，如搅拌机、增压泵、有飞轮的压缩机、压力机	1.7	1.9	2.2	2.6
Ⅳ	转矩变化和冲击载荷中等，如纱布机、水泥搅拌机、拖拉机	1.9	2.1	2.4	2.8
Ⅴ	转矩变化和冲击载荷大，如造纸机、挖掘机、起重机、碎石机	2.3	2.5	2.8	3.2
Ⅵ	转矩变化大并有极强烈冲击载荷，如压延机、无飞轮的活塞泵、重型初轧机	3.1	3.3	3.6	4.0

注：刚性联轴器和无弹性元件的挠性联轴器宜取大值，其他挠性联轴器宜取小值。

3. 校核强度

根据具体情况，必要时应验算联轴器主要元件的强度，如凸缘联轴器中的螺栓强度，弹性套柱销联轴器中柱销的抗弯强度，弹性套的挤压强度等。

4. 联轴器轴孔型式及其代号

联轴器轴孔分为圆柱形轴孔 Y 型和 J 型、圆锥形轴孔 Z 型和 Z_1 型四种，如图 10-17 所

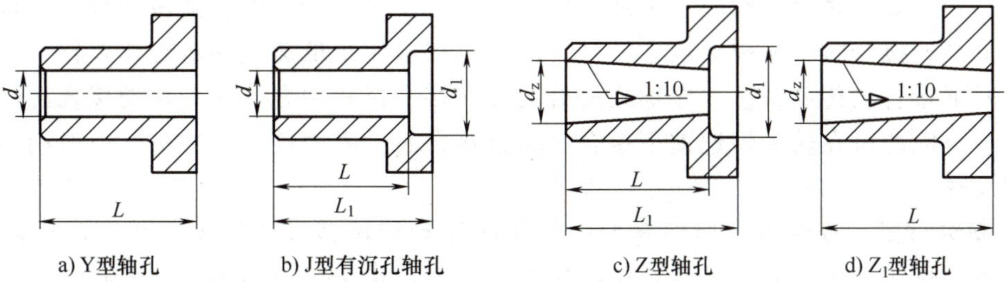

图 10-17　联轴器的轴孔型式

示。其中圆柱形轴孔加工容易，应用较广泛，但 Y 型轴孔仅限用于长圆柱形轴伸的电动机轴端。由于这种轴孔一般采用过渡配合或过盈配合，因此装拆有些不便，而且经过多次装拆后过盈量减小会影响配合性质。圆锥形轴孔依靠轴向压紧产生过盈配合，装拆较方便而且能保证半联轴器与轴有良好的同轴度，因此适用于载荷较大和工作时有冲击或反向转动的场合，但是圆锥形轴孔制造较困难。

10.4 常用离合器

1. 离合器的功用与分类

离合器是一种可以通过各种操纵方式，实现主、从动部分在同一轴线上传递运动和动力时接合或分离的装置。离合器有各种不同的用途：根据动力机和工作机之间或机械中各部件之间的工作要求，离合器可以实现相对起动或停止；改变传动比实现变速及换向；可以作为起动或过载时控制传递转矩大小的安全保护装置等。

离合器的类型很多，按其接合元件传动的工作原理，可分为嵌合式离合器和摩擦式离合器；按实现离、合动作的过程可分为操纵式离合器和自控式离合器；操纵式离合器按操纵方式，可分为机械式、气压式、液压式和电磁式等离合器；自控式离合器按控制方式分为超越离合器、离心离合器和安全离合器。

对离合器的基本要求是：离合迅速，平稳无冲击，动作准确可靠；操纵方便、省力，调整维修简便；结构简单、外廓尺寸小、重量轻；接合元件耐磨性高、使用寿命长、散热条件好。

2. 影响离合器选择的因素

（1）动力机的起动特性　对于用三相笼型异步电动机驱动的传动系统，由于其最大转矩与额定转矩间的比值较大，离合器在接合加载过程中转速不会有明显降低。因此，允许有较大的超载范围，故可选用较大容量的离合器；对于内燃机等动力机，为避免接合加载过程中动力机转速过分下降，应采用工作容量储备较小的离合器。

（2）离合器的受载特性　对于工作载荷稳定，起动时从动部分的惯性又很小的传动系统，可选用尺寸和容量较小的离合器；而对于承受冲击载荷的离合器，或从动部分具有很大惯性以及需要在高转差率下工作的离合器，如无有效的缓冲和减振装置时，应选用容量较大的离合器，以避免离合器严重打滑或接合时间过长。

（3）接合元件的性质　嵌合式接合元件传递转矩能力大、外形尺寸小，可以保证接合后主、从动件之间的转速完全同步，而且没有发热和温升。但因为接合元件为金属制成，刚性大，在有转速差下接合的瞬时，主从动件上将产生巨大冲击，引起陡振和噪声，特别是在负载情况下高速接合时，易损坏嵌合元件。因此，仅限用于低速或相对转速差较小、在空载或轻载情况下接合的传动系统。摩擦式接合元件在接合过程中允许主、从动接合元件间存在一定的滑差，因此可在较大转速差下接合，而且接合时具有柔性、无冲击，但滑动会引起能量损耗和发热。

（4）操纵方式　操纵方式对离合器的工作性能和使用范围都有不同程度的影响，进而影响离合器的选用。依靠人力的各种机械操纵离合器，由于操纵力不大（<400N），反应慢，不宜用于接合频率较高的传动，主要用于中、小功率的机械设备上；气压操纵具有较大的操

纵力、离合迅速，适用于各种容量的离合器及远距离操纵的离合器，特别是大型离合器；液压操纵能产生很大的操纵力，且有良好的润滑和散热条件，适用于有润滑装置、体积小而传递转矩大的各种离合器；电磁操纵比较方便，接合迅速，可并入控制电路系统实现自动控制，适用于操纵频率高的中、小及微型离合器。

（5）环境条件　环境条件是指使用中有无对污染、防爆、噪声等的要求。

3. 离合器的选择计算

（1）工作容量　离合器的结构尺寸应能适应传递转矩的需要。对于在静止状态接合以及在空载起动而从动部分惯性又很小的离合器，其传递的最大转矩一般就是最大的工作转矩；当离合器在有转速差情况下接合时，其传递的转矩除工作转矩外，还应计算使从动部分加速的惯性转矩。实际上，离合器两侧动力机和工作机的性质、离合器的结构类型以及接合的频繁程度和接合时的转速差等都会影响传递转矩的大小。因此，离合器所需传递的转矩应大于上述的值。

（2）滑摩功和温升　对于摩擦接合元件，接合过程中单位摩擦面积上产生的摩擦功大小，直接影响离合器的发热和温升。为衡量发热和温升的程度，必须计算滑摩功。滑摩功的值与接合时间、接合时主从动轴的转速差和转动惯量、接合的频繁程度有关。离合器的允许滑摩功与离合器的型式、工作条件、摩擦材料、润滑状态以及使用规范等有关。温升根据滑摩功计算，瞬时温升用一次接合过程的滑摩功计算，平均温升用 1h 中滑摩功总和计算。速度高、载荷大、接合次数少时计算瞬时温升，接合次数频繁（每小时超过 50 次）时计算平均温升。温升也可用单位摩擦面积上的压力与速度的乘积，即 pv 值表示。

（3）接合元件的使用寿命　对于摩擦接合元件，在允许磨损量内的使用期限即规定的使用寿命或接合次数（如 $10^6 \sim 10^7$ 次），通常是用接合一次的磨损率来控制。

（4）离合器的转速和响应性　离合器的许用转速与离合器的结构特点及接合元件的性能，如强度、平衡精度等有关，可由分析计算或试验确定。对于频繁离合的离合器，应考虑以接合或分离时间的长短作为一项评定参数。电磁离合器能够达到的频率最高，其次是气压式和液压式操纵离合器，机械操纵离合器的离合频率低，响应性较差。

对于接合次数每分钟不超过 4 次，起动后能连续工作一段时间的离合器可仅按工作转矩容量选择；对于周期性起动，离合较频繁的离合器除转矩容量外，还应计算滑摩功和温升；对于长期连续打滑的离合器，除转矩容量、滑摩功和温升外，还应计算磨损或使用寿命和散热条件。离合器主要性能参数的计算见有关设计资料。

4. 常用的离合器

（1）牙嵌离合器　如图 10-18 所示，牙嵌离合器主要由两个端面有牙的半离合器组成，一个半离合器固定在主动轴上，另一个半离合器用导键或花键与从动轴联接，借助操纵机构使其做轴向移动，进行离合。为了保持牙工作面受载均匀，通过对中环保持两轴同心。牙嵌离合器适用于主、从动轴要求完全同步的轴系。

常用的牙型有矩形、梯形、锯齿形和三角形。矩形、梯形、锯齿形牙强度高，传递转矩大，牙数一般为 3～15。矩形牙接合和分离较难，只能在静止或相对转速差不大于 10r/min 的条件下接合；梯形牙能自动补偿牙侧间隙，接合时冲击比矩形牙小，适用于转速差较高的条件下进行接合的传动轴系；锯齿形牙只能传递单向转矩，并且易于在静止时接合，可用于不需经常进行离合的传动轴系；三角形牙强度较弱，牙数为 15～60，接合容易，适用于从动

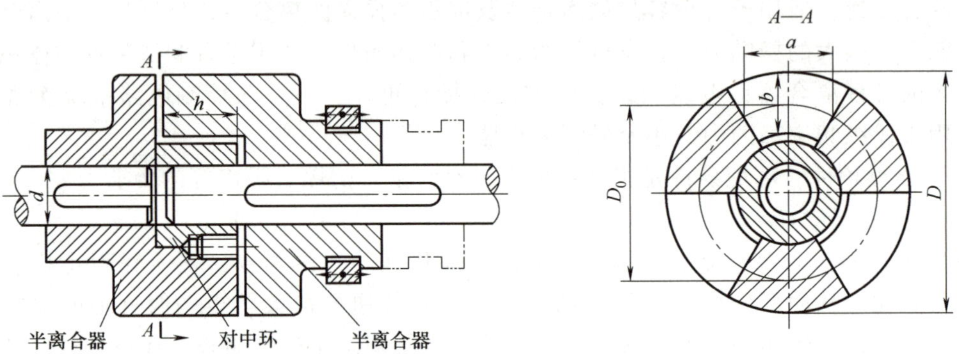

图 10-18　牙嵌离合器

部分惯性较小、接合频率较高的传动。

为了减轻牙的磨损，牙面应具有较高硬度。一般采用优质中碳钢或 20Cr、40Cr 等低碳和中碳合金钢，经热处理后硬度达 50~60HRC，不重要的和在静止时接合的离合器也允许用铸铁。

（2）圆盘摩擦离合器　圆盘摩擦离合器利用摩擦盘（或摩擦片）作为接合元件，结构型式多样，有单盘（片）式、多盘（片）式、干式、湿式等。摩擦材料要求强度大、耐磨、耐高温、耐腐蚀和摩擦系数大，其种类较多。圆盘摩擦离合器传递转矩大、安装调整方便，能保证在不同工况下具有良好的工作性能，广泛应用于交通运输、机床、建筑、轻工和纺织等机械中。

多盘摩擦离合器如图 10-19 所示。图中主动轴 1 与外壳 2 相联接，从动轴 3 与套筒 4 相联接。外壳 2 内装有一组外摩擦盘 5，它的外缘具有凸齿插入外壳 2 内的纵向凹槽中。套筒 4 上装有一组内摩擦盘 6，它的内孔具有花键，与套筒 4 上的花键轴相联接。图示位置表示杠杆 8 和压板 10 将摩擦盘压紧，离合器处于接合状态。若将滑环 7 向右移动，杠杆 8 沿逆时针方向摆动，压板 10 松开，离合器即分离。

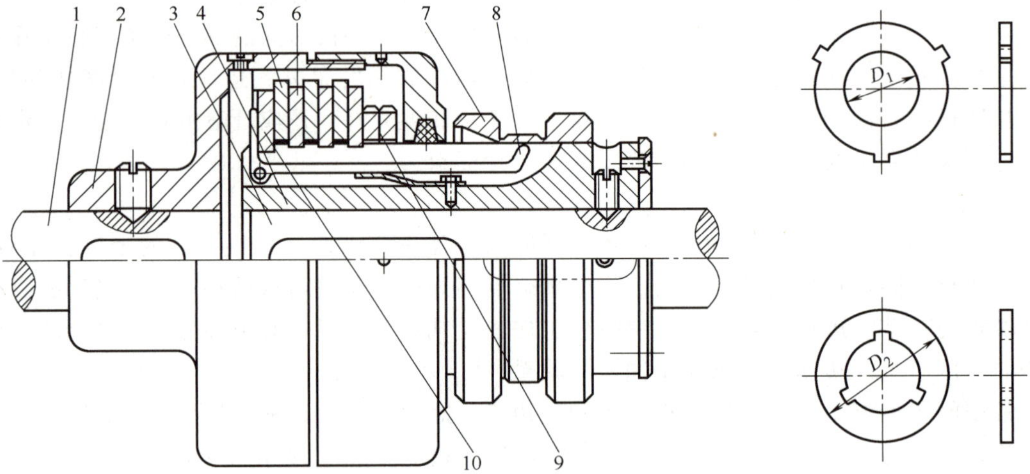

图 10-19　多盘摩擦离合器

1—主动轴　2—外壳　3—从动轴　4—套筒　5—外摩擦盘　6—内摩擦盘
7—滑环　8—杠杆　9—调节螺母　10—压板

多盘摩擦离合器的特点是：当传递较大转矩时，可以增加摩擦盘的数目，而离合器的径向尺寸并不增大，所需轴向压力也不增加。由于多盘摩擦离合器有利于降低离合器的转动惯量，因此宜用于高速传动中。应当指出，若摩擦接合面的数目过多，则将影响离合器分离的灵活性，故常限制接合面的数目 $z \leqslant 25$。

（3）超越离合器　它是一种靠主、从动部分的相对运动速度变化或回转方向的变换，能自动接合或分离的离合器。按照工作原理，超越离合器可分为嵌合式（棘爪式）和摩擦式。棘爪式超越离合器的结构简单，制造容易，可靠性高，但接合时有冲击和噪声，常用于转速差小的场合。摩擦式超越离合器接合平稳、无冲击，空行程较短，可在任何转速差下接合，应用较广泛。超越离合器的用途如下：

1）变换速度。在运动链不脱开的情况下，可以使从动件获得快、慢两种速度。

2）防止逆转。单向超越离合器在一个方向转动时传递转矩，在反向转动时空转。

3）间歇运动。通过双向超越离合器和单向超越离合器的适当组合，可以实现从动部分做某种规律的间歇运动。

图 10-20 所示为内星轮滚柱超越离合器。它主要由星轮 1、外壳 2、滚柱 3、顶杆 4 及弹簧 5 等零件组成。为了获得楔形间隙来夹紧或放松滚柱，以达到离合器接合或分离的目的，星轮的工作表面为四个轴向平面。

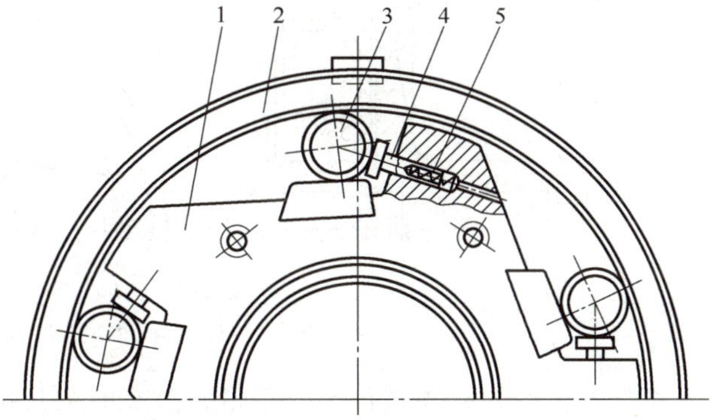

图 10-20　内星轮滚柱超越离合器

1—星轮　2—外壳　3—滚柱　4—顶杆　5—弹簧

如果星轮为主动轮，沿顺时针方向旋转，此时滚柱将被楔紧在槽内，从而使外壳随星轮一同回转，离合器即处于接合状态。但当星轮反向旋转时，滚柱即被滚到槽的宽敞部分，从动外壳即不再随星轮转动，这时，离合器即处于分离状态。当外壳还能从另一条运动链得到与星轮转向相同但转速较大的运动时（相对地说，这就相当于上述的后一种情况），离合器即处于分离状态。由于这种离合器的接合和分离与星轮和外壳间的相对转速差有关，所以称为超越离合器，有时又称为差速离合器。

制造滚柱超越离合器的材料常用轴承钢或渗碳钢，表面硬度>60HRC。滚柱数目一般为3~4 个，滚柱数目越多、尺寸越大，离合器所能传递的转矩也越大。与滚柱接触的两接触点的切线所成的夹角 α 称为楔角，楔角大小关系到离合器能否正确工作，太大的楔角将不能楔紧滚柱，太小的楔角又使楔紧了的滚柱不易松开。在现有结构中，一般取楔角 $\alpha=3°\sim6°$。弹簧顶杆的作用主要是使滚柱沿长度方向的载荷均匀分布，并有助于使滚柱楔紧在槽内。滚柱超越离合器能用于高速传动，但对制造精度和表面质量都要求很高。图 10-21 所示为棘爪式超越离合器。

（4）离心离合器　它是靠离心力实现自动分离或接合的离合器，有自动联接和自动分离两种。自动联接的离心离合器如图 10-22 所示，它由与主动轴相联接的轴套 1、与从动轴相联接的外鼓轮 2、外表面覆以石棉的瓦块 3、板弹簧 4、螺钉 5 等组成。瓦块被置于轴套上的矩形槽内，由板弹簧和螺钉迫使瓦块向心。拉紧瓦块的力由螺钉调节。

机器起动后，主动轴转速逐渐升高，当高达某一转速 n_1 时，瓦块上的离心力将克服弹簧拉力而逐渐作用在外鼓轮上。若瓦块重量选择恰当，则当主动轴转速增大到正常工作转速 n 时，瓦块与外鼓轮之间就可以得到足够的压力和摩擦力以克服从动轴上的工作阻力矩，从而带动从动轴一同回转。通常取 $n_1=(0.7\sim0.9)n$。

自动分离的离心离合器是限制从动轴最高转速的一种装置。当轴的转速达到某一极限 n_{max} 时，离合器在离心力作用下分离。转速降低以后，离合器又恢复接合。

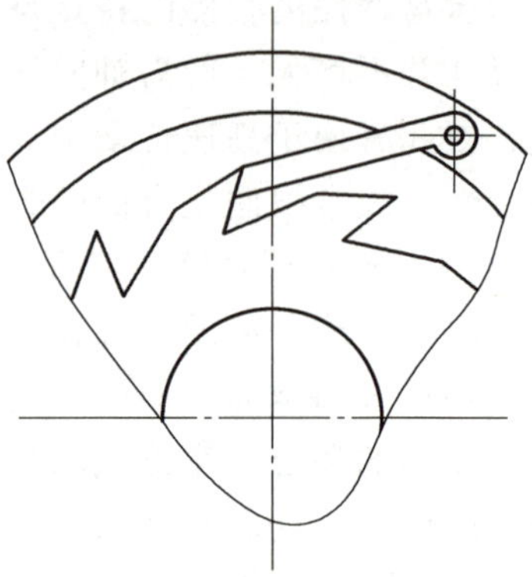

图 10-21 棘爪式超越离合器

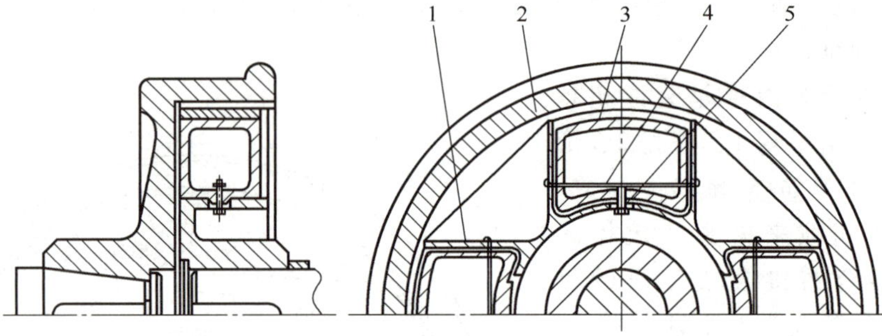

图 10-22 自动联接的离心离合器

1—轴套 2—外鼓轮 3—瓦块 4—板弹簧 5—螺钉

离心离合器的起动过程比较平稳，过载时会打滑，有安全保护作用，其传递转矩的能力与转速平方成比例，故不宜用于变速传动和低速传动系统。为了防止摩擦件因温升过高而失效，应限制打滑时间，一般限制在 1~1.5s 以内。

（5）安全离合器 它被用来精确限定传递的转矩。当传递的转矩超过某一限定值时，是起保护（分离）作用的离合器；当传递的转矩未超过限定值时，其作用相当于联轴器。安全离合器主要用于机械工作过程有可能发生大的过载或存在严重冲击载荷而又难以精确计算的传动系统。安全离合器有三种类型：破坏元件式、嵌合式、摩擦式。

图 10-23 所示为剪销式安全离合器的一种结构。销沿轴向分布于两个半离合器凸缘上的销孔中，柱销经热处理硬度为 50~60HRC。为避免柱销剪断后产生的毛刺刮伤端面，将柱销装在两个用 40Cr 制成的淬火缸套内。剪销式安全离合器的动作精度与销的结构、数量有关。一般以采用一个剪切销为宜，采用有切槽的销可提高动作的灵敏度和精度。

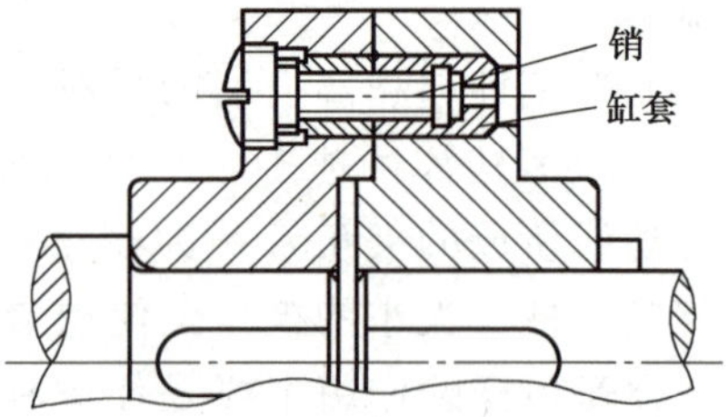

图 10-23 剪销式安全离合器

图 10-24 所示为牙嵌式安全离合器的一种结构，端面有牙的两个半离合器装在一根轴上，一个半离合器与轴用花键联接，另一个半离合器套在轴上，其外部可与齿轮等传动件联接，调节螺母用来改变压缩弹簧的压紧力。可见牙嵌式安全离合器与牙嵌离合器很相似，只是牙的倾斜角 α 较大，并由弹簧压紧机构代替滑环操纵

机构。

图 10-25 所示为摩擦式安全离合器的一种结构，它和圆盘摩擦离合器相似，只是没有操纵机构，而是用弹簧将摩擦盘压紧，并用螺钉调节压紧力的大小。过载时，摩擦盘将打滑，从而限制了离合器传递的最大转矩。摩擦式安全离合器有圆盘式、圆锥式，可以在干式或湿式条件下工作，按摩擦面数目有单片和多片等几种结构。

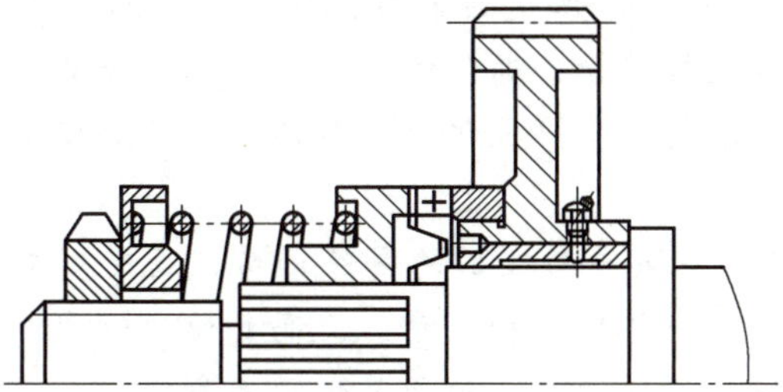

图 10-24　牙嵌式安全离合器

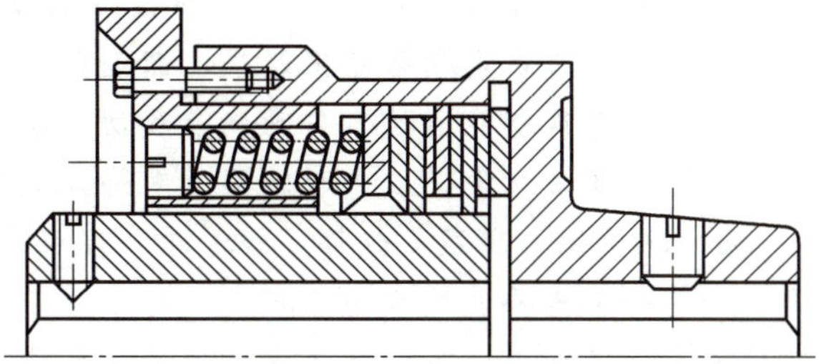

图 10-25　摩擦式安全离合器

10.5　工程案例

例 10-1　某车间起重机根据工作要求选用一电动机，其功率 $P=11\text{kW}$，转速 $n=960\text{r/min}$，电动机轴伸的直径 $d=42\text{mm}$，试选择所需的联轴器（只要求与电动机轴伸联接的半联轴器满足直径要求）。

解：（1）类型选择　为了隔离振动与冲击，选用弹性套柱销联轴器。

（2）载荷计算　公称转矩

$$T=9.55\times10^6\times\frac{P}{n}=9.55\times10^6\times\frac{11}{960}\text{N}\cdot\text{mm}=109.43\times10^3\text{N}\cdot\text{mm}$$

由表 10-1 查得 $K=2.3$，故由式（10-1）得计算转矩为

$$T_c=KT=2.3\times109.43\times10^3\text{N}\cdot\text{mm}=251.7\text{N}\cdot\text{m}$$

（3）型号选择　查 GB/T 4323—2017，选用 LT6 型弹性套柱销联轴器，许用最大转速为 3800r/min，轴径为 32～42mm。因其公称转矩 355N·m>251.7N·m，故合适。其余计算略。

课后习题

10-1　下列情况下，分别选用哪种类型的联轴器较为合适？

1）刚度大、对中性好的两轴间的联接。

2）轴线相交的两轴间的联接。

3）正反转多变、起动频繁、冲击大的两轴间的联接。

4）轴间径向位移大、转速低、无冲击的两轴间的联接。

5）转速高、载荷平稳、中小功率的两轴间的联接。

6）转速高、载荷大、正反转多变、起动频繁的两轴间的联接。

10-2　试述下列联轴器的主要优缺点和应用场合：①刚性（凸缘）联轴器；②滑块联轴器；③齿式联轴器；④弹性套柱销联轴器。

知识拓展

1. 发展趋势

1）智能化技术趋势。随着科技不断发展，智能化技术在联轴器行业的应用逐渐成为主流。传统的联轴器只能完成机械传动传统的动力传输功能，但是随着智能化技术的逐渐应用，联轴器也正在走向智能化时代。新型联轴器具备数据传输、通信能力和故障预警等智能功能，可以实现智能监控、自动调节和协同控制等。这将为用户提供更加智能化、高效安全的机械传动解决方案，成为联轴器未来的发展趋势。

2）轻量化、高强度趋势。轻量化、高强度是现代机械传动技术的发展趋势，也是联轴器行业的一个重要发展方向。轻量化可以减小联轴器的整体体积和重量，提高其使用效率和运转速率。高强度则可以提高联轴器的负载能力和转矩传递能力，延长其使用寿命。

3）个性化、定制化趋势。随着市场需求的不断变化，机械传动装置行业中的联轴器产品也将逐渐朝着个性化、定制化方向发展。个性化、定制化的联轴器可以根据不同用户的需求，自由搭配材料、结构、功能等配置方式，以满足用户的不同需求，提高机械传动装置的适用性和效率。

随着科技的不断进步和市场需求的不断变化，联轴器行业将不断创新和发展，并为机械传动装置的发展注入新的能量和活力。

2. 技术前沿

目前根据楞次定律发明的永磁联轴器在一些行业得到应用，它属于无接触式，特点是无摩擦磨损，无须润滑。对被联接两轴的对中性要求不高，即两轴存在对中性误差、偏斜、错位等均不影响传动。图 10-26 所示为隔空传动的永磁联轴器。

图 10-26　隔空传动的永磁联轴器

第11章　弹簧

知识图谱

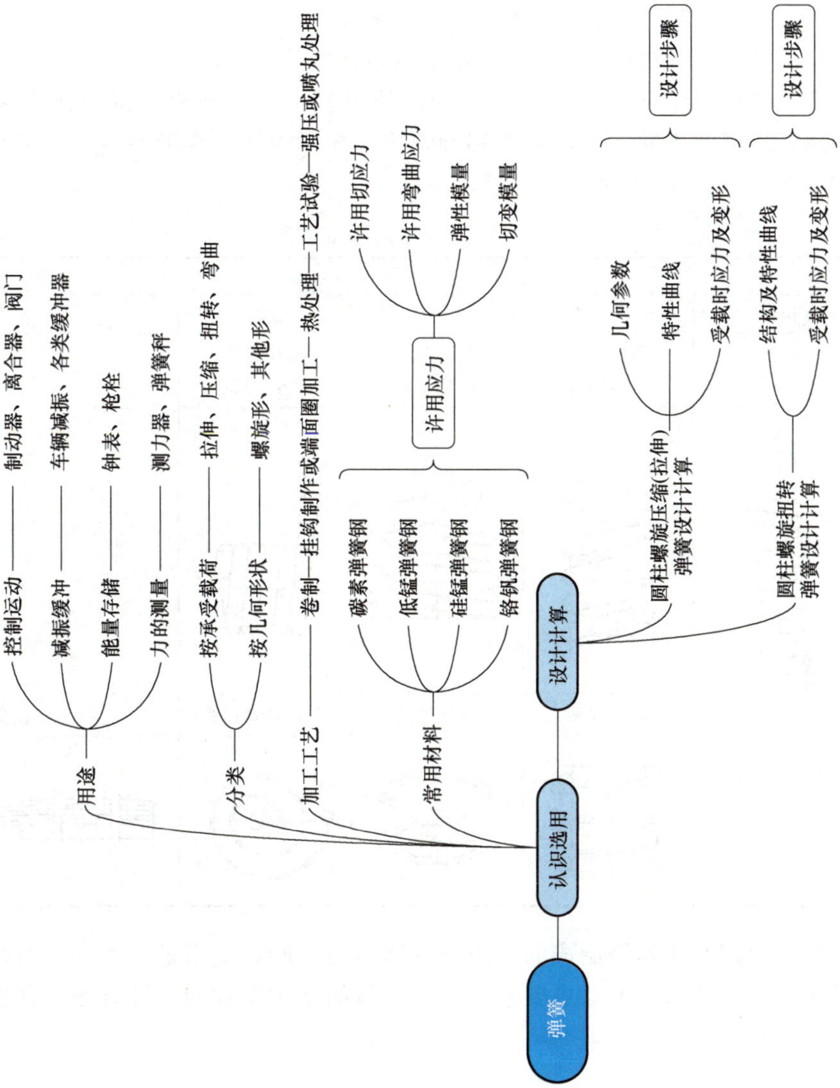
弹簧
认识选用
设计计算
用途
控制运动——制动器、离合器、阀门
减振缓冲——车辆减振、各类缓冲器
能量存储——钟表、枪栓
力的测量——测力器、弹簧秤
分类
按承受载荷——拉伸、压缩、扭转、弯曲
按几何形状——螺旋形、其他形
加工工艺
卷制—挂钩制作或端面圈加工—热处理—工艺试验—强压或喷丸处理
常用材料
碳素弹簧钢
低锰弹簧钢
硅锰弹簧钢
铬钒弹簧钢
许用应力
许用切应力
许用弯曲应力
弹性模量
切变模量
圆柱螺旋压缩(拉伸)弹簧设计计算
几何参数
特性曲线
受载时应力及变形
设计步骤
圆柱螺旋扭转弹簧设计计算
结构及特性曲线
受载时应力及变形
设计步骤

11.1 概述

弹簧是一种弹性元件，它可以在载荷作用下产生较大的弹性变形。弹簧在各类机械中应用十分广泛，主要用于：

1）控制机构的运动，如制动器、离合器中的控制弹簧，内燃机气缸的阀门弹簧。

2）减振和缓冲，如汽车、火车车厢下的减振弹簧，以及各种缓冲器用的弹簧。

3）储存及输出能量，如钟表弹簧、枪栓弹簧等。

4）测量力的大小，如测力器和弹簧秤中的弹簧等。

按照所承受的载荷不同，弹簧可以分为拉伸弹簧、压缩弹簧、扭转弹簧和弯曲弹簧四种；而按照弹簧的形状不同，又可分为螺旋弹簧、环形弹簧、碟形弹簧、板簧和平面涡卷弹簧等。表 11-1 中列出了弹簧的基本类型。

表 11-1　弹簧的基本类型

按形状分	按载荷分				
	拉伸	压缩		扭转	弯曲
螺旋形	圆柱螺旋拉伸弹簧	圆柱螺旋压缩弹簧	圆锥螺旋压缩弹簧	圆柱螺旋扭转弹簧	
	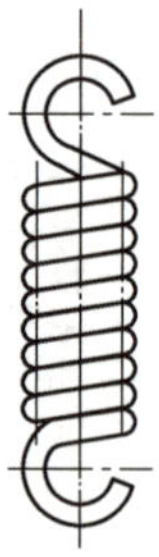	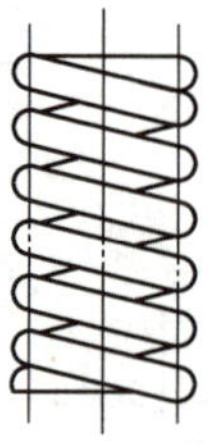		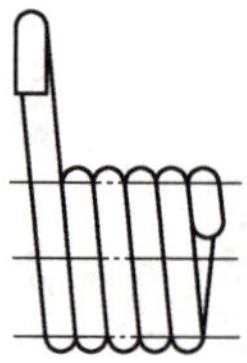	
其他形		环形弹簧	碟形弹簧	平面涡卷弹簧	板簧
		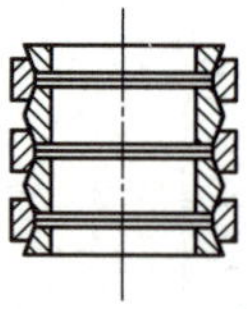	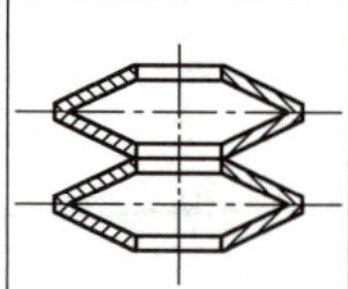	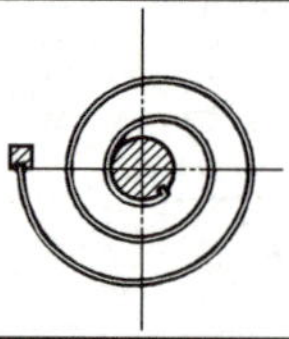	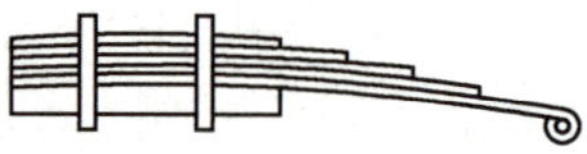

螺旋弹簧是用弹簧丝卷绕制成的，由于制造简便，所以应用最广。在一般机械中，最为常用的是圆柱螺旋弹簧，故本章主要介绍这类弹簧的结构型式和设计方法，其他类型的弹簧可参考相关文献。

11.2 圆柱螺旋弹簧的结构、制造、材料及许用应力

11.2.1 圆柱螺旋弹簧的结构型式

1. 圆柱螺旋压缩弹簧

图 11-1 所示为圆柱螺旋压缩弹簧及其基本几何参数，弹簧的节距为 p，在自由状态下，

各圈之间应有适当的间距 δ，以便弹簧受压时，有产生相应变形的空间。为了使弹簧在压缩后仍能保持一定的弹性，设计时还应考虑在最大载荷作用下，各圈之间仍需保留一定的间距 δ_1。δ_1 的大小一般推荐为

$$\delta_1 = 0.1d \geqslant 0.2\text{mm} \tag{11-1}$$

式中，d 为弹簧丝的直径（mm）。

弹簧的两个端面圈应与邻圈并紧（无间隙），只起支承作用，不参与变形，称为死圈。当弹簧的工作圈数 $n \leqslant 7$ 时，弹簧每端的死圈约为 0.75 圈；当弹簧的工作圈数 $n > 7$ 时，弹簧每端的死圈为 1~1.75 圈。弹簧端部的结构有多种型式（图 11-2），最常用的有两个端面圈均与邻圈并紧且磨平的 YⅠ型（图 11-2a）、并紧不磨平的 YⅢ型（图 11-2c）和加热卷绕时弹簧丝两端锻扁且与邻圈并紧（端面圈可磨平，也可不磨平）的 YⅡ型（图 11-2b）三种。在重要的场合，应采用 YⅠ型以保证两支承端面与弹簧的轴线垂直，从而使弹簧受压时不致歪斜。当弹簧丝直径 $d \leqslant 0.5$mm 时，弹簧的两支承端面可不必磨平。当弹簧丝直径 $d > 0.5$mm 时，弹簧的两支承端面则需磨平。重要的弹簧都要磨平，以使支承圈端面与弹簧的轴线相垂直。磨平部分应不少于圆周长的 3/4，端头厚度一般不小于 $d/8$，端面的表面粗糙度值 Ra 应低于 25μm。

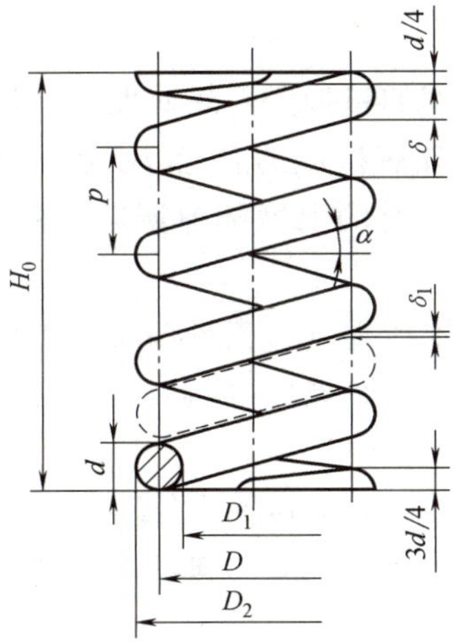

图 11-1 圆柱螺旋压缩弹簧及其基本几何参数

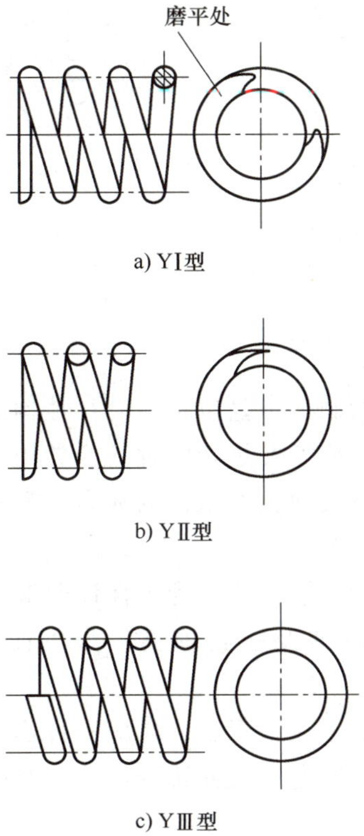

图 11-2 圆柱螺旋压缩弹簧的端面图

2. 圆柱螺旋拉伸弹簧

如图 11-3 所示，圆柱螺旋拉伸弹簧空载时，各圈应相互并拢。另外，为了节省轴向工作空间，并保证弹簧在空载时各圈相互压紧，常在卷绕的过程中，同时使弹簧丝绕其本身的

轴线产生扭转。这样制成的弹簧，各圈相互间具有一定的压紧力，弹簧丝中也产生了一定的预应力，故称为有预应力的拉伸弹簧。这种弹簧在外加的拉力大于初拉力 F_0 后，各圈才开始分离，故可较无预应力的拉伸弹簧节省轴向的工作空间。拉伸弹簧的端部制有挂钩，以便安装和加载。圆柱螺旋拉伸弹簧挂钩的型式如图 11-4 所示。其中 LⅠ型和 LⅡ型制造方便，应用很广。但因在挂钩过渡处产生很大的弯曲应力，故只宜用于弹簧丝直径 $d \leqslant 10$mm 的弹簧中。LⅦ、LⅧ型挂钩不与弹簧丝连成一体，适用于受力较大的场合。

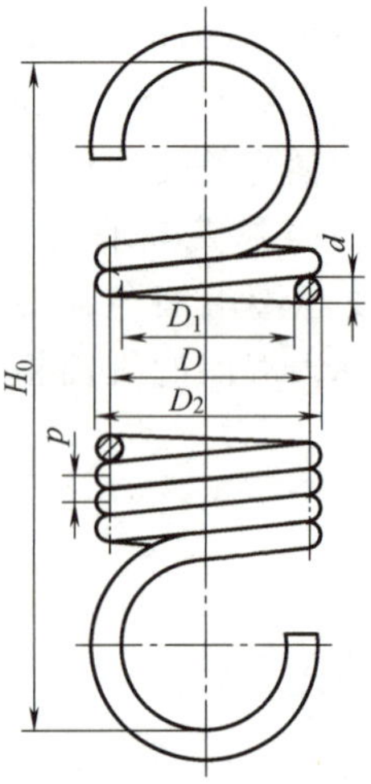

图 11-3　圆柱螺旋拉伸弹簧

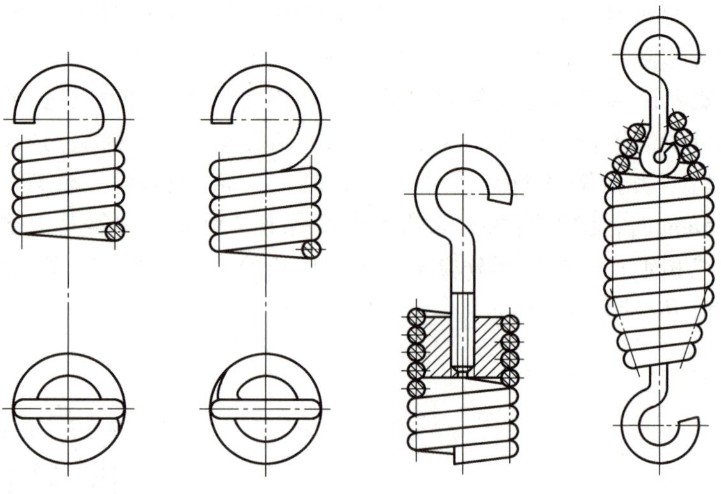

a) LⅠ型　b) LⅡ型　c) LⅦ型　d) LⅧ型

图 11-4　圆柱螺旋拉伸弹簧挂钩的型式

11.2.2　圆柱螺旋弹簧的制造

螺旋弹簧的制造工艺包括卷制、挂钩的制作或端面圈的精加工、热处理、工艺试验及强压处理。卷制分冷卷及热卷两种。冷卷用于经预备热处理后拉成的直径 $d <$ （8～10） mm 的弹簧丝；直径较大弹簧丝制作的强力弹簧则用热卷。热卷时的温度随弹簧丝的粗细在 800～1000℃范围内选择。

对于重要的压缩弹簧，为了保证两端的承压面与其轴线垂直，应将端面圈在专用的磨床上磨平；对于拉伸及扭转弹簧，为了便于联接、固着及加载，两端应制有挂钩或杆臂（图 11-4 及图 11-13）。

弹簧在完成上述工序后，均应进行热处理。冷卷后的弹簧只做回火处理，以消除卷制时产生的内应力。热卷后的弹簧需经淬火及中温回火处理。热处理后的弹簧，表面不应出现显著的脱碳层。

此外，弹簧还需进行工艺试验和根据弹簧的技术条件规定进行精度、冲击、疲劳等试验，以检验弹簧是否符合技术要求。需要特别指出的是，弹簧的持久强度和抗冲击强度，在很大程度上取决于弹簧丝的表面状况，所以弹簧丝表面必须光洁，没有裂纹和伤痕等缺陷。表面脱碳会严重影响材料的持久强度和抗冲击性能。

弹簧的类型和材料很多，为适合不同的工作条件，应合理选择。弹簧的设计主要应解决强度、刚度问题。强度计算可求得弹簧丝直径 d。d 的大小主要与弹簧所受的最大载荷及弹簧材料有关。刚度计算可求得弹簧的圈数 n，刚度越大所需的圈数越少。同时还要满足不失稳的条件。

为了提高承载能力，还可在弹簧制成后进行强压处理或喷丸处理。强压处理是使弹簧在超过极限载荷作用下持续 6~48h，以便在弹簧丝截面的表层高应力区产生塑性变形和与工作应力反向的残余应力，使弹簧在工作时的最大应力下降，提高弹簧的承载能力。但用于长期振动、高温或腐蚀性介质中的弹簧，不宜进行强压处理。

11.2.3 圆柱螺旋弹簧的材料及许用应力

为了使弹簧能够可靠地工作，弹簧材料必须具有高的弹性极限和疲劳极限，同时应具有足够的韧性和塑性，以及良好的可热处理性。弹簧材料有碳素弹簧钢、合金弹簧钢、不锈弹簧钢以及铜合金、镍合金和橡胶等。选择材料时，应根据弹簧的载荷大小、载荷性质及循环特性、工作强度、周围介质以及重要程度来进行。弹簧的许用应力是设计弹簧、确定是否进行强化处理的关键力学指标。它表示弹簧材料安全承受载荷的能力，随材料的种类、负荷性质的不同而不同。常见弹簧材料的许用应力和力学性能见表 11-2。

表 11-2 常见弹簧材料的许用应力和力学性能

材料及代号	许用切应力 $[\tau]$/MPa			许用弯曲应力 $[\sigma_b]$/MPa		弹性模量 E/MPa	切变模量 G/MPa	推荐使用温度/℃	推荐硬度 HRC	特性及用途
	Ⅰ类	Ⅱ类	Ⅲ类	Ⅱ类	Ⅲ类					
碳素弹簧钢丝（SL、SM、DM、SH、DH 级） 65Mn	$0.3R_m$	$0.4R_m$	$0.5R_m$	$0.5R_m$	$0.625R_m$	$0.5\leqslant d\leqslant4$ 205000~207500 $d>4$ 200000	$0.5\leqslant d\leqslant4$ 80000~83000 $d>4$ 80000	-14~130	—	强度高，加工性能好，适用于小尺寸弹簧。65Mn 弹簧钢丝用作重要弹簧
60Si2Mn 60Si2MnA	480	640	800	800	1000	200000	80000	-14~200	45~50	弹性好，回火稳定性好，易脱碳，用于承受大载荷弹簧
50CrVA	450	600	750	750	940			-14~210		疲劳性能好，淬透性好，回火稳定性好

注：1. 弹簧按载荷性质分为三类：Ⅰ类—受载荷作用次数在 10^6 以上的弹簧；Ⅱ类—受载荷作用次数在 10^3~10^5 及冲击载荷的弹簧；Ⅲ—受载荷作用次数在 10^3 以下的弹簧。碳素弹簧钢丝按力学性能及载荷特点分为 SL、SM、DM、SH、DH 级，详见表 11-3。

2. 碳素弹簧钢丝的抗拉强度见表 11-3。65Mn 弹簧钢丝的抗拉强度见表 11-4。

3. 各类螺旋拉、压弹簧的极限工作应力 τ_{lim}。对于Ⅰ类、Ⅱ类弹簧 $\tau_{lim}\leqslant0.5R_m$，对于Ⅲ类弹簧，$\tau_{lim}\leqslant0.56R_m$。

4. 表中许用切应力为压缩弹簧的许用值，拉伸弹簧的许用切应力为压缩弹簧的 80%。

5. 经强压处理的弹簧，其许用应力可增大 25%。

表 11-3 碳素弹簧钢丝的抗拉强度（摘自 GB/T 4357—2022）

钢丝公称直径/mm	碳素弹簧钢丝的抗拉强度 R_m/MPa				
	SL 级	SM 级	DM 级	SH 级	DH 级
1.25	1660~1900	1910~2130	1910~2130	2140~2380	2140~2380

（续）

钢丝公称直径/mm	碳素弹簧钢丝的抗拉强度 R_m/MPa				
	SL 级	SM 级	DM 级	SH 级	DH 级
1.30	1640~1890	1900~2130	1900~2130	2140~2370	2140~2370
1.40	1620~1860	1870~2100	1870~2100	2110~2340	2110~2340
1.50	1600~1840	1850~2080	1850~2080	2090~2310	2090~2310
1.60	1590~1820	1830~2050	1830~2050	2060~2290	2060~2290
1.70	1570~1800	1810~2030	1810~2030	2040~2260	2040~2260
1.80	1550~1780	1790~2010	1790~2010	2020~2240	2020~2240
1.90	1540~1760	1770~1990	1770~1990	2000~2220	2000~2220
2.00	1520~1750	1760~1970	1760~1970	1980~2200	1980~2200
2.10	1510~1730	1740~1960	1740~1960	1970~2180	1970~2180
2.25	1490~1710	1720~1930	1720~1930	1940~2150	1940~2150
2.40	1470~1690	1700~1910	1700~1910	1920~2130	1920~2130
2.50	1460~1680	1690~1890	1690~1890	1900~2110	1900~2110
2.60	1450~1660	1670~1880	1670~1880	1890~2100	1890~2100
2.80	1420~1640	1650~1850	1650~1850	1860~2070	1860~2070
3.00	1410~1620	1630~1830	1630~1830	1840~2040	1840~2040
3.20	1390~1600	1610~1810	1610~1810	1820~2020	1820~2020
3.40	1370~1580	1590~1780	1590~1780	1790~1990	1790~1990
3.60	1350~1560	1570~1760	1570~1760	1770~1970	1770~1970
3.80	1340~1540	1550~1740	1550~1740	1750~1950	1750~1950
4.00	1320~1520	1530~1730	1530~1730	1740~1930	1740~1930
4.25	1310~1500	1510~1700	1510~1700	1710~1900	1710~1900
4.50	1290~1490	1500~1680	1500~1680	1690~1880	1690~1880
4.75	1270~1470	1480~1670	1480~1670	1680~1840	1680~1840
5.00	1260~1450	1460~1650	1460~1650	1660~1830	1660~1830
5.30	1240~1430	1440~1630	1440~1630	1640~1820	1640~1820

注：1. 钢丝按照抗拉强度分为低抗拉强度、中等抗拉强度和高抗拉强度，分别用符号 L、M 和 H 代表。按照弹簧载荷特点分为静载荷和动载荷，分别用 S 和 D 代表。

2. 中间尺寸钢丝抗拉强度值按表中相邻较大钢丝的规定执行。

3. 对特殊用途的钢丝，可确定其他抗拉强度。

4. 对直径为 0.08~0.18mm 的 DH 级钢丝，经供需双方协商，其抗拉强度波动值范围可规定为 300MPa。

表 11-4　65Mn 弹簧钢丝的抗拉强度

钢丝直径 d/mm	1~1.2	1.4~1.6	1.8~2	2.2~2.5	2.8~3.4
R_m/MPa	1800	1750	1700	1650	1600

常用弹簧钢主要有下列五种。

1. 碳素弹簧钢

这种弹簧钢（如 65、70 钢）的优点是价格便宜，原材料方便获取；缺点是弹性极限低，多次重复变形后易失去弹性，且不能在高于 130℃ 的温度下正常工作。

2. 低锰弹簧钢

这种弹簧钢（如 65Mn）与碳素弹簧钢相比，优点是淬透性较好和强度较高；缺点是淬火后容易产生裂纹及热脆性。但由于价格便宜，所以一般机械上常用于制造尺寸不大的弹簧，如离合器弹簧等。

3. 硅锰弹簧钢

这种弹簧钢（如 60Si2MnA）中因加入了硅，故可显著地提高弹性极限，并提高了回火稳定性，因而可在更高的温度下回火，从而得到良好的力学性能。硅锰弹簧钢在工业中得到了广泛的应用，一般用于制造汽车、拖拉机的螺旋弹簧。

4. 铬钒弹簧钢

这种弹簧钢（如 50CrVA）中加入钒的目的是细化组织，提高钢的强度和韧性。这种材料的耐疲劳和抗冲击性能良好，并能在-40~210℃的温度下可靠工作，但价格较贵。多用于要求较高的场合，如用于制造航空发动机调节系统中的弹簧。

此外，某些不锈钢和青铜等材料，具有耐腐蚀的特点，青铜还具有防磁性和导电性，故常用于制造化工设备中或工作于腐蚀性介质中的弹簧。其缺点是不容易热处理，力学性能较差，所以在一般机械中很少采用。

在选择材料时，应考虑弹簧的用途、重要程度、使用条件（包括载荷性质、大小及循环特性，工作持续时间，工作温度和周围介质情况等），以及加工、热处理和经济性等因素。同时，也要参照现有设备中使用的弹簧，选择出较为合适的材料。

弹簧材料的许用切应力 $[\tau]$ 和许用弯曲应力 $[\sigma_b]$ 的大小与载荷性质有关，静载荷时的 $[\tau]$ 或 $[\sigma_b]$ 较变载荷时的大。表 11-2 中推荐的几种常用材料及其 $[\tau]$ 和 $[\sigma_b]$ 值可供设计时参考。碳素弹簧钢丝和 65Mn 弹簧钢丝的抗拉强度 R_m 按表 11-3 和表 11-4 选取。

11.3 圆柱螺旋压缩（拉伸）弹簧的设计计算

11.3.1 几何参数计算

普通圆柱螺旋弹簧的主要几何尺寸有：外径 D_2、中径 D、内径 D_1、节距 p、螺旋升角 α 及弹簧直径 d。由图 11-5 可知，它们的关系为

$$\alpha = \arctan \frac{p}{\pi D} \tag{11-2}$$

式中，α 为弹簧的螺旋升角，对圆柱螺旋压缩弹簧一般在 5°~9°范围内选取。

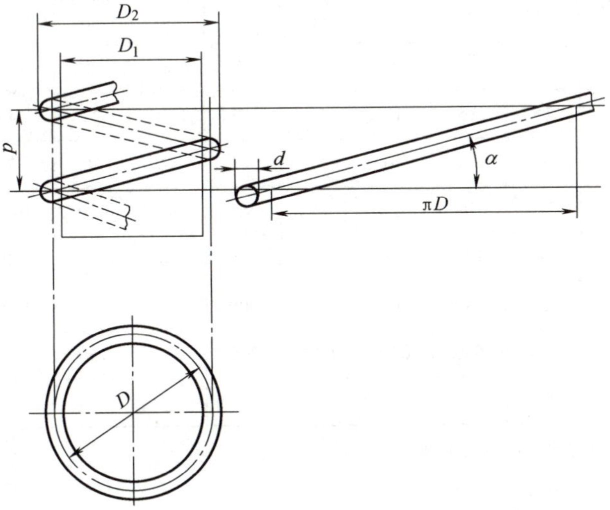

图 11-5 圆柱螺旋弹簧的几何尺寸参数

弹簧的旋向可以右旋或左旋，但无特殊要求时，一般都用右旋。

计算出的弹簧丝直径 d 及弹簧中径 D 等按表 11-5 的数值圆整。普通圆柱螺旋压缩及拉伸弹簧的结构尺寸计算公式见表 11-6。

表 11-5 圆柱螺旋弹簧尺寸系列（摘自 GB/T 1358—2009）

弹簧丝直径 d/mm	第一系列	0.10	0.12	0.14	0.16	0.20	0.25	0.30	0.35	0.40	0.45	0.50	0.60
		0.70	0.80	0.90	1.00	1.20	1.60	2.00	2.50	3.00	3.50	4.00	4.50
		5.00	6.00	8.00	10.0	12.0	15.0	16.0	20.0	25.0	30.0	35.0	40.0
		45.0	50.0	60.0									
	第二系列	0.05	0.06	0.07	0.08	0.09	0.18	0.22	0.28	0.32	0.55	0.65	1.40
		1.80	2.20	2.80	3.20	5.50	6.50	7.00	9.00	11.0	14.0	18.0	22.0
		28.0	32.0	38.0	42.0	55.0							
弹簧中径 D/mm		0.3	0.4	0.5	0.6	0.7	0.8	0.9	1	1.2	1.4	1.6	1.8
		2	2.2	2.5	2.8	3	3.2	3.5	3.8	4	4.2	4.5	4.8
		5	5.5	6	6.5	7	7.5	8	8.5	9	10	12	14
		16	18	20	22	25	28	30	32	38	42	45	48
		50	52	55	58	60	65	70	75	80	85	90	95
		100	105	110	115	120	125	130	135	140	145	150	160
		170	180	190	200	210	220	230	240	250	260	270	280
		290	300	320	340	360	380	400	450	500	550	600	
有效圈数 n	压缩弹簧	2	2.25	2.5	2.75	3	3.25	3.5	3.75	4	4.25	4.5	4.75
		5	5.5	6	6.5	7	7.5	8	8.5	9	9.5	10	10.5
		11.5	12.5	13.5	14.5	15	16	18	20	22	25	28	30
	拉伸弹簧	2	3	4	5	6	7	8	9	10	11	12	13
		14	15	16	17	18	19	20	22	25	28	30	35
		40	45	50	55	60	65	70	80	90	100		
自由高度 H_0/mm	压缩弹簧	2	3	4	5	6	7	8	9	10	11	12	13
		14	15	16	17	18	19	20	22	24	26	28	30
		32	35	38	40	42	45	48	50	52	55	58	60
		65	70	75	80	85	90	95	100	105	110	115	120
		130	140	150	160	170	180	190	200	220	240	260	280
		300	320	340	360	380	400	420	450	480	500	520	550
		580	600	620	650	680	700	720	750	780	800	850	900
		950	1000										

注：1. 本表适用于一般用途的圆柱螺旋弹簧。

2. 弹簧丝直径应优先采用第一系列。

3. 拉伸弹簧有效圈数除按表中规定外，因两钩环相对位置不同，其尾数还可为 0.25、0.5、0.75。

表 11-6 普通圆柱螺旋压缩及拉伸弹簧的结构尺寸计算公式

参数名称及代号	计算公式		备注
	压缩弹簧	拉伸弹簧	
中径 D	$D=Cd$		按表 11-5 取标准值
内径 D_1	$D_1=D-d$		
外径 D_2	$D_2=D+d$		
旋绕比 C	$C=D/d$		
压缩弹簧长细比 b	$b=\dfrac{H_0}{D}$		b 在 1~5.3 的范围内选取
自由高度或长度 H_0	两端并紧，磨平： $H_0=pn+(1.5\sim2)d$ 两端并紧，不磨平： $H_0=pn+(3\sim3.5)d$	$H_0=nd+H_h$	H_h 为钩环轴向长度
工作高度或长度 H_1，H_2，…，H_n	$H_n=H_0-\lambda_n$	$H_n=H_0+\lambda_n$	λ_n 为工作变形量
有效圈数 n	根据要求变形量按式(11-11)计算		$n\geqslant2$
总圈数 n_1	冷卷： $n_1=n+(2\sim2.5)$ YⅡ型热卷： $n_1=n+(1.5\sim2)$	$n_1=n$	拉伸弹簧 n_1 尾数为$\frac{1}{4}$、$\frac{1}{2}$、$\frac{3}{4}$整圈，推荐用$\frac{1}{2}$圈
节距 p	$p=(0.28\sim0.5)D$	$p=d$	
轴向间距 δ	$\delta=p-d$	$\delta=0$	
展开长度 L	$L=\dfrac{\pi Dn_1}{\cos\alpha}$	$L\approx\pi Dn+L_h$	L_h 为钩环展开长度
螺旋角 α	$\alpha=\arctan\dfrac{p}{\pi D}$		对压缩螺旋弹簧，推荐 $\alpha=5°\sim9°$
质量 m_s	$m_s=\dfrac{\pi d^2}{4}L\gamma$		γ 为材料的密度，对各种钢，$\gamma=7700\text{kg/m}^3$；对铍青铜 $\gamma=8100\text{kg/m}^3$

11.3.2 特性曲线

弹簧应具有经久不变的弹性，且不允许产生永久变形。因此在设计弹簧时，务必使其工作应力在弹性极限范围内。在这个范围内工作的压缩弹簧，当承受轴向载荷 F 时，弹簧将产生相应的弹性变形，如图 11-6a 所示。为了表示弹簧的载荷与变形的关系，取纵坐标表示弹簧承受的载荷，横坐标表示弹簧的变形，通常载荷和变形成线性关系，如图 11-6b 所示。这种表示载荷与变形关系的曲线称为弹簧的特性曲线。当承受轴向载荷 F 时，圆柱螺旋拉伸弹簧将产生相应的弹性变形，如图 11-7a 所示，图 11-7b 所示为无预应力的拉伸弹簧的特性曲线，图 11-7c 所示为有预应力的拉伸弹簧的特性曲线。

图 11-6a 中的 H_0 是压缩弹簧在没有承受外力时的自由长度。弹簧在安装时，通常预加一个压力 F_{min}，使它可靠地稳定在安装位置上。F_{min} 称为弹簧的最小载荷（安装载荷）。在

它的作用下，弹簧的长度被压缩到 H_1，其压缩变形量为 λ_{min}。F_{max} 为弹簧承受的最大工作载荷。在 F_{max} 的作用下，弹簧长度减到 H_2，其压缩变形量增加到 λ_{max}。λ_{max} 与 λ_{min} 的差即为弹簧的工作行程 h，$h=\lambda_{max}-\lambda_{min}$。$F_{lim}$ 为弹簧的极限载荷，在该力的作用下，弹簧丝内的应力达到了材料的弹性极限。与 F_{lim} 对应的弹簧长度为 H_3，压缩变形量为 λ_{lim}，产生的极限应力为 τ_{lim}。

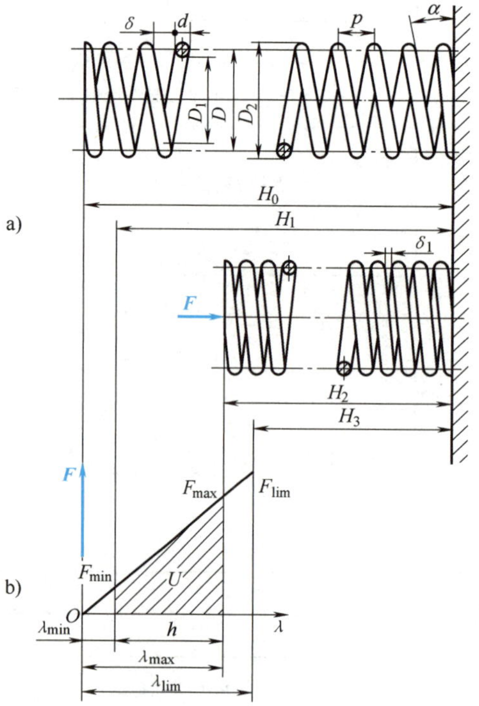

图 11-6　圆柱螺旋压缩弹簧的特性曲线

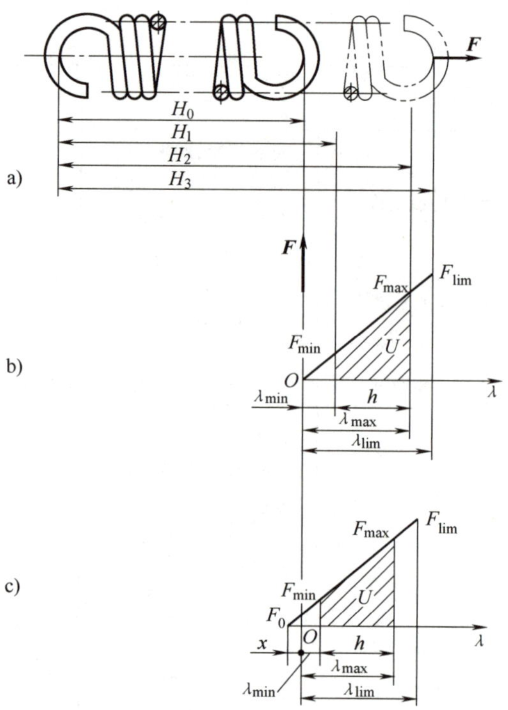

图 11-7　圆柱螺旋拉伸弹簧的特性曲线

等节距的圆柱螺旋压缩弹簧的特性曲线为一直线，也即

$$\frac{F_{min}}{\lambda_{min}}=\frac{F_{max}}{\lambda_{max}}=\cdots=\text{常数} \tag{11-3}$$

压缩弹簧的最小工作载荷通常取为 $F_{min}=(0.1\sim0.5)F_{max}$；但对有预应力的拉伸弹簧，如图 11-7c 所示，$F_{min}>F_0$，F_0 为使具有预应力的拉伸弹簧开始变形时所需的初拉力，有预应力的拉伸弹簧相当于有预变形量 x。因而在同样的 F 作用下，有预应力的拉伸弹簧产生的变形要比没有预应力时小。

弹簧的最大工作载荷 F_{max}，由弹簧在机构中的工作条件决定，但不应达到它的极限载荷，通常应保持 $F_{max}\leqslant0.8F_{lim}$。

弹簧的特性曲线应绘在弹簧工作图中，作为检验和试验时的依据之一。此外，在设计弹簧时，利用特性曲线分析受载与变形的关系也较方便。

11.3.3　圆柱螺旋弹簧受载时的应力及变形

圆柱螺旋弹簧丝的截面多为圆形截面，也有矩形截面的情况。下面的分析主要是针对圆形截面弹簧丝的圆柱螺旋弹簧进行。

圆柱螺旋弹簧受压或受拉时，弹簧丝的受力情况是完全一样的。现就图 11-8 所示的圆形截面弹簧丝的压缩弹簧承受轴向载荷 F 的情况进行分析。

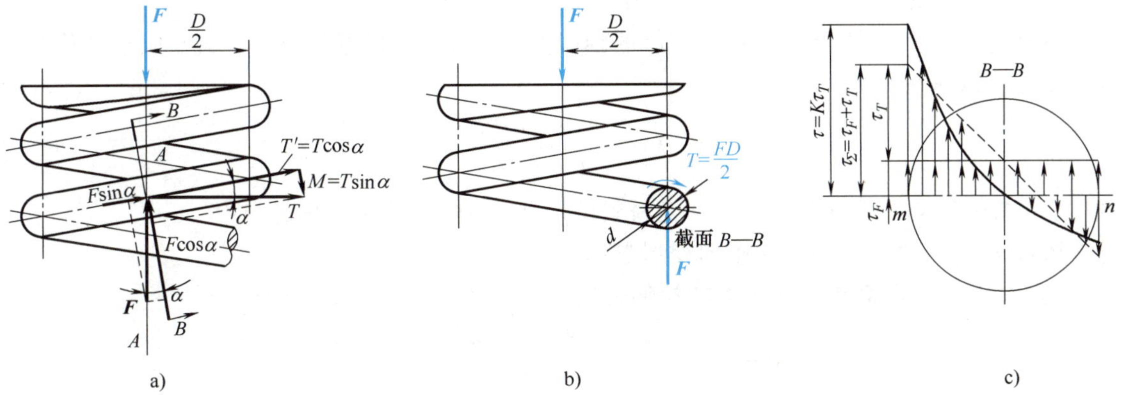

图 11-8 圆柱螺旋压缩弹簧的受力及应力分析

由图 11-8a 可知（图中弹簧下部断去，未画出），由于弹簧丝具有升角 α，故在通过弹簧轴线的截面上，弹簧丝的截面 $A—A$ 呈椭圆形，该截面上作用着力 F 及扭矩 $T=FD/2$。因而在弹簧丝的法向截面 $B—B$ 上作用有横向力 $F\cos\alpha$、轴向力 $F\sin\alpha$、弯矩 $M=T\sin\alpha$ 及扭矩 $T'=T\cos\alpha$。

由于弹簧螺旋升角一般取为 $\alpha=5°\sim9°$，故 $\sin\alpha\approx0$，$\cos\alpha\approx1$，如图 11-8b 所示，则截面 $B—B$ 上的应力如图 11-8c 所示，可近似地取为

$$\tau_\Sigma=\tau_F+\tau_T=\frac{F}{\frac{\pi d^2}{4}}+\frac{F\frac{D}{2}}{\frac{\pi d^3}{16}}=\frac{4F}{\pi d^2}\left(1+\frac{2D}{d}\right)=\frac{4F}{\pi d^2}(1+2C) \tag{11-4}$$

式中，$C=D/d$ 称为旋绕比（或弹簧指数）。为了使弹簧本身较为稳定，不致颤动和过软，C 值不能太大；但为避免卷绕时弹簧丝受到强烈弯曲，C 值又不应太小。C 值的范围为 4～16（见表 11-7），常用值为 5～8。

表 11-7 常用旋绕比 C 值

d/mm	0.2～0.4	0.45～1	1.1～2.2	2.5～6	7～16	18～42
$C=D/d$	7～14	5～12	5～10	4～9	4～8	4～6

为了简化计算，通常在式（11-4）中取 $1+2C\approx2C$（因为当 $C=4\sim16$ 时，$2C\gg1$，实质上即为略去了 τ_F），由于弹簧螺旋升角和曲率的影响，弹簧丝截面中的应力分布将如图 11-8c 中的粗实线所示。由图 11-8c 可知，最大应力产生在弹簧丝截面内侧的点 m 处。实践证明，弹簧的破坏也大多由该点开始。为了考虑弹簧螺旋升角和曲率对弹簧丝中应力的影响，现引入曲度系数 K，则弹簧丝内侧的最大应力及强度条件可表示为

$$\tau=K\tau_T=K\frac{8CF}{\pi d^2}\leqslant[\tau] \tag{11-5}$$

式中，K 为弹簧曲度系数，对于圆形截面弹簧丝可按下式计算：

$$K \approx \frac{4C-1}{4C-4}+\frac{0.615}{C} \tag{11-6}$$

式（11-5）用于设计时确定弹簧丝的直径 d。

圆柱螺旋压缩（拉伸）弹簧受载后的轴向变形量 λ，可根据材料力学关于圆柱螺旋弹簧变形量的公式求得，即

$$\lambda=\frac{8FD^3n}{Gd^4}=\frac{8FC^3n}{Gd} \tag{11-7}$$

式中，n 为弹簧的有效圈数；G 为弹簧材料的切变模量（MPa），见表 11-2。

若以 F_{max} 代替 F，则最大轴向变形量如下：

1）对于压缩弹簧和无预应力的拉伸弹簧

$$\lambda_{max}=\frac{8F_{max}C^3n}{Gd} \tag{11-8}$$

2）对于有预应力的拉伸弹簧

$$\lambda_{max}=\frac{8(F_{max}-F_0)C^3n}{Gd} \tag{11-9}$$

拉伸弹簧的初拉力（或初应力）取决于材料、弹簧丝直径、弹簧旋绕比和加工方法。用不需淬火的弹簧钢丝制成的拉伸弹簧，均有一定的初拉力。当不需要初拉力时，各圈间应有间隙。经淬火的弹簧，没有初拉力。当选取初拉力时，推荐初应力 τ'_0 的值在图 11-9 所示的阴影区内选取。

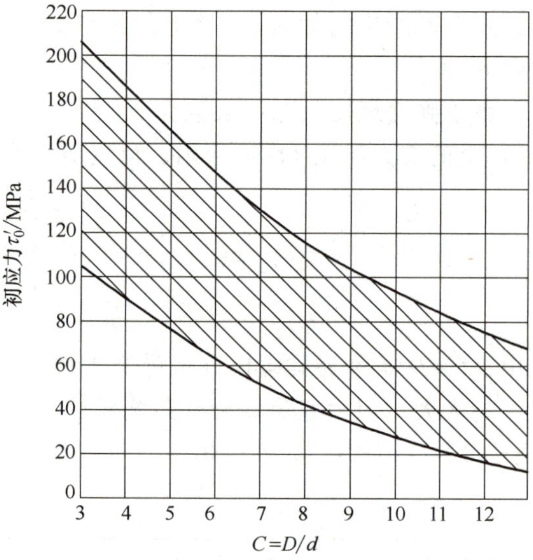

图 11-9　弹簧初应力的选择范围

初拉力按下式计算：

$$F_0=\frac{\pi d^3\tau'_0}{8KD} \tag{11-10}$$

使弹簧产生单位变形所需的载荷 k_F 称为弹簧刚度，即

$$k_F=\frac{F}{\lambda}=\frac{Gd}{8C^3n}=\frac{Gd^4}{8D^3n} \tag{11-11}$$

弹簧刚度是表征弹簧性能的主要参数之一。它表示使弹簧产生单位变形时所需的力，刚度越大，需要的力越大，则弹簧的弹力就越大。影响弹簧刚度的因素很多，从式（11-11）可知，k_F 与 C 的三次方成反比，即 C 值对 k_F 的影响很大，所以，合理地选择 C 值就能控制弹簧的弹力。另外，k_F 还与 G、d、n 有关，在调整弹簧刚度 k_F 时，应综合考虑这些因素的影响。

11.3.4　圆柱螺旋压缩（拉伸）弹簧的设计

在设计时，通常是根据弹簧的最大载荷、最大变形，以及结构要求（如安装空间对弹簧尺寸的限制）等来决定弹簧丝直径、弹簧中径、工作圈数、弹簧的螺旋升角和长度等。

具体设计方法和步骤如下：

1）根据工作情况及具体条件选定材料，并查取其力学性能数据。

2）选择旋绕比 C，通常可取 $C\approx5\sim8$（极限状态下为 4～16），并按式（11-6）算出曲度系数 K 值。

3）根据安装空间初设弹簧中径 D，根据 C 值估取弹簧丝直径 d，并由表 11-2 查取弹簧丝的许用应力。

4）试算弹簧丝直径 d'，由式（11-5）可得

$$d'\geqslant1.6\sqrt{\frac{F_{max}KC}{[\tau]}} \tag{11-12}$$

当弹簧材料选用碳素弹簧钢丝或 65Mn 弹簧钢丝时，因钢丝的许用应力决定于其 R_m，而 R_m 是随着钢丝的直径 d 变化的（见表 11-3 和表 11-4），所以计算时需先假设一个 d 值，然后进行试算。最后的 d、D、n 及 H_0 值应符合表 11-5 所给的标准尺寸系列。

5）根据变形条件求弹簧工作圈数。由式（11-8）、式（11-9）可知：

$$\left.\begin{aligned}&\text{对于有预应力的拉伸弹簧} \quad n=\frac{Gd}{8(F_{max}-F_0)C^3}\lambda_{max}\\&\text{对于压缩弹簧或无预应力的拉伸弹簧} \quad n=\frac{Gd}{8F_{max}C^3}\lambda_{max}\end{aligned}\right\} \tag{11-13}$$

6）求出弹簧的尺寸 D_2、D_1、H_0，并检查其是否符合安装要求等。若不符合，则应改选有关参数（如 C 值）重新设计。

7）验算稳定性。对于压缩弹簧，若其长度较大时，则受力后容易失去稳定性，如图 11-10a 所示，这在工作中是不允许的。为了便于制造及避免失稳现象，建议一般压缩弹簧的长细比 $b=H_0/D$ 按下列情况选取：当两端固定时，取 $b<5.3$；当一端固定，另一端自由转动时，取 $b<3.7$；当两端自由转动时，取 $b<2.6$。

当 b 大于上述数值时，要进行稳定性计算，并应满足：

$$F_c=C_uk_FH_0>F_{max} \tag{11-14}$$

式中，F_c 为稳定时的临界载荷（N）；C_u 为不稳定系数，从图 11-11 中查得；F_{max} 为弹簧的最大工作载荷（N）。

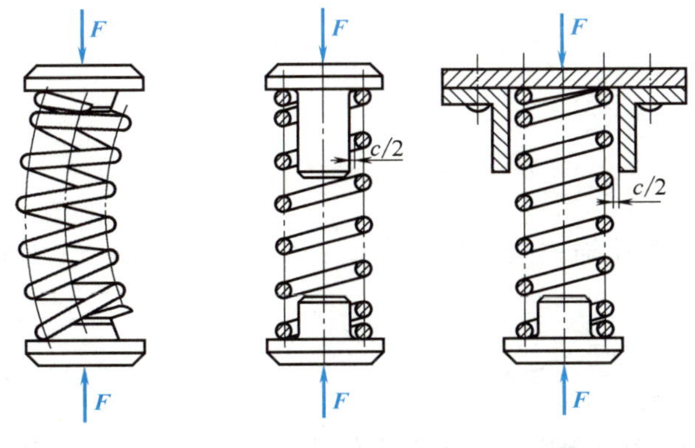

图 11-10 压缩弹簧失稳及对策

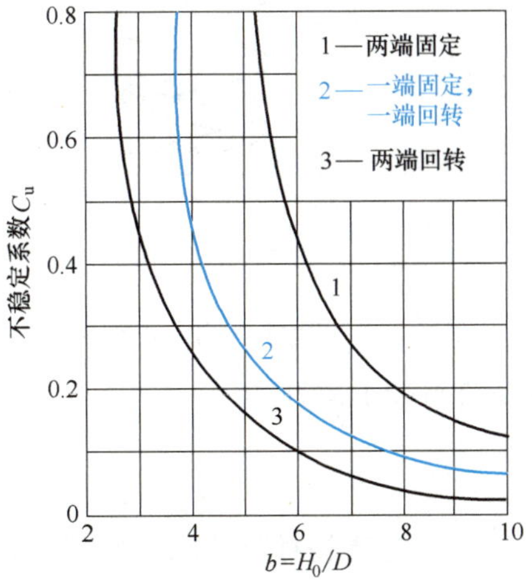

图 11-11 不稳定系数线图

当 $F_{max}>F_c$ 时，要重新选取参数，改变 b 值，提高 F_c 值，使其大于 F_{max} 值，以保证弹簧的稳定性，当条件受到限制而不能改变参数时，则应加装导杆或导套，如图 11-10b、c 所示。导杆（导套）与弹簧间的间隙 c 值（直径差）按表 11-8 的规定选取。

表 11-8　导杆（导套）与弹簧间的间隙 c 值

中径 D/mm	≤5	>5~10	>10~18	>18~30	>30~50	>50~80	>80~120	>120~150
间隙 c/mm	0.6	1	2	3	4	5	6	7

8）疲劳强度和静应力强度的验算。对于循环次数较多、在变应力下工作的重要弹簧，还应该进一步对弹簧的疲劳强度和静应力强度进行验算（当变载荷的作用次数 $N\leqslant10^3$，或载荷变化的幅度不大时，可只进行静应力强度验算）。

① 疲劳强度验算。图 11-12 所示为弹簧在变载荷作用下的应力变化状态。图中 H_0 为弹簧的自由长度，F_1 和 λ_1 为安装载荷和预压变形量，F_2 和 λ_2 为工作时的最大载荷和最大变形量。当弹簧所受载荷在 F_1 和 F_2 之间不断循环变化时，根据式（11-5）可得弹簧材料内部所产生的最大和最小循环切应力分别为

$$\tau_{max}=\frac{8KD}{\pi d^3}F_2 \tag{11-15}$$

$$\tau_{min}=\frac{8KD}{\pi d^3}F_1 \tag{11-16}$$

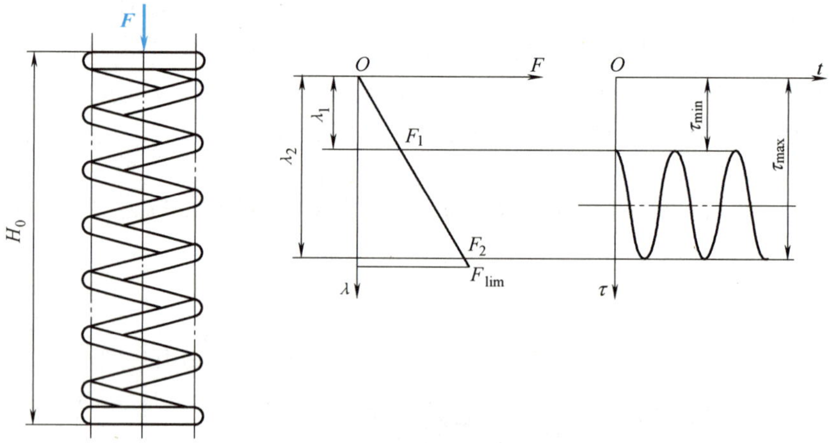

图 11-12　弹簧在变载荷作用下的应力变化状态

对应于上述变应力作用下的普通圆柱螺旋压缩弹簧，疲劳强度安全系数计算值 S_{ca} 及强度条件可按下式计算：

$$S_{ca}=\frac{\tau_0+0.75\tau_{min}}{\tau_{max}}\geqslant S_F \tag{11-17}$$

式中，τ_0 为弹簧材料的脉动循环剪切疲劳极限（MPa），按变载荷作用次数 N 由表 11-9 中查取；S_F 为弹簧疲劳强度的设计安全系数，当弹簧的设计计算和材料的力学性能数据精确性高时，取 $S_F=1.3\sim1.7$；当精确性低时，取 $S_F=1.8\sim2.2$。

表 11-9 弹簧材料的脉动循环剪切疲劳极限

变载荷作用次数 N	10^4	10^5	10^6	10^7
τ_0/MPa	$0.45R_m$	$0.35R_m$	$0.33R_m$	$0.3R_m$

注：1. 此表适用于高优质钢丝、不锈钢丝、铍青铜和硅青铜丝。

2. 对喷丸处理的弹簧，表中数值可提高 20%。

3. 对于硅青铜、不锈钢丝，$N=10^4$ 时的 τ_0 值可取 $0.35R_m$。

4. 表中 R_m 为弹簧材料的抗拉强度（MPa）。

② 静应力强度验算。静应力强度安全系数计算值 S_{sca} 的计算公式及强度条件为

$$S_{sca}=\frac{\tau_s}{\tau_{max}}\geqslant S_s \tag{11-18}$$

式中，τ_s 为弹簧材料的剪切屈服极限（MPa）；S_s 为弹簧静应力强度的设计安全系数，它的选取与 S_F 相同。

9）振动验算。承受变载荷的圆柱螺旋弹簧常是在加载频率很高的情况下工作（如内燃机气缸阀门弹簧）。为了避免引起弹簧的谐振而导致弹簧的破坏，需对弹簧进行振动验算，以保证其临界工作频率（即工作频率的许用值）远低于其基本自振频率。

圆柱螺旋弹簧的基本自振频率 f_b（单位为 Hz）为

$$f_b=\frac{1}{2}\sqrt{\frac{k_F}{m_s}} \tag{11-19}$$

式中，k_F 为弹簧刚度（N/mm），见式（11-11）；m_s 为弹簧质量（kg），见表 11-6。

将 k_F、m_s 的关系式代入式（11-19），并取 $n\approx n_1$，则

$$f_b=\frac{1}{2}\sqrt{\frac{Gd^4/(8D^3n)}{\pi^2d^2Dn_1\gamma/(4\cos\alpha)}}\approx\frac{d}{8.9D^2n_1}\sqrt{\frac{G\cos\alpha}{\gamma}} \tag{11-20}$$

式中各符号意义及单位同前。

弹簧的基本自振频率 f_b 应不低于其工作频率 f_W（单位为 Hz）的 15~20 倍，以避免引起严重的振动，即

$$f_b\geqslant(15\sim20)f_W \tag{11-21}$$

或

$$f_W\leqslant\frac{f_b}{15\sim20} \tag{11-22}$$

但弹簧的工作频率一般是预先给定的，故当弹簧的基本自振频率不能满足式（11-21）时，应增大 k_F 或减小 m_s，重新进行设计，

10）弹簧的结构设计。如对拉伸弹簧确定其钩环类型等，并按表 11-6 计算出全部有关尺寸。

11）绘制弹簧工作图。

11.4 圆柱螺旋扭转弹簧的设计计算

11.4.1 圆柱螺旋扭转弹簧的结构及特性曲线

扭转弹簧常用于压紧、储能或传递扭矩。它的两端带有杆臂或挂钩，以便固定或加载。

图 11-13 中，NⅠ型为内臂扭转弹簧，NⅡ型为外臂扭转弹簧，NⅢ型为中心臂扭转弹簧，NⅣ型为双扭簧。螺旋扭转弹簧在相邻两圈间一般留有微小的间距，以免扭转变形时相互摩擦。

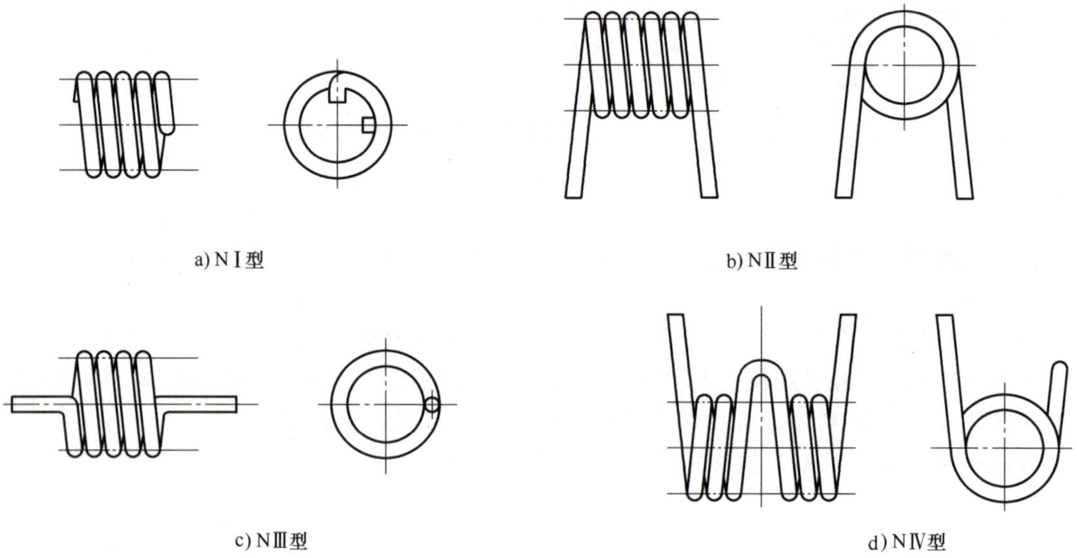

图 11-13　圆柱螺旋扭转弹簧

扭转弹簧要在其工作应力处于材料的弹性极限范围内才能正常工作，故载荷 T 与扭转角 φ 间仍为线性关系，其特性曲线如图 11-14 所示。图中各符号的意义：T_{lim} 为极限工作扭矩，即达到这个载荷时，弹簧丝中的应力已接近其弹性极限；T_{max} 为最大工作扭矩，即对应于弹簧丝中的弯曲应力到达许用值时的最大工作载荷；T_{min} 为最小工作扭矩（安装值），按弹簧的功用选定，一般取 $T_{min}=(0.1\sim0.5)T_{max}$；$\varphi_{lim}$、$\varphi_{max}$、$\varphi_{min}$ 分别为对应于上述各载荷的扭转角。

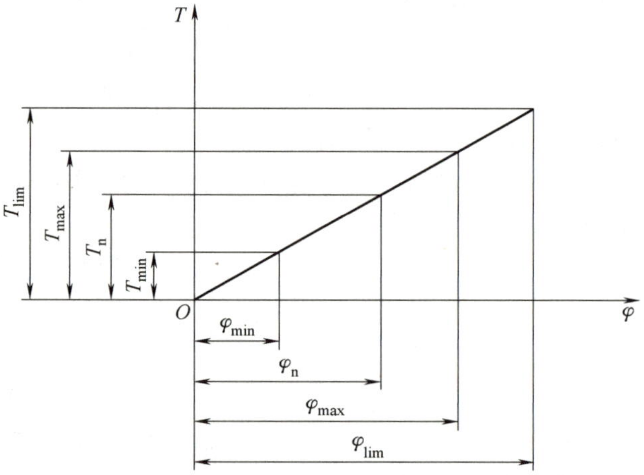

图 11-14　扭转弹簧的特性曲线

圆柱螺旋扭转弹簧用于各种机构中承受扭转力矩的地方，如常见的铁夹子、塑料夹等。应熟悉圆柱螺旋扭转弹簧的结构和几何尺寸计算。

扭转弹簧的轴向长度可仿照表 11-6 中拉伸弹簧自由长度 H_0（单位为 mm）的计算公式进行计算，即

$$H_0=n(d+\delta_0)+H_h \tag{11-23}$$

式中，δ_0 为弹簧相邻两圈间的轴向间距（mm），一般取 $\delta_0=0.1\sim0.5$mm；H_h 为挂钩或杆臂沿弹簧轴向的长度（mm）。

11.4.2 圆柱螺旋扭转弹簧受载时的应力及变形

图 11-15 所示为一承受扭矩 T 的圆柱螺旋扭转弹簧的载荷分析。取弹簧丝的任意圆形截面 $B—B$，扭矩 T 对此截面作用的载荷为一引起弯曲应力的力矩 M 及一引起扭转切应力的扭矩 T'。而 $M=T\cos\alpha$，$T'=T\sin\alpha$。因 α 很小，故 T' 的作用可以忽略不计，则 $M\approx T$，即弹簧丝截面上的应力，可以近似地按受弯矩的梁来计算，其最大弯曲应力 $\sigma_{\max}$（单位为 MPa）及强度条件（以 $T_{\max}$ 代替 T，单位为 N · mm）为

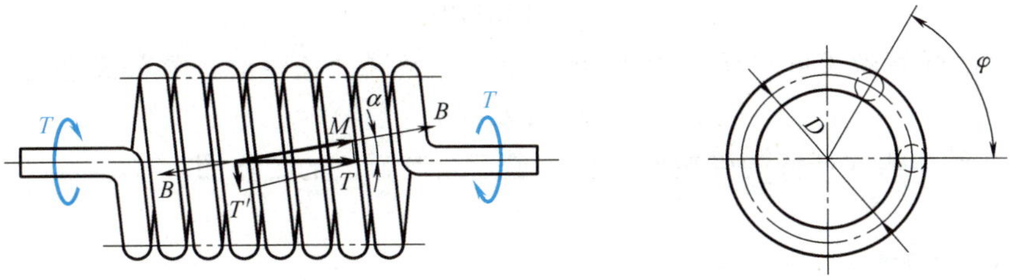

图 11-15 扭转弹簧的载荷分析

$$\sigma_{\max}=\frac{K_1 M}{W}\approx\frac{K_1 T_{\max}}{0.1d^3}\leqslant[\sigma_b] \tag{11-24}$$

式中，W 为圆形截面弹簧丝的抗弯截面系数（mm^3），即 $W=\frac{\pi d^3}{32}\approx 0.1d^3$；$d$ 为弹簧丝直径（mm）；K_1 为扭转弹簧的曲度系数（意义与前述拉压弹簧的曲度系数 K 相似），对圆形截面弹簧丝的扭转弹簧，曲度系数 $K_1=\frac{4C-1}{4C-4}$，常用 C 值为 4~16；$[\sigma_b]$ 为弹簧丝的许用弯曲应力（MPa），由表 11-2 选取。

扭转弹簧承载时的变形以其角位移来测定。弹簧受扭矩 T 作用后，因扭转变形而产生的扭转角 φ，单位为（°），可按材料力学中的公式做近似计算，即

$$\varphi\approx\frac{180^\circ TDn}{EI} \tag{11-25}$$

扭转弹簧的刚度为

$$k_T=\frac{T}{\varphi}=\frac{EI}{180^\circ Dn} \tag{11-26}$$

式中，k_T 为弹簧的扭转刚度 [N · mm/（°）]；I 为弹簧丝截面的轴惯性矩（mm^4），对于圆形截面，$I=\frac{\pi d^4}{64}$；E 为弹簧材料的弹性模量（MPa），见表 11-2；其余各符号的意义和单位同前。

11.4.3 圆柱螺旋扭转弹簧的设计

圆柱螺旋扭转弹簧的设计方法和步骤是：首先选定材料及许用应力，并选择 C 值，计算出 K_1（或暂取 $K_1=1$）；对于圆形截面弹簧丝的弹簧，将 $W=\frac{\pi d^3}{32}\approx 0.1d^3$ 代入式 (11-24)，试算出弹簧丝直径

$$d' \geqslant \sqrt[3]{\frac{K_1 T_{max}}{0.1[\sigma_b]}} \tag{11-27}$$

同前理，若弹簧是选用碳素弹簧钢丝或65Mn弹簧钢丝制造的，则应检查 d' 与原来估计的 d 值是否接近。当接近时，即可将 d' 圆整为标准直径 d，并按 d 求出弹簧的其他尺寸。然后检查各尺寸是否合适。

将式（11-26）整理后，可得出计算扭转弹簧圈数的公式为

$$n = \frac{EI\varphi}{180°TD} \tag{11-28}$$

扭转弹簧的弹簧丝长度可仿照表11-6中拉伸弹簧展开长度的计算公式进行计算，即

$$L \approx \pi Dn + L_h \tag{11-29}$$

式中，L_h 为制作挂钩或杆臂的弹簧丝长度。最后绘制弹簧的工作图。

11.5 工程案例

对于不重要的普通圆柱螺旋弹簧，也可以采用GB/T 2088—2009中提供的选型设计方法，具体方法可以参考该标准中的选用举例。

例11-1 设计一普通圆柱螺旋拉伸弹簧，已知该弹簧在一般载荷条件下工作，并要求中径 $D \approx 18\text{mm}$，外径 $D_2 \leqslant 22\text{mm}$。当弹簧拉伸变形量 $\lambda_1 = 7.5\text{mm}$ 时，拉力 $F_1 = 180\text{N}$；当弹簧拉伸变形量 $\lambda_2 = 17\text{mm}$ 时，拉力 $F_2 = 340\text{N}$。

解：（1）根据工作条件选择材料并确定其许用切应力　因弹簧在一般载荷条件下工作，可以按Ⅲ类弹簧来考虑。现选用碳素弹簧钢丝SL级。并根据 $D_2 - D \leqslant 22\text{mm} - 18\text{mm} = 4\text{mm}$，估取弹簧钢丝直径为3.0mm。由表11-3暂选 $R_m = 1410\text{MPa}$，则根据表11-2可知 $[\tau] = 0.8 \times 0.5 \times R_m = 564\text{MPa}$。

（2）根据强度条件计算弹簧钢丝直径　现选取旋绕比 $C = 6$，则由式（11-6）得

$$K = \frac{4C-1}{4C-4} + \frac{0.615}{C} = \frac{4\times6-1}{4\times6-4} + \frac{0.615}{6} \approx 1.25$$

根据式（11-12）得

$$d' \geqslant 1.6\sqrt{\frac{F_2 KC}{[\tau]}} = 1.6\times\sqrt{\frac{340\times1.25\times6}{564}}\text{mm} = 3.40\text{mm}$$

改取 $d = 3.5\text{mm}$，查得 $R_m = 1360\text{MPa}$。重新计算得 $[\tau] = 544\text{MPa}$，取 $D = 18\text{mm}$。$C = \frac{D}{d} = \frac{18}{3.5} = 5.143$，计算得 $K = 1.3006$，于是

$$d' \geqslant 1.6\times\sqrt{\frac{340\times1.3006\times5.143}{544}}\text{mm} = 3.271\text{mm}$$

上值与原估值相近，根据表11-5取弹簧钢丝标准直径 $d = 3.5\text{mm}$。此时 $D = 18\text{mm}$，为标准值，则

$$D_2 = D + d = 18\text{mm} + 3.5\text{mm} = 21.5\text{mm} < 22\text{mm}$$

所得尺寸与例题中的限制条件相符，合适。

（3）根据刚度条件计算弹簧工作圈数 n 由式（11-11）得弹簧刚度为

$$k_F=\frac{F_2-F_1}{\lambda_2-\lambda_1}=\frac{340-180}{17-7.5}\text{N/mm}=16.8\text{N/mm}$$

由表 11-2 取 $G=82000\text{MPa}$，则弹簧圈数 n 为

$$n=\frac{Gd^4}{8D^3k_F}=\frac{82000\times3.5^4}{8\times18^3\times16.8}=15.70$$

取 $n=16$ 圈。此时弹簧的刚度为

$$k_F=15.70\times\frac{16.8}{16}\text{N/mm}=16.49\text{N/mm}$$

（4）验算

1）弹簧初拉力：

$$F_0=F_1-k_F\lambda_1=180\text{N}-16.49\times7.5\text{N}=56.33\text{N}$$

初应力 τ'_0 应按式（11-10）得

$$\tau'_0=K\frac{8F_0D}{\pi d^3}=1.3006\times\frac{8\times56.33\times18}{\pi\times3.5^3}\text{MPa}=78.32\text{MPa}$$

根据图 11-9，当 $C=5.143$ 时，初应力 τ'_0 的推荐值为 75~160MPa，故初应力值合适。

2）极限工作应力 $\tau_{\lim}$。取 $\tau_{\lim}=0.56R_m$，则

$$\tau_{\lim}=0.56\times1360\text{MPa}=761.6\text{MPa}$$

3）极限工作载荷：

$$F_{\lim}=\frac{\pi d^3\tau_{\lim}}{8DK}=\frac{\pi\times3.5^3\times761.6}{8\times18\times1.3006}\text{N}=547.46\text{N}$$

（5）结构设计 选定两端钩环，并计算出全部尺寸（略）。

例 11-2 试设计一 NⅢ型圆柱螺旋扭转弹簧。最大工作扭矩 $T_{\max}=7\text{N}\cdot\text{m}$，最小工作扭矩 $T_{\min}=2\text{N}\cdot\text{m}$，工作扭转角 $\varphi=\varphi_{\max}-\varphi_{\min}=50°$，载荷循环次数 N 为 10^5。

解：（1）根据工作情况选择材料并确定其许用弯曲应力 根据弹簧的工作情况，它属于Ⅱ类弹簧。现选用碳素弹簧钢丝 DM 级制造，由表 11-2 查得 $[\sigma_b]=0.5R_m$，估取弹簧钢丝直径为 5mm，并由表 11-3 取 $R_m=1460\text{MPa}$，则 $[\sigma_b]=0.5\times1460\text{MPa}=730\text{MPa}$。

（2）选择旋绕比 C 并计算曲度系数 K_1 选取 $C=6$，则

$$K_1=\frac{4C-1}{4C-4}=\frac{4\times6-1}{4\times6-4}=\frac{23}{20}=1.15$$

（3）根据强度条件试算弹簧钢丝直径 由式（11-27）得

$$d'\geqslant\sqrt[3]{\frac{K_1T_{\max}}{0.1[\sigma_b]}}=\sqrt[3]{\frac{1.15\times7000}{0.1\times730}}\text{mm}=4.80\text{mm}$$

原值 $d=5\text{mm}$，不需重算。

（4）计算弹簧的基本几何参数：

$$D=Cd=6\times5\text{mm}=30\text{mm}$$

$$D_2=D+d=30\text{mm}+5\text{mm}=35\text{mm}$$

$$D_1=D-d=30\text{mm}-5\text{mm}=25\text{mm}$$

取间距 $\delta_0=0.5\text{mm}$，则

$$p=d+\delta_0=5\text{mm}+0.5\text{mm}=5.5\text{mm}$$

$$\alpha=\arctan\frac{p}{\pi D}=\arctan\frac{5.5}{\pi\times30}=3°20'$$

（5）按刚度条件计算弹簧的工作圈数　由表 11-2 知，$E=200000\text{MPa}$；$I=\frac{\pi d^4}{64}=\pi\times\frac{5^4}{64}=30.68\text{mm}^4$。由式（11-28）得

$$n=\frac{EI\varphi}{180°TD}=\frac{200000\times30.68\times50°}{180°\times(7000-2000)\times30}=11.36$$

取 $n=11.5$ 圈。

（6）计算弹簧的扭转刚度　由式（11-26）得

$$k_T=\frac{EI}{180°Dn}=\frac{200000\times30.68}{180°\times30\times11.5}\text{N}\cdot\text{mm}/(°)=98.8\text{N}\cdot\text{mm}/(°)$$

（7）计算 φ_{max} 及 φ_{min}　因为

$$T_{max}=k_T\varphi_{max}$$

所以

$$\varphi_{max}=\frac{T_{max}}{k_T}=\left(\frac{7000}{98.8}\right)^{\circ}=70.85°$$

$$\varphi_{min}=\varphi_{max}-\varphi=70.85°-50°=20.85°$$

（8）计算自由高度 H_0　取 $H_h=40\text{mm}$，则由式（11-23）得

$$H_0=n(d+\delta_0)+H_h=11.5\times(5+0.5)\text{mm}+40\text{mm}=103.25\text{mm}$$

（9）计算弹簧展开长度 L　取 $L_h=H_h=40\text{mm}$，则由式（11-29）得

$$L=\pi Dn+L_h=\pi\times30\times11.5\text{mm}+40\text{mm}=1123.8\text{mm}$$

（10）绘制弹簧工作图（略）

课后习题

11-1　试设计一在静载荷、常温下工作的阀门圆柱螺旋压缩弹簧。已知：最大工作载荷 $F_{max}=220\text{N}$，最小工作载荷 $F_{min}=150\text{N}$，工作行程 $h=5\text{mm}$，弹簧外径不大于 16mm，工作介质为空气，两端固定支承。

11-2　试设计一圆柱螺旋扭转弹簧。已知该弹簧用于受力平稳的一般机构中，安装时的预加扭矩 $T_1=2\text{N}\cdot\text{m}$，工作扭矩 $T_2=6\text{N}\cdot\text{m}$，工作时的扭转角 $\varphi=\varphi_{max}-\varphi_{min}=40°$。

11-3　设牙嵌离合器用的圆柱螺旋压缩弹簧（图 11-6）的参数如下：$D_2=36\text{mm}$，$d=3\text{mm}$，$n=5$，弹簧材料为碳素弹簧钢丝 SL 级，最大工作载荷 $F_{max}=100\text{N}$，载荷性质为Ⅱ类，试校核此弹簧的强度，并计算其最大变形量 λ_{max}。

11-4　试设计一具有预应力的圆柱螺旋拉伸弹簧（图 11-7）。已知：弹簧中径 $D\approx10\text{mm}$，外径 $D_2<15\text{mm}$。要求：当弹簧变形量为 6mm 时，拉力为 160N；当弹簧变形量为 15mm 时，拉力为 320N。

11-5　圆柱螺旋扭转弹簧用在 760mm 宽的门上，如图 11-16 所示。当关门后，手把上加 4.5N 的推力 F 才能把门打开；当门转到 180°时，手把上的推力为 13.5N，若材料的许用弯曲应力 $[\sigma_b]=1100\text{MPa}$，求：

1）该弹簧的弹簧钢丝直径 d 和中径 D。

2）所需的初始变形角 φ_{min}。

3）弹簧的工作圈数 n。

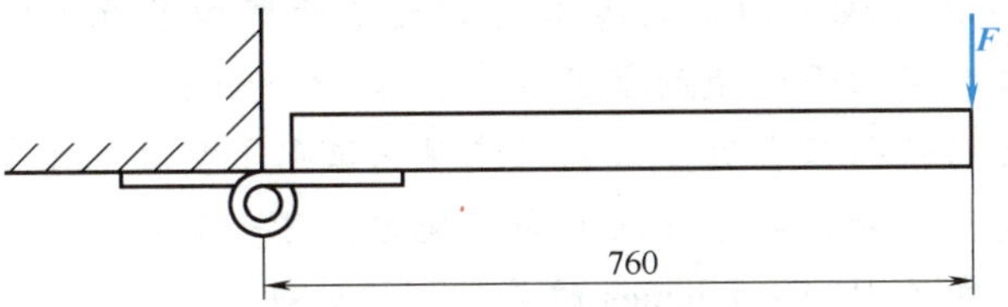

图 11-16 门用弹簧设计

11-6 分析与思考题

1）弹簧有哪些功能？试分别举出几个实例。

2）弹簧强度计算和刚度计算的目的是什么？影响圆柱螺旋压缩（拉伸）弹簧强度和刚度的主要因素有哪些？

3）当圆柱螺旋压缩弹簧有可能失稳时，可采取哪些措施防止失稳？

知识拓展

在人类历史上，原始人在很早就注意到树苗和幼树的枝干有弹性，于是许多原始文化都利用这种特性，将一根棍子直立在笼子后面，然后用绳结把它拉下来，绳子张力一旦释放，棍子就会反弹回来。这就是他们用来捕捉鸟类或其他动物的方式。事实上，这就是人们所说的最原始弹簧。

希腊帝国时期（大概是公元前 4 世纪）发明了用搓成的腱绳或毛绳拉紧的扭簧，用以代替简单的弹簧来加强石弩和抛石机的威力。这时人们开始认识到，金属比木头、角质或任何这类有机物质的弹性更大。菲洛（其写作年代约为公元前 200 年）把它作为一项新发现来进行介绍。凯尔特人和西班牙人的剑的弹性，引起了他的亚历山大城的前辈的注意。为了弄清楚剑为什么有弹性，他们进行了许多实验。结果他的师傅克特西比发明了抛石机，抛石机的弹簧是用弯曲的青铜板做成的——实际上是最早的片簧；菲洛本人又进一步改进了这些抛石机。富有创造性的克特西比在发明这种抛石机后，又想出了另一种抛石机——利用气缸内空气在受压的情况下产生的弹性工作。

到了 17 世纪，弹簧得到了进一步发展，作为世界上著名科学家之一的胡克（图 11-17），1660 年，他在实验中发现，螺旋弹簧的伸长量与它所承受的拉力成正比。通过弹簧的这种属性，胡克对当时的机器做了很多改变，并发明了许多新的装置。他发明了锚擒纵机构，以及摆动轮钢丝（具有矩形截面的螺旋弹簧），通过该摆动轮可以周期性地控制绕组的宽度和张力，现在仍然是钟表和钟表制造中的关键部件。

图 11-17 胡克画像

18 世纪在工业革命来临之际，工业的发展对弹簧提出了大量、准确、廉价的需求。最初弹簧通过手工制造，后期弹簧采用大规模生产，材质都为轻钢线或者类似的材料。先进的制造方法，使得弹簧是无处不在的。后面陆续出现了碟簧、空气弹簧、橡胶弹簧、卷轴弹簧、模具弹簧（氢弹簧）、不锈钢弹簧、空气弹簧、记忆合金弹簧、高温弹簧等新式弹簧。

1943 年，第二次世界大战中的美国海军急需大量的军舰参战，Cramp 造船公司为了赶工，有超过 18000 名工人在位于费城的船厂工作。其中一位机械工程师 Richard James 正在研发一款新型弹簧，可以让船只在海上遇到风浪时保证船上货物的安全。一天，他不小心将弹簧掉落到地上，弹簧一端着地后，并没有向上反弹，另一端则是向前弹跳着地，就像是人的行走步伐一样。这触发了 Richard James 的灵感，弹簧也能成为一个玩具。他将这个想法告诉了自己的妻子 Betty，她很快在 1944 年推出了一款会走路的弹簧玩具（图 11-18），当她为这个玩具取名时，刚好在字典中找到了 slinky 这个单词，含义和这个弹簧玩具给人的感受类似，于是就以这个单词来命名。

图 11-18　slinky 玩具

到了 20 世纪 90 年代，随着我国工业化发展迅速。1989—2001 年，我国工业实现了“世界一级，中国三级”的跨越式发展，其发展速度是世界工业发展速度的三倍。弹簧作为一种通用的基本部件，其数量和种类繁多。用于控制机械零件的运动，减轻冲击或振动，储存能量等，已经被广泛地应用于机器和仪器中。

21 世纪工业生产发展日新月异，对弹簧应用提出了更高的要求，弹簧的功能已经从原来的简单复位，延伸到缓冲、计量、助力、储能等众多应用。对弹簧的要求也从追求弹力强转变为弹力精准、寿命持久，甚至耐高温、耐腐蚀、变刚度等特殊性能。而对结构复杂的高精尖技术弹簧却只有少数精密弹簧厂家有能力生产，且产量远远不足以满足市场需求。因此，设计一款可靠且性能优越的弹簧越来越受到工程师们的重视。

附录　应用软件简介

机械工程领域中，用于辅助设计、分析、加工的软件众多，如 AutoCAD、CAXA、Creo (Pro/ENGINEER)、SolidWorks、UG（Unigraphics NX）、Inventor、CATIA、ANSYS、ADAMS、MATLAB、Abques、Mastercam、Delcam CAD/CAM 以及自动化数控编程软件 Edgecam 等。对于初学机械设计的读者，为更好地掌握机械设计相关知识，并能够很好地运用，建议学习掌握用于力学分析、仿真验证、三维建模、工程图绘制的几款常用软件。下面逐一介绍各常用软件的特点和应用领域，便于读者找出适合自己的软件，并有选择地学习。

1. 二维绘图软件

（1）AutoCAD 软件　AutoCAD（Autodesk Computer Aided Design）软件（附录图 1）是 Autodesk（欧特克）公司于 1982 年开发的自动计算机辅助设计软件，用于二维绘图、详细绘制、设计文档和基本三维设计，现已成为国际上广为流行的绘图工具。AutoCAD 软件具有友好的用户界面，通过交互菜单或命令行方式便可以进行各种绘图操作。此外，AutoCAD 软件还具有广泛的适应性，支持在多种硬件设备和操作平台上运行，可以用于工程制图（建筑工程、水电工程、装饰设计、环境艺术设计等），工业制图（精密零件、磨具、设备等），服装加工（服装制版），电子工业（印制电路板设计）等多个领域。

附录图 1　AutoCAD 软件

AutoCAD 软件强大的二维绘图功能为机械设计工作提供了强大的助力。无论是“机械设计”课程设计，还是本科毕业设计，都需要绘制相关设计的零件图和装配图，包括详细的尺寸标注、公差配合、工艺参数、技术要求、零件型号和数量（装配图）等，这些复杂的工作均可以通过 AutoCAD 软件轻松实现。此外，AutoCAD 软件还内置了强大的零件库，对于常用的标准件，如轴承、螺栓、螺母、垫圈、弹簧等可以直接调用插入，使机械设计过程大为简化，设计效率大幅提高。

（2）CAXA CAD 电子图板　CAXA CAD 电子图板（附录图 2）是由北京数码大方科技股份有限公司根据我国机械设计国家标准和工程师使用习惯开发的二维绘图软件，具有自主的 CAD 内核、独立的文件格式，支持第三方应用开发，可随时适配新的硬件和操作系统，支持现行制图标准，提供海量新图库，能低风险替代各种 CAD 平台，设计效率数倍提升。CAXA CAD 电子图板经过大中型企业及百万工程师千锤百炼的应用验证，广泛应用于航空航天、装备制造、电子电器、汽车及零部件、国防军工、教育等行业。

附录图 2　CAXA CAD 电子图板

CAXA CAD 电子图板与 Auto CAD 软件一样同属于二维绘图软件，不同的是 CAXA CAD 电子图板主要面向中国市场，其用户群体主要是我国的工程师、设计师和制图人员。CAXA CAD 电子图板操作更为简洁，易学易用，并兼容其他 CAD 数据和操作习惯。

总的来说，AutoCAD 软件和 CAXA CAD 电子图板等计算机辅助制图软件是机械制图现代化的体现，是开创思维发展的工具，也是提高各类设计效率，缩短工作周期，加速新产品开发的实用技术。

2. 三维绘图软件

（1）SolidWorks 软件　SolidWorks 软件（附录图 3）具有零件建模、曲面建模、钣金设计、焊接设计、数据转换、高级渲染、图形输出、特征识别等功能，且有标准件库。优点是功能强大、操作简单方便、易学易用，适合新手学习三维机械设计；可以方便地管理 CAD 文件，整个产品设计是可百分之百编辑的，零件设计、装配设计和工程图之间是全相关的；同时软件的价格比较便宜。缺点是功能相对简单，处理大量零件装配的能力较弱。

附录图 3　SolidWorks 软件

SolidWorks 在设计中的作用：①当生成新零件时，可直接参考其他零件并保持这种参考关系。即使在装配的环境里，也可以直接设计和修改零部件；②采用自下向上的装配方法，有利于由原理图到装配图的快速设计；③可以动态地查看装配体的所有运动，并对零部件进行动态的干涉检查和间隙检测；④能够自动地捕捉并定义装配关系；⑤工程图是全相关的，当修改图样时，三维模型、各个视图、装配体都会自动更新；⑥设计人员可根据其在设计上的意图、各零件在装配模型中的位置，并结合零件自身特点，随时调整设计模型和具体的配合要求。

（2）Creo 软件　Creo 软件（附录图 4）是 PTC 公司闪电计划所推出的第一款产品，整合了 PTC 公司的三个软件的新型 CAD 设计软件包。三个软件包分别是 Pro/ENGINEER 的参数化、CoCreate 的直接建模和 ProductView 的三维可视化。Creo 软件是 CAD/CAM/CAE 一体化的参数化图形设计软件。具有三维图形绘制功能的同时，还可以用于机械加工编程、简单的有限元分析等。Creo 软件具备互操作性、开放、易用三大特点。

附录图 4　Creo 软件

Creo 软件提供了一组可伸缩、可互操作、开放且易于使用的机械设计应用程序，功能覆盖整个产品开发领域。它的产品设计应用程序为设计过程中的每一名参与者适时提供合适的解决方案，可以使设计小组成员全面参与产品开发过程。除了 Creo Parametric 之外，还有多个独立的应用程序在 2D 和 3D CAD 建模、分析及可视化方面提供了新的功能。Creo 软件还提供了空前的互操作性，可确保在内部和外部团队之间轻松共享数据。

3. 仿真分析软件

（1）ANSYS 软件　ANSYS 软件（附录图 5）是一款通用有限元分析（FEA）软件，被广泛应用于工程领域的设计、分析和优化过程中。它融合了多种模拟工具，包括结构力学、流体力学、热传导、电磁场和多体动力学等。具备强大的仿真功能，可以模拟各种工程现象和行为，如结构的强度和刚度、流体的流动和传热、电磁场的分布和电磁辐射等。它可应用于航空航天、汽车工业、生物医学、桥梁、建筑、电子产品、重型机械、微机电系统、运动器械等工业领域。工程师和设计师通过 ANSYS 软件可以进行全面的仿真分析，从而更好地了解并优化产品设计、更好地理解和解决复杂的工程问题。

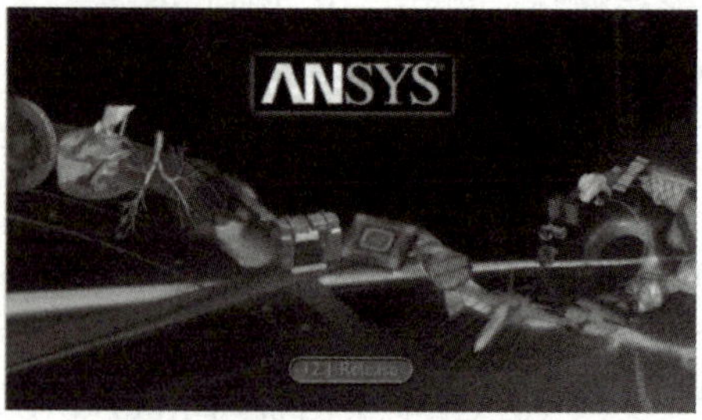

附录图 5　ANSYS 软件

ANSYS 软件具有先进的网格生成和求解技术，能够处理复杂的几何形状和边界条件。它提供了各种网格生成工具和算法，可以生成高质量的网格，并且针对不同类型的物理问题提供了相应的求解器。这些求解器利用并行计算技术，能够高效地解决大规模和高精度的数值计算问题。因此，ANSYS 软件在求解效率和计算精度上都具有很大优势。

ANSYS 软件还提供了丰富的后处理和可视化功能，可以将仿真结果以直观的方式展示出来。通过动画、图表、剖面等方式，工程师可以更好地理解仿真结果，发现问题和优化方案。ANSYS 软件还支持与其他软件和工具的集成，如 CAD 软件、材料数据库和优化算法等，可以实现更全面和高效的工程设计和分析流程。

（2）ADAMS 软件　ADAMS，即机械系统动力学自动分析（Automatic Dynamic Analysis of Mechanical Systems），该软件（附录图 6）是美国机械动力公司（Mechanical Dynamics Inc. 现已并入美国 MSC 公司）开发的虚拟样机分析软件，是使用范围最广的机械系统动力学分析软件。它能为用户提供从产品概念设计、方案论证、详细设计到产品方案修改、优化乃至故障诊断等各阶段、全方位、高精度的仿真分析结果。

附录图 6　ADAMS 软件

ADAMS 软件使用交互式图形环境和零件库、约束库、力库，创建完全参数化的机械系统几何模型，其求解器采用多刚体系统动力学理论中的拉格朗日方程方法，建立系统动力学方程，对虚拟机械系统进行静力学、运动学和动力学分析，输出位移、速度、加速度和反作用力曲线。ADAMS 软件的仿真可用于预测机械系统的性能、运动范围、碰撞检测、峰值载荷以及计算有限元的输入载荷等。ADAMS 软件一方面是虚拟样机分析的应用软件，用户可以运用该软件非常方便地对虚拟机械系统进行静力学、运动学和动力学分析；另一方面，ADAMS 软件又是虚拟样机分析开发工具，其开放性的程序结构和多种接口，可以成为特殊行业用户进行特殊类型虚拟样机分析的二次开发工具平台。

（3）MATLAB 软件　MATLAB 软件（附录图 7）是美国 MathWorks 公司出品的商业数学软件，主要包括 MATLAB 和 Simulink 两大部分。它的基本数据单位是矩阵，其指令表达式与数学、工程中常用的形式十分相似。MATLAB 软件可以进行矩阵运算、绘制函数和数据、实现算法、创建用户界面、连接其他编程语言的程序等，主要应用于工程计算、数值分析、数值和符号计算、工程与科学绘图、控制系统的设计与仿真、数字图像处理、数字信号处理、通信系统设计与仿真、算法开发、数据可视化、测试和测量、金融建模和分析以及计算生物学等领域。

附录图 7　MATLAB 软件

MATLAB 软件将数值分析、矩阵计算、科学数据可视化以及非线性动态系统的建模和仿真等诸多强大功能集成在一个易于使用的视窗环境中，为科学研究、工程设计以及必须进行有效数值计算的众多科学领域提供了一种全面的解决方案。主要特点是：①具有高效的数值计算及符号计算功能；②具有完备的图形处理功能，可实现计算结果和编程的可视化；③用户界面友好、接近数学表达式的自然化语言，易于学习和掌握；④功能丰富的应用工具箱，如信号处理工具箱、通信工具箱等。

参 考 文 献

[1] 中国机械工程学会. 中国机械史：技术卷 [M]. 北京：中国科学技术出版社，2014.
[2] 国家自然科学基金委员会工程与材料科学部. 机械工程学科发展战略报告（2021~2035）[M]. 北京：科学出版社，2021.
[3] 中国机械工程学会. 中国机械工程技术路线图 [M]. 北京：中国科学技术出版社，2011.
[4] 濮良贵，陈国定，吴立言. 机械设计 [M]. 10版. 北京：高等教育出版社，2019.
[5] 许立忠，周玉林. 机械设计 [M]. 北京：中国标准出版社，2009.
[6] 邱宣怀. 机械设计 [M]. 4版. 北京：高等教育出版社，1997.
[7] 吴宗泽，高志. 机械设计 [M]. 2版. 北京：高等教育出版社，2009.
[8] 刘莹，吴宗泽. 机械设计教程 [M]. 3版. 北京：机械工业出版社，2019.
[9] 朱宝库. 机械设计 [M]. 哈尔滨：哈尔滨工业大学出版社，1994.
[10] 穆斯，维特，贝克，等. 机械设计：原书16版 [M]. 孔建益，译. 北京：机械工业出版社，2017.
[11] 罗伯特. 机械设计：原书6版 [M]. 翟敬梅，李静蓉，徐晓，等译. 北京：机械工业出版社，2023.
[12] 中国机械工程学会带传动技术委员会. 中国机械工业标准汇编：带传动卷 [M]. 北京：中国标准出版社，1998.
[13] 闻邦椿. 机械设计手册：带传动和链传动 摩擦轮传动与螺旋传动 [M]. 6版. 北京：机械工业出版社，2020.
[14] 秦书安，周鹏，周玉杰，等. 带传动行业发展状况综述 [J]. 机械传动，2020，44（8）：1-7.
[15] 杨尚武，项杰. 带传动理论与技术的现状与发展 [J]. 科技创新与应用，2019（13）：168-169.
[16] 孟繁忠. 我国链传动行业的技术研究现状及其发展趋势 [J]. 机械传动，2012，36（1）：1-5.
[17] 全国链传动标准化技术委员会. 零部件及相关标准汇编：链传动卷 [M]. 北京：中国标准出版社，2008.
[18] 齿轮手册编委会. 齿轮手册 [M]. 2版. 北京：机械工业出版社，2000.
[19] 全国齿轮标准化技术委员会. 零部件及相关标准汇编：齿轮与齿轮传动卷 [M]. 北京：中国标准出版社，2012.
[20] 黄丽娟. 面齿轮传动的齿面生成和弯曲应力分析 [D]. 南京：南京航空航天大学，2007.
[21] 王志，石照耀. 面齿轮传动的特点及研究进展 [J]. 工具技术，2009，43（10）：10-14.
[22] 机械设计手册编委会. 机械设计手册：滑动轴承 [M]. 4版. 北京：机械工业出版社，2007.
[23] PARIS P，ERDOGAN F. A critical analysis of crack propagation laws [J]. Journal of Basic Engineering，1963，85（4）：528-533.
[24] 闫楚良，苏开鑫. 飞机起落架安全寿命与损伤容限设计 [M]. 北京：航空工业出版社，2011.
[25] 张涛. 疲劳寿命分析方法的研究与发展综述 [J]. 农业装备与车辆工程，2018，56（11）：91-93.
[26] 马素青，王春峰，顾晓庆. 滚动轴承附件系列标准的历史演变及代号概况 [J]. 轴承，2007，（11）：58-61.
[27] 成大先. 机械设计手册：单行本. 轴承. [M]. 6版. 北京：化学工业出版社，2017.
[28] 刘泽九. 滚动轴承应用手册 [M]. 3版. 北京：机械工业出版社，2014.
[29] 王之栎，沈心敏. 摩擦学设计基础 [M]. 北京：北京航空航天大学出版社，2018.
[30] 温诗铸，黄平，田煜. 摩擦学原理 [M]. 5版. 北京：清华大学出版社，2018.
[31] 杨育林，祖大磊，黄世军. 自润滑关节轴承现状及发展 [J]. 轴承，2009（1）：58-61，65.

[32] DAVIDSON P. Turbulence [M]. Oxford: Oxford University Press, 2015.
[33] 濮良贵，纪名刚. 机械设计 [M]. 8 版. 北京：高等教育出版社，2006.
[34] 范元勋，张庆. 机械原理与机械设计 [M]. 2 版. 北京：清华大学出版社，2020.
[35] 徐灏. 机械设计手册：第 3 卷 [M]. 2 版. 北京：机械工业出版社，2000.
[36] 徐灏. 机械设计手册：第 4 卷 [M]. 2 版. 北京：机械工业出版社，2000.
[37] 李晓斌. 公制、美制和英制螺纹标准手册 [M]. 3 版. 北京：中国标准出版社，2009.
[38] 刘胜新. 金属材料力学性能手册 [M]. 2 版. 北京：机械工业出版社，2018.
[39] 田承战. 联轴器研究概述 [EB/OL]. (2017-02-05) [2023-08-15]. https://max. book118. com/htm l/2017/0214/91474349. shtm.
[40] 邢琳，王潍. 机械设计习题与指导：重点难点及典型题解析 [M]. 北京：机械工业出版社，2005.
[41] 吴宗泽，高志，罗圣国，等. 机械设计课程设计手册 [M]. 5 版. 北京：高等教育出版社，2018.
[42] 吴宗泽，黄纯颖. 机械设计习题集 [M]. 3 版. 北京：高等教育出版社，2002.
[43] 吴宗泽. 机械结构设计准则与实例 [M]. 北京：机械工业出版社，2006.
[44] 成大先. 机械设计图册：第 1 卷 [M]. 北京：化学工业出版社，2000.
[45] 徐灏. 机械设计手册 [M]. 2 版. 北京：机械工业出版社，2000.
[46] 秦大同，谢里阳. 现代机械设计手册 [M]. 2 版. 北京：化学工业出版社，2019.
[47] 成大先. 机械设计手册 [M]. 6 版. 北京：化学工业出版社，2016.
[48] 全国弹簧标准化技术委员会. 零部件及相关标准汇编：弹簧卷 [M]. 北京：中国标准出版社，2009.
[49] 全国弹簧标准化技术委员会. 中国机械工业标准汇编：弹簧卷 [M]. 2 版. 北京：中国标准出版社，2003.